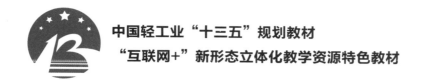

中国轻工业"十三五"规划教材

"互联网+"新形态立体化教学资源特色教材

中外建筑史

History of World Architecture

张新沂　编著

中国轻工业出版社

图书在版编目（CIP）数据

中外建筑史／张新沂编著. —北京：中国轻工业出版
社，2025.2

ISBN 978-7-5184-2614-0

Ⅰ.①中… Ⅱ.①张… Ⅲ.①建筑史—世界 Ⅳ.
①TU-091

中国版本图书馆CIP数据核字（2019）第178845号

责任编辑：毛旭林　徐　琪　责任终审：劳国强　整体设计：锋尚设计
策划编辑：毛旭林　　　　责任校对：吴大朋　责任监印：张　可

出版发行：中国轻工业出版社（北京鲁谷东街5号，邮编：100040）
印　　刷：艺堂印刷（天津）有限公司
经　　销：各地新华书店
版　　次：2025年2月第1版第6次印刷
开　　本：889×1194　1/16　印张：16.5
字　　数：360千字
书　　号：ISBN 978-7-5184-2614-0　定价：59.80元
邮购电话：010-85119873
发行电话：010-85119832　010-85119912
网　　址：http://www.chlip.com.cn
Email：club@chlip.com.cn
版权所有　侵权必究
如发现图书残缺请与我社邮购联系调换
250095J2C106ZBW

序

张新沂的《中外建筑史》成功付梓，作为老师，我深感欣慰。这是我国设计教育界的一件幸事，在此，首先由衷地恭祝他的新作问世。

新沂君从清华毕业后，在长达18年的教学中，一直给环境设计专业的学生讲授《中外建筑史》，并始终在建筑史论领域努力探研，坚持田野考察，积累资料撰写文稿，形成自己的研究视角，值得称赞。

中外建筑历史悠久，内容博大精深，涉及人类社会发展的政治、科技、经济、艺术等诸多层面。这本书系统地介绍了中外建筑的发展历程、建筑类型、艺术特征、文化内涵等知识，尤其偏重对不同历史时期的建筑发展情况进行归纳概括，致力于把每一个建筑文化体系的发展历程和文化特征都清晰地呈现在读者面前。

这部教材在参考建筑史论学者的研究成果基础上归纳总结了作者的教学实践和理论研究成果，这些努力赋予了这本教材实在而丰富的内容，并有作者的独立创新，这也成为该教材有力的学术支柱。

《中外建筑史》的内容不仅反映这一领域最新的研究成果和动态，也显示了作者长期的教学经验。其明晰的表达，精练的文笔，便于读者深入领会和全面把握，符合读者思维、阅读的习惯和规律。值得一提的是，教材中的典型案例，充分展现了阅读的优势，易于读者理解作者的思考与理念。

另外，这部教材的优势和特色还在于：首先是将中国建筑史和外国建筑史编写在一起，便于学生的学习和阅读。其次是内容丰富，体系完整。内容涉及中外古今诸多门类的建筑发展历史，下限写到2019年，纳入了最新的建筑发展动态。再者是做到了文献考证与田野考察结合、历史发展与门类特征结合，文字表达通俗，简明精要。作者先将中国传统建筑的发展脉络进行梳理，再按照门类系统介绍，将纵向与横向结合，全面地论述了中国传统建筑文化；外国建筑史则选择最具代表性的建筑文化成就进行详尽的介绍。

这本书以文图并茂的形式为我们展现了中外建筑发展宏大而绵长的历程，弘扬文化遗产，以文化人，以美育人。因此，这本书的出版，无疑为我国设计艺术教育园地增添了一枝奇葩。它带着一股清新的风，以它切实的可读性和应用性来到我们的视野中，相信它的出版将在设计教育界产生可观的作用和影响。

是为序。

清华大学美术学院教授、博士生导师 张夫也
2019年盛夏蝉鸣声中于清华园

前言

建筑见证历史发展，建筑承载民族精神，建筑提升文化自信。建筑是人类文化遗产的重要组成部分，具有丰富的文化内涵。建筑鲜明地体现着每一座城市的文化底色和特色，与城市的历史、民俗等紧密相连，共同构成城市的风貌。学习建筑历史、保护建筑遗产，有利于延续城市的历史文脉，提升城市的文化品质，塑造具有特色的城市形象。

中国式现代化离不开优秀传统文化的继承和弘扬，要保护和利用好历史文化街区，使其在现代化大都市建设中绽放异彩。要深入发掘城市的历史文化资源，加强历史文化遗产和红色文化资源保护，打造具有鲜明特色和深刻内涵的文化品牌。生活在新时代的我们，要关注和爱惜自己生活的城市以及城市的文化遗产，要在推动文化传承发展上善作善成，这是我们的时代责任和文化使命。再从宏观角度看，历史建筑是不可再生的文化遗产，是人类的精神财富，见证着人类社会的历史变迁和文明演进，保护古建筑就是保护我们的历史记忆和文化根基。每个国家和民族的历史建筑都具有各自的特色，从独特的造型、精湛的工艺到深邃的内涵，各美其美，美美与共，一起构成人类共同的文化财富，都以独特的语言传递着不同历史时期的审美观念、技术水平和社会制度。因此，青年学生和广大读者学习中外建筑的历史，可以更深入地了解人类的历史文化、提升审美素养、激发创造力、增强文化自信、激发对民族精神的认同感和自豪感，增强对建筑文化遗产的社会责任感。

党和国家始终坚持将中华优秀传统文化视为中华民族的根和魂，视为我们在世界文化激荡中站稳脚跟的根基。始终坚持推进文化遗产保护传承，挖掘建筑文化遗产的多重价值，为我们指明了建筑文化遗产的研究方向。

《中外建筑史》为进一步弘扬我国乃至世界建筑文化遗产而持续发挥积极作用，作为本书作者，颇感欣慰。新时代新征程，我们必须加强对历史建筑的保护和研究，推动古建筑与现代建筑的和谐共生，既立足本国，又放眼世界；既扎根传统，又面向未来。坚持创造性转化、创新性发展，让历史建筑在新时代焕发出新光彩，增强实现中华民族伟大复兴的精神力量。

天津科技大学艺术设计学院 张新沂

目录

第一节　中国传统建筑的发展分期

中国位于亚洲东部，有辽阔的疆域，钟灵毓秀；有悠久的历史，传承完整；有博大的文化，积淀厚重；有众多的民族，求同存异。《尚书·禹贡》记载："东渐于海，西被于流沙，朔南暨声教讫于四海。"中国人民在广袤的中国大地创造出了举世瞩目的华夏文明，为人类文明做出巨大贡献。

中国传统建筑艺术历史悠久，成就辉煌，从成长历程的角度划分，可以分为萌芽期、成长期、成熟期、总结期。1840年鸦片战争之后，中国建筑进入近现代时期。

一、萌芽时期

从人类出现之后经历的数百万年原始社会到夏朝建立，可视为中国传统建筑的萌芽时期。中国传统建筑艺术的源头与其他国家一样，都来自穴居与巢居这两种居住方式。（图1.1.1）

两百万年前，远古人类就已经在中国的土地上繁衍生息。重庆"巫山人"是目前为止中国境内最早的古人类，距今约200万年。三皇五帝时代，文化勃兴，各种手工器具和建筑改善了先民的生活。新石器时期的半坡遗址中已经出现方形、长方形以及圆形的土木建筑体制。黄河流域多为木骨泥墙房屋，以大型公共活动场所"大房子"为中心，周围有序分布着居住区、墓葬区、储藏区与作坊区等，背坡面水，茅茨土阶。长江流域多为干栏式建筑，由巢居发展而来，西南地区的一些少数民族至今仍然居住干栏式建筑。

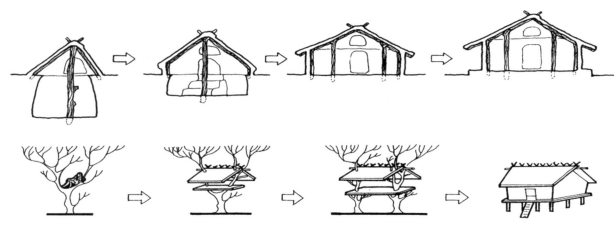

图1.1.1　穴居与巢居发展系列示意图

图1.1.2　海城析木城石棚

在山东半岛北部和辽东半岛南部等地区还发现一些新石器时代的石棚，建筑史专家刘敦桢认为其是坟墓。辽宁海城析木城乡姑嫂石村山岗上的大石棚，由五块白色花岗岩巨石组成，上盖为巨大长方形石板，南北长6米，东西长4.94～5.2米，厚0.3～0.45米。这是辽宁省保存最完整、规模较大的石棚，因造型类似帝王冠冕，故又称"冠石"。（图1.1.2）

夏朝建立后，我国从氏族社会迈进奴隶社会，建筑随着社会文明的进步而不断完善，形成独具东方特色的文化体系。

二、成长时期

夏朝到秦汉时期可视为中国传统建筑的成长时期。这一时期，宫室、苑囿、庙堂、陵墓、城市等土木建筑工程全面发展，关于建筑的记载十分丰富。

夏朝（公元前21-前16世纪）的文化遗迹主要分布在河南西部和山西南部。河南偃师二里头文化是夏王朝沿用数百年的都邑，位于伊洛河交汇处，面积300多万平方米，城市人口不少于3万人。有规模宏大的城市道路网、宫殿遗址、手工作坊和不同等级的墓葬，其中宫殿遗址总面积达1万多平方米，包括殿堂、庭院等建筑遗迹。《管子·轻重戊》记载夏朝人已知"城郭门闾室屋之筑"。

商朝（公元前16-前11世纪）以亳（今河南商丘）为都城。商朝多次迁都，商王盘庚从奄城（今山东曲阜）迁都于北蒙（今河南安阳小屯），一直到商朝灭亡而未变动。殷都沿着洹水而建，非常繁荣。《史记·殷本纪》："百姓由宁，殷道复兴，诸侯来朝。"在商代的甲骨文中已经有很多与建筑相关的文字，例如宫、室、宅、京、宗、家、牢、户、门、囿、宿、客、寝等，说明当时建筑已经是社会文化的重要内容。

周朝（公元前11-前3世纪）时期大量城市被营造出来，夯土版筑技术得到普遍运用。各诸侯国的都城以宫室为中心，宫室多建于高高的夯土台上，木结构建筑形制不断改进，从此成为后世的主要建筑结构方式。

西周（公元前11世纪-前771年）以镐京为都城，东周以洛邑为都城。东周又分为春秋（公元前770-前476年）和战国（公元前476-前221年）。春秋战国时期是从奴隶社会向封建社会的过渡时期。

春秋战国之际的齐国官书《考工记》记载，周朝营建城邑首先整平城址，确定方位，然后遵循礼制营造："匠人营国，方九里，旁三门。国中九经九纬，经涂九轨，左祖右社，面朝后市，市朝一夫。"[1]都城平面呈正方形，每边长九里，每边各设三座城门，计十二座城门。城内纵横各分布九条大道，共计十八条街道。每条街道宽度能够同时容纳九辆马车行驶。宫殿东边是宗庙，西边是社稷坛。殿前是群臣朝拜的地方，殿后是市场。市场和朝拜的地方各为一夫之地，即边长为一百步的正方形。（图1.1.3）

《礼记·礼器》记载了不同等级建筑的高度标准："有以高为贵者，天子之堂九尺，诸侯七尺，大夫五尺，士三尺。天子诸侯台门。此以高为贵也。"[2]建筑的色彩也日趋丰富，等级森严。《春秋谷梁传·庄公二十三年》记载："礼楹，天子丹，诸侯黝垩，大夫苍。士黈（tǒu）"[3]。说明当时天子堂前柱子用红色，诸侯用黑色和白色，大夫用青黑色，士用黄色。

1　戴吾三. 考工记图说［M］. 济南：山东画报出版社，2003:80
2　李学勤主编. 十三经注疏·礼记正义（中）［M］. 北京：北京大学出版社，1999:730
3　刘敦桢. 中国古代建筑史［M］. 北京：中国建筑工业出版社，1984:413

当时还开创工官制度的先河，以司空一职负责建筑营造事宜。郑玄注解的《周礼·冬官考工记第六》云："司空，掌营城郭，建都邑，立社稷、宗庙，造宫室、车服、器械，监百工者，唐虞以上日共工。"

春秋时期出现不少擅长工艺发明的巧匠，鲁国的公输般（约公元前507-前444年）是最杰出的代表。他在建筑、机械、手工等方面取得很高的成就，能建造各种宫室台榭。

战国时期，随着经济发展，城市规模不断扩大，建筑营造非常发达，追求"高台榭、美宫室"的奢靡之风，使用砖作为建筑材料，对墙壁进行彩绘装饰。当时燕国下都、赵国邯郸、齐国临淄（今山东淄博境内）、鲁国曲阜、魏国大梁（今河南开封境内）、楚国鄢郢（今湖北江陵境内）、秦国咸阳等都是著名的繁荣之都。燕下都遗址位于河北易县东南的易水岸边，南北长约4公里，东西长约8公里，东部有大小土台五十多处，是宫室与陵墓所在地，西部为扩建而成。城墙为夯土筑成，还发现木柱、铜块、板瓦、筒瓦、砖、陶质下水管道等构件，可以看出当时建筑技术与材料的进步。

公元前221年，秦始皇灭六国统一天下。秦朝（公元前221-前207年）兴建了一系列举世瞩目的建筑工程：扩建都城咸阳，建造阿房宫、始皇陵，修筑万里长城，铺设驰道，兴修水利，在传统建筑史上具有重要意义。

汉朝（公元前206-220年）的建筑发展更为迅速，木结构建筑日渐成熟，在砖石建筑和拱券结构方面也有发展。根据出土的画像砖、画像石、陪葬的陶屋等可知，抬梁式和穿斗式两种主要木结构已形成。建筑屋顶形式也多样化，悬山顶和庑殿顶最普遍，歇山、攒尖与囤顶也已应用。东汉时石构建筑的发展突飞猛进，石墓、墓祠、石兽、石碑、墓表等众多。

三、成熟时期

从魏晋南北朝到宋辽金元时期，可视为中国传统建筑的成熟时期。建筑技术全面提高，建筑类型更加丰富，建筑构件的标准化制度形成，建筑工官制度更加完善。

魏晋南北朝时期（220-589年）既有民族斗争又有民族融合，此时建筑的最大成就表现为佛教建筑的大发展。当时社会崇尚"玄学"，这推动了自然山水风景园林的发展。除了西晋短暂统一外，这一时段的国家基本处于三国割据或南北分治局面。王朝更替频繁，共有150多位皇帝，帝陵多被破坏，留下来的魏晋南北朝帝陵屈指可数，实物资料严重缺乏。考古挖掘确认的仅十余座帝陵，其余大多数只能依靠史料阐述。

隋朝（581-618年）的建筑成就主要有三个方面。

第一，修建西都大兴和东都洛阳。隋文帝杨坚即位后第二年就下令在长安东南营建新都大兴城。大兴城宫室豪华、苑囿遍布，规模巨大，布局有序，街道宽阔，隋炀帝时期又营建东都洛阳。著名建筑师宇文恺负责营造两都，他采用图纸与模型相结合的办法，是古代建筑技术的一大突破。他还指导开凿广通渠、修长城等。宇文恺设计的观风行殿，能容纳数百人，殿下有轮轴，可以移动，堪称最早的活动建筑。

第二，开凿大运河、修筑长城。隋炀帝时期开凿京杭大运河，贯通南北经济与文化，北通涿郡，南达余杭，全长4500多里，成为当时世界上最早、最长的大运河。还修筑长城以抵御北方少数民族政

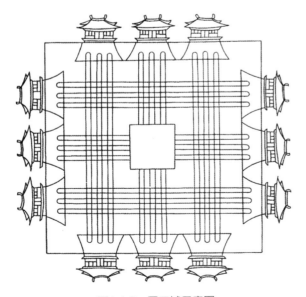

图1.1.3 周王城示意图

权的侵扰。

第三，修筑驰道、广设粮仓。隋炀帝时期修筑两条大道，极大地改善了北方的交通。一条自洛阳穿太行山抵达并州，另一条自榆林抵达蓟城。并且在全国各地广泛设置存储粮食的仓库，规模巨大，著名的有洛口仓、含嘉仓等。

此外，河北赵县安济桥、建造于大业七年的山东历城神通寺四门塔是隋朝著名的建筑遗迹。

唐朝（618-907年）是中国封建社会的发展高潮时期，在建筑方面取得了辉煌的成就。

第一，城市规划严整而宏伟，商业发达。长安和洛阳成为全国政治、文化中心，城市均呈棋盘格式布局，规模庞大，功能分区有序，商业繁荣。除此之外，还有扬州、成都、广州、汴州、杭州、泉州等商业繁荣的城市，还出现热闹的夜市。各城市衙署、府邸规模很大，形式多样，等级分明，并多在府中规划园林，文人还喜欢在郊区兴建别墅。

第二，建筑技术更加进步，建筑物之间注意空间搭配相互映衬。尤其木结构建筑，很好地解决了大体量、大面积的问题，砖石结构的建筑也有一定发展。土、木、砖、石、琉璃、石灰、竹、金属、矿物颜料、油漆等各种材料普遍使用，并且出现专门从事房屋设计与指挥施工的技术人员——"都料"。

第三，宗教建筑异常活跃。唐朝对外文化交流频繁，许多外来宗教涌入，其中佛教与本土的道教最为兴盛，佛教的寺庙、石窟与道教的宫观建造非常活跃。（图1.1.4）

第四，形成宏伟壮丽的时代风格。唐朝建筑风格明显，这是建筑艺术成熟的表现。建筑设计严整

图1.1.4　洛阳龙门石窟奉先寺

开朗，朴实大方，简洁明快，兼具精美柔和的特色，构件也体现出强烈的功能性。唐朝《营缮令》规定了不同等级的官员可以修建的房屋规格、装饰、色彩等，建筑形成尊卑分明。在陵墓方面创造依山为陵的体制。同时，唐朝建筑还对朝鲜、日本产生深远的影响。

五代十国时期（907-960年）中原战乱较多，南唐、吴越、前蜀、后蜀等国因受地理条件庇护，较少受到战争影响，建筑继承唐朝传统继续发展。

北宋（960-1127年）时期建筑有较大转变。

第一，城市规划更加自由活泼，打破里坊制度。宋太祖赵匡胤以汴梁（今开封）为北宋都城，规模远不及唐长安城，但却改变了唐朝的禁夜和里坊制度。沿街设市，商店、酒楼、瓦肆林立，商贩活动随处可见。南宋（1127-1279年）以杭州为都城，经济发达，人口百万。

第二，建筑理论成就突出，木结构建筑建立古典的模数制、标准化制度。五代宋初的建塔名家、都料匠喻皓撰写的《木经》，是由工匠所写的第一部木结构建筑工程专著，对建筑结构的规格、比例做详细规定，可惜该书失传，仅在沈括的《梦溪笔谈》中保留若干片段。

北宋绍圣四年（1097年），在将作监供职的建筑师李诫（1035-1110年）受命编撰《营造法式》，该书对建筑材料、结构、样式等都有详细说明介绍，辅以精致的图样，是我国第一部关于建筑设计及技术总结的完整巨著。书中把"材"作为造屋的标准，规定木结构建筑的标准化制度，影响深远。

第三，建筑空间更加敞亮，装饰与色彩日趋丰富。艺术风格趋于绚丽，大量使用华丽的彩画和琉璃瓦装饰。在门窗的结构上流行格子门，图案丰富。

第四，砖石建筑达到新水平。此时砖石建筑依然以佛塔、桥梁为主，如河北定县的开元寺料敌塔、河南开封开宝寺塔、福建泉州开元寺双塔、泉州万安桥等。

第五，园林艺术更加兴盛，走向世俗化。两宋时期园林数量激增。

辽（907-1125年）由居住于辽河上游的契丹族所建，定都上京（今内蒙古巴林左旗南），原称契丹，947年，改国号为辽。辽代建筑仿照汉制建衙开

图1.1.5　青铜峡一百零八塔

图1.1.6　北京卢沟桥

府、修城郭、立市里。此时，佛教建筑成就突出，天津蓟县独乐寺、山西应县佛宫寺木塔、北京天宁寺砖塔等是代表作品。

1038年，居于西北的党项族首领元昊以兴庆（今宁夏银川）为都城建立西夏（1038-1227年）。西夏建筑受到宋朝影响，同时受到吐蕃影响。西夏人与辽人一样都是游牧民族，住宅多为毡帐，用毛毡覆盖在木结构框架上。西夏有不少佛教建筑遗存，如银川的承天寺塔、贺兰县拜寺口双塔、拜寺口沟方塔、宏佛塔、青铜峡市一百零八塔，以及安西榆林窟、东千佛洞的一些石窟。西夏王陵也是西夏建筑的杰出代表。（图1.1.5）

1115年，居住于黑龙江、松花江流域的女真族首领完颜阿骨打建立金国（1115-1234年），定都会宁府（上京）。金人住宅最初"依山谷而居，连木为栅，屋高数尺，无瓦覆以木板，或以桦皮"。后来受到辽、宋建筑影响逐渐汉化。金代建筑非常注重精美的装饰，影响明清的建筑。

北京永定河上的卢沟桥建于金代，以坚固实用、美丽壮观而驰名中外，"卢沟晓月"更是燕京八景之一。卢沟桥全长266.5米，宽近10米，有船型桥墩10座，桥孔11个，桥身的石雕护栏和望柱上雕刻姿态各异的狮子，这些石狮大小不一，生动可爱，令人眼花缭乱，数量有485个、492个、496个、502个等不同说法，民间有歇后语说"卢沟桥的狮子——数不清"。（图1.1.6）

1206年，孛儿只斤·铁木真在蒙古草原建立蒙古国。1271年，铁木真的孙子忽必烈改国号为元（1271-1368年），定都燕京，称大都（今北京）。元朝长期战争，社会经济遭到严重破坏，建筑发展也比较缓慢，但也有其时代特色。

首先，都城规划和宫殿营造规模宏大，但是建筑结构趋于简化，减柱法流行，斗拱的承重作用日渐减退，整体质量不及两宋。宫殿的装饰以及结构处理保留许多民族特色，但殿堂多毁于战火，鲜有遗存。

其次，宗教建筑全面发展。元朝时期汉传佛教、藏传佛教（喇嘛教）、道教、伊斯兰教、基督教建筑都有所发展，出现很多优秀建筑。如北京妙应寺白塔、山西芮城永乐宫、山西洪洞县广胜寺等。

另外，蒙古贵族的丧葬理念与形式比较特殊，与汉族陵墓建造有极大差异。

四、总结时期

明清时期各种类型的建筑全面发展，既有理论总结，又有技术创新，迎来中国传统建筑艺术的最后辉煌，可视为中国传统建筑的总结时期。

明朝（1368-1644年）的木结构建筑形成新形制，斗拱逐渐退化成装饰部件，梁柱结构的整体性加强，构件卷杀[1]简化。砖在建筑中得到普遍使用，琉璃砖、瓦的烧造质量越来越好，被广泛使用。更

1　卷杀是传统建筑构件艺术化处理手法，即将建筑构件轮廓或部位的端部做成缓和的曲线或折线形式，使其外观显得柔和优雅。

加强调建筑与环境和谐，映衬主体建筑的宏伟气势。建筑装饰更加细腻、丰富、华丽。陵墓改变了历代形制，在地面上建造气势恢弘的享殿建筑，直接影响清朝陵墓。

另外，江南私家园林发展兴盛，许多文人参与设计并进行理论总结。江苏吴江人计成所著的《园冶》是我国历史上第一部园林设计专著，也是世界园林设计史最古老、系统的专著。明朝中后期，随着西方传教士在中国的活动，西方古典建筑样式传入中国。

1616年，女真族首领努尔哈赤在赫图阿拉（今辽宁新宾）建立后金。1625年迁都沈阳，修建沈阳故宫。1636年，皇太极改国号为清，改族名为满洲。1644年，清军入关，将都城迁至北京。清朝建筑在延续明朝传统的同时，也有自己的特色。

第一，园林发展迎来辉煌时期。出现承德避暑山庄、北京圆明园、颐和园等帝王苑囿，规模巨大、建筑精美。江南私家园林继续发展，苏州、扬州、南京等地成为私家园林中心城市。造园名家继续涌现。

第二，喇嘛教建筑兴盛。内蒙古地区就出现千余座喇嘛教寺院，1645年重建的西藏布达拉宫是喇嘛教建筑的典范。康乾时期，河北承德避暑山庄东侧与北面的山坡上修建溥仁寺、普宁寺、普乐寺、普陀宗乘之庙、须弥福寿之庙等12座喇嘛庙，以供蒙、藏等少数民族贵族朝觐，统称为"外八庙"。（图1.1.7）

图1.1.7　承德普陀宗乘全景

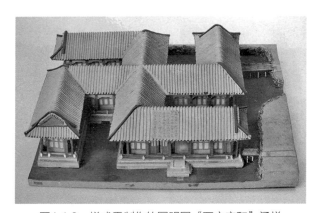
图1.1.8　样式雷制作的圆明园"万方安和"烫样

第三，建筑群布局更成熟，单体建筑水平明显提高。清朝雍正十二年（1735年）颁布《工程做法则例》，该书与《营造法式》被梁思成称为"中国古代建筑的两本教科书"。书中列举27种单体建筑的大木做法，并对斗拱、装修、石作、瓦作、铜作、铁作、画作、雕銮等做法和用工用料进行规定。这使得官式建筑建造规范化、装饰手法程式化。

清朝专门设置工程处"钦工处"管辖建筑营造。工程处下辖的办事机构称为档房，在京的称为京档房，在工地的称为工次档房，下设样式房和算房。样式房的负责人称为掌案，下面负责办理工程工料核算的称为算手，负责建筑设计的称为样子匠。在设计中采用"画样"（设计图）与"烫样"（模型）结合的方法，工作效率很高。康熙朝以后的掌案主要出自雷姓世家，自雷发达开始，雷家八代人一直主持清朝皇家建筑的设计，被誉为"样式雷"。（图1.1.8、图1.1.9）

第四，各民族的住宅建筑蓬勃发展，类型丰富，形成不同的地域特色。

从1840年鸦片战争开始，中国建筑进入近代时

中外建筑史

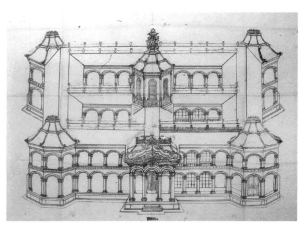
图1.1.9　样式雷绘制的乾隆八旬万寿盛典图中的点景洋房

期（1840-1949年）。这是一个承上启下、中西交会的发展时期。明清时期的都城、省城、府城（州城）、县城、镇五级行政机构逐渐被改变。很多城市变成外国通商口岸，通商开埠导致城市转型，也促进中国近代化的进程。北京、上海、天津、汉口、厦门、广州、青岛、大连、哈尔滨、宁波、福州、烟台、营口等城市都有外国人生活的划定区域。这些有租界地的通商口岸城市建筑最先转变风格，城市格局和建筑样式在一定程度上受到外国的影响。

社会变革与近代工商业的发展直接导致工厂、学堂、银行、医院、百货商店、理发馆、照相馆、邮局、影院、剧院、俱乐部、火车站、体育馆等新型建筑门类的发展。近代城市建筑格局、技术、材料都发生很大转变。许多大城市里经营洋货的洋行和商店开始尝试空间布局的调整，在门面和橱窗设计上突出广告效应，追求西方的巴洛克风格或现代主义的时髦风格，钢筋混凝土和玻璃也大量被运用在建筑中。

以券廊为主要特征的风格在中国近代早期甚为流行。这是英国殖民者在东南亚为适应当地炎热气候而形成的建筑风格，基本格局是周围带券廊的砖木结构楼房。之后又流行各种古典复兴风格，在建筑中集合各种历史风格的折中主义建筑不在少数，1928年由高星桥出资聘请法国工程师慕乐设计建成的天津劝业场是典型代表。天津五大道（睦南道、马场道、大理道、常德道、重庆道）、哈尔滨中央大街、青岛八大关、上海外滩仍保留大量西方古典风格的建筑，见证近代的变迁。上海外滩建筑群位于上海市区黄浦江外滩，体现西方古典主义与现代主义风格的建筑群鳞次栉比。较有代表性的有上海总会（Shanghai Club，今华尔道夫酒店）、亚细亚大楼、怡和洋行大楼、汇丰银行大楼、上海海关大楼（Shanghai customs house）等。（图1.1.10）

20世纪初期，奔赴欧美学习建筑的中国留学生陆续回国，逐渐形成近代中国自己的建筑师队伍，积极从事国内建筑设计，中国近代建筑设计机构和教育得到发展。

近代建筑的设计力量包括两部分：一是外国设计师和设计机构。如上海先后出现公和洋行、马海洋行、哈沙德洋行、邬达克洋行等50余家外国建筑

图1.1.10　上海外滩汇丰银行大楼与海关大楼

设计机构。二是国内设计师和设计机构。近代一批建筑设计师经过选拔赴美、法、英、德、意大利、日本等国留学，接受良好的教育。杨廷宝、童寯、陈植、梁思成、林徽因、刘敦桢等是近代中国第一代建筑师的杰出代表。清末开始设置建筑教育，但因种种原因没有付诸实施，直到20世纪20年代，才真正开始建筑教育。1923年，苏州工业专门学校建筑科的创立掀开了中国建筑教育的新篇章；1928年，刘福泰、刘敦桢等创立国立中央大学建筑系；1928年梁思成在东北大学创办建筑系，杨仲子创立北平大学艺术学院建筑系，为中国建筑教育提供了必要的师资。

1921年，吕彦直（1894-1929年）在上海创办的彦记建筑事务所是近代较早创办的建筑设计机构。之后陆续有建筑师开办建筑公司或事务所，对近代中国建筑的发展起到重要推动作用，如杨廷宝为首的基泰工程司，赵深、陈植、童寯1932年在上海创办的华盖建筑事务所等。

当时出现中国传统风格与西方古典风格、现代风格并存发展的局面。中国传统风格的建筑代表作如1919美国建筑师亨利·墨菲（H. K. Murphy）设计的北京燕京大学（今北京大学）、1906-1928年加拿大设计师哈利·何塞设计的北京协和医院、1926年吕彦直设计的南京中山陵、1928年吕彦直设计的广州中山纪念堂、1936年徐敬直与李惠白设计的南京原国民党中央博物院（今南京博物院）、1936年杨廷宝设计的南京原国民党中央党史史料陈列馆等。西方古典风格的代表作品有上海汇丰银行、北京清华大学大礼堂、哈尔滨秋林公园等。

现代风格的代表作品有建于1928年的上海沙逊大厦、1933年建造的上海大光明影院、1934年建造的上海国际饭店、1934年建造的上海百老汇大厦、1935年建造的天津渤海大楼等。

中山陵位于南京城东的钟山（紫金山）南麓，占地2000亩。陵墓前拥平川，背靠峰峦，气势磅礴。平面呈钟形，寓意唤醒民众。陵墓主体建筑中轴对称，从低往高依次排列牌坊、墓道、陵门、碑亭、祭堂、墓室等。结构设计巧妙，结合中山地形，造型庄严，兼容中西方建筑风格，依山坡而建，设置392个台阶和10个平台。全部以白色花岗岩和钢筋水泥构成，覆以蓝色琉璃瓦。由于角度设计巧妙，观者至大平台向下回首，仅见连成一片的平台，而不见台阶，其构思之巧妙令人赞叹不已。（图1.1.11）

1926-1929年建成的上海沙逊大厦（Sassoon House）是由公和洋行设计建造的一幢10层钢框架结构的大楼，局部12层，总高77米，是当时外滩最高的建筑，建筑面积36317平方米，南北两楼错落而置，平面呈"A"字形，今为和平饭店北楼。1992年世界饭店组织将其评为世界著名饭店，这也是首个获此殊荣的中国饭店。沙逊大厦属于装饰艺术风格（Art Deco），内部装修十分豪华。其塔楼上方建造的19米高的墨绿色金字塔形铜顶与汇丰银行的穹顶、海关大楼的钟塔堪称是上海外滩建筑的三大显著标志。（图1.1.12）

匈牙利籍斯洛伐克建筑师拉斯洛·邬达克（Laszlo. Hudec，1893-1958年）在上海生活30年，在上海近代建筑中颇具影响力。他设计了大光明电影院（1933年）、国际饭店（1934年）、基督教沐恩堂、铜仁路的绿房子等70余幢建筑作品，绽放出璀璨的建筑设计才华，设计风格经历文艺复兴式、折中主义、现代主义等几个阶段的演变。

1930年，朱启钤（1872-1964年）创办中国营造学社，这是中国近代第一个由私人兴办的研究中国传统建筑的学术团体。营造学社自1930-1946年的16年间，组织人员从事古代建筑调查、研究和测绘，文献资料搜集、整理和研究，编辑出版《中国营造学社汇刊》，为古代建筑史研究做出极大贡献。营造学社培育了梁思成（1901-1972年）、林徽因

图1.1.11　南京中山陵祭堂

图1.1.12　上海沙逊大厦

（1904-1955年）、刘敦桢（1897-1968年）、单士元（1907-1998年）、莫宗江（1916-1999年）、罗哲文（1924-2012年）等为代表的一批著名建筑师。

1949年中华人民共和国成立后，中国建筑的发展进入现代时期。新中国成立初期，中国建筑设计趋于简约、经济、现代。1953年开始社会主义国民经济五年计划，建筑设计模仿苏联，同时也开始"社

会主义现实主义"和"民族形式"的探索。1958-1959年建成的北京"十大建筑",是为迎接新中国成立十周年庆典而建,包括北京人民大会堂、中国革命和中国历史博物馆(今中国国家博物馆)、中国人民革命军事博物馆、全国农业展览馆、北京工人体育场、钓鱼台国宾馆、民族文化宫、北京火车站、北京民族饭店、华侨大厦。这批建筑大都用10个月时间完成,体现出高速度、高质量的特点。建筑风格注重功能性,讲究经济性,同时使用传统民族风格和处理手法。

人民大会堂(The Great Hall of the People)是举行全国人民代表大会等大型集会的地方,也是党和国家领导人及人民群众举行政治、外交活动的场所,于1959年9月24日落成。设计师是著名建筑师赵冬日(1914-2005年)和张镈(1911-1999年)。大会堂位于北京天安门广场西侧,坐西向东,平面呈"山"字形。南北长336米,东西宽206米,最高处46.5米,建筑面积达171800平方米。外部是浅黄色花岗岩墙面,上有黄绿相间的琉璃瓦屋檐,下有5米高的花岗石基座,周围有134根圆形廊柱,是世界上最大的会堂式建筑。2016年9月29日,人民大会堂入选"首批中国20世纪建筑遗产"名录。(图1.1.13)

1966-1976年,国民经济发展缓慢,各地优秀建筑作品较少。这时期的代表作品包括1973年梁思成设计建成的扬州鉴真纪念堂、1974年建成的北京饭店东楼、1975年建成的上海体育馆等。

鉴真纪念堂位于扬州北郊蜀冈中峰的大明寺内,以纪念六次东渡、将中华传统文化传播到日本的鉴真和尚。鉴真曾任大明寺住持,在日本奈良主持修建唐招提寺,成为日本佛教律宗的总寺院。纪念堂参照唐招提寺金堂设计,古朴沉穆,颇具唐代建筑风格。在中轴线上分列两组四合院建筑,两组建筑周围都以游廊相连。(图1.1.14)

1977年至今的四十多年间,国家大力开展现代化建设,各种类型的现代建筑蓬勃发展,百花齐放,涌现大量优秀建筑作品。对外交流频繁,多种建筑风格多元化发展,建筑设计日趋辉煌,建筑设计教育体制更加完善,中国建筑师不仅承担国内建筑设计任务,还不断在国际建筑界创造佳作。

20世纪70年代的杰出建筑包括1979年建成的首都国际机场航站楼等。20世纪80年代的建筑颇有成就。1982年,由著名美籍华裔建筑师贝聿铭(Pei leoh Ming,1917-2019年)设计的北京香山饭店,采用江南园林设计手法与香山高低错落的环境相结合,以白色、灰色、黄褐色搭配,大量使用现代感十足的圆形、正方形等几何元素,将现代建筑语言与传统元素有机结合。

20世纪90年代的建筑作品更加丰富,如1990年建成的北京国家奥林匹克体育中心、北京中日青年交流中心和北京国际贸易中心,1991年建成的陕西历史博物馆,北京炎黄艺术馆,1995年建成的北京西客站、上海东方明珠电视塔和天津体育中心,1997年建成的北京新东安市场和上海体育场,1999年建成的上海金茂大厦等都是杰出作品。

张锦秋院士设计的陕西历史博物馆建筑极具盛唐风范,由一组仿照唐代风格的建筑群组成。建筑布局突出"轴线对称,主从有序;中央殿堂,

图1.1.13 北京人民大会堂正门

图1.1.14 扬州大明寺鉴真纪念堂

四隅崇楼"的特点。古代建筑形式与现代博物馆功能结合，总体布局因循古代庭院设计的特征。（图1.1.15）

21世纪以来，城市和建筑迎来巨大变化，建筑费用投入庞大，建筑设计日趋复杂，不断考虑科技性、智能性、生态性、文化性因素，建筑风格丰富多彩。

2000年建成的中华世纪坛是为了迎接21世纪新千年而修建的日晷形纪念建筑，采取旋转钢结构，融合中国传统"中和""和谐"的法则，以水为脉，以石为魂，整体艺术构思注重营造"天人合一"的意境。

2007年建成的中国国家大剧院位于天安门广场西侧，由法国设计师保罗·安德鲁设计。建筑主体结构奇特，半椭圆外形像蛋壳一样，整个钢结构壳体重达6475吨，高46.285米，东西向长轴跨度212.2米，南北向短轴跨度143.64米，是目前世界上最大的穹顶。基础深入地下32.5米。壳体由18,398块钛金属板拼接而成，中部为渐开式玻璃幕墙，由1226块超白玻璃拼成。建筑四周以人工湖环

绕，各种通道和入口都设在水面下。（图1.1.16）

2006年由贝聿铭设计建成的苏州博物馆新馆是一座杰出建筑。它与拙政园和太平天国忠王府毗邻，面积15,000平方米。建筑设计巧于因借，将苏州传统民居的飞檐翘角与粉墙黛瓦与现代主义原则结合，将屋顶几何化，充分利用水面和玻璃营造诗画空间，奇妙无穷。（图1.1.17）

2007年建成的北京奥运会国家游泳中心"水立方"是2008年北京奥运会标志性建筑之一。建筑面积约8万平方米，建筑呈方形，表面覆盖形似水分子结构的ETFE膜（乙烯–四氟乙烯共聚物），构思巧妙，视觉效果奇特。该建筑设计方案由中国建筑工程总公司、澳大利亚PTW建筑师事务所、ARUP澳大利亚有限公司联合设计。（图1.1.18）

2008年建成的北京奥运会主体育场"鸟巢"是2008年北京奥运会的主要体育场馆，能容纳观众9万多人。它位于北京奥林匹克公园中心区南部，造型犹如鸟巢，象征生命的孕育和希望，由2001年普利兹克奖获得者雅克·赫尔佐格、皮埃尔·德梅隆与中国建筑师李兴刚等设计，艺术家艾未未担任设

图1.1.15　陕西历史博物馆

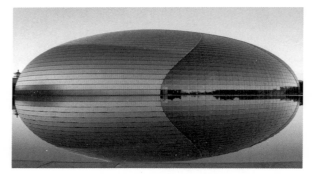

图1.1.16　中国国家大剧院

图1.1.17　苏州博物馆新馆

图1.1.18　北京水立方

计顾问，建筑造价20多亿人民币。（图1.1.19）

　2009年建成的中央电视台总部新楼位于北京中央商务区，包括中央电视台（CCTV）主楼、服务楼、电视文化中心（TVCC）及室外工程组成。设计师是荷兰大都会建筑事务所（OMA）的首席设计师雷姆·库哈斯（Rem Koolhaas），该建筑的设计理念激进，视觉效果奇特，建筑结构复杂。其主楼由分别为51层、高234米和44层、高194米的两座塔楼组成，建筑面积47万平方米。两座塔楼均向内倾斜，在163米以上由"L"形悬臂结构连接，建筑外表面的玻璃幕墙由不规则几何图案组成，造型抽象，结构新颖，科技含量十分明显。（图1.1.20）

　2010年建成的上海世界博览会中国国家馆"东方之冠"由何镜堂院士领衔设计，巧妙运用中国传统元素，以斗拱为架构、以鼎器为外形、以九宫格为屋顶。分为国家馆和地区馆两部分，国家馆居中升起、层叠出挑，造型雄浑有力，宛如华冠高耸。其整体以城市发展中的中华智慧为主题，表现"东方之冠，鼎盛中华，天下粮仓，富庶百姓"的文化精神。地区馆水平展开，以舒展平台基座的形态映衬国家馆，成为开放、柔性、亲民、层次丰富的城市广场。两者交融互补，象征天地交泰、万物咸亨。展馆表面的"中国红"由7种红色组合而成，展馆用篆书作为装饰，彰显厚重的历史气息。台阶采用民间濒临失传的"三斩斧"工艺，细节处理考究。地区馆屋顶平台上建有2.7万平方米的城市空中花园"新九洲清晏"，具有人员疏散、公共休闲等功能。（图1.1.21）

　当代，一批建筑师迅速成长，在国际上的影响力日渐增强。中国美术学院建筑师王澍于2012年获得世界建筑学最高奖项普利兹克奖（Pritzker Architecture Prize），成为第一位获此殊荣的中国籍建筑师，也是1983年贝聿铭之后，第二位获此殊荣的华人建筑师。

　另外，随着经济的发展，超过300米的超高建筑不断涌现在各大城市，并纷纷成为各大城市地标建筑，引领城市建筑景观。如2003年李祖原设计建成的台北101大楼（508米）、2008年建成的上海国际金融中心（492米）、2008年至今在建的天津

图1.1.19　北京鸟巢

图1.1.20　中央电视台总部大楼

图1.1.21　上海世博会中国国家馆

117大厦（597米）、2009年建成的广州新电视塔"小蛮腰"（600米）、2010年建成的钢板剪力墙结构的天津环球金融中心"津塔"（336.9米）、2010

图1.1.22　上海陆家嘴摩天大楼

一高楼中国尊（528米）、2018年建成的天津周大福金融中心（530米）等。

上海陆家嘴金融中心区有三座突出的摩天大楼，分别是美国SOM设计事务所设计420米高的金茂大厦、KPF建筑师事务所设计492米高的上海金融中心、632米高的上海中心大厦。上海中心大厦（2008-2016年）是美国Gensler建筑设计事务所设计的龙形方案，采取钢筋混凝土"核心筒——外框架"结构，主体建筑高580米，总高度632米，共124层。楼内建直达119层观光台的快速电梯，速度每秒18米，55秒就可以抵达观光台。建筑造价达148亿人民币，是国内目前建成的最高建筑、世界第二高楼，仅次于SOM 设计的阿联酋哈利法塔（俗称"迪拜塔"，2010年竣工，共162层，总高828米，造价15亿美元）。（图1.1.22）

2014年，中国建筑文化研究会启动中国当代十大建筑评选，按照年代、规模、艺术性、影响力四项核心指标评选，最终评出中国当代十大建筑：马岩松设计的中央公园广场、北京市建筑设计研究院有限公司设计的中国尊、鸟巢、王澍设计的中国美术学院象山校区、上海金茂大厦、日本设计师矶崎新设计的上海证大喜玛拉雅中心、上海中心大厦、台北101大厦、广州电视塔、SOM建筑设计事务所设计的北京国贸三期建筑。

年建成的香港第一高楼环球贸易广场（484米）、2010年美国芝加哥SOM事务所设计建成的南京紫峰大厦（450米）、2011年至今在建的武汉绿地中心（设计高度636米）、2016年建成的深圳平安金融中心（592.5米）、2016年建成的上海中心大厦（632米）、2018年KPF建筑师事务所设计建成的北京第

第二节　中国传统建筑的结构与装饰

一、基本结构

中国传统建筑的结构严谨精巧，以木结构为主，经千百年不断完善，已形成一套完整的系统。基本形式可以分为抬梁式、穿斗式、井干式和干栏式四种。

抬梁式即叠梁式，春秋时期已经发展完备，运用广泛。先筑好土台，在土台上安石为础，上立木柱。再在柱上架横梁，梁与梁之间用"枋"连接，在梁上再架檩，檩上架椽，层层叠置。墙相对灵活，素有"墙倒屋不塌"之说。（图1.2.1）

穿斗式是用枋把柱子串联起来，没有梁，柱子较紧密，直接承受檩的重量，相对节约材料。这种结构在汉代已经成熟，多在西南地区运用。（图1.2.2）

井干式历史比较悠久，采用木料层层累叠，形成房屋结构，比较耗费木材。居住在云南宁蒗县与四川盐源县交界处泸沽湖畔的摩梭人，大多仍居住井干式结构的合院木屋，其住宅俗称"木楞房"，为四合院布局，由门楼、祖母房（正房）、经堂、阿夏房（花房）等组成。（图1.2.3）

干栏式结构是将房屋的底层用柱子架空，铺

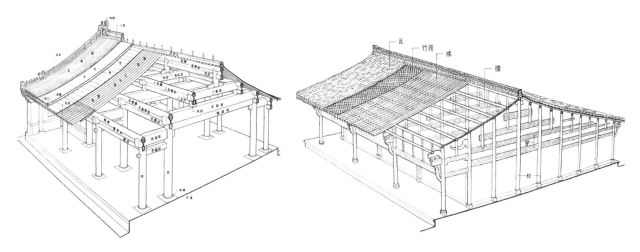

图1.2.1　清式七檩硬山抬梁式结构　　　　　　　　图1.2.2　穿斗式结构

设木板形成室内地面。这种结构历史悠久，多见于南方潮湿地区。大多数干栏式建筑的底层柱子比较矮，如云南傣族、傈僳族、佤族等民族的建筑。傈僳族住宅底层的柱子较密集，号称"千脚落地"。柱子较高的称吊脚楼，在苗族和土家族建筑中有不少。

二、基本外形

传统木结构建筑的外形可以分为屋顶、屋身、台基三大部分。

（一）屋顶

屋顶主要由屋面、屋檐、屋角、脊梁等组成。它既满足避风遮雨的需求，又具有独特的审美价值。主要样式有庑殿顶、歇山顶、悬山顶、硬山顶、攒尖顶、盝顶、卷棚顶、勾连搭顶、盔顶、单坡顶、平顶式、穹顶、囤顶、万字顶、扇面顶等。（图1.2.4）

1. 庑殿顶

庑殿顶是传统建筑中的最高形制。汉朝阙楼和唐朝佛光寺大殿是现存最早的庑殿顶建筑，清朝只有皇家和孔子殿堂才可以使用。其造型为四面坡，东西两个山屋与前后屋面相交形成4条垂脊，加上前后屋面相交的正脊共有5根脊梁，因此又称"四阿殿""五脊殿"。有单檐和重檐样式，一般用于皇家建筑和宗教主体建筑。

2. 歇山顶

歇山顶由1条正脊、4条垂脊、4条戗脊组成，屋面峻挺，四角翘起，玲珑精巧。现存最早实物是唐代所建的山西五台山南禅寺大殿。宋代称之为九脊殿、曹殿、厦两头造，清代改称歇山顶。其正脊两端到屋檐处中间折断一次，分为垂脊和戗脊，好像"歇"了一歇，故名歇山顶。歇山顶两侧形成的三角形墙面，叫山花，山面有搏风板以遮挡檩头，从山面顶端垂挂木雕悬鱼为装饰。多用于衙署或园林建筑。

3. 悬山顶

悬山顶有前后两坡，是比较常见的民居屋顶样式。屋檐两端悬出山墙之外，也被称为"挑山"或"出山"。

4. 硬山顶

硬山顶也是前后两坡，但屋檐不悬出山墙，常

图1.2.3　摩梭人的井干式住宅

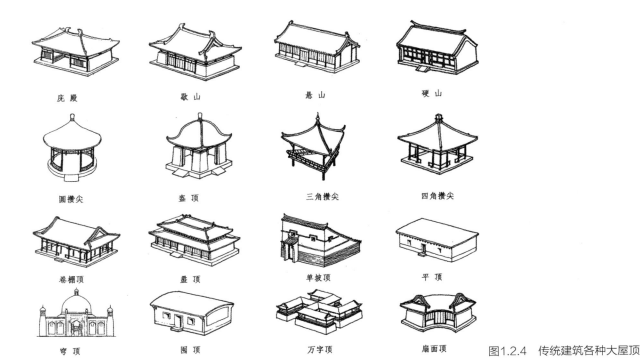

庑殿	歇山	悬山	硬山
圆攒尖	盔顶	三角攒尖	四角攒尖
卷棚顶	盝顶	单坡顶	平顶
穹顶	囤顶	万字顶	扇面顶

图1.2.4 传统建筑各种大屋顶

用于民居建筑。

5. 攒尖顶

攒尖顶多用于亭式建筑。屋面在顶部交汇为一点，形成尖顶，形式丰富，有单檐、重檐，还有圆形、方形、三角形、五角形、六角形、八角形等造型。盔顶也是攒尖的一种特殊形式，其顶和脊上面的大部分为凸出的弧形，下面的一小部分反向往外翘起，就像是头盔的下沿，盔顶的中心有宝顶，就像是头盔上插缨穗或帽翎一样。

6. 卷棚顶

卷棚顶又称元宝顶，特征是前后两坡相接处呈弧线曲面。几个卷棚连在一起的称"勾连搭顶"。卷棚顶可分为悬山卷棚、硬山卷棚、歇山卷棚，线条流畅、风格平缓，多用于园林建筑，在宫殿中多用于太监、宫女等居所的边房。

7. 盝顶

盝顶上部为4条正脊围成的一个平顶，下部为四面坡或多面坡，垂脊上端为横坡，横脊数目与坡数相同，横脊首尾相连，故又称圈脊。殿阁的盝顶是密封的，用于仓库、井亭的盝顶则是露天的。故宫钦安殿即为重檐盝顶，建于明永乐年间，面阔五间，进深三间，殿内供奉水神玄天上帝。

8. 单坡顶

单坡顶多用于简单的建筑，经常依附于围墙或建筑的侧面。北方和西部民居有使用，即所谓"房子半边盖"。

9. 平顶式

平顶多用于陕西、甘肃、西藏等降雨量较少地区的民居建筑。

10. 囤顶

囤顶多见于东北民居，其特征是屋顶呈弧线状拱起，前后稍低、中央稍高。囤顶排水、防风沙效果较好，冬天亦可以避免大雪堆积。

11. 万字顶

万字顶属于特殊样式的屋顶。"万"即为佛教符号"卍"，代表万事如意、万寿无疆，因其寓意吉祥而被应用于建筑平面或屋顶。

12. 扇面顶

扇面顶是扇面形状的屋顶，前后檐线呈弧形，弧线一般前短后长，建筑后檐大于前檐。扇面顶的两端可以做成歇山、悬山、卷棚形式。

（二）屋身

屋身包括柱、梁、檩、枋以及其他构件等。宋朝时将屋身称为大木作。

柱子是中国木结构建筑的主要支撑物。四根柱子就形成最基本的空间单位"间"，柱子和柱子之间的水平距离称为"开间"或"面阔"，开间纵向距离称为进深。从进深的方向看，最外面檐下的柱子称"檐柱"；里面的称"金柱"，也称"老檐柱"；直通脊檩的柱子称"中柱"；山墙上的中柱称"山柱"；位于四角的柱子称"角柱"。柱下脚常落在梁背上矮柱，上端承托梁枋等的称"童柱"，栏板和栏板之间的短柱称"望柱"，梁柱中两层梁间的短柱和支承脊檩的短柱称"瓜柱"。还有都柱、倚柱、排叉柱、塔心柱等，分别起到不同的作用。檐柱与金柱常立在石质柱础之上，以保护柱子持久耐蚀。（图1.2.5）

柱径上端往往小于下端，使柱身产生轮廓曲线的变化，这称为"收分"。宋、辽、金、元时期，常将建筑内部的柱子移位或者减少，即"移柱"与"减柱"，以扩大内部空间。大同善化寺的三圣殿面阔五间，进深四间，减去前檐全部内柱，又将后檐次间的内柱内移一椽长度，是运用减柱和移柱法的典型案例。

柱子和屋顶之间用于传递载荷和支挑出檐，还起到装饰作用的构件是斗拱。它由水平安置的方形木块"斗"、升和曲形木块的"拱"以及斜置的昂组合而成。斗拱亦称斗栱、斗科、欂栌，春秋时期已经出现。汉代遗存的画像砖、画像石、壁画、建筑明器中有不少斗拱形象，有一斗二升、一斗三升、一斗四升等简单造型。唐代斗拱已经使用下昂，柱头铺作结构完善，造型壮硕。宋代斗拱已经十分成熟，辽、金、元时期继承唐宋斗拱形制而有少许变

化，明清斗拱尺寸最小。（图1.2.6）

斗基本组成包括斗口、斗耳、斗腰、斗底等，在不同位置，斗名各异。如栌斗亦称坐斗、大斗，置于柱头。交互斗亦称十八斗，施于华拱挑出的翘上。齐心拱亦称华心拱，置于拱心之上。散斗亦称小斗、骑互斗，置于拱两头。位于里跳与外跳横拱两端上的叫三才升，位于坐斗正方横拱两端上的叫槽升子，三才升或槽升子都相当于宋代的散斗。

拱也有多种类型。华拱，亦称卷头、跳头，清称翘，向里外出跳，与泥道拱相交，安于栌斗口内、跳头上第一层横拱是瓜子拱（瓜拱），第二层是慢拱（正心万拱，置于泥道拱、瓜子拱之上），泥道拱也叫正心瓜拱，与华拱相交，安于栌斗口内的第一层，令拱亦称厢拱，置之于里外跳头之上。

昂分为上昂与下昂，是斗拱中斜置的构件，起杠杆作用。唐代佛光寺大殿柱头科是迄今发现最早的昂之实例。元以后柱头科不用真昂，明清时期，带下昂的平身科做法转变，斜昂不再发挥其结构作用。

根据斗拱所在位置分为柱头斗拱（宋称柱头铺作、清称柱头科）、柱间斗拱（宋称补间铺作、清称平身科）、转角斗拱（宋称转角铺作、清称角科）。所谓的铺作、科都是指一组斗拱，宋朝每一组斗拱称为"朵"，清朝则称"攒"，攒与攒之间称为"攒当"。复杂的斗拱以正心桁为中心向两面各出一拽架，名为"出踩"。斗拱出踩越多就越高，屋檐的出檐也就越长。（图1.2.7）

梁在宋代称之为栿，从外观上可以分为直梁和月梁。根据梁在构架中的部位，可以分为单步梁（即抱头梁）、双步梁、三架梁（即平梁）、顺梁、角梁、

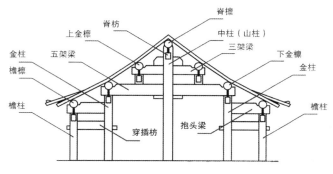

图1.2.5 传统建筑屋身示意图

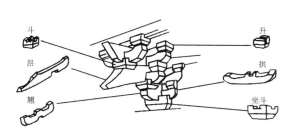

图1.2.6 斗拱基本结构

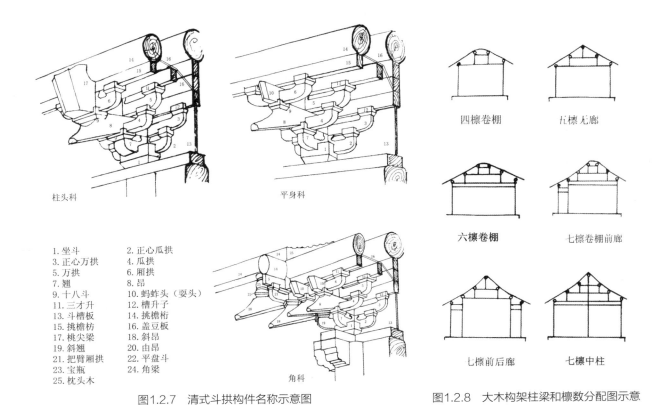

柱头科　　　　　　　　平身科

1. 坐斗	2. 正心瓜拱
3. 正心万拱	4. 瓜拱
5. 万拱	6. 厢拱
7. 翘	8. 昂
9. 十八斗	10. 蚂蚱头（耍头）
11. 三才升	12. 槽升子
13. 斗槽板	14. 挑檐桁
15. 挑檐枋	16. 盖豆板
17. 桃尖梁	18. 斜昂
19. 斜翘	20. 由昂
21. 把臂厢拱	22. 平盘斗
23. 宝瓶	24. 角梁
25. 枕头木	

角科

图1.2.7　清式斗拱构件名称示意图

四檩卷棚　　　　　五檩无廊

六檩卷棚　　　　　七檩卷棚前廊

七檩前后廊　　　　七檩中柱

图1.2.8　大木构架柱梁和檩数分配图示意

等等。

檩即桁，宋代称"槫"，是直接承担重量的构件，并将载荷传导到梁和柱上。在硬山、悬山、庑殿、歇山等大屋顶建筑中，檩与梁成90度角搭置。根据位置不同，可以分为"檐檩""金檩""背檩"。檩与檩之间的水平距离称为"步"。檩与檩的垂直距离称为"举"，即屋架的高度。举的尺寸逐层加大，越高越陡，这叫做"举架"（举折）。（图1.2.8）

椽是搁在檩上的圆形或方形木构件，与檩形成垂直角度，直接承接屋顶重量。根据部位不同，有飞檐椽、檐椽、顶椽等多种。

枋是方形横木，在两根柱子之间起到连接和加固作用。檐枋或额枋下面可以安装雀替或各种形式的花牙子、吊挂楣子等装饰。为了使建筑结构更为丰富多彩，还常常以垫板和枋并用。雀替在宋代被称为"绰幕"，是横向梁或枋与立柱之间夹角处的装饰构件，起到加固和美化减柱的作用。

传统建筑基本采用榫卯连接起来，结构非常牢固，必要时辅以铁钉。

墙用来围合空间，从材质看，有土墙、石墙、砖墙、木墙、夹泥墙等。墙的种类很多，最常见的是山墙，即建筑两侧上部的尖状墙面。

（三）台基

台基的功能是防水、保护墙体和木柱，后来发展成为等级的象征。最早的台基是平直的，魏晋南北朝时期受佛教影响出现须弥座式台基。须弥为"佛座"之意，常用于宫殿以及纪念性、装饰性建筑上。两宋之后，须弥座的结构和装饰发展更为复杂。上、下部分基本对称，常用束腰结构和莲瓣雕饰。附属构件包括踏步、坡道、栏杆（勾阑）等。（图1.2.9）

三、建筑装饰

装饰是中国传统建筑艺术的重要组成部分，宋代称之为小木作。唐以前的建筑装饰相对简单，唐宋时期是其重要发展时期。明清时期各种装饰手法汇集到建筑上，建筑装饰达到鼎盛。

传统建筑装饰按照空间位置可以分为室外和室内两部分。户牖（门窗）、帘架、栏杆等是室外装饰。碧纱橱（隔扇门或帷帐之类）、栏杆罩、花罩、护墙板、天花、藻井等是室内装饰。另外，室内家具、器物、花木陈设也是传统建筑艺术的组成部分。

藻井的含义与防火有关。《风俗通》："今殿作天井。井者，东井之像也。菱，水中之物。皆所以厌火也。"东井即井宿，二十八宿之一，主水，有8颗星。因此，在殿堂高处作井，并装饰荷、菱、藕之类的水生植物，都有防火的寓意。后来藻井成为殿堂内部重要的装饰部位，一般有方形、圆形、八角形等形状，表面精雕细镂，尊贵华丽，多用于皇家建筑与宗教建筑。北京故宫太和殿的藻井，是在八角井上建一圆井，中心雕刻垂首龙纹，口衔宝珠，堪称现存最华贵的藻井。（图1.2.10）

在装饰手法方面，有彩画、雕塑、裱糊、镶嵌、悬挂等多种方式。装饰纹饰大都是吉祥图案、历史故事、戏曲题材、山水花鸟、博古、八宝、暗八仙等，讲究"有图必有意，有意必吉祥"的文化理念。多表达趋吉纳福、家族兴旺、家庭安康、前程似锦、健康长寿、财源广进、爱情美满等寓意，体现人们对美好生活的向往。

传统建筑常在房屋正脊两端做挑出的装饰构件，民间俗称为蝎子尾或螭吻（鸱吻），螭吻相传是龙子，好吞，被安置于屋脊两端以灭火消灾。在屋顶翘起的戗脊上依次安放着骑凤仙人和各种动物，统称为"戗兽""跑兽""脊兽"。其数目与种类有着严格的等级区别，戗兽数量越多，建筑级别越高，常见为9、7、5、3不等，均为奇数。仙人在首位，表示腾空飞翔并祈愿吉祥，不计在小兽数目之内，其作用是固定垂脊下端的第一块瓦件。故宫太和殿地位特殊，其垂脊之上排列着10个戗兽，象征着皇权的至高无上。其排列顺序为："一龙二凤三狮子，海马天马六狎鱼，狻猊獬豸九斗牛，最后行什像个猴"。每种动物都有一定的文化内涵。（图1.2.11）

彩画装饰历史悠久，施于屋檐下和室内梁、枋、天花等处，以青蓝、碧绿为主色，并运用堆金沥粉手法进行点缀，绚丽辉煌，是中国传统建筑美学的重要组成部分。《营造法式》和《工程做法则例》都规定了彩画的规格形制、材料、做法等，被称为宋式彩画和清式彩画。彩画一般分为箍头、藻头和枋心三部分，长度各占枋长的三分之一。彩画有三种等级，从高到低依次为和玺彩画、旋子彩画、苏式彩画。

和玺彩画用于皇家宫廷建筑，采用Σ形绘出藻头圭线、岔口线，以龙、凤纹为主题材，堆金沥粉，金碧辉煌，显示皇权的至高无上，代表最高的等级。（图1.2.12）

旋子彩画等级低于和玺彩画，画面以简化的涡卷瓣旋花为主，有时也画龙、凤、锦、西番莲，或

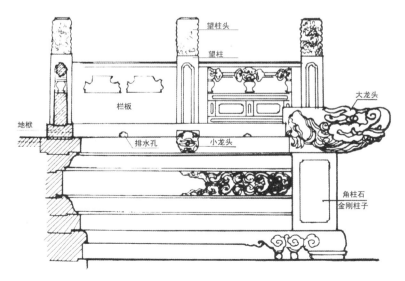

图1.2.9 须弥座构件示意图

图1.2.10 北京故宫太和殿藻井

图1.2.11　太和殿垂脊上的戗兽

图1.2.12　和玺彩画

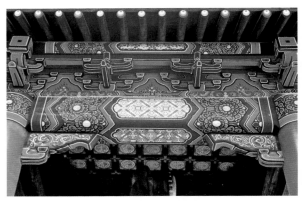

图1.2.13　北京文庙建筑构件上的旋子彩画

图1.2.14　苏式彩画

在素地上压黑线，称为"一字枋心"。按用金多寡及颜色搭配的不同可分为浑金旋子彩画、金琢墨石碾玉、烟琢墨石碾玉、金线大点金、墨线大点金、金线小点金、墨线小点金、雅五墨、雄黄玉等几种。旋子彩画广泛应用于衙署、宗教建筑、宫殿建筑、坛庙建筑等。（图1.2.13）

苏式彩画等级最低，源自江南园林的包袱彩画，是在檩、垫板、枋三构件上画很大的画心，俗称"包袱"（搭袱子），在包袱中画山水、人物、花卉、翎毛等图案。苏式彩画主要运用于住宅、园林，风格清幽雅致。（图1.2.14）

第三节　中国传统建筑的分类与文化特征

一、传统建筑的分类

中国传统建筑可以概括为八类。

1. 传统行政建筑。满足各级统治者办公与生活的需要，如皇宫、衙署、贡院、驿站、公馆等。

2. 传统防御建筑。满足保障安全、防御敌人的需要，主要是城市的建设，包括城市规划、城墙、城楼、堞楼、村堡、关隘、长城、烽火台等。

3. 传统祭祀建筑。满足祭祀天地、鬼神、祖先以及先贤的礼仪需要，如太庙、天坛、地坛、日坛、月坛、先农坛、社稷坛、文庙、武庙、屈原祠、二王庙、武侯祠、张飞庙、岳王庙等。

4. 传统陵墓建筑。主要指古代皇帝的陵寝及贵族墓葬，如秦始皇陵、汉武帝陵、唐乾陵、明十三陵、清东陵、清西陵、马王堆汉墓、南越王墓、满城汉墓等。

5. 传统宗教建筑。是各种宗教修行、活动场所。如佛教的寺庙、道教的宫观、伊斯兰教的清真寺、基督教的教堂等。

6. 传统园林建筑。满足各阶层游玩休闲的需要，包括帝王苑囿和私家园林。如圆明园、颐和园、避暑山庄、沧浪亭、狮子林、拙政园、煦园、个园等。

7. 传统民居建筑。是最基本的建筑类型，满足人们居住的需要。包括贵族府邸和平民住宅。根据地域和民族的不同呈现出丰富的特点，如四合院、窑洞、干栏式竹楼、土楼、碉房、毡包等。

8. 其他传统建筑。包括满足装点环境、主题纪念、休闲娱乐以及特殊功能需要的各类建筑。包括钟楼、鼓楼、过街楼、市楼、牌坊、影壁、华表、桥梁、戏楼、观象台、书院、商铺、会馆、旅店、作坊等。

二、传统建筑的文化特征

（一）讲究风水，追求天人合一

中国传统建筑十分重视人与自然环境的和谐关系，在建筑选址上讲究风水学说，追求天人合一。天人合一是中国传统艺术的核心思想。

风水也叫堪舆学，是以天人合一思想为核心的人居生态环境学，追求建筑与周围环境的融合。魏晋郭璞《葬经》曰："气乘风则散，界水而止，古人聚之使不散，行之使有止。……故谓之风水。风水之法，得水为上，藏风次之"。风是流动的空气，水是大地的血脉，好风水造就生生不息的希望。因此风水学说讲究"藏风得水聚气"。

中国原始时期已经出现朴素的人居环境选址活动，住宅具有避风向阳、亲水而居的特点。建筑布局上，以人工沟壑隔开住宅区和墓葬区。在古文献中也经常出现"卜宅""相宅"的记载。春秋战国时期形成"阴阳家"，产生风水学萌芽，秦汉到魏晋时期正式形成风水学说。隋唐时期是发展时期，明清则是系统总结时期。明清以来，风水理论分为形势宗与理气宗两个流派。形势宗注重勘察地形走向，所谓"寻龙捉脉"，讲究"龙、穴、砂、水、向"五个要素。理气宗则重视阴阳五行八卦相生相克。

图1.3.1　北京故宫角楼

天津大学教授王其亨认为："风水术实际上是集中地质学、地理学、景观学、建筑学、伦理学、心理学、美学等于一体的综合性、系统性很强的古代建筑规划设计理论，它与营造学、造园学构成了中国古代建筑理论的三大支柱。"[1]

（二）讲究伦理，体现文化秩序

中国传统建筑体现特定的伦理文化内涵。不同等级的建筑的用料、色彩、尺度都有严格规定，等级森严，不得僭越。例如北京四合院的正房只能给长辈居住，体现出鲜明的伦理秩序。故宫乾清宫是皇帝居住的地方，象征天；皇后居住在坤宁宫，象征地；乾清宫与坤宁宫之间有一座交泰殿，寓意天地交泰，阴阳和合。

（三）土木当家，突出框架结构

中国文化是农业型文化，人民倾向于亲近自然，建筑多用土木，人们创造丰富的框架结构和精美的装饰。北京故宫的角楼结构复杂而优美，平面是方形，四面出抱厦，整体呈曲尺形，三重檐，最上一层由中间的黄琉璃瓦攒尖顶和四面的四个歇山顶组合成十字脊。角楼的框架结构中有九梁、十八柱、七十二条屋脊，构思绝巧，技艺精湛。（图1.3.1）

木结构建筑在施工、省材、装饰等各方面比石材具有很大优越性，但不及石结构建筑坚固耐久。在防火、防水方面也有一定弊端，不易留下年代久远的建筑。

1　王深法. 风水与人居环境 [M]. 北京：中国环境科学出版社，2003:13

（四）庭院深深，讲究群体组合

中国传统建筑以间为单位组成单体建筑，然后由单体建筑组合成庭院，还以庭院为单位形成大型建筑群体。这种平面布局在宫殿、民居、衙署、寺观等各类建筑中经常出现，使建筑呈现出宏大壮阔的气势。最典型的例子就是故宫，现存房屋8700多间。中国传统建筑以庞大的规模占据了广阔的土地，而西方的建筑，则以高度取胜，占据了天空的一角。

（五）美轮美奂，艺术形象丰富

中国传统建筑在结构、形式、功能、色彩、装饰等方面和谐统一，却又在不同类型的建筑中和而不同，各美其美，表现出丰富的审美风格。这种魅力体现在"如鸟斯革、如翚斯飞"的翘角飞檐里，在雕梁画栋的神工天巧里，在雕栏玉砌的层台累榭里，在粉墙黛瓦的民居里，在碧瓦朱檐的宫殿里，在曲径通幽的园林里，在庄重肃穆的寺观里。

思考题

1. 中国传统建筑的四个发展时期各有怎样的特征？
2. 中国传统建筑的基本结构有哪些？
3. 何谓斗拱？
4. 中国传统建筑的分类有哪些？
5. 中国传统建筑有怎样的文化特征？

第一节　概述

　　中国传统行政建筑包括中央各级官署和地方各级官署，以及其他相应的政府机构。如宫城（宫殿所在）、皇城（中央行政机关所在）、各州衙署、各府衙署、各县衙署、太学、贡院、驿站、公馆等。

　　宫殿是传统行政建筑最重要的内容，也代表中国传统建筑的最高成就。中国宫殿的雏形可以追溯到氏族社会时具有居住、聚会、祭祀功能的大房子。随着社会的发展，产生了国家政制，君王产生，宫殿随之产生。"宫"最初只表示房屋，在商代

甲骨文中就出现了"宫"字，为穴居房屋的造型。秦汉时期，专用于帝王住宅。春秋之后，"宫"与"殿"合用，表示帝王居住与办公的地方。《尔雅·释宫》记载："宫谓之室，室谓之宫。"

　　宫殿建筑以巍峨壮丽的气势、宏大的规模和严整庄重的空间格局给人强烈的视觉震撼，融"大壮"与"温柔敦厚"为一体，集中体现出中国传统文化的精神内涵。西汉初期、丞相萧何以"天子以四海为家，非壮丽无以重威"强调宫殿建筑的意义。

第二节　宫殿建筑的历史沿革

一、三代时期的宫殿

　　河南偃师二里头的夏朝宫殿遗址以廊庑围成院落，前建宽大院门，后建殿堂。殿内分布开敞的前堂和封闭的后室，建筑都建在夯土地基上。这种院落组合和前堂后室（前朝后寝）布局开创了后世宫殿布局的基本方式。二里头宫殿建筑遗址已发掘两座，其中一号宫殿庭院呈缺角横长方形，东西108米、南北100米，东北部折进一角，茅茨土阶。庭院北部正中基址长30.4米，宽11.4米，复原后形成面阔八间、进深三间的大型重檐庑殿顶宫殿建筑。（图2.2.1）

　　河南郑州、湖北黄陂盘龙城和河南安阳小屯村的殷墟有商早期和中期的宫殿遗址。商晚期宫殿遗

址主要在殷墟，殷墟紧靠洹水，占地面积约24平方公里，东西6公里，南北4公里。分为宫殿区、王陵区、一般墓葬区、作坊区、民宅区和奴隶居住区等，在宫殿区发现54座王宫建筑基址。

　　周朝早期活动于渭水中上游，位于岐山与扶风两县之间的周原是周朝的发祥地。先后以岐邑和丰（沣河西岸）为都城。周武王迁都于镐（沣河东岸），史称西周。丰京与镐京隔水相望，以桥相连，合称丰镐。丰京是宗庙和园囿的所在地，镐京为周王居住和理政的中心。镐京又称宗周，《史记》记载："武王已平殷乱，天下宗周"。因此，宗周也代指周王朝。

　　已发掘的西周早期宫殿基址有陕西岐山凤雏和

扶风召陈二处。岐山宫殿是中国已知最早、最完整的四合院，对称布局，已有相当成熟的布局水平。另外，在周代宫殿遗址中发现瓦的使用，这改变了建筑的"茅茨土阶"状态，使建筑艺术的坚固性和艺术性得到很大提升。（图2.2.2）

春秋战国时期，各诸侯国的宫殿都在高大夯土台上，分层建木构房屋，土木结合，外观宏伟，等级分明。形成"高台榭，美宫室"的奢靡之风。代表性遗址有河北易县燕下都老娆台、邯郸赵王城丛台、山西侯马新田故城土台等。

二、秦汉时期的宫殿

秦汉时期堪称我国古代宫殿建筑第一次大发展时期。秦始皇统一六国之后实行中央集权统治制度，在都城咸阳大兴土木，修筑了历史上著名的阿房宫。其遗址在今陕西西安西郊阿房村一带。阿房宫前殿遗址夯土台基东西长1270米，南北宽426米，现存最大高度12米，夯土面积541020平方米，是迄今所知中国古代历史上规模最宏大的夯土基址。遗址面积规模与《史记·秦始皇本纪》所述"东西五百步，南北五十丈"基本一致（汉朝一丈约为今天3米）。

汉朝（公元前206-220年）分为西汉（公元前206-25年）和东汉（25-220年）两段。西汉都城长安的宫殿是各自独立的，分为未央宫、长乐宫、建章宫、桂宫、北宫、明光宫等几个宫殿区。东汉定都洛阳，宫殿分为南北二宫，有阁道相连。

未央宫遗址在西安市西北5公里处，公元前200年，丞相萧何监造，由承明、清凉、金华、玉堂等40多个宫殿组成，占长安城总面积的七分之一。现在地面遗留未央宫前殿台基东西宽约150米，南北长约350余米，北端最高处达10余米。未央宫用以举行大朝仪式，规模最大。主殿称前殿，中央用于大朝，西侧用于常朝。与周制三朝纵列的方式不同，开创魏晋南北朝时期"东西堂制"先河。

长乐宫是在秦朝兴乐宫的基础上扩建而成，由前殿、长信宫、宣德宫等14座宫殿组成。周长约10公里，面积6平方公里，汉高祖建都长安后居于此宫。汉惠帝之后，皇帝移居未央宫，长乐宫专供皇

河南偃师二里头夏朝一号宫殿遗址及复原图

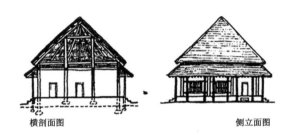

横剖面图　　　　　　　　侧立面图

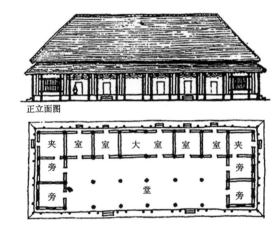

正立面图

夹室	室	大 室	室	室	夹室
旁					旁
旁		堂			旁

图2.2.1　二里头夏朝一号宫殿遗址及复原图

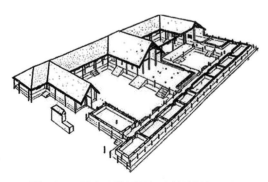

图2.2.2　岐山凤雏村周朝建筑遗址复原图

太后居住，成为东宫或东朝。遗址平面为不规则的长方形，占汉长安城总面积的六分之一。

三、魏晋至隋唐时期的宫殿

魏晋南北朝时期的都城也营造很多宫殿，但屡经战乱破坏，资料匮乏。三国时期，曹操以邺城（今河南临漳县西）为都城，东西7里，南北5里，城有7门，以一条主街将全城分为南北两部分。城北为官署区，正中为宫殿区，宫殿区西部的文昌殿是朝会大典之所，"极栋宇之弘规"。宫殿区东部为官署，主殿是听政殿，是曹操处理政务的地方，建筑朴实无华，"木无雕锼，土无绨锦"。还有纳言闼、尚书台、内医署、三台阁、相国府、御史大夫府、少府卿寺、奉常寺、大农寺、太仆卿寺、中尉寺等建筑。听政殿后是曹操起居的披庭宫。宫殿区以东是宗室外戚贵族所居的戚里，以西是皇家苑囿铜雀园，园内修筑铜雀台（中）、金虎台（南）、冰井台（北）等三座高台，其上各有房屋一百多间，有阁道相通。当时宫殿布局多取南北纵深方式，在宫城内设前朝后寝，宫城北有苑囿。

曹操对邺城的建设具有划时代的意义。开创了中轴线和对称的布局模式，官署、宫城与居民区分开，秩序森严，按照前朝后寝的方式规划，整个城市布局严整，对南朝建康、魏晋和北魏的洛阳甚至隋唐长安都有影响。

西晋灭亡之后，南、北方各政权交相更替，各有宫殿营建，但大都随其国而兴废。其中后赵石勒和石虎时期在襄国（今河北邢台县）和邺城的宫殿壮丽宏伟，规模庞大。《晋书》描述："漆瓦金铛，银楹金柱，珠帘玉壁，穷极伎巧。"

隋文帝主张节俭，宫殿营造较少。隋炀帝则穷极奢侈，广置宫殿和苑囿。唐朝宫殿区集中在长安北部正中，中间为太极宫，东面是太子居住的东宫，西面是后妃居住的披庭宫。宫殿区南面是皇城，设置政权机关。宫殿采取中轴对称格局，采取周朝"三朝五门"制度，所谓"五门"，唐朝称为"承天门，太极门，朱明门，两仪门，甘露门"。"三朝"指的是外朝（承天门）、中朝（太极殿）、内朝（两仪殿）。

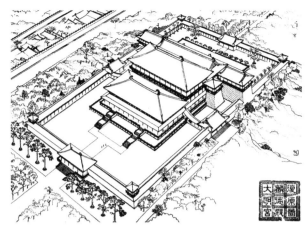

图2.2.3　唐长安大明宫麟德殿复原图

634年，唐太宗在长安城东北部的龙首原为其父李渊营建永安宫作为消暑的夏宫，次年改称"大明宫"。663年，唐高宗又进行大规模扩建，并从太极宫迁到大明宫举行朝寝，从此大明宫成为唐朝的政治中心。896年，大明宫毁于战火。大明宫分为宫廷和衙署两部分，规模宏大，面积约为北京故宫的四倍，平面呈不规则的长方形。宫内现存含元殿、麟德殿、三清殿等大型宫殿遗址。（图2.2.3）

大明宫的南端丹凤门和北端太液池蓬莱山之间是1600余米长的中轴线，轴线上排列含元殿（外朝）、宣政殿（中朝）、紫宸殿（内朝）等主要建筑，轴线两侧采取大体对称布局。主次分明，互相映衬。含元殿是大明宫主殿，雄踞于龙首原南缘，有宫殿11间，宫殿左右外接东西方向的长廊，长廊左右两端再向南折与高台上的翔鸾阁、栖凤阁相连，整体呈凹字形，宫殿前还有长达75米的龙尾道。建筑风格明朗质朴，气魄雄伟，技术成熟，装饰简约，屋顶多用青瓦，形制对日本建筑产生很大影响。

除此之外，武则天还在东都兴建洛阳宫，以明堂作为洛阳宫的主体建筑。

四、宋元时期的宫殿

宋朝宫殿规模较小，内廷不保持对称。宋朝宫殿的创造性发展是御街千步廊制度，被后世沿用，另一个特点是使用工字形殿。

北宋宫城又称大内，规模不大，周长仅2.5公里。宫城位于内城中央稍偏西北处，每面各有一座城门，城四角建有角楼。南面中央的丹凤门（宣德门）有五个门洞，门楼两侧有朵楼。丹凤门南面是御街，街道两侧建有御廊。

外朝从丹凤门到主殿大庆殿保持中轴对称，而内廷不再保持对称格局。最前面的大庆殿宽九间，东西挟屋各五间，是皇帝大朝之所，其次是常朝紫宸殿。轴线的西面有与之平行的文德、垂拱二组殿堂，作日朝和宴饮之用。宫城内还设置若干官署，内城东北隅有一座大型皇家园林艮岳，外部西郊有金明池，都是皇帝游乐的御苑。

南宋宫殿亦称大内，其"南宫北市"的布局与历代有所不同。位置在临安城南端，范围从凤凰山东麓至万松岭以南，东至中河南段，南至五代梵天寺以北的地段。此外，还建有太子宫东宫和高宗、孝宗禅位退居的德寿宫，位置在临安大内以北、望仙桥东，殿堂雄丽，花木荣茂。

据《梦粱录》记载，南宋宫殿分为外朝、内廷、东宫、学士院、宫后苑五个部分。明万历《钱塘县志》记载，南宋大内共有殿三十，堂三十三，斋四，楼七，阁二十，轩一，台六，观一，亭九十。外朝建筑有大庆殿、垂拱殿、后殿（延和殿）、端诚殿四组。大庆殿是大朝，垂拱殿是常朝，后殿是皇帝在冬至、元旦等节日的斋宿之所，端诚殿是多功能殿宇，用作明堂郊祀时称"端诚"，策士唱名曰"集英"，宴对奉使曰"崇德"，武举授官曰"讲武"，随时更换匾额。

元朝皇城在大都正中偏南，有三组宫殿，大内（宫城）、兴圣宫（嫔妃）、隆福宫（太后住处），还有御苑和太液池，东有太庙，西建社稷坛，中轴对称，其余用工字形殿。元朝宫殿与传统汉族宫殿有

所区别，喜欢使用彩色琉璃，喜欢使用紫檀、楠木等高级木料，喜欢金红色装饰，在墙壁挂毡毯、毛皮和丝质帷幕，使用石料建造浴室和庋藏所。建筑形制出现盝顶殿、畏吾儿殿、棕毛殿等形式。皇帝御榻前设有诸王、怯薛（成吉思汗创建的护卫军制度）等侍宴坐床，皇宫台阶前栽植从漠北引种的"誓俭草"，以示子孙不忘草原。

五、明清时期的宫殿

明朝有三处宫殿，包括南京宫殿，中都临濠宫殿和北京宫殿。北京宫殿即紫禁城，是明代仅存的宫殿建筑群，始建于明永乐十四年（1416年），建成于永乐十八年（1420年），明清两朝24位皇帝在此办公和生活，是中国古代现存规模最大、最完整、最精美的宫殿建筑。1925年成立故宫博物院，紫禁城始称故宫。

紫禁城位于皇城的核心位置，南北长961米，东西长753米，占地约72万平方米。四周建有高大厚实的城墙，墙外以52米宽的护城河环绕，城墙四隅分别建造一座精致的角楼。四面各开一门，东面为东华门、西面为西华门、南面为午门、北面为神武门。建筑遵循前朝后寝、左祖右社格局。前朝部分以太和殿、中和殿、保和殿三大殿为中心，东西以文华殿、武英殿为两翼，是皇帝处理政务、举行重要庆典的地方。后面内廷以乾清宫、交泰殿、坤宁宫为中心，东西有东六宫和西六宫，以及养心殿、斋宫、宁寿宫、慈宁宫、御花园等，是皇室成员的生活区。现存建筑980余座，房屋8700余间，雕梁画栋，错金镂彩，气势雄伟，辉煌壮丽。（图2.2.4）

北京故宫综合运用传统建筑的建造技巧，代表传统建筑的最高成就，具有鲜明的文化特征。

第一，中轴对称布局，遵循居中为尊的思想。居中为尊的思想自古有之，《荀子》曰："欲近四旁，莫如中央，故王者必居于天下之中，礼也。"《礼记》曰："中正无邪，礼之质也"。天安门、端门、午门、太和门、三大殿、后三宫等全部坐落在中轴线上，各组建筑浑然一体，又层次分明。

第二，空间变化丰富，院落富于层次感和节奏

图2.2.4　北京故宫太和殿

感。"建筑是凝固的音乐"在故宫中得到完美诠释。天安门外的五座金水桥、华表、石狮等是音乐的前奏，进入天安门，经端门到雄伟的午门，节奏逐渐高昂，而抵达雄伟庄严的三大殿时，则是整个音乐旋律的最强音，后三宫和御花园的节奏则趋于舒缓。

第三，建筑形体尺寸主次分明，寓意深远。建筑物本身就是礼制的体现，在不同等级的建筑上，屋顶有重檐庑殿、重檐歇山、重檐攒尖、单檐庑殿等多种样式。开间数有九间、七间、五间、三间不等。

三大殿坐落在8米高的汉白玉"干"字形三层台基之上，太和殿（奉天殿）是最高等级的建筑，用于皇帝登基、元旦、冬至、万寿节、颁诏等重要仪式和庆典。明初为重檐庑殿九开间，清康熙年间改建为重檐庑殿面阔十一间，63.93米，进深五间，37.17米，连同台基高35.05米，宏伟壮观。殿内以和玺彩画为装饰，金碧辉煌。地面铺设苏州特制的地砖4718块，油润光亮。殿中央设楠木雕饰龙纹金漆台基，上设九龙金漆宝座，宝座后面是雕龙金漆屏风。内部柱子共72根，其中宝座两侧6根为贴金盘龙大柱，气势磅礴。（图2.2.5）

在殿前有宽阔的月台，上面陈设象征江山永固、吉祥长寿的一件日晷、一件嘉量、一对铜龟、一对铜鹤和十八尊鼎式香炉。殿前是面积达3万多平方米的广场以及200个仪仗墩。

中和殿（华盖殿）是皇帝大朝前的休息场所，方形结构，单檐攒尖顶，三开间，体量不大。位于太和殿和保和殿之间，使三大殿造型高低错落，有起有伏，韵律十足。殿中陈设两只金质四腿独角怪兽甪（lù）端、铜熏炉和肩舆（轿子）等物品。保和殿（谨身殿）是重檐歇山顶，九开间，是皇帝举行宴会、殿试的地方。（图2.2.6）

保和殿后面阶陛中间设有一块巨大石雕，石料出自房山大石窝，长16.57米，宽3.07米，厚1.7米，重达250吨，是故宫中最大的石雕。其上现存图案为乾隆二十六年（1761年）重新雕刻的九条蟠龙纹和海水江崖纹，象征"九五至尊"。

后三宫是乾清宫、交泰殿、坤宁宫。乾清宫面阔九间，进深五间，重檐庑殿顶，是明清16位皇帝居住过的寝宫，殿内高悬"正大光明"匾，为清顺治皇帝亲笔题写。交泰殿位于乾清宫与坤宁宫之间，

图2.2.5　北京故宫太和殿内景

单檐四角攒尖顶，面阔与进深个3间，平面为方形，是举行皇后生日"千秋节"典礼和存放清朝皇帝宝玺之所。殿内陈设自鸣钟、铜壶滴漏等计时器。坤宁宫是皇后的寝宫，面阔九间，有东西暖阁。清朝按照满族习俗将坤宁宫西端四间改为祭神场所，东端是皇帝大婚时的洞房。（图2.2.7）

第四，色彩绚丽、装饰丰富。古代建筑色彩以黄为尊，依次为赤、绿、青、蓝、黑、灰。故宫内不同功能的建筑用不同的色彩，宫殿用金、黄、赤色调，富丽堂皇；娱乐建筑则采用青、绿色调，突出活泼与自然之感。彩画题材以龙凤最贵，即和玺彩画。其次是锦缎几何纹样，即旋子彩画。青绿为主的花卉风景只用于次要庭园建筑，即苏式彩画。

第五，建筑技术成熟，功能设施完备。故宫有完整的沟渠系统用来防卫、防火、排水。帝王用水则由专人采自城外玉泉山，宫内建80口井以满足宫廷生活使用。宫内有防火墙，还放置铜缸、铁缸308口，既可以贮水防火，也可陈设观赏。建筑室内设地下火道、地坑以取暖。

除了北京故宫之外，保存最完整的古代宫殿建筑是沈阳故宫。沈阳是清军入关之前的都城（1625-

图2.2.6　北京故宫中和殿与保和殿

图2.2.7　北京故宫乾清宫内景

图2.2.8　沈阳故宫大政殿

图2.2.9　沈阳故宫崇政殿

1644年），沈阳故宫又称后金故宫、盛京皇宫，在建筑艺术上体现出汉族、满族、蒙族建筑艺术的融合。

沈阳故宫建于1625-1636年，占地6万平方米，一共有建筑百余所，房屋300余间。建筑布局可以分为3个部分：东路为努尔哈赤时期建造的大政殿与十王亭；中路为清太宗时期续建的大中阙，包括大清门、崇政殿、凤凰楼以及清宁宫、关雎宫、衍庆宫、启福宫等；西路则是乾隆时期增建的文溯阁等。整座皇宫楼阁林立，殿宇巍峨，雕梁画栋，富丽堂皇。（图2.2.8）

沈阳故宫在风格上有自己的特色。首先，建筑形制自由。举行国家重要典礼的大政殿为重檐八角亭式建筑，模仿满、蒙古族汗王狩猎、出征时扎设的帐幄，这在历代皇宫大殿中罕见。建于天聪年间（1627-1635年）的崇政殿是清太宗皇太极处理政务、接见外臣之所，采用五开间的硬山屋顶，饮食起居的清宁宫也采用五开间硬山顶，而非庑殿顶。（图2.2.9）

其次，建筑装饰奇特。各殿装饰题材主要采用龙纹，但造型奇特。内外檐木装修又借鉴藏传佛教建筑特色的兽面、蜂窝、莲瓣、如意等装饰式样，既有少数民族特色又带有浓厚的宗教色彩。各主要宫殿所用琉璃瓦件有黄、蓝、绿、红、白等多种色彩的动植物形象，殿顶全部采用黄色琉璃瓦加绿色剪边形式，给人活泼热烈之感。

最后，建筑布局遵循满族传统。东路大政殿居中而建，八旗衙署十王亭在左右两侧分布，这种形式源于满族特有的八旗政治体制，形成独树一帜的君臣合署办公"帐殿式"布局。中路大内宫阙按"前朝后寝"排列在南北中轴线上，但清宁宫等帝后寝宫建于高近4米的高台上，承袭女真族在山区居住时期贵族首领住宅建于最高处的习俗。处理国政的崇政殿在平地建造，相对低矮，形成"宫高殿低"的独特现象。凤凰楼是当时沈阳最高的建筑，始建于天聪年间，乾隆时期重修，是通往后妃生活区的门楼，也是皇帝后妃便宴和读书之所。它坐落于3.8米的高台上，楼身3层，单檐歇山顶，黄琉璃瓦绿剪边。"凤楼晓日"为盛京八景之一。（图2.2.10）

沈阳故宫内的文溯阁是清乾隆皇帝为贮藏四库全书而修建的七座藏书楼之一，其他六楼为北京故宫文渊阁、圆明园文源阁、承德避暑山庄文津阁、杭州文澜阁、扬州文汇阁、镇江文宗阁。文溯阁建于乾隆三十四年（1781年），仿照宁波天一阁而建，阁名取自周诗"溯涧求本"之意，象征着沈阳是清朝的发祥地。阁身外观两层，阁内三层。下层前后有檐廊，屋顶采用蓝琉璃瓦，檐下装饰青绿彩画。底层室内陈设宝座、雕花书桌、文房四宝等，上层满置书柜用于藏书。（图2.2.11）

清宣统三年（1911年），辛亥革命爆发，江浙联军攻下南京，以南京为临时政府所在地。民国元年（1912年）1月1日，孙中山在此处宣誓就任中华民国临时大总统，并组建中华民国，成立中华民国临时政府。民国十六年（1927年），天王府成为南京国民政府成立后的办公驻地。民国三十七年（1948年），改称总统府。总统府建筑群占地面积约为5万余平方米，建筑风格既有传统江南园林风格，也受西方建筑风格影响。府内有大堂、二堂、子超楼、西花厅、行政院办公厅、孙中山起居室、东花园、西花园等近代建筑。现存大门建于1929年，为钢筋混凝土结构的欧洲古典门廊式建筑。（图2.2.12）

总统府大堂平面呈工字型，原为太平天国金龙殿，抱厦五间面阔七间，硬山顶单层双檐结构，与二堂（原太平天国内宫）穿堂相连。同治九年（1870年）重建两江总督署，1929年国民政府部分改建后沿用至今，大堂正中横梁悬挂孙中山手书的"天下为公"匾额。大堂西侧是两江总督端方始建的黄色西洋式平房西花厅，仿意大利文艺复兴风格，整幢建筑坐北朝南，面阔七间，1912年1月以后成为中华民国临时大总统办公室。府内有东、西两个花园。西园即"煦园"，为明初汉王朱高煦的花园，因其名中"煦"字而得名。煦园与总统府连为一体，尚保留石舫、夕佳楼、忘飞阁、漪澜阁、印心石屋等建筑，煦园石舫是1746年两江总督尹继善所建，为总统府内现存最古老的建筑。（图2.2.13）

南京总统府（天王府）是近代规模最大、保存最完整的行政建筑群，也是太平天国和民国时期行政建筑的代表。

图2.2.10 沈阳故宫凤凰楼

图2.2.11 沈阳故宫文溯阁内景

图2.2.12　南京总统府大门

图2.2.13　南京总统府煦园石舫

第三节　其他行政建筑

其他的行政建筑还有衙署、太学、贡院、驿站、公馆等。驿站是古代供传递文书、官员来往及运输等中途暂息、住宿的场所；公馆指的是诸侯的离宫别馆或富贵人家的高档居所。

一、衙署

衙署是中国古代官吏办理公务的处所。《周礼》称"惟王建国，辩方正位，体国经野，设官分职，以为民极。"周朝时期称之为官府，汉代称官寺，唐代以后称衙署、公署、公廨、衙门，民国废止衙门，改称政府。衙署是古代城市中的主要建筑，大多按照一定的礼制规划，布局相对集中，建筑为院落式，规模视其等级而定。衙署大堂为主建筑，设在主庭院正中，前设仪门、廊庑等，遇到重要情况才使用大堂，大堂附属建筑为长官办理公务的处所。衙署内还有保存文牍、档案、钱粮之类的建筑，地方府、县衙署附设军器库、监狱。都城以外的衙署后接官邸供官员和眷属居住。基本格局是坐北朝南、左文右武、前堂后宅。

山西平遥县衙是国内存量极少、保存完整的古代县衙之一。平遥县衙署建筑是元、明、清各代遗存，位于衙门街中段路北，坐北朝南，东西宽131米，南北长203米，占地2.66万平方米。建筑群主从有序，布局对称，前堂后寝。步入县衙先看到照壁，进入大门后，经过第二道门是仪门，仪门中间

的大门遇到县太爷出巡或恭迎上宾以及喜庆之日才开放。两边的门供平时出入，东边为"人门"，西边为"鬼门"，提审、解押人犯时必须走这个"鬼门"。仪门过后是衙门院内，大堂在月台之上，两侧各有11间庑房，称为"六部房"，按照"左文右武"的礼制建造。东边是吏、户、礼房，西边是兵、刑、工房。大堂东还建有钱粮库。大堂过后是二堂，是县官日常办公的地方，院门两旁的小屋住着"门子"。二堂后面是内宅。（图2.3.1）

除此之外，河南密县县衙、甘肃嘉峪关游击将军府、河北保定直隶总督府、呼和浩特绥远将军府、张家口察哈尔都统署、伊犁将军府、北京东城区陆军部和海军部旧址、威海北洋水师提督署、甘肃永登县连城镇鲁土司衙门、广西壮族自治区忻城县城关镇莫土司衙署、云南孟连傣族拉祜族佤族自治县的孟连宣抚司署、云南梁河县南甸宣抚司署、云南建水县纳楼长官司署等也是保存较好的衙署。（图2.3.2）

二、太学与贡院

太学是中国古代官学，为全国教育体制中的最高学府。汉朝开始称"太学"，隋唐以后称"国子监"，清末废除科举制度，国子监不复存在。

北京太学亦称"国子监""国学"，是元、明、清三代国家设立的最高学府和教育行政管理机构。

图2.3.1 山西平遥衙署

图2.3.2 保定直隶总督府

它与文庙形成"左庙右学"格局，是中国现存唯一的保存完整的古代最高学府校址。太学建成于元至大元年（1308年），明朝曾进行大修。清乾隆四十八年（1783年）增建"辟雍"，形成今日的规模。占地28000平方米，有三进院落，中轴线上主体建筑有集贤门、太学门、琉璃牌坊、辟雍殿、彝伦殿、敬一亭等。

班固："辟者，璧也。象璧圆又以法天，于雍水侧，象教化流行也。"《五经通义》："天子立辟雍者何？所以行礼乐，宣教化，教导天下之人，使为士君子，养三老，事五更，与诸侯行礼之处也"。辟雍是北京国子监的中心建筑，是皇帝讲学的专用宫殿，也是现存唯一的古代皇家学宫。辟雍大殿长、宽各17.6米，面积约310平方米，地面以"金砖墁地"，顶部采用金龙和玺天花藻井，中间无柱，抹角架梁，空间宽敞，结构稳固合理，装饰华美。辟雍与周围的环形水池形成"外圆内方"的格局，宛如一块玉璧，体现出中国传统的文化观念。（图2.3.3）

贡院是古代科举考试的考场，亦称"考棚"。"贡"的意思指的是各地举人来此应试，就像是向皇帝贡奉特产。隋唐时期实行科举制度，贡院随之产生，清末废除科举，贡院也被闲置。现存较完整的贡院有北京建国门内大街的明清北京贡院、河北定州贡院、四川阆中川北道贡院、江苏南京江南贡院、江苏泰州学政试院等。

四川阆中贡院是目前全国保存最完整的清代乡试考棚，也是清代保宁府培养和选拔人才的学校。始建于清顺治时期，为三进四合院穿斗式木构建筑。占地

5200平方米，建筑面积3600平方米。由大门、十字连廊、号舍、至公堂、明远楼、会经堂等建筑组成。前院是考场，后院是斋舍，四周都是号房。考试时按天、地、玄、黄……编号，每间号房有进出小门一道。与大门相对的正厅是考官唱名、发卷、监考的地方。整体建筑布局合理，主次分明，是研究我国古代科举建筑以及科举制度的重要实物例证。

三、驿站

我国是世界上最早建立有组织的信息传递的国家之一。邮驿历史悠久，具体功能包括公文传递、飞报军情、接待宾客、迎送官员、呈送贡品、交通运输、押解犯人、商旅投宿等。

邮驿制度始于商朝，当时便有乘车传递信息的方式。周朝设置专门的邮驿机构传递文书、运送货物、接待官员，同时建立烽火台用以传报敌情。秦朝统一天下后，以咸阳为中心，在各地设置邮传机构，形成邮亭、驿道在内的通信系统，每隔三五十里就设置邮亭，奠定历代邮驿的基础，河北井陉县仍遗存秦时驿道。汉朝改"邮"为"置"，称邮传为"驿"，确立健全的邮驿制度。魏晋南北朝时期邮亭和驿置合二为一，独具特色，水驿开始出现。隋唐时期是邮驿制度全盛时期，驿馆丰富、任务繁多，发展迅速。宋朝为加强中央集权，设置以军卒代替民役和急递铺通信制度。

元朝实行"站赤"（蒙古语驿站之意）和急递铺通信制度，驿站星罗棋布，影响深远。河北怀来县

图2.3.3　北京国子监辟雍

图2.3.4　盂城驿驻节堂

鸡鸣驿城是规模较大、功能齐全的邮驿建筑群。元朝始建驿站，明永乐十八年建驿城，为京师北路第一大驿城。清朝设驿丞署，一直沿用到光绪二十八年（1902年），驿馆与城墙、庙宇、街道等尚存。明朝开通了通往全国的干线驿路，清朝驿站分驿、站、铺三部分。铺由地方府、州、县政府领导，负责公文、信函的传递。到开办现代邮政之前，中国传统邮驿已经历经数千年岁月。

　　江苏高邮盂城驿是全国规模最大、保存最完整的古代邮驿。秦王嬴政二十四年（公元前223年），秦灭楚，在此地古邗沟边"筑高台，置邮亭"，故名高邮。三年后（公元前220年），又在高邮修筑驿道，"道广五十步，三步而树"。盂城驿始建于明洪武八年（1375年），是水、马大驿站，几经重修。清光绪二十六年（1900年）停运。1993-1995年修复，并设立中国唯一的邮驿博物馆，被誉为中国邮政"活化石"。盂城驿规模宏大，有正厅五间、后厅五间、送礼房五间、库房三间、厨房三间、廊房十四间、马神庙一间、马房二十间、前鼓楼三间、照壁牌楼一座。驿站北面还有驿丞宅一所，驿站旁还有秦邮公馆。现存各类古建筑约3000平方米，其中建于明朝的驻节堂是保存原貌最好的建筑，已有600余年历史。堂两边是宾客寝室，供过往人员下榻使用。（图2.3.4）

🔗 **思考题**

1. 中国传统行政建筑包括哪些门类？

2. 北京故宫的设计特色是什么？

3. 沈阳故宫具有怎样的建筑风格？

4. 辟雍有怎样的设计特征？

5. 古代邮驿建筑有怎样的功能？

中外建筑史

第三章
中国传统防御建筑

3

第一节 概述

传统防御建筑主要包括城市规划、城墙、城楼、堞楼、村堡、关隘、长城、烽火台等内容，形成完备的城市规划体制，在城市选址、交通运输、绿化、用水排水、功能分区、军事防御等各方面都取得卓越的成就。

早先城墙主要运用夯土版筑的技术来修筑。如现存于甘肃省的汉长城遗址、玉门关遗址、玉门关东北方向13公里处疏勒河畔的汉代河仓古城遗址等都是夯土版筑而成。（图3.1.1）

为了使墙体更加坚固持久，唐朝之后出现砖包夯土的城墙，明代之后，砖城墙得到普及。城市每面的城墙都设有城门以供出入，临水城市还开设水门。为加强城门的防御能力，很多城市设有二道城门，形成瓮城。城墙上每隔一段距离修筑城垛（也称雉堞、女墙、垛口、城上女垣也）、墩台，还有城楼等防御设施。如陕西榆林镇北台就是万里长城现存最大的要塞之一，建于明万历三十五年（1607年），外观为方形四层高台结构，高30余米。其主要用于瞭望敌情，素有"万里长城第一台"之美称。（图3.1.2）

城市是古代政治统治的根据地，城市建设直接体现出当时社会的经济、文化和科学技术等多方面的成就。古代建设城市的目的是为了防御外敌，保障居民安全。成就最高、最能反映建筑文化特色的是都城营造。[1]

《考工记》《管子》等文献中记载很多城市建设

图3.1.1 河仓古城遗址

图3.1.2 榆林镇北台

---

1 关于城、郭的名称，历代有不同称呼。或称子城、罗城；或称内城、外城；或称阙城、国城。一般都城都包括外城（郭）、皇城（内城）、宫城（大内）

思想。《管子·乘马》："凡立国都，非于大山之下，必于广川之上。高毋近旱，而水用足，下毋近水，而沟防省。因天材，就地利，故城郭不必中规矩，道路不必中准绳。"强调国都营造要充分利用自然资源，依托地利，城墙不一定要方圆规矩，道路不一定要平直如绳。《管子·大匡》强调城市要有功能分区，"凡仕者近宫，不仕与耕者近门，工贾近市。"

官员居住区靠近宫城，不做官者和耕田者居住靠近城门，工商业者居住靠近市场，这样的设计比较利于其职业。也有相关典籍记载认为最初建都并不用过分考虑地形的险要，只是到了后来，社会德行不足，时有动乱，需要"进可以攻、退可以守，治可以控制中外"的形胜之地来统治天下。

第二节　都城的历史沿革

一、三代时期的都城建设

夏朝设军队、制刑法、修监狱、筑城墙，建立了国家机器。此时，城市逐渐形成，河南偃师二里头文化遗址是夏朝都邑所在地。

商朝早期国都在亳，几经迁都，止于"殷"。殷都被西周废弃之后，逐渐沦为废墟，故称"殷墟"。它位于河南安阳小屯村，占地面积约24平方公里，东西6公里，南北4公里。大致分为宫殿区、王陵区、一般墓葬区、手工业作坊区、平民居住区和奴隶居住区，城市布局严谨合理。其城市的规模、面积、宫殿之宏伟，出土文物质量之精，数量之巨，充分证明它当时是全国的政治、经济、文化中心。

商纣王以朝歌为行都，即今河南淇县一带，原称沫邑，为商王武丁始立。《史记·殷本纪》中记载纣王"好酒淫乐"，并大兴土木，建造鹿台。公元前11世纪，周武王讨伐商朝，纣王战败后登鹿台自焚而死。

周武王定都镐京，史称西周。西周实行分封制来巩固政权，建立起很多诸侯国，封邦建国，分土而治。公元前770年，周平王迁都到东边的洛邑，史称东周。洛邑位于今河南洛阳，遗址已荡然无存。

春秋战国时期城市数量和规模有更大的发展，"千丈之城，万家之邑相望也"，出现赵邯郸、齐临淄、楚郢都、魏大梁等盛极一时的诸侯都城。山东临淄齐故城遗址、曲阜鲁故城遗址、河北易县燕下都遗址、河南新郑的郑韩故城遗址、洛阳东周都城遗址、江苏常州武进区淹国都城遗址等多处遗址，

根据对这些东周列国都城的考古发掘可知，这一时期的都城都有城墙包围，由宫城和郭城两大部分组成，主要宫殿都设在高台上。（图3.2.1）

淹国都城遗址是春秋时期保存下来最古老、最完整的地面古城池，其三城三河的形制独具特色。学界推断城主为吴王僚的兄弟盖余。吴王僚被诸樊之子公子光刺杀后，盖余出逃在外，城池逐渐荒废。盖余亦称掩余，"淹城"即掩余城演变而来。（图3.2.2）

《周礼》记载关于野、都、鄙、乡、闾、里、邑、丘、甸等制度，说明当时已有系统规划构思。春秋战国开始，中国已经有建筑环境系统观念，注重城市选址与周围环境的适应。吴国都城姑苏城（今苏州）就是当时吴王阖闾派遣伍子胥"相土尝水"后建造的。

二、秦汉时期的都城建设

（一）秦代咸阳

秦始皇废除分封制，实行郡县制度。把天下划为36郡，一千多个县，县以下设置乡、里等基层行政组织。这使中国城市建设得到进一步发展，城市成为中央、郡、县各级统治机构所在地。

都城咸阳是政治和商业中心，整个城市以宫室为中心，横跨渭水两岸。宫室规模惊人，延绵二百余里，最著名的是阿房宫。城内商业发达，"市张列肆"。秦始皇迁12万富豪移居咸阳，使咸阳发展成全国最大的城市，人口达到50万。

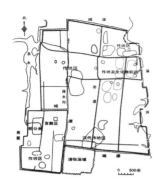

图3.2.1　临淄齐都遗址　　图3.2.2　淹城三重城垣　　图3.2.3　汉长安城长乐宫4号遗址
　　　　　　　　　　　　　　　　　遗址模型

（二）汉代长安

汉长安是汉高祖刘邦在咸阳兴乐宫的基础上逐步扩建而来，布局不规则，主要宫殿偏西。汉高祖七年，建未央宫，并迁都长安。汉惠帝元年（公元前194年）至五年，修筑长安城墙。汉武帝时在城内修北宫，桂宫、明光宫，在西城外营造建章宫，并扩充上林苑，开凿昆明池。全城四面各有三个城门，城中有八街（南北方向）九陌（东西方向）。宫殿几乎占全城面积的三分之二，居民区在城东北隅的宣平门附近，有闾里一百六十个，"室居栉比，门巷修直"。长安东南与北面共设置七座陵邑，人口众多。丝绸之路开通后，长安为起点，商业贸易发达、中西使节往来不绝，成为国际性大都市。（图3.2.3）

汉长安城遗址在西安西北约3公里处。城墙遗址为黄土夯筑，高度12米以上，基部宽度为12～16米，城外有壕沟，宽约8米，深约3米。经实测，东面城墙约6000米，南面城墙约7600米，西面城墙约4900米，北面城墙约7200米，城内总面积超过35平方公里。每个城门都有3个门道，各宽6米，恰好等于4个车轨的宽度。长安是十三朝首都，与洛阳、开封、南京、北京、杭州、安阳等并称为"七大古都"，与雅典、罗马、开罗并称为"世界四大文明古都"。

三、魏晋至隋唐时期的都城建设

（一）洛阳

洛阳地处中原，素有"四面环山、六水并流、八关都邑、十省通衢"之称。历来被看作"九州腹地""天下之中""河山拱戴，形势甲于天下"。夏、商、西周、东周、东汉、曹魏、西晋、北魏、隋、唐、后梁、后唐、后晋等十三朝皆以洛阳为都城。公元前12世纪，周公姬旦开始经营东都洛邑。公元前770年，周平王迁都于此开创东周时代，战国时期改称洛阳。东汉光武帝以洛阳为都城，在城中广建宫殿和楼、台、馆、阁，在城南还建造了明堂、辟雍和灵台，以及苑囿池沼。东汉末期，洛阳宫室尽毁于战火。公元220年，曹丕称帝，定都洛阳。

西晋时期洛阳逐渐繁荣昌盛，出现很多富丽豪华的宫室府邸。还有城西的金市、城东的马市、城南的羊市等三市，市场早放晚收均有定时。公元311年爆发永嘉之乱，匈奴贵族刘曜与羯族首领石勒的联军攻占洛阳，洛阳再次被毁。

北魏太和十八年（494年），孝文帝将都城从平城（大同）迁到洛阳。经过一年多营造才初具规模，城内宫殿苑囿建筑比以前有所发展。东西20里，南北15里，有外郭、京城、宫城三重。宫城偏于京城之北，宫殿台阁华美奇巧，用水系统和绿化也十分发达。官署、太庙、太社太稷、永宁寺9层木塔，都在宫城前御道两侧。城南还有灵台、明堂、太学等机构。市场集中于固定的区域，城中有220里坊。里坊的规模约为1里见方，每里开4座坊门，每门有里正2人，吏4人，门士8人，管理里坊中的住户。当时已经出现贫富悬殊的住宅区，京西郭内多居住贵族，洛阳大市一带多居住手工艺人和商人。

佛教寺庙大肆涌现，最盛时期寺庙达1376所，很多建筑的壮丽程度不亚于宫室，最著名的寺庙是胡灵太后修建的永宁寺。之后几经荒废和战争破坏，"城郭崩毁，宫室倾覆，寺观灰烬，庙塔丘墟"。

隋唐时期，洛阳获得复兴发展。隋炀帝即位后，改洛阳为东京。大业元年（605年）三月，隋炀帝派遣尚书令杨素、将作大匠宇文恺在汉魏洛阳故城西18里处经营洛阳新都，并把全国富豪商贾数万家迁于洛阳新城。唐初曾一度废除东都，但不久又恢复，并建造上阳宫，缩小苑囿，移动市场，其他基本照旧。

隋唐时期的洛阳城是陪都，规模小于都城长安，宫城不居中而偏于西北隅，以别于首都的规制。隋代有120坊和丰都（东市）、大同（南市）、通远（北市）三市。唐代洛阳全城共103坊，丰都市改称南市；大同市移至固本坊，改称西市，通远市仍称北市，后来西市被废弃。《旧唐书·地理志》说东都有"二市"，原因就在于此。洛阳商业贸易非常发达，是丝绸之路的东端起点，又是水路交通的枢纽。安史之乱以后，洛阳遭到严重破坏。（图3.2.4）

（二）建康

建康原名金陵，秦时称秣（mò）陵县，即今江苏南京。位于秦淮河入江口地带，东靠钟山，西倚长江，北枕后湖（玄武湖），南临秦淮，有虎踞龙盘之势。建安十七年（212年），孙权在此筑石头城，改称建业。229年，孙权把都城从武昌迁至建业，兴建建业城，周长二十余里，夯土筑墙，城内建有太初宫、昭阳宫和苑城等宫殿建筑。为了解决用水问题，开凿运渎、潮沟、东渠等河道。

西晋末年，因避晋愍帝司马邺名讳更名为建康。东吴、东晋和南朝宋、齐、梁、陈先后建都于此，历322年，被誉为"六朝古都"。城市布局上基本保持东吴旧貌，改土墙为砖墙，修6个城门。城中有南北向御道贯穿全城，宫城有两重，内城周长5里，外城周长8里。魏晋时期习惯称帝王的禁省为"台"，因此宫城也被称为台城，以宫城为中心，官署多沿宫城前中间御道向南延伸。居民和市场多集中在城南秦淮河两岸的地区，布局因地制宜，多作自由的街巷布置，大臣府邸多分布在城东青溪以东。

东晋时期在建康东南修筑一座"东府城"，作为宰相办公居住场所；又在西南修建"西州城"，作为扬州刺史治所。秦淮河南岸的丹阳郡是郡守驻地，城西据秦淮河口、面临长江的石头城仍是军事

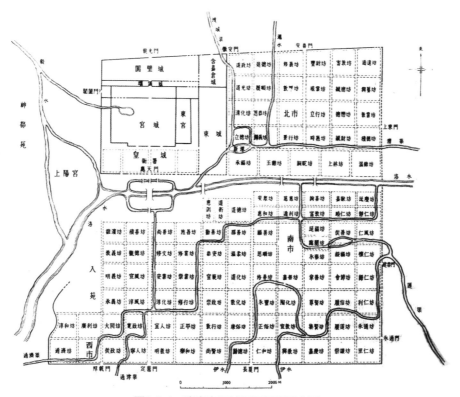

图3.2.4 隋唐洛阳城平面复原示意图

要地,是拱卫建康的重要屏障。北部江边的幕府山上筑有白石垒(或称白下),也屯兵守,保卫京城。南朝梁武帝时期,建康宫城加筑为3重,人口达百万众。

建康商业发达,交通便利,同时也名士辈出,佛教盛行,是六朝的经济中心和文化中心。隋文帝灭陈后下令拆除建康的都城、宫城、官署和军事建筑,盛极一时的建康荡然无存,仅留石头城作为新置的蒋州治所。

(三)长安

开皇二年(582年),隋文帝认为汉长安城规模小,水质咸卤,宫殿和官署、闾里杂处,遂派宇文恺在汉长安东南龙首山南面修建大兴城,分宫城、皇城、罗城三重,将官署集中于皇城之中,与居民和市场分开,功能分区明确。大兴城东西18里115步,南北15里175步,城中109个里坊和东、西2个市场,还有很多寺庙。按照"左祖右社"的礼制在大兴宫左右建造太庙和社稷坛。城北侧设大兴苑,城东南有曲江池,宇文恺将其建成芙蓉园,修建许多离宫别馆。另开挖永安渠、清明渠、龙首渠、广通渠以便利城中用水。

大兴城规划强调平面整齐对称,棋盘式布局。全城有14条东西向街道,11条南北向街道,道路宽阔平直,"百千家似棋盘局,十二街如种菜畦"。宫城与皇城之间的横街宽200米,皇城前直街宽150米,最窄的街道也有25米宽。

隋末李渊在太原起兵后,首先攻占大兴并定都于此,更名长安。唐太宗时,修建大明宫,主要宫殿向东北的大明宫偏移,因此王公大臣都集中到东城居住。主要人口集中在市区北侧,东西二市周围最为繁华。市由官府管辖,市门定时开关。唐玄宗时期在城东兴庆坊修建兴庆宫,筑有龙池、沉香亭和许多殿宇楼台,唐玄宗还开发曲江风景区和南苑,开挖漕渠通往西市。

唐长安面积为84.10平方公里,堪称古代帝都之冠。街道平整,两侧挖排水沟以排地面积水。全城有108个里坊,里坊平面近于方形,周围用高墙围住,四面开门,中间设置十字路,称为"巷"或"曲"。对坊内居民实行严格的宵禁制度,坊门和市门随着城门同时关闭,禁止行人上街活动。(图3.2.5)

长安有100多所寺院宫观,香火旺盛。保存至今的著名佛塔有城东南晋昌坊的慈恩寺大雁塔和城中央安仁坊的荐福寺小雁塔等。在城外风景区,还建有很多贵族的别墅。

隋唐长安城的规划和建筑充分反映封建社会盛期的宏伟气魄,它的形制对后世产生重要影响,而且被周边国家所模仿。渤海国的上京城、日本的平城京、平安京都是模仿隋唐都城而建造的。

四、宋元明清时期的都城建设

(一)东京

东京汴梁是北宋的都城,是在唐朝汴州治所的基础上扩建而成。北宋有四京:东京开封府(开封)、西京河南府(洛阳)、南京应天府(商丘)、北京大名府(大名)。

东京建城已有2700多年历史,春秋时为仪邑,战国时为魏国大梁。秦朝改置浚仪县。东魏时期设梁州,北周时改名汴州。唐朝时成为商业都会,是汴州治所和宣武军节度使驻地。五代时期,后梁、后汉、后晋、后周都建都于此。后周时期因为城中房屋拥挤、道路狭窄而加筑外城,开拓街坊,疏浚河道。北宋建立后仍用汴梁为都城,在北宋末年达到繁荣高峰。水路交通便利,商业和手工业高度发达,文化艺术蓬勃发展,科技水平在世界处于领先地位,城市人口最多时超过150万。

北宋画家张择端在《清明上河图》中描绘汴梁的繁盛景象。水运畅通,酒楼、茶馆、仓库、药铺、旅店林立,里坊制度和宵禁制度被彻底废除,综合娱乐场所"瓦肆"兴盛。孟元老描述:"举目则青楼画阁,绣户朱帘。雕车竞驻于天街,宝马争驰于御路。金翠耀目,罗绮飘香。新声巧笑于柳陌花衢,按管调弦于茶坊酒肆。八荒争凑,万国咸通。"(图3.2.6)

东京防御体系周全,全城分为皇城、里城(内城)、外城三重。外城周长48里233步,后来扩建到50里165步,呈长方形。通过市区的河道水门,都设铁窗门加强防御。(图3.2.7)

中外建筑史

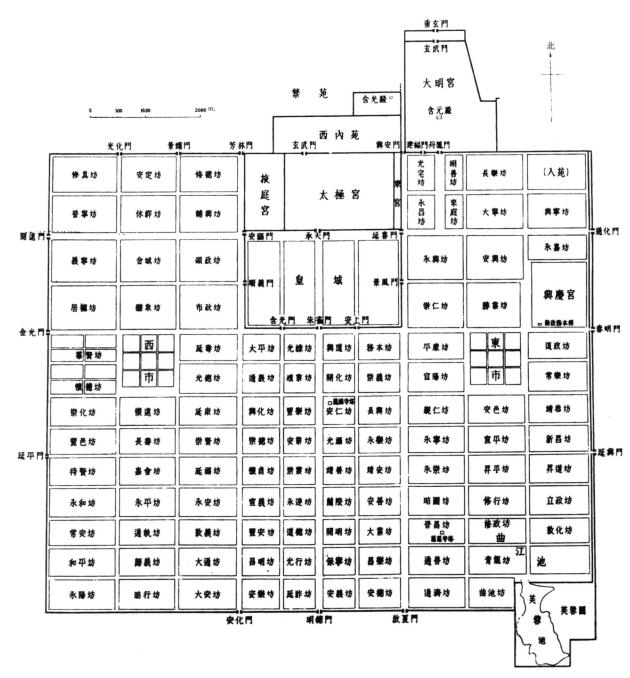

图3.2.5 唐长安城平面复原示意图

图3.2.6 张择端《清明上河图》局部之虹桥　　　　图3.2.7 张择端《清明上河图》局部之城门

里城也叫阙城，周长20里，155步，四周共有10个城门。皇城即大内、紫禁城，位于里城中央偏西北处。皇城内建筑基本对称布局，全城设6座城门。主体建筑有大庆殿、紫宸殿、崇政殿、文德殿、垂拱殿、皇仪殿等，内设枢密院、中书省、门下省、国史院等一干官署机构。

东京城街道纵横交错，状若蛛网。主要干道称御道，共有4条。宋真宗时实行厢制，把若干街道成厢，每厢管若干坊。东京城内有8厢120余坊，外城9厢。厢设厢吏，归开封府管辖。街巷每300步设军巡铺一所，每铺有5名士兵，夜间巡逻负责治安，还设专门的消防队负责防火。东京外城西郊建有金明池以供游乐，城中也有不少名胜别宫、皇家苑囿、寺庙宫观等人文景观，最著名的是艮岳、相国寺、开宝寺、繁塔等场所。

（二）临安

临安曾称余杭、钱唐、吴兴郡，又因水而得名"钱塘"，因山而得名"武林"。隋朝废郡为州，"杭州"之名首次出现。开皇十一年，在凤凰山依山筑城，"周三十六里九十步"，这是最早的杭州城。五代十国时期，吴越国建都杭州，时称西府或西都，经济繁荣，文化荟萃。吴越王钱镠（liú）在凤凰山筑"子城"，内建宫殿，又在外围筑"罗城"，周围70里，以增强防御。因形似腰鼓，而得名"腰鼓城"。

北宋时期，杭州为"两浙路"路治，大观元年（1107年）升为帅府，辖9县，人口达20余万户。经济繁荣，纺织、印刷、酿酒、造纸业都较发达，对外贸易进一步开展，是全国四大商港之一。

绍兴八年（1138年）临安正式成为南宋都城，城垣得以扩展，分为内城和外城。内城即皇城，方圆九里，城内兴建殿、堂、楼、阁，还有多处行宫及御花园。外城南跨吴山，北截武林门，右连西湖，左靠钱塘江，气势宏伟。设城门13座，城外有护城河。城中街道纵横交错，河渠丰富。

娱乐场所"瓦市"（瓦肆）延续北宋的繁荣热闹，每个瓦市里面又分为若干"勾栏"，亦称勾阑，是表演戏曲之所，用栏杆或布幔隔挡以便表演和分隔观众，如方形木箱。勾栏代指瓦肆，或称"勾栏瓦肆"，明代之后往往专指妓院。临安有南瓦、中瓦、大瓦、北瓦。以北瓦最大，内有勾栏13座。

（三）北京

北京位于华北平原的西北边缘，西靠太行，北倚燕山，东临渤海之滨，东南接华北平原，整个地形是一个半封闭的海湾状。古人以"幽州之地，左环沧海，右拥太行，北枕居庸，南襟河济，诚天府之国"来形容。

北京有3000余年的建城历史，其肇始可追溯到周武王封召公于燕（北京房山区）。在历史上先后有燕都、燕京、蓟城、涿郡、幽州、燕郡、南京（辽）、析津、中都（金）、大都、京师、顺天府、北平、北京等名称。

辽南京是人口稠密、经济繁华的大城。《辽史·地理志》记载，南京方圆36里，城墙高3丈，宽1丈5尺。城有8座城门，宫城位于城内西南隅，内有元和殿、昭庆殿、嘉宁殿、临水殿、长春宫。城中有26坊，街巷、坊市、寺观、衙署井然有序，城北为商业区。

金中都是金主完颜亮命张浩等人设计、在辽南京的基础上扩建而成，规格模仿东京，很多建筑和装饰材料直接取自东京汴梁，建筑豪华壮丽。动用民工80余万人，军工40万人，历时三年才建成。城市分为3重，外面的是大城，周长37里，略呈方形，每边3座城门，位置基本位于今北京西城区西部。大城中部前方是皇城，是长方形小城，故址在今广安门以南。皇城之内有宫城，还建有很多离宫别馆和园林苑囿。

元朝建有上都、中都、大都三个都城。1260年，忽必烈在内蒙古锡林郭勒盟正蓝旗草原建元上都，分宫城、皇城、外城三重。至元元年（1264年）改称中都路大兴府。至元四年（1267年），在金中都东北处建大都城，蒙古人称之为"汗八里"，意为"大汗之城"。1307年，元武宗在河北张北县馒头营乡建元中都，亦为三重城垣。

元大都设计者是刘秉忠，以金代离宫大宁宫和琼华岛附近的湖泊（今北京中海和北海）为中心营建。为了解决漕运问题，忽必烈采取水利工程专家郭守敬的意见，改造旧闸河，引玉泉山水以通漕运，由大运河与海运来的船可以从通州直达琼华岛北面的海子（今积水潭）。元大都有宫城、皇城、外城三重，城墙周长28600多米，南北略长，呈长方形，北面有2座城门，其余皆有3座，共有城门11座。城市的南北中轴线也就是宫城的中轴线，突出宫城的至尊地位。沿中轴线向北，建有钟、鼓楼，是全城报时中心。元大都实行开放式的街巷制度，体现出城市规划新理念。城内居民区根据街道划分为50坊，居民超过十万户。道路系统整齐有序，呈方格状，分为干道和胡同两大类。元大都城街道的布局，奠定今日北京城市的基本格局。

1368年，明朝攻占大都，改名北平，取"北方安宁平定"之意。1403年明成祖朱棣即位后，动用20多万工匠和100多万民夫营建北京城，从永乐四年（1406年）到永乐十八年基本完工，正式迁都后改称京师。嘉靖三十二年（1553年）修筑北京外城，原计划环绕北京内城四面一律加筑外垣，后因财力不足，只修建南郊的城墙，把天坛和先农坛纳入城内，使北京城的平面形成凸字形。（图3.2.8）

外城东西长7950米，南北长3100米，南面有三门，东为左安门，西为右安门，中间是永安门。东西两面各开一门，分别是东面的广渠门和西面的广宁门（清朝时为避讳道光皇帝名字"旻宁"被改称广安门），东北有东便门，西北有西便门。城门都有瓮城和城楼，防御性强。瓮城也叫月城，是建在城门之外的半圆形或方形小城，能够有效增强防御。敌军进入后，守军在城墙上将城门关闭，将敌军围在瓮城之中，形成"瓮中捉鳖"之势，因此得名。由于建造外城是为确保北京的安全，所以城门名称多具有"安定""安宁"的寓意。北京城门有"内九外七皇城四"之说，各有不同的名字和用途。

北京全城有一条中轴线，南起永定门，北至钟鼓楼，长约7.5公里。轴线上从南往北依次排列着永定门、前门箭楼、正阳门、中华门、天安门、端门、午门、紫禁城、神武门、景山（万岁山）、地安门、后门桥、鼓楼、钟楼。

皇城位于中轴线上，平面呈不规则的方形，东西约2500米，南北约2750米。皇城有高大的砖垣围护，四面开门。内部以宫城（紫禁城）核心，主要建筑对称布局。城内街道坊巷延续元大都的规划，市肆有132行，集中在皇城四周。清朝进一步修建宫殿和苑囿，修建颐和园、圆明园等著名皇家园林。

（四）南京

南京在元朝称集庆路，1368年，朱元璋改称应

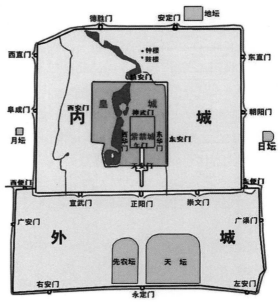

图3.2.8 明清北京平面示意图

天府，以开封为北京，应天府为南京，南京之名由此而来。洪武十一年（1378年），南京改称京师，成为全国的都城。

南京地处江湖山丘交汇之处，地形复杂。朱元璋对南京旧城进行改造，整个都城形成三大功能分区：东部是皇城区，城南是居民和商业区，西北是军事区。宫城是核心，东西宽约800米，南北长约700米，按照"左祖右社"礼制设太庙和社稷坛，宫城之外是皇城，皇城南面御街两侧是文武官署。正阳门外还建有祭祀天地的大祀殿和山川殿、先农坛等建筑。

朱元璋调集很多富豪和工匠来南京居住，原居民被大批迁往外地，改变了居民结构。商铺临街而建，鳞次栉比。官府还建造"廊房"（铺房）和"塌房"（货仓）出租给商人进行贸易。贵族富豪都集中于旧城内秦淮河一带。南京城平面呈南北长、东西窄的不规则形，分宫城、皇城、都城、外郭4道城墙。南京城墙是一项伟大的工程，周长33.68公里，城墙高达14-20米，顶宽4-9米，全部采用条石和大块砖修砌而成，城砖是沿长江各省120余县烧造供给的，质量精良，每块砖都印有承制工匠和官员的名字。筑城时在夹缝中灌用糯米汁或高粱汁与石灰和桐油混合的夹浆，加强粘合力。城墙上设有垛口13600多个，窝铺200多座，城门13座，都设瓮城。砖城的外围还筑有一道外郭土城，长达67公

图3.2.9　南京中华门

里，有郭门18道，栅栏门与外金川门为清朝增辟。

中华门是南京明城墙13座城门之一，原名聚宝门，建于元至正二十六年至明洪武十九年（1366-1386年），民国二十年（1931年）更名中华门，蒋介石亲自题写"中华门"匾额。采用巨型条石和城砖修筑而成，是中国现存规模最大的古代城门，也是世界上保存最完好、结构最复杂的堡垒瓮城，被誉为"天下第一瓮城"。中华门瓮城南北128米，东西宽118.45米，总面积15168平方米，城墙最高处达到21.45米。四道券门贯穿形成三道瓮城，呈"目"字形结构，各城门均有双扇包铁门和可以上下启动的千斤闸。东西两侧设有马道，可以骑马登城。整个城共有二十七个藏兵洞，可以藏兵三千余人。（图3.2.9）

第三节　地方城市与长城

一、地方城市建设

很多地方中心城市往往是府、县治所，都有相关的公署与设施，如衙署、察院、税课司、巡检司、仓储、学校、医疗、养济院、漏泽园（掩埋无主尸殍）、城隍庙、文庙、以及各种祭祀建筑等。在建筑功能分区、防御工程、水利工程、水陆交通、邮驿设施等基础建设方面都有很高成就。并且因地域环境的影响在城市规划布局上具有因地制宜的特点，或平地建城，或依山筑城，或傍水建城，不一而足，很多地方城市如今已成为国家历史文化名城。

（一）苏州

苏州位于太湖之滨，长江南岸入海口处，风景秀丽，人文荟萃，繁华富庶，是千古名城。至今仍保持"水陆并行、河街相邻"的双棋盘格局、"三纵三横一环"的河道水系和"小桥流水、粉墙黛瓦、古迹名园"的独特风貌。

周朝时为吴国属地，封太伯于此。公元前514年，吴王阖闾任命伍子胥建吴国都城，称为阖闾大城。秦朝称吴县，隋开皇九年（589年）始称苏州，以城西南的姑苏山得名。宋太平兴国年间（976-984年）改平江军，宋徽宗政和三年（1113年）

图3.3.1　苏州吴门桥

图3.3.2　苏州盘门瓮城

升为平江府。因此，苏州还有姑苏、吴、吴县、东吴、平江、吴中等别称。《方舆胜览》："具区在西，北枕大江，水国之胜，旁连湖海，枕江连海，为东南冠。"苏州城内河道纵横，形成交通网和排水系统，"家家门外泊舟舫"。周边还有风景旖旎的同里、周庄、甪直等水乡古镇，马可·波罗赞誉其为"东方威尼斯"。

由于河道密布，苏州桥梁数量很多。唐代时期苏州的桥梁约有370座。白居易描绘："半酣凭槛起四顾，七堰八门六十坊。远近高低寺间出，东西南北桥相望。水道脉分棹鳞次，里闾棋布城册方。"吴门桥是苏州最高的单孔石拱桥，始建于元丰七年（1084年），位于苏州城西南盘门外，跨越古运河之上，是陆路出入盘门的必经通道。桥身为花岗岩砌成的单拱石桥，全长66.3米。据《吴县志》记载，这座桥是郡人石氏出资修建，原名新桥，又称三条桥，历经多次重建。宋代《平江图》所载为三桥相连，下设三孔，清乾隆《盛世滋生图》所绘为三孔石桥。（图3.3.1）

南宋时期苏州是国家经济、文化与军事重镇，号称"苏湖熟，天下足"。绍定二年所刻的平江图碑，准确地表现了南宋苏州城的平面布局。全城河道如织网，城内有主要河道组成通向城门的干河，由此分出很多支河通往各街巷，各种商铺与住宅建于河道两边。城墙内外各有一道壕沟，形成双层护城河，还利于交通。衙署位于城中部偏南的地方，城北是居民区。唐朝时期苏州有60个里坊，宋朝仍以坊命名居住区，但不设坊墙。（图3.3.2）

明清时期苏州私家园林蓬勃发展，拙政园、留

园、网师园、环秀山庄、沧浪亭、狮子林、艺圃、耦园、退思园等9个古典园林都已列为世界文化遗产。

（二）扬州

扬州"据淮拒海，枕江臂淮，重江复关，土甚平旷，江左大镇，东南佳丽。"夏商时属百越，春秋时期为邗国。吴王夫差在蜀冈筑邗城，是扬州城市历史的开端，开凿邗沟贯通长江与淮河，成为最早的运河。秦朝设广陵县，属九江郡。汉朝称广陵、江都，吴王刘濞为增强实力，"即山铸钱，煮海为盐"，使扬州繁盛一时。

隋开皇九年（589年）始称扬州，隋大业元年（605年）改称江都郡。隋炀帝开大运河连接黄河、淮河、长江，奠定了扬州空前繁荣的基础。扬州东北的禅智寺曾是隋炀帝行宫，后施舍为寺。扬州扼大运河入江口，不仅是东南地区财赋和漕盐铁水运枢纽，也是对外贸易的重要商埠，江南物产多在此集散，大食、波斯等国商人在此云集，扬州东北五公里处的茱萸湾是唐时重要的码头。

《梦溪笔谈》："扬州在唐时最为富盛，旧城南北十五里一百一十步，东西七里三十步。"唐朝后期，扬州成为全国最繁华的工商业城市，富庶甲于天下。《资治通鉴》："扬州富庶甲天下，时称扬一益二。"

唐建中四年（783年），淮南节度使陈少游修筑广陵城，后得淮南节度使高骈完缮城垒。扬州唐城包括子城和罗城两重结构，周长20公里，"街垂千步柳，霞映两重城"。子城在蜀冈之上，集中分布官府

衙署，因此也被称为衙城，周长6850米，夯土城垣遗址保存较为完整。子城四面各开一门，城内设十字街道贯通四门。罗城在蜀冈之下，呈长方形，为居民区和工商业区。唐代扬州出现临街设店、夜市千灯的繁荣盛况，如王建《夜看扬州市》诗曰："夜市千灯照碧云，高楼红袖客纷纷"，李绅《宿扬州》诗曰："夜桥灯火连星汉、水郭帆樯近斗牛"。在一些乡村和偏远地区，还定期举行草市，即农村的集市。"草市迎江货""草市多樵客"等诗句都是对草市的描述。也有按照交易的物品命名的，如柴市、米市、马市等。扬州唐城遗址规模仅次于长安、洛阳，是我国东南地区著名的唐城遗址。

宋太宗淳化四年（993年），分全国为十道，扬州属淮南道。宋太宗至道三年（997年），又分全国为15路，扬州属淮南路。宋神宗熙宁五年（1072年），分淮南路为东、西两路，扬州是淮南东路首府。宋代扬州有三城：宋大城、宝佑城、宋夹城。建炎元年（1127年），高宗赵构以扬州为"行在"，次年诏命"扬州浚隍修城"，户部尚书吕颐浩主持城市修筑工程，史称"宋大城"，平面略呈方形，东西约2200米，南北约3000米。设有四门，东为康海门，西为通泗门，南为安江门，北为迎恩门。

2000年以来，东门遗址经过系列考古挖掘修复，2009年复建城墙和重檐歇山顶门楼，再现"壮丽压长淮，形胜绝东南"的古城风貌。与东门相连的东关街是扬州最具特色的历史街区，全长1122米，东关街向东直抵古运河，西至国庆路。《扬州画舫录》记载："新城东关至大东门大街，三里，近东关者谓之东关大街，近大东门者谓之彩衣街。"街面原以长条板石铺设，两侧商铺林立，生意昌盛，是扬州的水陆交通要道和手工业、商业以及宗教文化中心。东关街保存很多明清民居和鱼骨状街巷体系，分布着包括个园、逸圃、汪氏小苑、广陵书院、安定书院、仪董学堂、武当行宫等在内的50余处园林、寺庙、名人故居、盐商大宅、老字号店铺等历史建筑。东关街是扬州运河文化和盐商文化的发祥地，2010年入选第二批"中国历史文化名街"。

元世祖至元十三年（1276年），设置扬州大都督府。次年，改大都督府为扬州路总管府。明代设扬州府，筑新、旧两城。明末史可法在扬州督师抵

抗清军，清军破城后进行屠杀，即"扬州十日"。扬州在清朝初属江南省，后属江苏省。

扬州园林遍布，"扬州以名园胜、名园以垒石胜"。内外浴池竞尚，"早上皮包水，晚上水包皮"。园亭皆莳养盆景，"以少胜多、瑶草琪花荣四季；即小观大，方丈蓬莱见一斑。"街巷五花八门、曲折蜿蜒，"一人走路一人让"。碧波画桥如诗，"二十四桥明月夜，玉人何处教吹箫。"汉广陵王墓、大明寺、隋炀帝墓、唐代木兰院（石塔寺）石塔、天宁寺、平山堂、四望亭、文昌阁、高旻寺、仙鹤寺、个园、何园、瘦西湖等，皆为研究扬州传统建筑的重要实例。（图3.3.3）

（三）平遥

山西平遥县始建于西周宣王时期，旧称"古陶"，北魏改称平遥县。明洪武三年（1370年）在旧墙垣基础上重筑扩修，并全面以砖石包裹，之后进行过十次修葺。清康熙四十三年（1703年）因皇帝西巡路经平遥，修筑四面大城楼，使城池更加壮观。

平遥古城墙周长约6.2公里，其中南门城墙段于2004年倒塌，除此以外的其余大部分都至今完好。墙高约12米，底部宽8-12米，顶宽2.5-6米。城墙两边各有一道短墙，称为女墙，向外的女墙修有3000个垛口。城墙上每隔一段还修建一个凸出墙体的墩台，称为马面，马面上筑敌楼，称为敌台窝铺，共有72个敌楼。守军可以在马面上观察敌情，形成没有死角的防御体系。3000和72之数象征着孔

图3.3.3 扬州文昌阁

子的3000弟子和72位贤者。（图3.3.4）

平遥城墙南、北各1座城门，东西各2座城门，共6座城门。平面造型类似乌龟，因此有"龟城"之称。城内纵横交错四大街、八小街、七十二条蚰蜒巷构成八卦龟纹，象征县城如乌龟一般万年坚固。其布局辨方正位，以南大街为中轴线对称规划，左城隍右衙门、左文庙右武庙、左道观右寺庙。中轴线北起东、西大街衔接处，南到大东门（迎熏门）以古市楼贯穿南北，街道两旁店铺林立，是城里最繁华的传统商业街。

清道光三年（1823年），"日升昌"票号创立，这是创办最早、规模最大的票号，以"汇通天下"而闻名于世。票号有效避免了货款调拨中现银镖运的危险因素，揭开近代中国金融票号的历史新篇章。从票号初创到衰落的百余年间，全国票号共有51家，为商品经济的发展做出积极贡献。在51家票号中，山西就占了43家，平遥有22家票号总部，占据全国的一半，是名副其实的金融中心。这些机构基本上都在南大街，因此南大街被誉为近代中国的"华尔街"。（图3.3.5）

平遥民居建筑多为砖墙瓦顶的木结构四合院，布局严谨，左右对称，尊卑有序，装饰精美，寓意吉祥。有些建筑使用单坡屋顶，对内封闭，讲究"四水归堂""肥水不流外人田"。从物理功能角度看，增加房屋临街外墙的高度，临街又不开窗户，能有效抵御风沙并提高安全系数。

平遥现存古城墙、古衙署、古寺观、古民居、古遗址、古店铺等古建筑300多处，保存完整的明清民宅近4000座，街道商铺都体现历史原貌，被称为研究中国古代城市的活样本。其中城隍庙、二郎神庙、清虚观、县衙、市楼、文庙、财神庙、灶神庙、双林寺、镇国寺、慈相寺、白云寺等都是重要建筑。2009年，平遥古城被评为"中国现存最完整的古代县城"。它与四川阆中、云南丽江、安徽歙县并称为"保存最为完好的四大古城"。

（四）丽江

丽江坐落在云贵高原与青藏高原连接处，其纳西名为"巩本知"，意思是仓廪集散地。丽江是我国唯一不建城墙的古城，始建于南宋后期，元至元十三年

图3.3.4　平遥城墙

图3.3.5　平遥日升昌票号

（1276年），设行政区丽江路，辖大研、白沙、束河三个古镇。茶马古道滇藏线就从云南西双版纳易武、普洱出发，经过大理、丽江和香格里拉，抵达西藏拉萨，束河古镇是茶马古道保存完好的重镇。

丽江治所在大研古镇，依山傍水修筑建筑，坐西北朝东南，以四方街为中心，四周幽深曲巷依次排列。城内三河穿城，"家家门前绕水流，户户屋后垂杨柳"，建筑多采用白墙灰瓦，被誉为"高原上的姑苏"。丽江是多民族聚居之所，城市建筑融合汉族、纳西族、白族、彝族、藏族等各民族建筑文化精华，独具特色。民居大多为土木结构，体现三坊一照壁、四合五天井、前后院、一进两院等格局形式。木府、五凤楼、万古楼、科贡坊、四方街等都是著名的古建筑遗存。（图3.3.6）

（五）蓬莱水城

蓬莱水城位于山东蓬莱市区西北丹崖山东侧，

背山面海，地势险要。宋朝在此建刀鱼寨，明洪武九年（1376年）在此修筑水城，又名"备倭城"，以土石混合砌筑而成，周长约3公里，总面积27万平方米，南宽北窄，呈不规则长方形。水城是我国现存最完整的古代海防堡垒基地，在中国海港建筑史上占有极其重要的地位。民族英雄戚继光曾在此训练水军，抗击倭寇。

水城开南北二门，北门为水门，由此出海。水门两侧又各设炮台一座，驻兵守卫，形成了一个进可攻、退可守的防御体系。南门是振扬门，俗称土门，位于城东南隅，与陆地相通，拱券门洞，以砖石砌筑，门道宽3米，进深13.75米，残高5.3米。水城内外还建有码头、平浪台、防浪堤、水师营地、灯楼、炮台、敌台、水闸、护城河等军事设施，形成了严密的海上防御体系。（图3.3.7）

二、长城及其城关

（一）长城

长城是以城墙为主体、城关、关隘、烽火台等为辅的综合防御体系，在古代社会发挥重要的军事防御功能。

烽火台一般置于土筑的高台之上，备好薪柴，昼则燔（fán）燧望其烟，夜乃举烽望其火，以此报警，因此也称烽燧。汉武帝时期"列四郡、据两

关"，阳关与玉门关成为一南一北两大边陲要塞，是丝绸之路必经之地，玉门关至阳关一带有70公里的长城相连，每隔数十里便设一座烽燧墩台以示警。

春秋战国时期，诸侯便开始修筑长城（The Great Wall）以增强防御。齐长城始于春秋齐桓公时期，历时一百多年建成，全长一千多里，至今仍有大段遗存，是保存状况良好、年代最早的古长城之一。楚国长城也就地取材，"南入穰县，北连翼望山，无土之处，垒石为固。"位于今河北正定、石家庄一带由鲜虞人建立的中山国为防御齐、燕、赵、晋等四邻强国而筑长城，地跨河南与陕西的魏国也修筑两道长城，西北的河西长城防秦、防戎，西南的河南长城防楚。郑、韩、燕、赵皆筑长城以抵御强敌入侵。

秦昭王时修筑长城以拒义渠人，秦始皇统一六国后连接秦、赵、燕三国的长城，形成了完整的防御工程。《史记·蒙恬列传》："秦已并天下，乃使蒙恬将三十万众北逐戎狄，收河南。筑长城，因地形，用制险塞，起临洮，至辽东，延袤万余里"。秦长城东起辽东，西到甘肃临洮（岷县），延绵万里。施工因地制宜，就地取材，横贯黄土高原、沙漠戈壁、崇山峻岭、河流溪谷，在黄土地带一般用版筑法或土筑法，现在遗存极少。

汉朝修筑西起新疆、东止辽东的内外长城和烽燧亭障，全长13000多公里。玉门关附近的汉长

图3.3.6　丽江古城民居俯瞰

图3.3.7　蓬莱水城

图3.3.8　汉玉门关长城遗址

图3.3.9　八达岭长城

图3.3.10　汉玉门关遗址

城在建造时就地取材，以沙土夯墙，夹杂红柳、胡杨、芦苇等物，至今保存尚好。（图3.3.8）

隋朝为抵御北方少数民族政权的侵扰也修筑长城，"缘边修堡障、峻长城以备之"。多利用前朝旧城加以修缮，先后7次修筑。大致位置从宁夏灵武经陕西横山、绥德，越黄河后经山西离石北、岚县抵居庸关，再经密云、蓟县、卢龙至秦皇岛海边。

明长城从东端鸭绿江畔辽宁虎山到居庸关，另修建祁连山东麓到甘肃嘉峪关，全长8851.8公里。险要地段的长城墙体皆筑石垣，深壕堑，外包青砖，十分坚固。八达岭长城是明长城的精华，作为居庸关的前哨，修筑在海拔一千多米的山岭上，据险而守，固不可摧。自洪武初年名将徐达、冯胜等修筑长城开始，再到戚继光、李成梁等主持修筑，明代200余年间几乎没有停止长城修筑活动。万里长城多指明朝修筑的长城，保存比较完整。因胡人擅长骑射而不善攻城，明代就把长城沿线划分为九个防区，史称"九边"。嘉靖三十年（1551年），为加强帝陵防御，又增筑昌镇（总兵驻昌平）和真保镇（总兵驻保定），构成九边十一镇的防御体系。（图3.3.9）

长城修筑中产生一些著名的关隘，如嘉峪关、山海关、居庸关、玉门关、娘子关、雁门关、黄崖关、宁远城、阳关、金山岭、紫荆关、宣化城、司马台、慕田峪关等。玉门关位于甘肃敦煌市城西北80公里处的戈壁滩上，为古代丝绸之路必经的关隘，如今已经仅剩一座夯土卫所。（图3.3.10）

居庸关位于北京市昌平区，传说秦始皇将修筑长城的囚犯、民夫、士卒等人徙居于此，居庸关即"徙居庸徒"之意。现存关城为明朝大将徐达修筑，有南北两个关口及瓮城。周围风光优美，"居庸叠翠"为"燕京八景"之一。居庸关中心的云台为过街塔的残留基座，建于元朝，高9.5米，以汉白玉石筑成，石刻十分精美。（图3.3.11）

（二）山海关

山海关，又称"榆关"，素有"天下第一关"之称，曾被认为是明长城的东端起点。1990年，辽宁丹东的虎山长城被发掘出来，考古界认为虎山长城才应该是明长城的东端起点。

图3.3.11 居庸关云台

山海关是明洪武十四年（1381年）由徐达奉命修建。北倚燕山，南连渤海，故得名山海关。山海关以城为关，城池与长城相连，境内长城长26公里。城池周长约4公里，城高14米，厚7米。有4座城门，防御性极强，城内街巷至今保存完好。关城东门楼是主体建筑，悬挂"天下第一关"匾额，长5米多，高1.5米，为明代著名书法家萧显所书，字为楷书，笔力苍劲浑厚。还有靖边楼、牧营楼和临闾楼等建筑。（图3.3.12）

（三）嘉峪关

甘肃嘉峪关位于河西走廊中部偏西地带，东连

酒泉、西接玉门、背靠黑山、南临祁连，附近烽燧、墩台纵横交错，关城东、西、南、北、东北各路共有墩台66座，构成"五里一燧、十里一墩、三十里一堡、百里一城"的军事防御体系。它是明长城西端起点，也是明长城沿线建造规模最壮观、保存最完好的一座军事城堡，被誉为"中外钜防""河西第一隘口""天下第一雄关"。

嘉峪关的建造者是明初宋国公、征虏大将军冯胜。始建于明洪武五年（1372年），1540年建成完工，历时168年。由内城、瓮城、罗城（外城）、城壕及三座高台楼阁和城壕、长城烽火台等组成。内城是关城主体，以黄土夯筑，周长640米，面积2.5万平方米。内城东设"光化门"，寓意紫气东来、光华普照；西设"柔远门"，寓意以柔致远、安定西陲。城楼皆为三层三重檐歇山顶，高约17米。内城墙上建有箭楼、敌楼、角楼、阁楼、闸门楼共十四座。两门外各建一座瓮城围护，瓮城门均向南开，西瓮城西面筑有罗城，罗城城墙正中面西设关门，门楣上题"嘉峪关"三字。关城内现存的主要建筑有游击将军府、官井、关帝庙、戏台和文昌阁等。（图3.3.13）

图3.3.12 山海关

图3.3.13 嘉峪关柔远楼

🔗 **思考题**

1. 传统防御建筑的意义是什么？

2. 唐代长安的规划特征是什么？

3. 宋代东京的规划特征是什么？

4. 明清北京的规划特征是什么？

5. 平遥古城有怎样的设计特色？

第一节　概述

传统祭祀建筑是中国礼制文化的象征。《说文解字》曰："礼，履也。所以事神致福也。"认为礼就是举行仪式祭神求福。《礼记·礼运》曰："夫礼，必本于天，肴于地，列于鬼神"。中国人自古便形成"家以藏形，庙以安神"的思想观念。

传统祭祀建筑也称礼制建筑、坛庙建筑，是为了满足人们的自然崇拜、祖先崇拜的需要而产生的，是人、神交流的重要媒介，祭祀的对象包括天地、山川、日月、星辰、四时、社稷、生灵之神以及先祖、先贤等。如山东泰安岱庙就是为了祭祀泰山之神东岳大帝而建，其始建于汉代，采用帝王宫殿式样，依儒家礼仪制度，将建筑群均衡分布在三纵两横的轴线上，现存遥参亭大殿、岱庙坊、正阳门、配天门、仁安门、天贶（kuàng）殿、中寝宫、厚载门等建筑150余间。仁安门与天贶殿之间以东西

环廊相连，构成岱庙中心封闭院落。天贶殿是岱庙等级最高的主体建筑，始建于宋真宗时期，元代称仁安殿，明代称峻极殿。大殿面阔九间，48.7米，进深四间，19.73米，高22.3米，面积约970平方米，建于长方形双层台阶之上，重檐八角，斗拱飞翘，黄琉璃瓦重檐庑殿顶。殿内供奉东岳大帝。（图4.1.2）

祭祀建筑或是皇帝敕建，或是官府兴造，或是民间修筑，规模与艺术水平不一，但都具有深刻的文化内涵。在建筑美学方面主要遵循天人合一的宇宙观、负阴抱阳的环境观，注重选址和与环境的协调，建筑群体灵活组合，因地制宜，既满足祭祀的需要，又突出特定文化内涵，营造环境美感。（图4.1.3）

图4.1.1　北京孔庙孔子像

图4.1.2　泰安岱庙天贶殿内景

图4.1.3　成都杜甫草堂碑亭

第二节　传统祭祀建筑的沿革与种类

一、传统祭祀建筑的历史沿革

中国古代的尊卑、政教之礼起于遂人，嫁娶嘉礼起于伏羲，祭祀吉礼起于神农。黄帝时期，吉、凶、宾、军、嘉五礼齐备。尧舜禹时期，事天、地、人为三礼。夏商周三代互相沿袭礼制，非常重视祭祀。祭礼是周礼的主要内容，设置大宗伯、小宗伯之职专门负责祭祀和祷祠。周朝祭祀建筑有严格等级规定，天子七庙：考庙（父）、王考庙（祖父）、皇考庙（曾祖）、显考庙（高祖）、祖考庙（始祖），此五庙一月一祭；另有祧庙（一昭一穆），高祖以上远祖入祧庙。祧庙受"尝"祭，即只在冬至时祭祀一次。诸侯五庙：考庙、王考庙、皇考庙，此三庙受月祭；另有显考庙、祖考庙，受"尝"祭。大夫三庙：考庙、王考庙、皇考庙，受"尝"祭。上士二庙，中士一庙。庶人没有资格建立宗庙，只能"祭于寝"。

昭、穆指的是古代关于宗庙、墓地排列布局的宗法制度。自大祖（始祖）之后，左为昭、右为穆；父为昭，子为穆。排列时，大祖居中，三昭（二世、四世、六世）位于左方；三穆（三世、五世、七世）位于右方，以此来分别宗族内部的长幼次序、亲疏远近。

汉朝时期坛、庙分开，基本确立祭祀的礼仪等级，制度不断完善，奉常之属设诸庙令以为祭祀天地之职。魏晋南北朝时期设有太庙令。太原晋祠是魏晋时期保存至今的重要祠堂。北齐开国皇帝文宣帝高洋（526-559年）对晋祠进行扩建，"大起楼观，穿筑池塘"。读书台、望川亭、流杯亭、涌雪亭、仁智轩、均福堂、难老泉亭、善利泉亭等都始建于此时。

唐朝时期设郊社令主事祭祀。明朝专设各坛奉祀礼官，清朝在明朝的基础上增设尉官，掌管祭祀坛庙之事。

二、传统祭祀建筑的种类

1. 平地祭祀。把一块土地扫干净就可以进行祭祀，这是最简单的祭祀场所。《礼记·礼器》曰："至敬不坛，扫地而祭"，《礼记·祭法》曰："除地为墠"，认为最高的尊敬不需要刻意筑坛，扫地而祭足以表达情感和思念。

2. 挖坑祭祀。古人称之为"坎"，《礼记·祭法》中说"掘地为坎"。四川广汉三星堆遗址就是商朝时期的蜀地祭祀坑，1986年在三星堆挖掘出千余件精美绝伦的珍贵文物。历代王侯贵族墓葬的陪葬兵马俑坑、车马坑等也有明显的祭祀意义。

3. 封土为坛。即用土石堆砌成一个高出地面的祭坛。《礼记·祭义》中记载："祭日于坛，祭月于坎"。根据祭祀对象的不同，坛有不同的形状。祭天用圆坛，称"圜丘"，祭地用方坛，称"方丘"。考古发现我国最早祭祀自然神灵的祭坛在红山文化遗址，有一个方坛和一个圆坛，位于山顶。

历代帝王多在泰山顶筑坛祭天，称为"封"，在泰山脚下的小丘除地祭地，称为"禅"，合称"封禅"。司马迁认为"自古受命帝王，曷尝不封禅"。《史记·五帝本纪》记载黄帝时期"万国和，而鬼神山川封禅与为多焉"。《五经通义》亦记载："易姓而王，致太平，必封泰山，禅梁父，天命以为王，使理群生，告太平于天，报群神之功"。秦始皇嬴政、汉武帝刘彻、汉光武帝刘秀、唐高宗李治、唐玄宗李隆基、宋真宗赵恒等帝王都曾封禅泰山。

4. 垒土为台。台就是用土积累成的四方形，《尔雅》曰："观四方而高为台"。《释名》曰："筑土坚高，能自胜持也。"夏启曾修建钧台祭神，"享神于大陵之上"，之后历代帝王即位都筑台祭神。

5. 宫庙祠堂。在坛或墠的基础上又筑墙盖屋，即成为宫；宫中陈列上祭祀对象以后，就成为"庙"。陕西西安半坡村的姜寨文化遗存中发现的"大房子"，是部落集会和祭祀的场所，也是庙的雏形。

宫庙最初只是为人神而建造的，"君子将营宫室，宗庙为先"，后来推行到许多神灵中，如土地庙、龙王庙、城隍庙等。《史记·封禅书》认为大禹治水之后人们修社祭祀土神，周朝先祖后稷发展农业，才修稷祠祭谷神，郊社祭祀天地的风俗则由来已久。

明堂历史悠久，是用于祭祀和朝见诸侯的宫殿，具有象征意义。《考工记》记载明堂经历夏朝的世室、商朝的重屋、周朝明堂三个阶段。形制一般有九间房屋，每间房屋四个门八个窗。"共三十六户，七十二牖，以茅盖屋，上圆下方，所以朝诸侯。其外有水，名曰辟雍。"

蔡邕《明堂月令章句》中说："明堂者，天子之庙，所以祭祀。夏后氏世室，殷人重屋，周人明堂，飨功养老，教学选士，皆在其中。"《礼记·明堂位第十四》亦曰："明堂也者，明诸侯之尊卑也。"（图4.2.1）

唐代时期，明堂制度已失传。武则天特地派人在东都洛阳修建明堂，称之为"万象神宫"，其高度达到50余米，气势不凡。下层是方形，重檐屋顶，四面用不同的色彩象征四季。中间是八角形重檐造型，下檐八角，上檐圆形，四个正面每面有三门，共十二门，象征十二时辰。上层是圆形结构，有二十四根柱子，象征二十四节气。屋顶覆盖着圆形重檐攒尖屋顶。（图4.2.2）

祠堂是家族成员祭祀祖先或先贤的场所，祠堂除"崇宗祀祖"之外，还可以用于婚、丧、嫁、娶、议事等事宜。商周时期，"国之大事，在祀与戎"，宗庙祭祀讲究礼制等级。战国之后，人们将"宗庙"专属帝王层次，其他各阶层宗族举行祭祀的场所称"祠堂"。汉代民间出现为贤者建造"生祠"的风俗，后世一直延续。

汉代宗祠多为石质，大部分建造于墓前，史称"石祠""墓祠"。魏晋南北朝时期的民间祠堂发展缓慢，唐代出现较完备的家庙制度。《大唐开元礼》规定："凡文武官二品以上，祠四庙；五品以上，祠三庙；六品以下达予庶人，祭祖祢（mí，古人对在宗庙中立牌位的亡父的称谓）于寝。"宋初严禁设家庙，后来逐渐恢复唐制。朱熹《家礼》确立了宗祠在宗族中的中心地位，到明清时期，宗祠基本完善并在民间逐渐普及。在宗祠举行的祭祀、祠学教育和其他集体活动明显增多，讲究"无祠则无宗，无宗则无祖"，许多村落出现"族皆有祠"现象，建筑风格各具地域特色。（图4.2.3）

6. 坟墓祭祀。即在坟墓场所祭祀祖先和神灵。如河南淮阳太昊陵、陕西黄陵黄帝陵、陕西宝鸡炎帝陵、山东曲阜少昊陵、山西临汾尧庙、山西运城舜帝陵、浙江绍兴大禹陵、山东曲阜孔林、河南洛阳关林、浙江杭州岳王庙等。

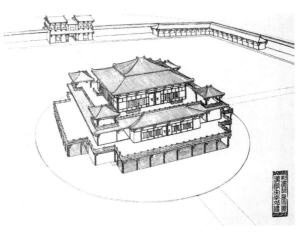

图4.2.1　汉长安南郊明堂辟雍复原示意图

图4.2.2　唐洛阳明堂复原南立面图

图4.2.3　安徽黟县南屏叶氏支祠

第三节　著名祭祀建筑

中国传统祭祀建筑在全国各地分布比较广泛。除天坛、地坛、日坛、月坛、先农坛、社稷坛、太庙等祭祀建筑之外，陕西宝鸡神农祠、甘肃天水伏羲庙、山西临汾尧庙、浙江绍兴舜王庙、浙江绍兴禹王庙、山西太原晋祠、山西灵石介神庙、山东曲阜孔庙、山东邹县孟子庙、湖北秭归屈原祠、四川都江堰二王庙、浙江绍兴王右军祠、江西九江陶靖节祠、陕西韩城司马迁祠、四川成都武侯祠、山西运城解州关帝庙、重庆云阳张飞庙、四川阆中桓侯祠、四川江油太白祠、四川成都杜甫草堂、四川眉山三苏祠、安徽合肥包公祠、北京文天祥祠、江苏扬州史公祠、台湾郑成功庙、安徽绩溪龙川胡氏宗祠、安徽黄山徽州罗东舒祠、广州陈家祠、瑶族盘王庙等都是典型的传统祭祀建筑。

一、北京天坛

每年的冬至、夏至、春分、秋分，皇帝要到天，地，日，月四坛举行祭祀。《周礼》曰："冬日祭天于地上之圜丘"。除冬至祭天外，皇帝登基也要祭天地，表示"受命于天"。我国现存最早的天坛是陕西西安南郊的天坛，始建于隋朝，唐末被废弃，仅存圜丘土堆。

北京天坛是我国现存规模最大的皇家祭天建筑，始建于明永乐十八年，是明清两朝皇帝祭天、祈祷丰年的场所。它位于北京正阳门外东侧，有两重墙垣，松柏繁茂。外墙东西1725米，南北1650米。内墙东西1046米，南北1242米，北呈圆形，南为方形，象征着"天圆地方"。内部重要建筑包括北部的祈年殿、中部的皇穹宇、南部的圜丘，各有附属建筑。还有一组斋宫建筑，为皇帝在祭天前夕居住持斋处。

明初在南京实行天地合祭，建大祭殿。永乐皇帝迁都到北京后，设天坛以"祭天、祈谷"，选址于北京永定门内大街东侧，与先农坛相对。明嘉靖时期天、地分祭。清乾隆年间改建天坛，祈谷坛改名为祈年殿。一律用青色琉璃瓦，更显庄重典雅，现存建筑为光绪十六年（1890年）重修。祈年殿与

圜丘的设计遵循中国传统文化理念，内涵丰富。（图4.3.1）

祈年殿是天子祭祀上天、祈愿风调雨顺、五谷丰登、国泰民安之所，平面为圆形，立于高6米的三层汉白玉须弥座上。殿高38米，三重檐攒尖顶，覆青色琉璃瓦，顶端置鎏金宝顶。整个建筑以28根朱红色楠木柱支撑，雕梁画栋、金碧辉煌。按明、清尺寸算，祈年殿高九丈九尺，寓意数九。殿顶周长30丈，表示每月30天，殿内金龙藻井下设四根楹柱表示春、夏、秋、冬四季。中间一层有12根柱子，象征十二月。外层也12根柱子，象征十二时辰，这24根柱子代表二十四节气。加上四根内柱，形成二十八宿之数。祈年殿顶四周有短柱36根，象征36天罡星，祈年殿东门有七十二间连房象征七十二地煞。设计理念强调"天人合一"。（图4.3.2）

祈年殿南面是祈年门，通过一条宽30米、长400米的甬道与皇穹宇、圜丘相连。皇穹宇是供奉皇天上帝牌位的单层圆攒尖顶建筑，周围墙垣形成奇特的回音壁。

圜丘则是白玉石砌成的三层露天圆台，用于祭天。上层直径26米，底层直径55米。按照阴阳五行学说，天为阳性，因此一切尺寸的石料件数都用阳

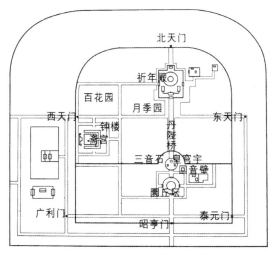

图4.3.1　北京天坛平面图

049

第四章　中国传统祭祀建筑

图4.3.2　北京天坛祈年殿

图4.3.3　北京天坛圜丘

数（奇数）。最上面第一层台阶中央砌一块圆形石板，称为"太极石"，四周砌9块扇形白石板，构成第一圈。第二圈27块，第九圈81块，共有405块大小相同的白石板组成。第二层台阶18圈石板，重复第一圈的做法，用1134块石板。第三层台阶27圈，用1863块石板。整个三层台阶所用石板都是九与九的倍数，与五相配，象征"九五至尊"。（图4.3.3）

二、北京地坛

北京地坛又称方泽坛，是我国现存规模最大的祭地之所，始建于明嘉靖九年（1530年），清雍正、乾隆时期大规模扩修，奠定现存规模，先后有明、清两朝15位皇帝在此祭地。其总平面和方泽坛平面皆为方形，寓意"天圆地方"。位于安定门外东侧的地坛与位于正阳门东的天坛遥相对应，按"天阳地阴""天南地北"方位排列。北京地坛是中国历史上最后修建的一座祭地之坛，面积为640亩。

每逢"夏至"凌晨，皇帝亲自到地坛祭祀"皇地祇""五岳"（东岳泰山、西岳华山、中岳嵩山、南岳衡山、北岳恒山）、"五镇"（东镇沂山、西镇吴山、中镇霍山、南镇会稽山、北镇翳巫闾山）、"四海"（莱州东海、永济西海、广州南海、济源北海）、"四渎"（东渎淮河、西渎黄河、南渎长江、北渎济水）、"五陵山"（清代新宾永陵为启运山、沈阳东陵为天柱山、沈阳北陵为隆业山、遵化东陵为昌瑞山、易县西陵为永宁山）以及"先帝"之神位，曰"大祀方泽"。

大祀是最隆重的祭祀规格。《周礼》中规定大祀为天地、宗庙，次祀为日月星辰、社稷、五祀五岳，小祀为司命以下，有司中、风师、山川、百物。隋代以昊天上帝、五方上帝、日月、皇地祇、社稷、宗庙为大祀。清初则以圜丘（祭天）、方泽（祭地）、祈谷、太庙、社稷为大祀，清末将祭祀孔子也列为大祀。

每逢皇帝登基、大婚、册封帝后、战争获胜、宫廷坛庙殿宇修缮的开工竣工等国之大事，皇帝要派亲王到此代行"祭告"礼。

三、北京日坛

日坛又名朝日坛，位于北京朝阳门外东南日坛北路，始建于明嘉靖九年，是明清两朝皇帝祭日神的场所。主体建筑是一座方形白石祭坛，四周环绕着矮墙。坛西向，白石砌成一层方台，长与宽皆约为16.7米，高约2米。坛面在明朝时期为红色琉璃，以象征太阳，清朝改为砖砌，四周有矮墙围绕。日坛西有白石棂星门三座，其余三面各一座。周围还有燎炉、瘗（yì，掩埋牲、玉帛的坑）池、神库、神厨、钟楼、具服殿等附属建筑。

明清时期，每逢甲、丙、戊、寅、壬年，皇帝就要在春分日寅时亲临日坛朝日，其他年份由文臣代行。举行祭祀礼仪时，祭祀所用的祝板、玉器、礼器和布帛等一概为赤色，皇帝也是红袍加身。

四、北京月坛

月坛又名夕月坛，位于阜成门外，建于明嘉靖九年，是明清两朝皇帝祭祀月神和诸星神的地方。主体建筑是一座方型高台，高1.5米，《日下旧闻考》记载："坛方广四丈，高四尺六寸，面白琉璃，阶六级俱白石"。坛面铺设着白色琉璃，四面设有白石阶。月坛内还有具服殿、祠祭署、瘗池、钟楼等附属建筑。

明清时期，秋分亥时在夕月坛举行祭祀之礼，主祭月神（夜明神），配祀二十八宿、木火土金水五星及周天星辰。夕月坛每三岁一亲祭，逢丑、辰、未、戌年，皇帝都要亲自赴月坛行祭祀礼；其他年份"朝日则遣文臣，夕月则遣武官"代行。

五、北京社稷坛

北京社稷坛是明清两朝皇帝祭祀土地神和五谷神的地方。《荀子》曰："故社，祭社也；稷，祭稷也；郊者，并百王于上天而祭祀之也。"社祭是祭土地神，稷祭是祭五谷神，郊祭是把历代君王和上天一起祭祀。

社稷坛建于明永乐十八年，位于故宫西边，占地24万平方米，今为中山公园。社稷坛是一座三层方坛，四周用青白石围砌，高0.96米。坛面铺黄、青、白、红、黑五色土壤，把四方、四季与五色、五行、五帝、五德等互相匹配。《礼记·月令》："春曰其帝大昊，其神句芒。夏曰其帝炎帝，其神祝融。中央曰其帝黄帝，其神后土。秋曰其帝少昊，其神蓐收。冬曰其帝颛顼，其神玄冥"。孔子曰："天有五行，木、火、金、水及土，分时化育以成万物。其神谓之五帝"。社稷坛的设计鲜明体现出天人合一思想，寓示"天下之地，莫非王土"。（图4.3.4）

方坛中央有一个土龛，置一根社主石。辛亥革命后，社主石被丢弃，仅留五色土。"文革"期间，五色土曾被改为黄土，在上面种植棉花。坛外筑有矮墙，四面设棂星门。明清时期，每逢春、秋仲月上戊日，皇帝要来此祭祀社、稷神，祈求五谷丰登，国泰民安。同时每逢皇帝出征、班师等，也要在此举行仪式。在社稷坛北部还有拜殿（中山堂）、戟门等建筑。（图4.3.5）

六、北京先农坛

北京先农坛始建于明永乐十八年，是明清两朝皇帝祭祀先农神及举行藉田典礼的地方。它位于永定门内大街西侧，今为中国古代建筑博物馆。中国自古以农业为根本，以神农为农业之神。神农曾尝百草，发明刀耕火种，制作耒耜，教民众垦荒种粮，被尊为炎帝。古时人们称神农为田祖、先啬（同"穑"），汉代始称其为"先农"，历代都城一般都设先农坛以祭祀。

北京先农坛是现存唯一的皇家祭祀先农神的神坛，"石包砖砌，方广四丈七尺，高四尺五寸，四出

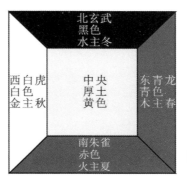

图4.3.4　五行与四时四方五色对应示意图

图4.3.5　北京社稷坛

阶。"历经五百余年依然完好如初。灰砖白石，简朴原始。四面台阶全是八层，为阴数，与土地属"阴"息息相关。（图4.3.6）

先农坛有两重墙垣围绕，共有庆成宫、太岁殿、拜殿及焚帛炉、神厨、宰牲亭、神仓、具服殿等5组建筑群。还有观耕台、先农坛、天神坛、地祇坛等坛台4座。这些组群建筑与坛台基本都坐落于内坛墙里，仅庆成宫、天神坛、地祇坛位于内坛墙之外、外坛墙之内。观耕台前有一亩三分耕地，为皇帝行藉田礼时亲耕之地。（图4.3.7）

太岁殿建筑群位于先农坛内坛北门西南侧，居于中心位置，是祭祀太岁神（主宰一年农时地利之神）及十二月将神的场所。包括太岁殿、拜殿，其东西两侧各有厢房11间，四周以围墙相连。太岁殿建筑雄伟壮观，面阔七间，进深三间，建筑面积1118.2平方米，单檐歇山式屋顶，黑琉璃瓦绿剪边。殿前檐七间各开四扇格扇门，其余三面砌墙，殿内明间北部有神龛，无神像。

拜殿面阔七间，进深三间，建筑面积约860平方米，单檐歇山顶。西面是神厨院，是为坛内众神制作祭祀食品之所。神厨院的正殿神牌库为平日存放先农、天神、地祇牌位的地方，与神厨、神库三殿都保留明代特征。院外西北侧建有重檐宰牲亭，内置长方形洗牲池。太岁殿东面为神仓院，坐北向南，是收集、贮存耕田所得粮食之所。

具服殿始建于明永乐十八年，是皇帝亲耕之前更换服装的殿堂。建于1.65米高的台阶之上，面阔五间，进深三间，绿琉璃瓦歇山式顶，饰以和玺彩画。观耕台在具服殿南侧，现存观耕台建于清乾隆

十九年（1754年），是皇帝亲耕完毕之后在此观看诸位王公大臣耕作的场所。台高1.9米，平面方16米，以方砖墁地。东、西、南三面设九级台阶，台阶踏步汉白玉条石边沿雕刻莲花图案。台上四周有汉白玉石栏板，望柱头雕饰云龙造型，以黄绿琉璃砖砌筑须弥座台座。

天神坛、地祇坛合称先农坛，始建于明嘉靖十一年（1532年），两坛四周各有青石棂星门及矮墙围绕。东边是天神坛，坐北朝南，坛台四面有四座云海纹石龛，供奉云、雨、风、雷之神。西边是地祇坛，坐南向北，坛台东西南三面共设九座山岳、江海纹石龛，分别供奉五岳、五镇、五陵山、四海、四渎、京畿名山大川、天下名山大川之神。天神坛坛台、石龛现在已经毁坏，地祇坛仅存九座石龛，2002年移到先农坛内保护。

七、北京太庙

太庙是皇家祭祖建筑，建于明永乐十八年，嘉靖时重修。依"左祖右社"制度建造于故宫东边，现为劳动人民文化宫。

太庙主体建筑包括享殿、寝殿、祧庙。前有戟门（凡宫殿、庙宇、官府内列戟者均可称戟门）、庙门，两侧有东西配殿。

寝殿供奉帝后神位，祧庙供奉皇帝远祖神位。享殿是正殿，也称"前殿"，是皇帝举行大祭的场所。坐落在三层汉白玉须弥座台上，面阔11间，殿内地铺"金砖"，梁柱用金丝楠木，装饰华贵，耗费大量黄金。享殿为黄琉璃瓦庑殿顶，高度超过太和

图4.3.6 北京先农神坛

图4.3.7 北京先农神坛建筑群布局图

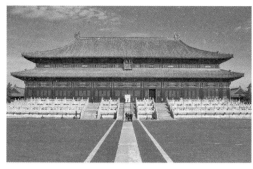

图4.3.8　北京太庙享殿

图4.3.9　曲阜南门

殿2米，象征着祖先至高无上的地位。（图4.3.8）

八、曲阜孔庙

孔庙即文庙、夫子庙，为祭祀孔子（公元前551-前479年）而建。曲阜孔庙在唐初已经颇具规模，《阙里志》记载其"正庙五间，祀文宣王，南向坐，颜子面西，配闵子以下十哲及曾子，东西列坐，皆为塑像。两庑二十余间，祀七十二贤，图绘于壁上。庙后为寝庙，祀孔子夫人亓官氏。前为庙门三间，甚壮丽"。之后历代多次重修和扩建，清雍正时期扩建成现有规模。

现曲阜孔庙平面呈长方形，占地14万平方米。庙内共有九进院落，广植松柏，环境清幽肃穆。主体建筑以一条南北轴线贯穿，左右对称，布局严谨。南北长640余米，东西宽约140余米，有各种殿、堂、楼、阁、亭、坛、祠等建筑460余间，门坊54座，"御碑亭"13座。建筑众多，气势恢弘，是我国古代祠堂建筑的典范。

明正德七年（1512年），建曲阜城拱卫孔庙，嘉靖元年（1522年）竣工。城墙正南门（仰圣门）专为孔庙而设，故视正南门与孔庙为一体。城门上石额"万仞宫墙"四字最初为明代学者胡缵（zuǎn）宗所题，表达对孔子的尊敬和赞扬，典故源自《论语》，子贡用以形容孔子的渊博学识，如今所见为清乾隆御笔。（图4.3.9）

从正南门向北，是孔庙的中轴线，依次分布着金声玉振坊、泮水桥、棂星门、太和元气坊、至圣庙坊、圣时门、璧水桥、弘道门、大中门、同文门、奎文阁、十三御碑亭、大成门。从大成门起，

建筑分成三路：中路为大成门、杏坛、大成殿、寝殿、圣迹殿及东西两庑，为祭祀孔子以及先儒、先贤的场所。东路为承圣门、诗礼堂、故井、鲁壁、崇圣词、家庙等，是祭祀孔子上五代祖先的地方。西路为启圣门、金丝堂、启圣王殿、启圣王寝殿等建筑，是祭祀孔子父母的地方。最后一进院落西侧为神厨、东侧为神庖，整个孔庙建筑群四角建有角楼，仿故宫形制。

文庙修棂星门，象征祭孔如同尊天。棂星即灵星，又称天田星，主农事。古代人们祭祀灵星以求五谷丰登。宋朝时人们以这种祭祀仪式来祭孔，在孔庙、孔林前建棂星门。袁枚《随园随笔》记载："后人以汉灵星祈年与孔庙无涉。观门形为窗灵，遂改为棂"。后来人们又将棂星解释为文曲星，以此命名寓示孔子是星宿下凡，施行教化。棂星门是木质或石质牌楼式建筑，在祭祀建筑、官邸、陵墓建筑前多有运用。其名有三，一曰乌头门，二曰表楬（jié），三曰阀阅。基本形式是在两立柱之中横一枋，柱端安瓦，柱出头染成黑色，枋上书名。柱间装门扇，设双开门，门扇上部安直棂窗，可透视门内外。其上部有成偶数的棂条，下有障水板，柱头多有装饰。（图4.3.10）

孔庙中部第四进院的奎文阁，是中国古代留存比较重要的木结构楼阁。始建于宋真宗天禧二年（1018年），改建于明成化十九年（1483年）。奎星是二十八星宿之一，西方白虎七宿之首，主文章、文字、文运。奎文阁三重飞檐，四层斗拱，面阔七间，进深五间，高23.35米，内部有两层，中间夹有暗层，结构十分精巧。上层是藏书楼，藏有历代皇帝赏赐的图书，暗层里专藏藏经版，下层为穿堂

图4.3.10　曲阜孔庙棂星门

图4.3.11　曲阜孔庙大成殿

图4.3.12　曲阜孔庙杏坛

过殿。

主殿是大成殿，后设寝殿，形制遵循前朝后寝的传统。其名出自《孟子·万章下》："孔子之谓集大成"，宋徽宗尊崇孔子"集古圣先贤之大成"，诏名曰大成。现存建筑是清雍正七年（1729年）所建，高31.89米，面阔九间，54米，进深五间，34米。斗拱交错，雕梁画栋，饰以和玺彩画，重檐歇山顶，上覆黄琉璃瓦。檐下有雍正御书"生民未有"匾额。殿前耸立10根高浮雕云龙纹圆形石檐柱，每根柱子二龙对翔，栩栩如生，气势不凡。每年9月28日是孔子诞辰，自1989年起，曲阜都会举行孔子国际文化节，纪念孔子对世界文化的突出贡献，在大成殿前举行盛大的祭孔乐舞表演。（图4.3.11）

大成殿前庭中的杏坛始建于宋仁宗天圣二年（1024年），以孔子故宅讲学处为基址建坛，四周环植杏树。金代在坛上建亭，明穆宗隆庆三年（1569年）改建成重檐十字脊歇山顶的四方亭，黄琉璃瓦，双重斗拱，雕饰精美，色彩绚丽。（图4.3.12）

孔庙圣迹殿、十三碑亭及大成殿东西两庑（各40间）还陈列着历代珍贵的碑刻作品千余块，其中包括乙瑛碑、礼器碑、史晨碑、张猛龙碑等经典碑刻，是与西安碑林相媲美的古代书法艺术宝库。

九、解州关帝庙

关帝庙即武庙，为祭祀武圣关羽（约160-219年）而建。解州关帝庙位于关羽故乡解州镇西关，创建于隋开皇九年（589年），宋真宗大中祥符七年（1014年）重建，之后屡建屡毁，现存建筑为清康熙年间重建，是全国祭祀关羽规模最大的祠庙。以东西向街道为界，分南北两大部分，总占地面积约66600余平方米。街南为结义园，广植桃树，由结义坊、君子亭、三义阁、莲花池、假山等建筑组成。街北是正庙，坐北朝南，仿宫殿式前院后宫布局，横线上分中、东、西三路院落。中路前院依次是照壁、端门、雉门、午门、山海钟灵坊、御书楼和崇宁殿。两侧是钟鼓楼以及"大义参天"牌坊、"精忠贯日"牌坊、追风伯祠。后宫以"气肃千秋"坊、春秋楼为中心，左右有刀楼、印楼对称分布。东院建筑包括崇圣祠、三清殿、祝公祠、葆元宫、飨圣宫和东花园；西院建筑包括"万代瞻仰"坊、"威震华夏"、坊长寿宫、永寿宫、余庆宫、歆圣宫、道正司、汇善司和西花园。共有殿宇百余间，主次分明，布局严谨、建筑错落有致，气势雄伟。（图4.3.13）

崇宁殿是主殿，北宋崇宁三年（1104年），宋徽宗赵佶封关羽为"崇宁真君"，故得名。面阔七间，进深六间，重檐歇山式，覆绿琉璃瓦，额枋与回廊柱栏雕饰精美，有望柱69根，精美石栏板62块，蟠龙石柱26根。尤其26根石柱共雕刻34条龙，每根柱子或双龙对翔，或单龙飞腾，出没云海之间，生动传神。庙碑记载"殿阶石柱，雕龙飞腾，庙貌宏丽，甲于天下"。大殿明间悬清乾隆皇帝手书横匾"神勇"二字，檐下有清咸丰皇帝所写"万世人极"匾。殿列青龙偃月刀三把，重300斤，门口还有铜香案一座，铁鹤一双，以示威严。殿内气氛庄重肃穆，在木雕神龛雕工精细，内塑关羽头戴冕旒、身着帝装坐像，神态端庄而威武，左右配侍臣。龛上悬有清康熙皇帝御书"义炳乾坤"横匾。殿前东西置碑亭、钟亭、铁焚炉、铁狮、铁人、华表等。（图4.3.14）

十、太原晋祠

晋祠位于太原西南的悬瓮山下，是为祭祀晋侯始祖叔虞而建。晋祠具体创建年代尚待考证，北魏时已存在。建筑依山而建，风景优美。晋祠的中轴线上排列戏台、会仙桥、金人台、对越牌坊、金代献殿、鱼沼飞梁、圣母殿等主体建筑，献殿两侧的钟鼓楼对称而立。其他建筑还有朝阳洞、三台阁、关帝庙、文昌阁、唐叔虞殿、水母楼、难老泉亭等多处建筑。晋祠的建筑，除主殿圣母殿和"鱼沼飞梁"、金人台上的铁铸力士是北宋遗物外，其余都建于金、明、清时期。

献殿始建于金世宗完颜雍大定八年（1168年），明万历时修葺。其位于鱼沼飞梁前面，是祭祀圣母、进献贡品的场所，面阔三间，进深两间，斗拱简洁，出檐深远，采用减柱法扩大内部空间，整体结构轻巧稳固。（图4.3.15）

圣母殿建于宋仁宗天圣年间（1023-1032年），供奉叔虞之母，是晋祠内现存最古老的建筑。"殿身5间，副阶周匝，因此立面成为面阔7间的重檐。角柱生起特别高，檐口及正脊弯曲明显，斗拱已较唐代繁密，外貌显得轻盈富丽，和唐、辽时期的凝重雄健风格有所不同"。圣母殿内有圣母坐像和42尊侍女立像，神态自然，形象生动，是宋代雕塑名作。优美端庄的侍女像与老枝纵横的周柏、长流不息的难老泉并称"晋祠三绝"。（图4.3.16）

十一、成都武侯祠

武侯祠是为纪念诸葛亮（181-234年）而建。诸葛亮字孔明，琅邪（山东沂南）人，三国时期蜀国丞相、武乡侯，著名政治家、军事家，蜀后主刘

图4.3.13　解州关帝庙山海钟灵坊

图4.3.14　解州关帝庙崇宁殿

禅追谥为"忠武侯",故民间称其祠庙为"武侯祠"。陕西勉县武侯祠是历史上修建的第一座武侯祠,河南南阳卧龙岗也建有武侯祠。四川成都武侯祠是国内唯——座君臣合祭的祠堂,也是最负盛名的祭祀诸葛亮、刘备以及蜀汉英雄的祠堂,而且是影响最大的三国遗迹博物馆。(图4.3.17)

武侯祠占地37000多平方米,坐北朝南。分为西部园林区、中部文物区、东部锦里民俗区三个部分。园林区有香叶轩、碧草园、芝圃、观星楼、桂荷楼、琴台、盆景园等建筑,建筑与荷塘、花木相互映衬,环境幽雅,气氛轻松舒适。文物区依次排列大门、二门、刘备殿(昭烈庙)、过厅、武侯殿,以及纪念桃园结义的三义庙等建筑。现存建筑大都为清康熙十一年(1672年)重建,祠内供祀诸葛亮、刘备,以及关羽、张飞、赵云等蜀汉英雄塑像50余尊。

武侯殿为歇山顶殿堂,面阔三间,30米,进深两间,11米,规模次于刘备殿,体现出君臣尊卑,建筑装饰独特精巧。门上匾额为"名垂宇宙",为清雍正十二年(1734年)果亲王允礼题写。殿内供奉诸葛亮塑像,头戴纶巾、身着金袍、手挥羽扇作凝思状。殿内还供奉其子诸葛瞻和其孙诸葛尚,皆在

图4.3.15 晋祠献殿

图4.3.16 晋祠圣母殿

图4.3.17 成都武侯祠过厅

保卫蜀汉的绵竹之战中战死，无愧"祖孙三代，一门忠烈"之誉。

十二、杭州岳王庙

岳王庙是为纪念南宋抗金英雄岳飞（1103-1142年）而建。杭州岳王庙为墓祠合一的祭祀建筑群，位于西湖边的栖霞岭下，濒临西湖的一角岳湖。岳飞，字鹏举，河南汤阴人，矢志收复河山，所部被誉为"岳家军"，绍兴十一年，岳飞及长子岳云等将领因"莫须有"罪名被杀害于大理寺风波亭。宋孝宗继位后为岳飞平反，重修坟墓，将岳飞父子遗骨迁葬于今址，追谥岳飞为武穆。宋宁宗赵扩（1195-1224年在位）时又追封为岳飞为鄂王。明清时期，杭州岳王庙屡毁屡建，现存岳王庙为1979年重建。

杭州岳王庙分为祠堂和墓园两个部分。祠堂部

图4.3.18　杭州岳王庙内岳飞墓冢

分主体建筑包括门楼、忠烈祠、启忠祠、南枝巢、正义轩、精忠柏亭等建筑。墓园部分位于忠烈祠南面，由墓门、照壁、甬道、墓冢、碑廊、石像、铁人等组成。（图4.3.18）

🔗 思考题

1. 传统祭祀建筑的类型有哪些？

2. 明堂具有怎样的形制和文化特征？

3. 北京天坛有怎样的设计理念？

4. 曲阜孔庙具有哪些建筑成就？

5. 解州关帝庙有哪些建筑成就？

第五章
中国传统陵墓建筑

5

第一节　概述

荀子曰："礼者，谨于治生死者也。生，人之始也；死，人之终也。始终俱善，人道毕矣。故君子敬始而慎终。终始如一，是君子之道，礼义之文也。"认为将人的生与死妥善处理，为人之道才完备，应该谨慎对待生死。陵墓建筑是专门用于安葬和祭悼死者的建筑。

中国传统埋葬方式多样，除土葬外，还有火葬、天葬、风葬、水葬、塔葬、衣冠葬、崖葬、船棺葬等多种形式。传统陵墓建筑一般由地下和地面两部分组成，地下是安置棺椁的墓室，商周时期墓室四面有斜坡从地面通向椁室，称为"羡道"，天子陵墓用四出"羡道"，诸侯用南北两出"羡道"，墓葬附近以车、马、器物、奴隶等殉葬。

陕西凤翔县南指挥村的秦公一号墓，是目前挖掘规模最大的先秦墓葬，墓主可能是秦景公。平面呈中字形，全长300米，面积5334平方米，墓室东西长59.4米，南北宽38.8米，深24米，三层台阶，两出羡道。椁室呈曲尺形，深4.5米，主副椁室各有柏木椁具一套，以枋木叠构成"黄肠题凑"。周围填充木炭和青膏泥以防潮、防腐。墓内有186具殉人，是自西周以来发现殉人数量最多的墓葬。椁室两壁外侧还发现目前已知最早的墓碑实物。

随后流行砖石结构墓室，东汉以后成为主流，发展成规模宏大的地下宫殿。还有由天然岩石凿成的岩墓，始见于汉，用于陵墓主要在唐代。地面主要是供人祭祀的建筑和安放神位之用，现存完整的陵墓地面建筑基本上都是明清时期。

在古代，"坟墓""冢""丘"等指普通百姓墓，其地下墓室多为简单的土圹，地面封土规模有限。"陵""陵寝"专指皇帝墓，规模宏大，坚固耐久，豪华气派。地下建筑称为"明中""玄室""幽宫""地宫""寿宫"，其上厚实的封土称为"方上""宝顶""宝城"，并在陵前建造祭台、献殿、墓表、石像、阙、牌坊等，陵墓周围往往还有后陵、妃陵、大臣墓等陪葬墓。（图5.1.1）

在"事死如事生""慎终追远""厚葬以明孝"等儒家思想影响下，传统陵墓建筑体现阴阳交替的文化精神。生者的建筑是阳宅，死者的建筑是阴宅。阴宅同样讲究风水，择吉地而为之。

图5.1.1　南朝梁萧景墓石柱

第二节　原始至先秦时期的陵墓

原始时期的文化遗址大都有公共墓地的存在，如裴李岗、仰韶、大汶口、马家浜、崧泽、大溪和马家窑等文化遗址，都挖掘数十座甚至数百座墓葬。这些墓葬按照一定的秩序排列，都有一些陪葬品。仰韶文化遗址还发现瓮棺葬，即以陶瓮为棺，多用于埋葬儿童。原始时期的墓葬造型简单，不起坟丘。伏羲陵、黄帝陵、炎帝陵、舜帝陵、大禹陵等都是后世所建。

约在商朝时期出现木棺椁。安阳殷墟发现20余座商墓，平面一般为方形或亚字形，深8～13米左右。墓室内使用木棺椁，其上仍然不封不树，无迹可寻。

周朝时期陵墓有专门的制度，分为公墓（安葬天子诸侯卿大夫）、邦墓（安葬国民）两种形式，"冢人"负责管理。春秋时期陵墓普遍出现封土，造型有"堂""斧""防""覆夏"等四种形式。"尊贵者丘，高而树多，卑贱者家封下而树少"。天子的坟高三仞（0.7丈），树以诸松，诸侯坟高度减半只能种柏树，士坟高仅数尺，只能种植槐树，平民百姓则无坟无树。

图5.2.1　战国中山王陵复原图

战国时期陵墓的封土日渐增大，如今挖掘的战国陵墓有两例：河南辉县固围村的魏国王墓和河北平山县的中山国王墓群，其封土上为祭祀建筑，有柱础等遗址保留。中山王陵总高达20米以上，封土后侧有四座小院。整组建筑规模宏伟，均齐对称。墓中出土的《兆域图》是我国已知最早的一幅用正投影法绘制的工程图。（图5.2.1）

战国时期南方的楚墓自成体系，密封极好，木椁保存完好。河南信阳长台关、湖北随县都有发现。1978年夏，在湖北随州市城西北擂鼓墩挖掘出曾侯乙墓，是战国早期大型木椁墓。

第三节　秦汉时期的陵墓

一、秦始皇陵

秦始皇嬴政（公元前259–前210年）的陵墓位于陕西临潼城东的骊山北麓。嬴政是秦孝文王之孙、秦庄襄王之子。公元前247年，13岁的嬴政即位，他统一六国，建立强大的中央集权制封建王朝，称始皇帝。公元前210年，嬴政在第五次出巡途中病死。秦始皇陵持续修建37年之久，动用劳工70余万。

秦始皇陵墓背靠骊山，南临渭水，是风水宝地，占地49平方公里，磅礴壮观。北魏郦道元《水经注》曰："秦始皇大兴厚葬，营建冢圹（kuàng）于丽戎之山，一名蓝田，其阴多金，其阳多美玉，始皇贪其美名，因而葬焉。"秦始皇陵墓有内外两重夯土城垣，外城周长6210米，内城周长3880米，平面呈"回"字形，象征着皇城和宫城。四方形的

陵冢位于内垣南部，"高五十余丈，周回五里余"，现高47米。地面建筑集中在封土北侧，早已被毁。（图5.3.1）

秦始皇陵地宫至今保存完好，推测为方形，东西长485米，南北长515米，高35米，地宫上面夯土厚15米。《史记》记载："始皇初即位，穿治郦山；及并天下，天下徒送诣七十余万人，挖三泉，下铜而致椁，宫观百官奇器珍怪徒藏满之。令匠做机弩矢，有所穿近者辄射之，以水银为百川江河大海，机相灌输。上见天文，下具地理，以人鱼膏为烛，度不灭者久之。二世曰：'先帝后宫非有子者，出焉不宜。'皆令从死，死者甚众。葬既已下，或言'工匠为机，藏皆知之，藏重即泄，大事毕，'已藏，闭中羡，下外羡门，尽闭工匠藏者，无复出者。树草以象山。"考古勘测秦始皇陵下土地含汞量高，地

第五章　中国传统陵墓建筑

宫沿用四出羡道木椁大墓形制，地宫内殉葬不少妃子、宫女、工匠，与《史记》记载相符。

陪葬墓坑都分布在陵冢的两侧。1976年，挖掘出秦始皇兵马俑陪葬坑，陶俑总数量有七千余件，写实逼真，艺术水平极高，被誉为"20世纪最壮观的考古发现""世界第八大奇迹"。

二、汉朝陵墓

汉朝讲究厚葬，"崇饰丧祀以言孝，盛馈宾客以求名"的风气在社会盛行。陵墓封土为陵，以宏伟的陵体为中心，四面有陵垣和墓门，十字对称布局。汉朝制度规定："天子即位明年，将作大匠营陵地，用地七顷，方中用地一顷，深十三丈，堂坛高三丈，坟高十二丈""方中百步，已穿筑为之城，其中开四门，四通，足放六马。然后错浑杂物、杆漆、缯绮、金宝、米谷及埋车马虎豹禽兽。发近郡卒徒，置将军尉侯，以后宫贵幸者皆守园林"。"明中高一丈七尺，四周二丈，内梓棺、柏黄肠题凑"。仍然继承土圹、四出羡道、木椁的传统陵墓形制。

"黄肠题凑"是自商周时期发展而来的帝陵制度，"以柏木黄心，致累棺外，故曰黄肠。木料皆内向，故曰题凑"。黄肠即选用一种黄心的柏木，题凑是题头向内拼凑聚合形成的结构，也就是椁室外层，在棺外垒墙围护。依据《周礼》所记载"涂菰涂椁"，要在题凑两端涂黄色颜料。例如扬州广陵王刘胥的一号墓中木椁南北长16.65米，东西宽14.28米，通高4.5米，总面积237.76平方米，用楠木545立方米。其"黄肠题凑"以楠木做构件，每块题凑尺寸大小不一，四面企口高低错落，块块紧扣，层层相叠，坚固细密，制作工艺复杂而精致，拼接后间隙十分紧密，连薄刀片都无法插入。（图5.3.2）

西汉陵墓基本上都在渭水北岸，地位高敞。西汉帝陵高十二丈，唯独武帝刘彻陵高二十丈，封土形制以覆斗状为最高级别，尖圆锥、圆形、馒头形次之。西汉陵墓包括高祖刘邦长陵、惠帝刘盈安陵、景帝刘启阳陵、文帝刘恒霸陵、武帝刘彻茂陵、昭帝刘弗陵平陵、宣帝刘询杜陵、元帝刘奭（shì）渭陵、成帝刘骜（ào）延陵、哀帝刘欣义陵、平帝刘衎（kàn）康陵等11座帝陵。除霸陵位于西安市东郊白鹿塬东北角、杜陵位于西安市南郊的少陵塬上之外，其余9陵皆在渭河北岸的咸阳塬上。每座陵墓都有享殿和陪葬墓，还设置陵邑守卫陵墓，并迁各地富豪前往居住，使陵邑形成经济繁华的城镇。

汉武帝茂陵是最具代表性的汉陵，位于陕西省兴平县城东15公里处，因地属槐里县茂乡而得名。汉武帝刘彻（公元前140-前87年）当政54年，励精图治，使西汉王朝达到鼎盛。他即位后的第二年就开始修建茂陵，在西汉诸陵中规模最大、修建时间最长、陪葬珍宝最多。

茂陵封土为陵，其封土为覆斗状夯土堆。根据实测，陵高46.5米，底部东西长231米，南北宽234。陵园呈方形，四周有城墙、门阙遗址，南门阙已经不复存在。东西墙垣430.87米，南北墙垣414.87米，城基宽5.8米。当时陵园有寝殿、便殿等建筑。地宫里面有汉武帝的金缕玉匣，全长1.88米，以大小玉片约2498片组成，共用金丝重约1100克。（图5.3.3）

茂陵管理机构十分完善，设置"陵令""寝庙令""园长""门吏"等各级管理人员多达5千人。另外，茂陵东南营建茂陵邑，当时有27万余人在茂陵邑生活，经济繁华。

图5.3.1　秦始皇陵冢

图5.3.2　扬州广陵王墓一号墓黄肠题凑

图5.3.3　汉武帝茂陵

图5.3.4　霍去病墓

茂陵周围有李夫人、卫青、霍去病、李延年、霍光等13座陪葬墓。霍去病是奴隶出身，18岁随舅舅卫青出征，先后6次打败匈奴。这位勇冠三军的年轻将领深受汉武帝赏识，官至大司马、骠骑将军、冠军侯，病逝时年仅24岁。为纪念其赫赫战功，汉武帝特地为他修建形似祁连山的坟冢，冢上放置十几件石雕作为点缀。这些石雕造型古拙简练，但是气魄深沉。包括马踏匈奴、卧马、跃马、石人、伏虎、卧象、卧牛、人熊搏斗、怪兽吞羊、野猪、鱼等。（图5.3.4）

东汉之前，祭祀帝王一般在都城内建庙、寝等建筑为祭祀之所，"庙"与"寝"前后相连，庙主要安放祖先牌位，定期祭祀。寝主要用于陈列祖先生前用过的物品。东汉明帝废除在陵旁立庙的制度，由太庙代替，继而推行上陵祭礼，将祭祀典礼移到陵墓园区之中举行，陵前建造祭殿，不设墙垣，陵园因此亦称"陵寝"，开创在陵前神道两侧陈列石雕之先河。东汉陵墓地下墓室多用石头砌成，名为"黄肠石"，与西汉的"黄肠题凑"不同。

东汉传14帝，延续195年。其中以光武帝刘秀原陵的规模最大，位于洛阳孟津县白鹤镇，始建于公元50年，是光武帝刘秀与光烈皇后阴丽华合葬陵，由神道、陵园和祠院组成，北枕黄河，南依邙山，气势壮观。陵园有宽阔的神道，有巍峨的双阙，有参天的古柏，陵体位于陵园正中，为圆锥形夯土堆，高近20米，周长487米，以方形垣墙围绕，四面开门。（图5.3.5）

贵族坟墓多用方锥形平顶式样，地下使用砖石墓室，墓前以石阙、石表、石碑、石兽、石祠等为陪衬。唐代封演所撰《封氏见闻录》记载："秦汉以来帝王陵前有石麒麟、石辟邪、石象、石马之属，人臣墓前有石羊、石虎、石人、石柱之属，皆所以表饰坟袭如生前之仪卫耳。"除了长沙马王堆汉墓这样采用夯筑法、版筑法挖墓坑、封土丘的形制外，汉代砖石墓葬也为数不少，如徐州狮子山楚王陵、山东长清县孝堂山石墓祠、河南密县打虎亭画像石墓。（图5.3.6）

阙是表示等级和威仪的点缀性建筑，一般对称分布在宫殿、坛庙、陵墓、城门前面，在高台上起阙身和屋顶，在阙楼上可以观望楼宇，故又称"观"。一般双阙对峙，中间有道路。四川雅安的益州太守高颐墓石阙是东汉石阙的代表，建于汉献帝建安十四年（209年），主阙高6米，子阙高3.39米，皆以红砂石英岩叠砌，阙顶仿汉代木结构建筑，阙檐下有角柱、斗栱，阙身以历史故事和神话故事浮雕为饰。是全国唯一碑、阙、墓、神道、石兽保存完整的汉墓实例。（图5.3.7）

石表即神道柱、墓表，原为木质，安置于神道前端。石碑则是东汉时期安置于陵墓前的必备标志，由碑额、碑身、趺三部分组成。汉代碑额有半圆形、圭形、方形等几种，其中央均有圆孔曰"穿"，这是汉代石碑的特征之一。石兽造型包括狮子、辟邪、虎、羊、马、驼之类，往往成双成对分布在神道两侧，以守卫陵墓，表达吉祥观念。石兽的数量和品类象征着墓主人的等级。

石祠是建于墓前用以奉祭之所。山东济南长清区孝里镇孝堂山上的石祠是东汉早期墓地祠堂，也是中国现存最早的地面房屋建筑。为单檐悬山顶两开间房屋，面阔4.14米，进深2.5米，高2.64米。祠

图5.3.5　东汉光武帝原陵　　　图5.3.6　密县打虎亭汉　　　　图5.3.7　高颐墓石阙
　　　　　　　　　　　　　　　　　　　画像石墓

内刻画像石36组，有的附榜题。主要内容是车骑出行、庖厨宴饮、狩猎、百戏等，还有历史故事和神话传说。画像技法以阴线刻为主，线条简洁劲健。汉代画像石、画像砖是地下墓室、墓祠、墓阙等建筑上雕刻画像的建筑构件，风格质朴，主题鲜明，反映汉代人的生活和信仰。山东地区出土大量汉代画像石，孝堂山石祠、嘉祥武氏祠、沂南北寨画像石墓等是其中的杰出代表。

第四节　魏晋南北朝至隋唐时期的陵墓

魏晋南北朝至隋朝的300余年间，薄葬流行，陵制较小，地宫也相对简陋。现存主要是地面雕刻物、碑、神道柱、石兽等，具有较高的艺术价值。

《三国志·魏书·武帝纪》记载，曹操于建安二十三年（218年）六月颁布《终令》："古之葬者，必居瘠薄之地。其规西门豹祠西原上为寿陵，因高为基，不封不树。"两年后又颁布《遗令》："天下尚未安定，未得遵古也。葬毕，皆除服……殓以时服，葬于邺之西冈，与西门豹祠相近。无藏金玉珍宝。"曹操死后谥曰武王，葬于高陵。黄初三年（222年），魏文帝曹丕以"古不墓祭，皆设于庙"为由，毁去魏武帝陵上的建筑。2010年初，考古人员在安阳挖掘出一座东汉大墓，经一番争议后被认定为曹操高陵。

1957年，考古人员在西安城西的梁家庄意外发现目前保存最完整、规格最高的隋代墓葬——李静训墓（李小孩墓）。李静训是隋文帝的女儿乐平公主、北周皇太后杨丽华的外孙女，家世显赫。大业四年（608年）去世，年仅九岁。墓室为长方形竖井坑，深近3米，墓室南边有一斜坡形墓道，长6.85米。墓室陪葬品门类丰富，做工精巧。其石棺和石椁皆为青石制成，椁长2.63米，高1.61米，宽1.1米，由17块青石板拼接而成。椁内是雕刻精美的仿殿堂长方形石棺，长1.92米，宽0.89米，高1.22米。为面阔三间的歇山顶式样，每一个细节都被雕饰生动逼真，严谨细腻。（图5.4.1）

东北地区的高句丽王陵也是此时比较重要的陵墓建筑。高句丽是东北少数民族政权，汉元帝建昭二年（公元前37年），夫余人朱蒙在玄菟郡高句丽县（辽宁新宾）建国，之后数次迁都。668年，高句丽

图5.4.1　李静训墓石棺

中外建筑史

被唐军与朝鲜半岛的新罗联手覆灭。中国境内的高句丽王城、王陵及贵族墓葬主要分布在吉林集安市及辽宁桓仁县。2004年，第28届世界遗产委员会会议将五女山城、国内城、丸都山城、12座王陵、26座贵族墓葬、好太王碑和将军坟1号陪冢等高句丽王城、王陵及贵族墓葬列为世界文化遗产。第二十代长寿王的陵墓为高句丽中晚期王陵，最具代表性。为正方形七层石阶大墓，类似金字塔，也被称为"东方金字塔"或"将军坟"。每边长31.58米，高13.1米，石墓主体以石条垒砌，周围还有十二块巨大的护坟石靠在石墓上，墓顶以整块巨石封顶。墓室位于第五层石阶中间，内有两具石棺床。（图5.4.2）

唐代帝陵是古代封建社会发展高峰时期陵墓建筑的代表，规划巧妙，气势宏大，陪葬丰富，具有深厚的历史文化价值。唐朝国祚289年，21帝、20陵，除昭宗李晔和陵和哀帝李柷温陵分别在河南渑池和山东菏泽外，其余18座陵墓集中分布在陕西乾县、礼泉、泾阳、三原、富平、蒲城6县的山地，东西绵延100余公里，以唐太宗昭陵和唐高宗李治与武则天的合葬墓乾陵最具典型性。

汉文帝霸陵开创依山为陵的先例。河北满城县的中山靖王刘胜及其妻子窦绾墓也是凿山为陵，采用金缕玉衣葬制。唐太宗昭陵则仿效汉文帝霸陵，依山为陵，凿山为墓，上筑方城，建石殿，塑石像，气势磅礴。

一、昭陵

唐太宗李世民（599-649年）的昭陵位于陕西礼泉县东北22.5公里的九嵕（zōng）山上。昭陵凿山建陵，开创唐朝皇帝依山为陵的先例。建陵从唐贞观十年（636年）埋葬长孙皇后开始，到安葬李世民时完成，历时13年，规模宏大。地宫开凿在九嵕山的山腰，从墓道到墓室约250米，墓室"宏丽不异人间"。可惜陪葬品多被五代时期军阀盗掘。地面建筑分布在陵山周围，陵前有庞大的扇形陪葬墓群。包括魏征墓、李靖墓、李勣墓、房玄龄墓、尉迟敬德墓等160余座。

二、乾陵

乾陵是唐高宗李治与武则天的合葬墓，位于乾县北部的梁山，颇为壮观。高宗李治葬于684年，武则天葬于706年。墓室深入山体，长达63.10米，宽3.9米，用数千条石条砌成，石条之间用铁板固定，并用熔化的铁水灌浇，上面用土夯实。《旧唐书·严善思传》记载："乾陵玄阙，其门以石闭塞，其石缝隙，铸铁以固其中"。五代时期，军阀挖掘唐朝帝陵，取其财宝，"唯乾陵风雨不可发"，乾陵成为唯一没有被盗的唐朝帝陵。（图5.4.3）

乾陵原有内外两重城墙，四个城门，还有献殿阙楼等许多宏伟的建筑物。内城总面积240万平方米，四面城门依照方位命名为朱雀门、玄武门、青龙门、白虎门。陵墓神道（"司马道"）上有三重门阙。第1对门阙的北面山峰为陵寝，是主体建筑，四周建方城，正中留门，门外建阙。第2对门阙正好坐落于山顶的奶头山。第2到第3对门阙间的神道长约3公里，神道两边列华表1对、翼马1对、鸵鸟1对、

图5.4.2　集安高句丽王陵

图5.4.3　乾陵远景

图5.4.4 乾陵神道及石像

图5.4.5 永泰公主墓室壁画

石马和马夫5对、石人10对、1座无字碑、1座述圣记碑、61尊宾王像，是现存唐陵中规模最大的石刻群，奠定唐陵石刻定制。石人据传是秦始皇时期威震匈奴的将军阮翁仲，后世把立于宫阙庙堂和陵墓前的铜人或石人称为"翁仲"。（图5.4.4）

乾陵陪葬墓共有17座，现发掘5座，其中永泰公主李仙蕙墓、懿德太子李重润墓、章怀太子李贤墓最为典型，墓室壁画作品艺术价值很高。（图5.4.5）

第五节　五代至宋元时期的陵墓

一、五代十国陵墓

五代十国时期是中国历史上的分裂割据、连年混战的时期。中原地区更替了后梁、后唐、后晋、后汉、后周等五个朝代。其他地区主要在南方则有十个割据的王国：长江下游的吴、南唐、浙江一带的吴越、福建一带的闽、四川一带的前蜀、后蜀，两湖地区的楚、南平，两广地区的南汉和山西境内的北汉。这个时期陵寝建筑所剩无几，帝陵规模都不大，更多注重墓内装饰。

王建是五代前蜀国国王，陵墓位于成都西，称为"永陵"，陵前石像雕刻造型敦厚而夸张，技巧精湛，艺术价值很高。陵冢高15米，直径约80米，王建墓是古代现存唯一把墓室砌在地面上的陵墓。（图5.5.1）

永陵墓室由14道石券组成，分前中后三室。永陵内部棺床东、西两侧有12尊透雕武士半身立像，高65厘米，戴盔披甲，腰束皮革，面棺头微侧，两臂紧扶棺床。在棺床东、西、南三面的束腰上刻有24尊女乐伎，每格长46厘米、宽30厘米，乐伎造型生动传神，手持羯鼓、铜钹、腰鼓、鸡娄鼓、鼗牢、毛员鼓、贝、笙、叶、筚、箫、篪、笛、箜篌、筝、琵琶和拍板等乐器，为研究唐、五代雕刻和乐器留下珍贵的形象资料。陵墓后室的御床上置一尊王建坐像，高86厘米，头戴幞头，身穿帝王常服，腰系玉带，相貌与史料记载相符。

二、北宋陵墓

北宋帝陵位于河南巩义（巩县）嵩山北麓，沿唐朝制度，唯尺寸较小。有两个原因决定了宋朝陵墓的特点：第一，宋朝制度规定，皇帝驾崩之后七

图5.5.1 王建墓及神道两旁石像

个月内入葬，皇帝死后才动工修建，建造时间短，陵墓规模必然小。第二，宋朝流行"五音姓利说"，宋朝皇帝姓赵，归入"宫商角徵羽"五音中的角音，五行属木，木生火，金克木，利于西北方位。巩义南望嵩山，北临黄河，东有青龙山，还有洛水横贯东西，是符合条件的风水宝地，故选址于此。

北宋皇陵都坐北面南，南高北低，陵墓主体呈正方形设在低处，各陵尺度和墓前石刻数目整齐划一。墓室上建造方形三层陵台，每门各有石狮一对。由南门向北的神道两侧排列文武大臣和各种石像。另外，皇后不与皇帝同穴合葬，单独起陵。巩义共有21座后陵，建制和帝陵相同，只是规模略小。

北宋皇陵包括宣祖（赵弘殷）永安陵、太祖（赵匡胤）永昌陵、太宗（赵光义）永熙陵、真宗（赵恒）永定陵、仁宗（赵祯）永昭陵、英宗（赵曙）永厚陵、神宗（赵顼）永裕陵、哲宗（赵煦）永泰陵。其中永安陵是迁来此地，北宋末年的宋徽宗、钦宗二帝被金兵俘掠，最后死于漠北，因此北宋帝王9人，帝陵则有"七帝八陵"之说。陵墓周围还有包拯、寇准、高怀德、赵普、杨延昭等名臣墓9座，皇室宗亲墓千余座，整个陵区占地156平方公里，面积庞大。北宋灭亡后，八陵都遭到了破坏。元朝时期，地面建筑除了石雕之外"尽犁为墟"。宋陵雕像造型质朴，手法精细，但在总体气魄上不及唐朝陵墓雕刻大气磅礴。（图5.5.2）

三、南宋陵墓

南宋9个皇帝中6个葬在浙江绍兴，称为"攒宫"。分别是宋高宗赵构永思陵、宋孝宗赵昚（shèn）永阜陵、宋光宗赵惇永崇陵、宋宁宗赵扩永茂陵、宋理宗赵昀永穆陵、宋度宗赵禥（qí）永绍陵。建筑基本沿袭北宋，但是规模远远不及之，无高大陵台，也无神道两侧石雕，经过盗掘和破坏后，荒芜不堪。

四、西夏王陵

西夏东尽黄河，西界玉门，南接萧关，北控大漠，幅员万里，立国189年，10位帝王。西夏王陵在宁夏银川市西，规模庞大，有帝陵9座、陪葬墓270余座。帝陵皆坐北朝南排列，由阙台、神墙、碑亭、角楼、月城、内城、献殿、灵台等建筑组成，融汉族、党项、佛教文化于一体，风格独特。（图5.5.3）

五、元朝陵墓

元朝在葬制习俗上实行秘密潜埋习俗，贵族死后不起坟，埋葬之后"以马揉之使平"，很难发现其所在。

1227年，成吉思汗在远征西夏时病逝于甘肃清水县。内蒙古鄂尔多斯中部伊金霍洛旗境内建有成吉思汗陵，陵园面积有5万多平方米。主体建筑大殿高26米，平面为八角形，重檐蒙古包穹顶结构，上面镶嵌着蓝、黄两色琉璃瓦。建筑造型气势恢弘，庄严肃穆。整个大殿由前殿、后殿、东西殿、东西走廊组成，宛如雄鹰展翅飞翔于草原。

前殿内安放高5米的成吉思汗塑像。后殿即寝宫，安放着几座灵包，都是蒙古包造型，外面蒙着

图5.5.2 北宋永昭陵石刻

图5.5.3 西夏王陵

金黄色的缎套。居中灵包中安置成吉思汗及其夫人的灵柩，东西两边的灵包是成吉思汗两位胞弟的灵柩。东殿安放成吉思汗第四子拖雷及其夫人的灵柩。自窝阔台及其长子贵由之后，元朝皇帝都是拖雷的子孙，因此其地位极其显赫。西殿供奉着象征着九员大将的九面旗帜和"苏勒定"（大旗上的铁矛头）。（图5.5.4）

图5.5.4　伊金霍洛旗成吉思汗陵

第六节　明清时期的陵墓

明初，朱元璋营建祖陵（江苏盱眙）、皇陵（安徽凤阳）、孝陵（江苏南京）。凤阳皇陵坐南面北，沿袭宋陵传统，设置方形封土宝顶，陵前有献殿，神道两侧有石像、石碑、石人、石兽等30对。自孝陵开始，陵墓形制产生重要转变。朱元璋恢复预先建造寿陵的制度，并将陵墓形制由唐宋时期的方形改为圆形，以适应南方多雨的气候，便于雨水下流不致浸润墓穴，注重棺椁密封和防腐。明成祖迁都北京后在西北郊天寿山营建帝王陵区。

一、明孝陵

明孝陵是朱元璋和马皇后合葬墓，位于南京城东钟山主峰下，始建于明洪武十四年（1381年），历时30余年，规模宏大，陵区周围45里，为我国现存规模最大的帝陵之一。现存建筑包括碑亭（四方城）、神道、碑殿、享殿（孝陵殿）、方城、明楼、宝顶等。

陵园前面有下马坊，碑刻"诸司官员下马"六个大字，从下马坊到金水桥是引导部分。陵前神道并非一条直道，由石望柱开始北拐，呈月牙形，对挡在道上的孙权墓形成半包围形式。第一段由东向西北延伸，俗称为石像路，全长615米。路两旁依次排列着狮子、獬豸、骆驼、大象、麒麟、马6种石兽，每种2对，共12对24件，每种动物两跪两立，分列神道两侧，保存完好。石像都采用整块巨石雕刻而成，线条流畅圆润，气魄宏大，生动壮观，既代表帝陵的崇高圣洁，也起到守卫、辟邪、礼仪的象征作用。第二段是翁仲路，长250米，分列云龙纹望柱1对、威严庄重的武将和文臣各2对。金水桥以

北为陵墓主体部分，陵区范围大，广植松树，放鹿千头。孝陵在清军入关时被毁。（图5.6.1）

孝陵按照宫殿形式修建，前后三进院落，集宋朝的上宫下宫为一体，满足安葬和祭祀的需要。前院两侧是神厨和神库，供祭祀时候使用。中院后部中央是祾（líng）恩殿，面阔九间，进深五间，坐落在高大的青石台基上。殿前有左右庑廊以供祭祀。后院封土周围用砖墙七成圆形高大的城堡，城上建造面阔五间、进深一间的殿堂，称之为"方城明楼"。明楼为明孝陵首创，建在方城顶部，是明孝陵建筑的最高点。为重檐歇山顶，覆以黄色琉璃瓦。南面开三孔拱门，东、西、北各开一孔拱门，方砖墁地。原建筑已毁于清咸丰三年（1853年），2008年实施加顶保护工程。（图5.6.2）

祾恩殿和"方城明楼"的体制改变宋朝陵墓的方形陵台和土城，更加坚固，更具艺术价值，奠定了明陵地面建筑的基本格局，后世方城明楼均依此而建。

宝顶紧连方城的北面，是一个直径325米至400米的圆形大土丘，原是中山南麓的独龙阜。宝顶周围建砖砌宝城，周长1000多米，宝顶下面是地宫。

二、明十三陵

1421年，明永乐帝迁都北京，在北京昌平天寿山修建陵墓。陵区营建230余年，分别是明成祖（永乐）朱棣长陵、明仁宗（洪熙）朱高炽献陵、明宣宗（宣德）朱瞻基景陵、明英宗（正统）朱祁镇裕陵、明宪宗（成化）朱见深茂陵、明孝宗（弘治）朱祐樘泰陵、明武宗（正德）朱厚照康陵、明世宗

图5.6.1 明孝陵神道石像

图5.6.2 明孝陵方城明楼

图5.6.3 明十三陵石牌坊

（嘉靖）朱厚熜永陵、明穆宗（隆庆）朱载垕昭陵、明神宗（万历）朱翊钧定陵、明光宗（泰昌）朱常洛庆陵、明熹宗（天启）朱由校德陵、明思宗（崇祯）朱由检思陵，统称十三陵。

陵区三面环山，南面敞开，十三座帝陵沿山麓散布，以明成祖长陵为中心，各据岗峦。陵区入口处是一座五间石牌坊，雕饰精美，建于嘉靖年间，是古代牌坊的经典。（图5.6.3）

从牌坊向北1公里可达大红门，这是十三陵的陵园大门。门内有神功圣德碑亭、华表、望柱、石

兽、文武大臣石像等。再向前是龙凤门，从龙凤门到长陵有4公里。

长陵是明成祖的陵墓，占据天寿山主峰。长陵规模为明陵之最，陵径为101.8丈。长陵的祾恩殿为9间重檐庑殿顶，面积接近故宫太和殿，造型庄重而舒展，气势非凡。内用粗壮的金丝楠木大柱数十根，是国内为数不多的楠木殿堂，左右配殿各15间。（图5.6.4）

明陵创造以方城明楼为核心，并与祾恩殿相结合形成三进院落的宫殿式陵墓建筑形式。祾恩殿是明十三陵殿堂中等级最高的祭堂，始于嘉靖十七年（1538年），世宗朱厚熜赐名"祾恩"，"祾"取"祭而受福"之意，"恩"取"罔极之恩"之意。神道分为前后两段，前段以神功圣德碑为中心，后段以方城明楼为中心，使陵区的空间富于层次。十三陵与周围环境相结合，形成意境深远的建筑群。

明代宗朱祁钰（1428-1457年），是明宣宗朱瞻基次子、明英宗朱祁镇之弟。明英宗在土木堡被瓦剌兵俘去之后继位，年号景泰，在位8年。英宗复辟后将其废黜，不久后亡故，葬于北京西郊，不在十三陵内。

三、清关外三陵

清初在辽宁新宾、兴京建"关外三陵"（盛京三陵）：永陵、福陵、昭陵。永陵是清帝祖陵，位于辽宁抚顺新宾满族自治县永陵镇，始建于明末，埋葬着努尔哈赤六世祖孟特穆、曾祖福满、祖父觉昌安、父亲塔克世。建筑风格体现左昭右穆制度以及女真民族遗风。

福陵地处沈阳市区东北部丘陵地带，前临浑河，后依天柱山，是清太祖努尔哈赤和孝慈高皇后叶赫那拉氏的陵墓，占地面积19.48万平方米，建成于1629-1651年。1929年，奉天政府将福陵开辟成公园，改称东陵，现存古建筑32座，与自然景观相辅相成，"龙穴砂水无美不收，形势理气诸吉咸备"。福陵园区坐北朝南，四周建围墙，建筑格局因山势形成前低后高之势，南北狭长。从南向北可划分为三部分：大红门外区、神道区、方城、宝城区。陵寝建筑规制完备，设施齐全，建筑规模宏伟，保存较为完整。

陵区大门为正红门，单檐歇山顶，有左（君门）、中（神门）、右（臣门）三券孔门洞，两侧建袖壁。

图5.6.4　明成祖长陵

图5.6.5　沈阳福陵碑亭

门后神道两侧成对排列着石狮、石马、石驼、石虎等石雕。平地尽头，依山势修一百零八蹬石阶，象征三十六天罡和七十二地煞。过了石桥，迎面而立一座重檐歇山式碑亭，建于康熙二十七年（1688年），四面券门，下为须弥座式台基。内立清圣祖玄烨亲撰的"大清福陵神功圣德碑"，碑高7米，碑文用满、汉两种文字书刻，记载努尔哈赤的功绩。（图5.6.5）

方城建于清初，形如城堡，城高5米，周长370米，四周建角楼。方城正门为隆恩门，上为三滴水歇山顶门楼[1]，亦称五凤楼，楼下为单孔拱门，是进出方城必经之地。方城内核心建筑是隆恩殿（享殿），建在五尺高的汉白玉石须弥座上，单檐歇山顶，覆以黄琉璃瓦，周围耸立12根檐柱形成边廊，外檐彩画饰和玺彩画。隆恩殿三间四门八窗，明三间以隔扇门为装饰。殿内有大、小暖阁，供奉陵主神牌，是举行祭祀典礼的主要场所。殿内无天花，而在裸露的梁檩上施彩画，这种手法称为"砌上明造"，与沈阳故宫崇政殿彩画做法相同，是关外早期满族建筑的特征。殿门中间匾额以三种文字题写"隆恩殿"三字，以满文居中而蒙汉各列左右。（图5.6.6）

殿后设有二柱门（棂星门）、石祭台，上列五石供。方城北面洞门之上设歇山顶明楼，内立"太祖高皇帝之陵"石碑。方城后为圆形宝城，两城间呈月牙状，因而也叫月牙城。宝城正中有突起的宝顶，其下为地宫。

昭陵位于沈阳北部皇姑区，是清太宗皇太极及孝端文皇后博尔济吉特哲哲的陵墓，陵区还葬有宸妃海兰珠、贵妃娜木钟、淑妃玛特巴璪等。昭陵始

建于崇德八年（1643年），至顺治八年（1651年）基本建成，之后多次改建和增修。占地面积16万平方米，环境清幽，现存古建筑38座，是清初"关外三陵"中规模最大、气势最宏大的一座。1927年，昭陵辟为公园，改称北陵。

昭陵建筑按"前朝后寝"排列，自南向北由前、中、后三个部分组成，前部从下马碑到正红门，包括华表、石狮、石牌坊、更衣厅、宰牲厅；中部从正红门到方城，包括华表、石象生、碑亭和祭祀用房；后部是方城、月牙城和宝城，为陵寝的主体部分。主要建筑都建在中轴线上，两侧对称排列，因循明朝皇陵格局而又具有满族陵寝特征，是满汉建筑风格融合的典范。

方城内有黄琉璃瓦歇山顶隆恩殿、东西配殿、东西晾果楼（两层前后出廊的硬山式建筑）和焚帛亭。隆恩殿后面有二柱门、石五供和券洞门，券洞顶端是高23.6米的歇山式明楼。明楼1937年毁于雷火，1939年重修，是昭陵最高的建筑。方城之后是月牙城和宝城，宝城是以青砖垒砌的半圆形城，城中心是以三合土（白灰、沙子、黄土）夯筑的宝顶，其下为地宫。宝城后面是隆业山，登山俯视，陵园风光可尽收眼底。（图5.6.7）

四、清东陵

清朝入关后在河北遵化兴隆马兰峪修建东陵，在河北易县梁各庄修建西陵，按昭穆制度顺次入葬。其帝陵形成定制，布局一般分为神路区、宫殿

中外建筑史

1　三层檐屋顶建筑别称三滴水，多用于歇山式楼阁建筑，还有一滴水、二滴水形式。

图5.6.6　沈阳福陵隆恩殿

图5.6.7　沈阳昭陵明楼与宝顶

区和神厨库区三个部分。

东陵北靠昌瑞山，南揽金星山，中依影壁山，东盘鹰飞倒仰山，西踞黄花山，左右有两条大河环绕，腹地平坦开阔，形成群山拱卫、二水环流的格局。当年顺治到此打猎，认为"此山王气葱郁，可为朕寿宫"。康熙二年（1663年）开始修建陵区，南北长125公里、宽20公里。陆续建成大小15座陵园，以顺治的孝陵为中心，呈扇形排列于昌瑞山南麓。每个陵园都依"前朝后寝"形制，包括宫墙、隆恩门、隆恩殿、配殿、方城明楼及宝顶等建筑。单体建筑580余座，建筑之间层次分明，秩序井然，建筑气势恢宏，装饰精美华丽。清东陵集中体现传统风水学、建筑学、美学、哲学、景观学、丧葬祭祀文化、宗教、民俗文化等文化，具有重要的历史价值。

清世祖（顺治）在位18年，其孝陵位于东陵的中轴线上。清圣祖（康熙）在位61年，其景陵位于孝陵左边；清高宗（乾隆）在位60年，其裕陵在孝陵之右；清文宗（咸丰）奕詝（zhǔ）在位11年，其定陵位于裕陵之右；清穆宗（同治）在位13年，其惠陵在景陵左边。皇帝们的后陵、妃园都建在各自陵墓旁边，帝、后陵寝用黄琉璃瓦顶，规格最高，妃、王陵寝用绿色琉璃瓦顶，规模较小，排位顺序与建筑特征体现出尊卑有别的传统观念。所有帝陵与后陵之间以神道相连，神道长达5.5公里，宛若枝干蔓生，隐含着生生不息、江山万代的象征意义。

顺治孝陵以西的胜水峪就是乾隆的裕陵，在清陵中颇具代表性，雄伟壮观，用料考究，做工精巧，装饰富丽。乾隆（1711-1799年）皇帝爱新觉罗·弘历励精图治，将新疆纳入中国版图，开疆拓土两万里，使清王朝达到鼎盛时期。裕陵始建于乾

隆八年（1743年），竣于乾隆十七年（1752年），历时9年，耗银170万两。裕陵地宫内葬有乾隆及孝贤、孝仪两位皇后和慧贤、哲悯、淑嘉三位皇贵妃。（图5.6.8）

裕陵自南向北依次为圣德神功碑亭、五孔桥、石像生、牌楼门、一孔桥、下马牌、井亭、神厨库、东西朝房、三路三孔桥及东西平桥、东西班房、隆恩殿、三路一孔桥、陵寝门（单檐歇山三座琉璃花门）、二柱门、祭台五石供（二石瓶、二石烛台、一石香炉）、方城、明楼、宝城、宝顶和地宫，其规制既承袭前朝，又有创新。（图5.6.9）

地宫进深54米，总面积372平方米，为拱券式结构，以汉白玉石砌成。前后分为明券、穿券、金券三室，共9券4门，前有墓道，平面呈主字形。地宫内雕刻大量佛像、图案、经文，经文用梵文和藏文两种文字镌刻，共有梵文647字，藏文29000多字，浮雕和文字的雕法精湛，线条流畅，层次分明，生动传神，被誉为"庄严肃穆的地下佛堂"和"精美的石雕艺术宝库"。

裕陵西侧的裕妃园寝是安葬乾隆皇帝妃嫔的地方，始建于清乾隆十年（1745年），平面为长方形，中间有腰墙分成前后两院，前院有一间享殿，面阔五间，进深三间，单檐歇山顶，为供奉妃嫔牌位和举行祭祀之所。后院有诸妃陵寝，包括1位皇后、2位皇贵妃、5位贵妃、6位妃，5位嫔、12位贵人、4位常在，共计36人。其中较著名的人有:乌喇那拉皇后、纯惠皇贵妃、庆恭皇贵妃陆氏、容妃（清朝唯一的维吾尔族贵妃，即香妃）等。

定东陵因位于咸丰定陵之东而得名，分别安葬咸丰的两位皇后，规模与形式相似。西侧为孝贞显

图5.6.8　清裕陵隆恩殿

图5.6.9　清裕陵五石供与明楼

皇后慈安的普祥峪定东陵，东侧为孝钦显皇后叶赫那拉氏慈禧（1835-1908年）的普陀峪定东陵，同时建于同治十二年（1873年）。慈禧定东陵的隆恩殿建造于雕琢精美的台阶之上，是安放慈禧牌位和举行祭祀之所。重檐歇山黄琉璃瓦顶，面阔五间，东西山墙和后墙为青砖垒砌。优选金丝楠木和花梨木为原料，做工精巧，外观古朴典雅。殿内64根立柱上雕饰盘绕的高浮雕金龙。斗拱、梁枋、天花板上的彩绘及雕砖部位全部贴金，金碧辉煌，极尽奢华，是清陵中最辉煌的建筑。殿前石栏杆上雕龙凤呈祥图案，阶前丹陛石采用高浮雕雕刻龙凤图案，龙在下、凤在上，龙凤云纹层次分明，生动传神。

　　1928年，裕陵和慈禧陵被军阀孙殿英盗掘，随葬珠宝文物被抢劫一空。

五、清西陵

　　西陵位于河北易县城西15公里处的永宁山下、易水河畔。为"乾坤聚秀之区，阴阳汇合之所，龙穴砂水，无美不收。形势理气，诸吉咸备。"自清雍正八

图5.6.10　清嘉庆昌陵全景

年（1730年）被选为陵址首建泰陵，至1915年光绪崇陵建成，历经186年，共建帝陵4座：清世宗（雍正）泰陵、清仁宗（嘉庆）昌陵、清宣宗（道光）慕陵、清德宗（光绪）崇陵。还有后陵3座，王公、公主、妃嫔园寝7座，埋葬着9个皇后，56个妃嫔及王公、公主等共80余人。建筑面积达5万多平方米，宫殿1000多间，建筑100余座，建筑规模庞大、装饰富丽。皇帝陵、皇后陵、王爷陵均采用黄色琉璃瓦盖顶，妃、公主、阿哥园寝均为绿色琉璃瓦盖顶，体现不同的等级地位。（图5.6.10）

🔗 **思考题**

1. 秦汉陵墓有怎样的设计特色？

2. 何谓黄肠题凑？

3. 宋代陵墓与唐代陵墓有哪些差异？

4. 明代陵墓有怎样的设计特征？

5. 清代陵墓有怎样的设计特征？

中外建筑史

第六章
中国传统宗教建筑

第一节　概述

宗教建筑是中国传统建筑的重要门类。中国历史上曾出现道教、佛教、伊斯兰教、拜火教（祆教、琐罗亚斯德教，摩尼教之源）、摩尼教（明教）、景教（基督教聂斯托里派）、天主教、东正教等多种宗教。以佛教、道教与伊斯兰教对中国传统文化影响最大。

一、佛教

佛教在印度分为上座部和大众部，上座部即小乘佛教，大众部亦称菩萨乘，是大乘佛教前身。上座部诸派向南传播，盛行于斯里兰卡，遍传缅甸、泰国等东南亚地区，俗称南传佛教。后来传入中国云南，广西等地，云南西双版纳、德宏、思茅、临沧、保山等地区是主要分布区，傣族、布朗族、阿昌族、佤族的大多数群众信仰南传佛教，建筑风格与东南亚风格相似。（图6.1.1）

北传佛教分陆路和海路两条线进行，主要是大乘佛教。陆路经丝绸之路传入我国中原地区，海路传入我国南方地区。大乘佛教流行于中原大部分地区，信仰者以汉族为主，亦称汉传佛教，建筑样式受到传统宫殿、楼阁形制影响。

藏族地区传播的佛教称为藏传佛教，亦称喇嘛教，以藏文、藏语传播，西藏自治区、青海省、新疆维吾尔自治区、甘肃省、内蒙古自治区、四川省等，藏族、蒙古族、裕固族、门巴族、珞巴族、土族普遍信仰。建筑多采用厚墙、平顶的城堡样式。

寺内主体建筑包括佛殿、经堂、住所、扎仓（佛学院）等。西藏拉萨甘丹寺、拉萨哲蚌寺、拉萨色拉寺、日喀则扎什伦布寺、青海西宁塔尔寺、甘肃夏河县拉卜楞寺是中国藏传佛教格鲁派（黄教）的六大寺院。（图6.1.2）

二、道教

道教是中国土生土长的宗教，其思想可以追溯到远古的巫术和图腾崇拜。春秋时期道家学派形成，以老子与庄子为代表，倡导清静无为，与儒家思想形成互补，成为主导中国传统文化的两大源流。东汉末年形成道教，有张角传授的太平道与张陵、张鲁祖孙传布的五斗米教。魏晋南北朝是道教过渡发展时期，出现众多教派，楼观道兴起于陕西

图6.1.1　西双版纳勐罕佛塔寺

终南山下，据说老子过函谷关西去时曾在此为尹喜讲《道德经》。陶弘景的茅山派划分了道教神仙谱系。

北京西城区的白云观是全真教三大祖庭之一，被誉为明代以来"全真教第一丛林"。初建于唐开元二十六年（738年），原名天长观，金代更名太极宫，两次重修。元初长春真人丘处机奉成吉思汗之诏驻太极宫掌管全国道教，更名长春宫，为中国北方道教的中心。明洪武二十七年（1394年），更名白云观，明末毁于战火，清代几度重修扩建，清康熙四十五年（1706年）奠定白云观现存布局和主要殿阁。现存19座建筑，主要建筑在中轴线上逐次排开，包括四柱七楼木结构棂星门、明代所建的单檐歇山琉璃瓦顶山门、灵官殿、玉皇殿、勾连搭顶形式的老律堂（七真殿）、丘祖殿、三清阁（上下两层，面阔五间，前出廊，上为三清阁，下为四御殿，是白云观中路北端制高点）等建筑，两侧配以钟、鼓楼和东、西两路殿堂以及廊庑，后面是后花园，游廊迂回，假山跌宕，花木清幽。（图6.1.3）

三、伊斯兰教

伊斯兰教在唐朝由丝绸之路传入我国。在蒙古西征后大批穆斯林东来，元末形成回族，分布在新疆西部地区。中国伊斯兰教建筑有两种体系：一是以内地回族为主的礼拜寺和教长墓为代表；二是以维吾尔族为主的礼拜寺和陵墓（玛札）为代表。

新疆喀什东北部的阿巴霍加玛札建于17世纪中叶，是喀什地区伊斯兰教白山派首领阿巴霍加及其家族墓地，总面积5万平方米，是新疆地区保存较好的陵墓，也是我国规模最大的伊斯兰陵墓。主要建筑包括墓祠、绿礼拜寺、大礼拜寺、高礼拜寺、低礼拜寺、教经堂等。墓祠是主体建筑，平面为长方形，面阔约35米，进深29米。四角各有一个圆形的立柱半嵌在墙内，上有尖塔。外墙每间做成尖拱形，墙面上装有花窗并装饰琉璃砖。中间为砖结构穹隆顶，顶高26.5米，直径16米，顶上置一座采光亭。墓祠内部宽敞，中间高台排列有57个坟墓。坟墓上嵌彩色琉璃砖，用丝织盖布掩盖。（图6.1.4）

伊斯兰礼拜寺一般由礼拜殿（祈祷堂）、唤醒楼（宣礼塔、邦克楼）、浴室、教长室、经学校、大门等建筑组成。礼拜殿坐西朝东，教徒礼拜的时候面向西方的圣地麦加。寺内装饰不用动物题材，而用几何形、植物花纹及阿拉伯文字图案。

中国的伊斯兰教建筑在初期保留伊斯兰风格，后来除新疆地区的伊斯兰建筑仍保持固有特点之外，中原地区的伊斯兰建筑逐渐与中国传统建筑样式融合，产生一些中国式的伊斯兰建筑。如北京广安门内牛街清真寺，是北京规模最大、历史最久的一座清真寺。创建于辽圣宗十三年（966年），历代数次重修。主要建筑有礼拜殿、邦克楼、望月楼和碑亭等。寺内现存主要建筑均于明清时期修筑，是采用汉族传统建筑形式修建的清真寺的典型实例。（图6.1.5）

图6.1.2 拉卜楞寺

图6.1.3 北京白云观老律堂

图6.1.4 喀什阿巴霍加玛札

图6.1.5 北京牛街清真寺礼拜殿

第二节 中国传统佛教建筑

佛教建筑的类型包括寺（庵）、塔、经幢、石窟等类型，雕刻与壁画是佛教建筑必不可少的组成部分。

一、寺庙

从秦朝开始，把官舍称为寺。汉朝中央行政机关九个官舍合称九寺，鸿胪寺是礼宾司，洛阳白马寺即以鸿胪寺改建而成。

东汉末期，徐州浮屠寺也按印度样式修建，但这时寺塔样式和周围的回廊堂阁已经逐渐改为中国传统建筑样式。

佛教在南北朝时期迎来第一次发展高潮，所谓"南朝四百八十寺，多少楼台烟雨中"。南朝首都建康有五百多所佛寺，而北朝尤甚。北魏正光（520-524年）以后，全国有寺庙3万多所，都城洛阳就占1367所。"寺夺民居，三分且一"。云冈、龙门、天龙山、敦煌等地石窟都肇始于此时。当时佛寺多以府第和贵族住宅改建。"以前厅为佛殿，后堂为讲室"。

《洛阳伽蓝记》记载当时洛阳80多所佛寺，以永宁寺最大，是北魏熙平元年（516年）胡灵太后所建。永宁寺采取中轴对称的平面布局，前有寺门、门内建九层方塔、塔后建佛殿，布局与印度寺庙大致相同。因塔内供奉舍利，从而成为崇拜对象，居于寺院主体位置，形成"前塔后殿"格局。（图6.2.1）

隋唐时期佛寺的主体部分仍采用对称式布局，沿中轴线排列山门、莲池、平台、佛阁、配殿、大殿等。殿成为主角，塔退居后侧，较大的寺庙除中央一组主要建筑外，又依据供奉的内容或用途划分为若干庭院，如药师陀、大悲院、六师院、罗汉院、般若院、法华院、华严院、净土院、方丈院、戒律院等。

唐朝现存的寺庙有五台山南禅寺正殿和佛光寺大殿。南禅寺正殿重建于唐德宗建中三年（782年），是现存中国最古老的木构架建筑。面阔与进深各三间，单檐歇山顶，檐下立12根檐柱，气势雄浑。殿内佛像均为唐朝遗物。（图6.2.2）

五台山佛光寺大殿重建于唐宣宗大中十一年（857年），是年代仅次于南禅寺的木架建筑，规模则远大于南禅寺。殿内供奉三尊主佛及众多菩萨，立于低矮的台座之上，与后世高佛座的氛围迥异，反映唐朝坐具低矮的生活习俗。

唐朝出现十一面观音和千手千眼观音的形象。晚唐时期在寺庙里置钟楼已成为定制，一般位于寺院南北中轴线的东侧，明朝时期又在西侧设鼓楼。

五代时期的建筑主要继承唐朝风格，此时战事不断，但各地仍有寺院建造。山西平顺大云院、龙门寺和平遥镇国寺仍存五代遗构。镇国寺原名京城寺，是皇家敕建的寺庙，寺内万佛殿重建于北汉天会七年（963年），是目前国内罕见的五代建筑之一。寺院分为前后两进院落，建筑有天王殿、万佛殿、三佛楼和观音、地藏、二郎、土地、三灵侯和

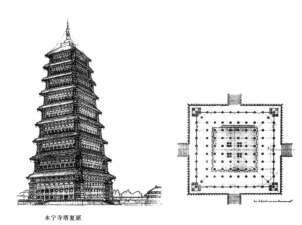

图6.2.1　洛阳永宁寺九层方塔复原图

图6.2.2　五台山南禅寺正殿

图6.2.3　平遥镇国寺万佛殿

图6.2.4　正定隆兴寺摩尼殿

财福神等殿。万佛殿面阔、进深各三间，平面近乎正方形，由12根檐柱支撑屋顶。柱头斗拱硕大，出檐平出较远，外伸达1.55米，使得沉重而庞大的屋顶坡度平缓，沉稳而不失轻松活泼，将建筑形式与功能有机结合。殿内存有五代彩塑佛像，艺术价值极高。（图6.2.3）

河北正定隆兴寺是宋朝寺庙建筑的代表。始建于隋开皇六年（586年），宋太祖时期敕令在寺内铸铜佛、造殿阁，更名为"龙兴寺"。清康熙、乾隆年间也进行扩建，改称"隆兴寺"。主体建筑仍保持宋朝面貌，大悲阁和阁内铜佛是隆兴寺的主体。院内的摩尼殿造型奇特，落成于宋仁宗皇祐四年（1052年），面阔与进深各七间，重檐九脊歇山顶，四面出口均设抱厦，使整个建筑呈十字形。这种造型是宋朝建筑最独特的一例。（图6.2.4）

天津蓟县（今蓟州区）独乐寺观音阁是现存最高的木构佛阁，是辽代建筑的杰出代表，被梁思成誉为"国之瑰宝"。独乐寺始建于唐太宗贞观十年（636年），由开国功臣尉迟恭督造。现存的大部分建筑为辽圣宗统和二年（984年）重修，部分为明清时期重修。山门为五脊四面庑殿顶，是我国现存最古老的庑殿顶山门。山门高约10米，面阔三间，进深两间，中间为穿堂，两侧有辽代泥塑"哼哈二将"，门正中悬挂匾额"独乐寺"，为明代内阁首辅、武英殿大学士严嵩题写，正脊两端鸱尾向内翘，不同于明清时期向外反转的龙尾。观音阁是主体建筑，造型宏伟，高23米，面阔五间，进深四间。建筑结构采取柱网结构，外檐柱18根，内檐柱10根，形成双层圈柱，使结构完整统一，抗震能力强。阁内供奉16.08米高的十一面观音，头顶有10个小佛头。雕像向前微倾，面容饱满，体态端庄，是辽代雕塑精品。（图6.2.5）

元朝藏传佛教受统治者重视，盛行于西藏、蒙古一带，建筑风格异于中原。明清时期佛寺更加规范化，中轴线对称布局，自南向北依次排列山门（也称三门殿，内有哼哈二将）、右钟楼、左鼓楼、天王殿、大雄宝殿等建筑。中国古代留下的古寺名刹十分丰富，既遵循佛教建筑共性，又体现地域差异。洛阳白马寺、嵩山少林寺、杭州灵隐寺、南京灵谷寺、南京栖霞寺、开封相国寺、北京房山云居寺、北京潭柘寺、北京雍和宫、苏州寒山寺、浑源悬空寺、平遥双

图6.2.5 天津独乐寺观音阁

图6.2.6 厦门南普陀寺大雄宝殿

林寺、扶风法门寺、厦门南普陀寺（图6.2.6）、承德外八庙、呼和浩特大召（无量寺）、拉萨布达拉宫、云南大理崇圣寺、西双版纳曼春满佛寺等都是著名佛教建筑。

（一）少林寺

少林寺位于河南登封嵩山西麓的少室山五乳峰下，北魏孝文帝太和二十年（496年），天竺僧人跋陀初创少林寺，后来天竺高僧达摩来此首传禅宗，少林寺成为禅宗祖庭。唐太宗时奠定其天下第一名刹的地位，清道光之后，少林寺逐渐衰败。

少林寺的主体建筑在常住院，即主持寺僧和执事僧接待来客和进行佛事活动的场所，前后共七进院落，总面积达3万平方米。现存山门、天王殿、钟鼓楼、大雄宝殿、紧那罗殿、六祖堂、藏经阁（法堂）、禅堂、客堂、方丈室、达摩亭、白衣殿、地藏殿及千佛殿（毗卢阁）等建筑。附属建筑包括始建于唐贞元七年（791年）的塔林，有塔230余座，还有初祖庵、二祖庵、达摩洞及寺院周围的甘露台、十方禅院、和尚祠堂、南园白衣殿、法如禅师塔、同光禅师塔等单体建筑。寺内还保存不少唐朝以来的碑碣石刻，具有极高的文化与艺术价值。

初祖庵始建于宋代宣和七年（1125年），是为纪念禅宗初祖达摩，面阔三间、进深三间，内部用八角石柱支撑。虽经多次修缮，但梁架结构、斗拱细节等保留了鲜明的宋式做法。

山门是一座面阔三间、进深六架的单檐歇山顶建筑，它坐落在2米高的砖台上，左右配以硬山式侧门和八字墙，整体配置高低相衬，十分气派。门额

上有清康熙亲笔所提"少林寺"匾额。门正中供奉弥勒塑像，龛后置韦陀木雕佛像。（图6.2.7）

天王殿面阔、进深各三间，重檐歇山顶，1982年重建。外塑两尊金刚像，内塑四大天王：东方持国天王、南方增长天王、西方广目天王、北方多闻天王。千佛殿是少林寺最后一进殿堂，明末创建，1980年翻修。面阔七间，进深三间，高20余米，殿内地面上有48个少林武术"站桩坑"，见证少林武僧练功的坚韧。殿内有明朝的壁画，面积300余平方米，是研究明朝壁画艺术的珍贵资料。

（二）悬空寺

山西浑源悬空寺始建于北魏晚期，坐落在恒山金龙峡西侧翠屏峰峭壁之间，离地面50米高，建筑格局国内罕见。其建筑保持一院两楼格局，有殿宇楼阁40间，包括纯阳宫、三官殿、雷音殿、五佛殿、观音殿、三教殿等。楼阁之间以飞架栈道相连，高低错

图6.2.7 少林寺山门

图6.2.8 浑源悬空寺

图6.2.9 拉萨布达拉宫

落，迂回曲折。当地俚语称："悬空寺，半天高，三根马尾空中吊"。整个寺院好似悬在空中，只有十几根木柱支撑。木柱约碗口粗，以当地铁杉木用桐油浸泡后制成，不怕虫蚁且防腐。其力学原理是半插横梁为基，巧借岩石暗托，回廊栏杆左右相连，梁柱上下一体形成木结构框架，增加抗震能力。李白赞其"壮观"，徐霞客叹其"天下奇观"。悬空寺三教殿内供奉释迦牟尼、孔子、老子，是我国唯一的佛、儒、道三教合一供祀的寺庙。（图6.2.8）

（三）布达拉宫

布达拉宫位于拉萨市西边海拔3000多米高的布达拉山上，是达赖喇嘛行政和居住的宫殿，也是最大的藏传佛教寺院建筑群，可容纳僧众两万余人。始建于公元7世纪吐蕃王朝松赞干布时期，清顺治时期，五世达赖曾进行重建。布达拉宫依山而建，高200余米，东西长360余米，气势雄伟。外观13层，实有9层，有房间2000多间，由红宫、白宫两大部分组成。红宫居中，是建筑群的主体，也是达赖喇嘛接受参拜和其行政机构所在。有经堂、佛殿、政厅、图书馆、仓库、历代喇嘛灵堂、灵塔以及平台、庭院等。红宫上面还建有3座金殿与5尊金塔。白宫横贯两翼，是达赖喇嘛的住所。布达拉宫采取土木石混合结构，施工精细，固若金汤，将汉、藏建筑形式结合，体现高超的建筑艺术水平。殿堂内部以壁画为装饰，非常华丽，堪称藏族艺术的博物馆。（图6.2.9）

（四）曼春满佛寺

傣族村寨都建寺院和佛塔，在外观上多是重檐多坡面平瓦结构，风格与东南亚国家类似。佛寺大多坐西朝东，佛殿两侧塑神龙怪兽拱卫。佛殿屋顶

坡面由三层人字坡相叠而成，中堂较高，东西两侧递减，错落有致。屋顶正脊及檐面之间的戗脊上面排列各种瓦饰，造型有火焰、卷草、动物、怪兽等。建筑室内装饰佛教故事和金水图案，金碧辉煌。金水图案是在梁架结构上先刷黑色底漆，再在上面刷上红漆，制成一种深沉的暗红底面，然后把镂空的纸板所制作的图案覆上去，再用金漆漏印出来，是傣族寺庙的特殊装饰图案。

曼春满佛寺是云南西双版纳地区的中心佛寺，始建于隋，多次毁而重建，"文革"时期将其当作粮仓和牲畜圈而得以保存。主体建筑包括山门、大殿、戒堂、佛塔、藏经阁、鼓楼、僧舍等。大殿内的装饰全是佛经故事，色调绚丽。（图6.2.10）

二、佛塔

佛塔源自印度的窣堵坡，亦称塔婆、浮屠、浮图、塔，是梵文Stupa、巴利文Thūpo的音译。最初安放佛骨受教徒膜拜，后来又分为经塔、墓塔等。最早的窣堵坡由台座、覆钵、宝匣和相轮四部分组成，传入中国后结合楼阁建筑形成塔。可以在内部供佛像，还可登高远眺，原来的坡演变成塔顶的刹。除了楼阁式塔、密檐式塔、单层塔、喇嘛塔和金刚宝座塔五种基本类型之外，还有花塔、笋塔等特殊造型。

（一）楼阁式塔

楼阁式塔在中国出现最多，南北朝至唐宋时期是其发展盛期，还影响朝鲜、日本、越南，实物以宋朝居多。唐朝以前方形结构居多，五代之后多角形塔流行。宋朝塔身已用砖木混合及全部砖石，木结构塔逐渐消失。代表性楼阁式塔有陕西西安大雁

塔、山西应县佛宫寺释迦塔、江苏苏州虎丘云岩寺塔、苏州报恩寺塔（南宋）、福州泉州开元寺双石塔、江苏南京报恩寺琉璃塔等。虎丘云岩寺塔建于959-961年，为七层八面仿木砖塔，塔身残高47.7米，向北偏东倾斜2.34米，是一座斜塔。（图6.2.11）

大雁塔即西安慈恩寺塔。慈恩寺始建于隋，初名无漏寺，唐贞观二十一年（647年）太子李治扩建并更名为慈恩寺，以纪念其母文德皇后的恩德。《酉阳杂俎》记载："凡十余院，总一千八百九十七间，敕度三百僧。"是当时长安最恢弘的寺庙。

大雁塔始建于唐高宗永徽三年（公元652年），玄奘法师为供奉从印度带回的经文、佛像等，在慈恩寺的西塔院仿照印度雁塔督造一座五层砖塔，后来武则天将其改建为十层楼阁式青砖塔。五代时期后唐对其改建，降至七层，明朝万历年间曾进行维修。塔高64.5米，为七层砖砌方锥形，造型简洁、古朴庄重，气势雄伟。每层四面各开拱门，可以凭栏观景，通过塔内螺旋楼梯可登至塔顶。大雁塔南门两侧的砖龛内嵌唐初书法家褚遂良所书《大唐三藏圣教序》和《述三藏圣教序记》两块石碑，是杰出的艺术珍宝。（图6.2.12）

山西应县佛宫寺释迦塔，俗称应县木塔，始建于辽清宁二年（1056年），是国内外现存最古老、最高大的木结构塔式建筑。塔高67米，平面为八角形，外观五层六檐，夹有四级暗层，实为九层，明层都有佛像。塔檐之间斗拱密布，塔尖为八角攒尖，上立铁刹，塔身重5700余吨。木塔上有不少匾额，第一层南门有"万古观瞻"横匾，第四层上有明武宗朱厚照题写的"天下奇观"匾，最高层有明成祖朱棣题写的"竣极神工"匾。

应县木塔曾历经8次大地震岿然不倒，得益于其独特的结构。其塔体采用内外两道八角形木结构框架，构成双层套筒式结构，塔内由8根柱子形成内筒，外部由16根柱子组成外筒，内外之间以梁、枋、斗拱连接，没有用一根铁钉加固。暗层中用大量斜撑，结构上起圈梁作用，加强木塔结构的整体性。全塔共使用60多种斗拱，每组都像一个弹性节点，受到外力能减轻冲撞力，具有极强的抗震能力，体现出古代工匠精湛的施工技艺和巧妙的设计意匠。（图6.2.13）

（二）密檐式塔

密檐式塔底层较高，上面建有数层相间紧密的塔层（一般7～13层，多用单数），檐密窗小，因此不宜登高远眺。密檐式塔多用砖石建造，辽、金时期是其发展盛期。元朝以后，除云南等边远地区外，中原地区几乎没有密檐式塔。辽、金时期密檐式塔的塔基和底层装饰十分华丽，除了隐出倚柱、阑额、斗拱、勾栏、门、窗外，还饰以天王、力士等纹样。典型建筑有河南登封嵩岳寺塔、陕西西安荐福寺小雁塔、山西灵丘县觉山寺塔、云南大理崇圣寺三塔等。

嵩岳寺塔位于河南登封嵩山南麓的嵩岳寺内，是我国已知最早的密檐式砖塔，建造于北魏正光四年

图6.2.10　西双版纳曼春满佛寺

图6.2.11　苏州虎丘云岩寺塔

（523年），塔顶重建于唐朝。塔高40米，由台基、塔身、密檐和塔刹组成，塔内建有八角形塔室。平面呈12边形，为全国孤例。塔身有密檐15层，以糯米汁搅拌黄泥做浆，青砖垒砌而成。第一层很高，上部有腰檐，腰檐以上塔身各角砌出八角形倚柱，采用方墩柱础和束莲柱头。每层都用叠涩出檐，每面各开小窗。从二层以上塔身逐渐收缩，外观呈抛物线状，轻盈优美。塔刹由石构成，包括覆莲钵、束腰、仰莲、七重相轮、宝珠等。（图6.2.14）

小雁塔位于西安南郊荐福寺内，武则天于光宅元年（684年）建荐福寺，唐中宗景龙元年（707年）修塔。唐朝高僧义净曾在荐福寺翻译从印度带回的经书。塔身为正方形，原有15层，顶部两层因明嘉靖三十四年（1555年）地震被震塌，现存13层，残高43.3米。塔壁不设柱额，每层用砖砌叠涩出檐，间以菱角牙子。塔身宽度自下而上逐渐递减，外观呈方锥形，造型优美，比例均匀。各层南北两面均开半圆形拱门，塔内空间狭窄，有木梯可以登上塔顶。为增强小雁塔的抗震能力，工匠们利用"不倒翁原理"将塔基用夯土筑成一个半圆球体，受震后压力均匀分散，因此小雁塔虽历经70余次地震，仍巍然屹立，建筑结构之精巧令人赞叹。（图6.2.15）

（三）喇嘛塔

喇嘛塔主要分布在西藏、内蒙古，华北也有一些，多为寺庙主塔或墓塔。其造型是在高大的基座上安置一个巨大的圆形塔肚，其上竖长长的塔顶。塔顶上刻多层圆轮，再安置华盖和宝珠。

汉传佛教地区的喇嘛塔始见于元朝，明朝时喇嘛塔的塔身逐渐高瘦发展，清朝时在塔身又添造"焰光门"。北京阜成门内大街的妙应寺白塔是汉传佛教地区喇嘛塔的代表，建造于元至元八年（1271年），由尼泊尔名匠阿尼哥设计，历时8年。阿尼哥是尼泊尔著名工艺家，1260年来到中国，在元朝任职40余年，他开创了"西天梵相"艺术流派，一生完成3座大塔、9座寺院，以及大量绘塑、铸造作品。妙应寺白塔是阿尼哥的代表作，造型庄重大方，通体白色。塔高约53米，建于凸形塔基上，台上有2层亚字型须弥座（角部向内递收2折，由莲花佛座演化而来），座上有覆莲与水平线脚数条，承载短肥的塔身（宝瓶、塔肚）、塔脖子、十三天（相轮）与金属宝盖。整个白塔模仿佛陀的造型比例，蕴含丰富的佛教文化内涵。（图6.2.16）

还有过街塔、门塔形式的喇嘛塔。江苏镇江云台山过街塔是我国现存唯一完整、时代最早、最典型的一座过街塔。建于元至大四年（1311年），是市区通往长江渡口的必经之道，渡江前在塔下走过，祈求佛祖保佑过江平安。明代万历十年（1582年）曾进行修复。（图6.2.17）

（四）金刚宝座塔

金刚宝座塔的形制是在一座高台上建五座密檐式塔或喇嘛塔。五塔代表佛教经典中的须弥山，传说山上有5座山峰，为诸佛聚居的地方。这种塔仅明、清时期流行，数量有限。北京正觉寺塔、碧云寺塔、西黄寺塔、内蒙古呼和浩特五塔召金刚宝座塔、云南昆明官渡镇妙湛寺兰若塔等是代表。

北京西直门外正觉寺的金刚宝座塔建造于明成

图6.2.12　西安慈恩寺
大雁塔

图6.2.13　应县木塔

图6.2.14　登封嵩岳寺塔

图6.2.15　西安荐福寺
小雁塔

图6.2.16　北京妙应寺白塔

图6.2.17　镇江云台山过街塔

图6.2.18　北京大正觉寺
金刚宝座塔

化九年（1473年），砖石结构，南北长18.6米，东西宽15.7米，通高15.7米。下面是四方台型须弥座台基，下宽上窄，稳固庄重，台身分为五层，每层皆雕柱、栱、枋、檩和短檐。柱间有佛龛，龛内刻佛坐像。基座南门进去是一个方形过室，顶部有盘龙藻井。塔室中心是方形塔柱，四面各设佛龛，上面是高穹顶。过室两侧各有44级石阶藏于东西两侧墙体之内，可以蜗旋而上抵达宝顶的玻璃罩亭。台基上有造型相同的5座密檐式小塔，四角4座较矮，中央一座高约8米，十三层密檐。塔身雕刻题材包括佛像、八宝（轮、螺、伞、盖、花、瓶、鱼、长）、金刚杵、四大天王、罗汉、卷草以及代表金刚界五佛宝座的狮、象、马、孔雀和迦楼罗[1]，具有密宗特征，装饰华丽。（图6.2.18）

（五）花塔

花塔是在塔身的上半部装饰以繁复的花纹，看上去就好像一个巨大的花束，用来表现佛教中的莲花藏世界。花塔有单层，亦有多层，数量极少。代表建筑有建造于辽代北京房山区万佛堂村花塔、河北正定广惠寺花塔、始建于梁、重建于北宋的广东广州六榕寺花塔、建于辽代的河北涞水县庆化寺花塔等。

河北正定广惠寺花塔始建于唐、重建于辽金时期，1961年被列为全国重点文物保护单位。花塔高31.5米，为四层砖塔，平面呈现八角形，中间主

塔第四层雕饰精美，是精华所在。底层四角各附建一座扇面六角形亭状小塔与主塔相连，现存小塔为1999年修复。（图6.2.19）

（六）笋塔

笋塔仅见于云南地区，为傣族信仰的上座部佛塔形式。多建于山坡高地，佛塔由塔基、塔身、塔刹三部分组成。塔基一般为正多边形或圆形，塔身多为圆形，逐层向上收缩，造型类似竹笋破土而出，因此得名笋塔（傣语称"塔糯"）。塔刹一般包括宝瓶、相轮、宝盖、风铎等结构，塔四周有佛龛，龛内供奉佛像。主塔四周还建多座小塔簇拥主塔，塔体多为实心砖石结构，外涂石灰、涂料或彩绘贴金。

西双版纳景洪市勐龙镇曼飞龙寨后山顶的曼飞龙佛塔始建于南宋泰和四年（1204年、傣历565年），是最有代表性的笋塔。为砖石结构的八角金刚宝座塔群，由1座主塔和8座小塔组成，塔基为圆形须弥座，周长42.6米。主塔高16.29米，四周的8座小塔各高9.1米，塔身呈葫芦状，层与层之间有环形仰莲浮雕。八角各砌有佛龛，内供佛像，内壁则排列着整齐的佛像浮雕。佛龛正脊和垂脊上均饰有龙、凤、孔雀等造型，佛龛券门沿面有花草、卷云纹饰。（图6.2.20）

三、经幢

1　迦楼罗是天龙八部之一，即金翅鸟。天龙八部神是佛陀身边的直接侍卫，包括天、龙、夜叉、阿修罗、乾阎婆、紧那罗、迦楼罗、摩睺罗迦。

图6.2.19　正定广惠寺
花塔

图6.2.20　西双版纳曼飞龙塔

图6.2.21　赵县陀罗尼经幢

经幢（chuáng）指刻有经文的多角形石柱，是用以宣扬佛法的纪念性建筑。原是立于佛前以宝珠丝帛装饰的柱杆，以流苏的晃动"藉表麾群生，制魔众"。唐初出现八角形石经幢，建于寺前弘扬佛法。宋、辽时期有大发展，数量颇多，元朝以后逐渐减少。形式有四角、六角或八角形，以八角形为最多。经幢由基座、幢身、幢顶三部分组成，所刻经文以《陀罗尼经》最常见，现有不少遗存。

河北赵县陀罗尼经幢是我国现存最高大的石刻经

幢，建于宋仁宗景佑五年（1038年）。这座七级八面的幢高18米，建在方形石基座上，石基束腰部分刻有"妇女掩门"图案；四角托塔刻金刚力士，形象健硕。石基座上是八角形束腰式须弥座，雕刻佛教八宝图案。须弥座之上是一块自然山石，石上托着经幢的六层柱体，每层之间均以华盖相隔。经幢主体从一至三层刻陀罗尼经文，行笔遒劲流畅。其余各层刻满佛教人物、经变故事、狮象等动物以及亭台、花卉图案等，幢顶以铜质火焰宝珠为塔刹。（图6.2.21）

第三节　中国传统道教建筑

道教建筑选址巧合自然，建筑布局按照乾南、坤北、东离、西坎先天八卦方位，追求清静寡淡。装饰题材多以道家诸神、太极八卦、神兽仙禽、神符云篆、日月星辰等吉祥图案为主，表达对长生不老、羽化登仙的向往。在道教建筑中，其华表和山门极为特别，是区分"世俗界"和"仙界"的标志。宫殿、陵墓前的华表多用圆柱，雕饰云龙纹；道教建筑的华表多为八边形柱，雕饰八卦或祥云纹。宫观前没有华表的，则看山门，山门外为世俗界，山门内为仙界，界内建筑往往以玉皇殿、四御殿、三清殿为主体。

现存道教建筑以明清时期最多。明朝之前的著名道观有汉朝创建的山东泰安岱庙、唐朝创建的福建莆田玄妙观、北宋创建的苏州玄妙观大殿、元朝创建的山西芮城永乐宫等。明清时期著名的道教建筑有北京白云观、天津天后宫、辽宁沈阳太清宫、

辽宁鞍山千山无量观、河北曲阳北岳庙、江苏句容茅山道院、江西鹰潭龙虎山天师府、江西南昌西山万寿宫、山东青岛崂山太清宫、山东泰山碧霞元君祠、河南嵩山中岳庙、浙江杭州抱朴道院、福建泉州天后宫、湖北丹江口武当山道观、湖北武汉长春观、四川成都青羊宫、四川都江堰青城山道院、陕西华山道院、陕西西安八仙宫、陕西华阴西岳庙、山西太原纯阳宫、山西新绛稷益庙、湖南衡阳南岳庙、云南昆明太和宫金殿等。

一、芮城永乐宫

永乐宫原在永济永乐镇，是在唐朝吕公祠基础上重建的大纯阳万寿宫的主要部分。永乐宫与北京白云观、西安重阳宫被誉为道教全真派三大祖庭。

中外建筑史

元太祖忽必烈即位后降旨修建永乐宫，整个布局仿宫殿建筑，取材精良。三清殿与纯阳殿、重阳殿的壁画由民间名匠绘制，壁画规模很大，约1000平方米，人物形象生动，线条流畅，艺术价值颇高，是我国古代壁画艺术的杰作。1959年，因为修三门峡水库，将永乐宫搬迁到芮城。

永乐宫的主要建筑沿纵向中轴线排列，有宫门、无极门（龙虎殿）、无极殿（三清殿）、纯阳殿、重阳殿、邱祖殿（已毁），是一组保存比较完整的元朝道教建筑，建筑面积4000余平方米，规模宏大，布局疏密有致，结构严谨，斗拱垂叠交错，气势十分雄伟。

无极殿是永乐宫的主要宫殿，面阔七间，34米，进深四间，21米。采用单檐庑殿顶，宏伟壮观，庄严肃穆，居全宫建筑之冠。殿内使用建筑减柱法，扩大墙壁面积，墙上壁画名为《朝元图》，描绘了朝拜元始天尊的各路道教神仙290位，生动逼真，八位主像高达3米多，精湛的艺术让人叹为观止。（图6.3.1）

二、丹江口市武当山道观

武当山是道教福地之一，环境清秀奇异。元人赞曰："七十二峰接天青，二十四涧水长鸣"。主峰天柱峰海拔1612米，被誉为"一柱擎天"，四周群峰向主峰倾斜，形成"万山来朝"的奇观。

武当山自汉朝就是道家修行之地，周朝尹喜、汉朝阴长生、唐朝吕洞宾、五代至北宋的陈抟、明朝张三丰等道家仙圣都曾在此修炼。唐、宋、元时期都有建筑营造，但真正发展是在明朝。明成祖朱棣于永乐十一年（1413年）派20多万兵卒以天柱峰为中心大兴土木，建成多处宫观，分为东神道与西神道二路。整个建筑群在永乐二十二年（1424年）落成。包括8宫、9观、36庵堂、72岩庙、39桥、12亭等建筑物、构筑物，合计门庑、殿观、厅堂、厨库1500余间。除敕命道士9名为六品提点主持诸宫观事务外，又选道士200人供洒扫，并赐田277顷以奉养。明嘉靖三十一年（1552年）又进行扩建，形成"五里一庵十里宫，丹墙翠瓦望玲珑。楼台隐映金银气，林岫回环画镜中"的建筑奇观。（图6.3.2）

武当山道教建筑群经过皇帝亲自策划和专人管理，形成规模庞大、布局合理、构造严谨、装饰精美、意境深邃等特点，集中体现中国元、明、清三朝世俗和宗教建筑的成就。现存武当山道教宫观，以明朝遗构为主，代表性建筑是玄岳门（"治世玄岳"石牌坊）、遇真宫、五龙宫、太乙真庆宫、元和观、复真观、南岩宫、天柱峰顶的太和宫（包括紫禁城、古铜殿、金殿等）、天柱峰东北的展旗峰下紫霄宫、西路的玉虚宫等建筑遗址。（图6.3.3）

图6.3.1　芮城永乐宫无极殿

图6.3.2　武当山道教建筑群

图6.3.3　武当山天柱峰金殿

第四节 中国传统伊斯兰教建筑

伊斯兰教在唐朝传入我国并得到发展。唐宋时期，清真寺多集中在东南沿海通商港口以及长安等地，沿海地区以广州怀圣寺、泉州清净寺、杭州真教寺（凤凰寺）、扬州仙鹤寺等四大清真寺为代表，多由大食、波斯等国的传教士和商人建造，保留伊斯兰风格。多用砖石砌筑，其平面布局、外观造型以及细部处理多受阿拉伯建筑形式影响，保留高耸的宣礼塔、葱头形尖拱券门和半球形穹顶大殿。

元、明、清时期，清真寺建筑在全国逐渐普及，分布在新疆维吾尔自治区、甘肃省、青海省、宁夏回族自治区、云南省等地区以及大运河两岸的城市。建筑风格逐渐与中国传统建筑样式融合，中国式伊斯兰建筑讲究纵轴对称，采用院落布置，采用中式屋顶，增加影壁、牌坊、碑亭、香炉等建筑小品。如西安化觉巷清真寺、北京牛街清真寺、青海西宁东关清真寺等。青海、新疆地区的大部分伊斯兰建筑仍保持固有特点，如青海化隆县撒拉族清真寺、新疆喀什艾提卡尔清真寺等。（图6.4.1）

一、广州怀圣寺

广州怀圣寺又名狮子寺、光塔寺，是我国现存最古老的清真寺建筑。寺内礼拜殿始建于唐，后经多次重修，为重檐歇山顶建筑，四周有围廊。除大殿之外，还有望月楼、东西长廊、藏经室、碑亭、光塔等建筑。

光塔是供阿訇召唤教徒的宣礼塔，始建于唐，元朝重修。塔身为圆形，以砖石砌成，高35.7米。有前后二门，各有磴道，两楼道相对盘旋而上，到第一层顶上露天平台出口处相汇。平台正中又有一段圆形小塔，现存橄榄形塔顶。（图6.4.2）

二、泉州清净寺

清净寺始建于伊斯兰历400年（1009年），原名"艾苏哈卜寺"，意译为"圣友寺"，亦称麒麟寺，元朝重修。造型仿大马士革伊斯兰教礼拜堂，是我国最古老的阿拉伯伊斯兰建筑风格的清真寺。现存主要建筑有寺门、奉天坛和明善堂。

寺门在南边，是典型的阿拉伯伊斯兰建筑形式。以青绿色条石砌筑，分外、中、内三层。第一、二层皆为圆形穹顶拱门，第三层为砖砌圆顶，门上建碟垛及平台。门东侧有"祝圣亭"，内立元、明时期重修清净寺碑记，是研究泉州伊斯兰教的重要物证。明善堂位于礼拜寺的西北角，建于明朝。"奉天坛"即礼拜殿，位于门内西侧，正面向东，面阔五间，进深四间，现仅存四围石墙。东墙有尖拱形正门，西墙有拱形壁龛，龛内刻阿拉伯文《古兰

图6.4.1 化隆县撒拉族清真寺

图6.4.2 广州怀圣寺光塔

图6.4.3　泉州清净寺大门

图6.4.4　西安化觉巷清真寺省心楼

经》，保存完好。（图6.4.3）

三、西安化觉巷清真寺

西安化觉巷清真寺始建于唐，多次重修。现存建筑多为明朝遗物，具有明显的中国化风格。清真寺坐东朝西分为4重院落，第一、二院内有高约9米的木构牌坊与悬挂"清真寺"的五间楼。第三院有宋朝重修的敕修殿以及省心楼。省心楼即宣礼塔，为3层八角形建筑，结构精巧，雕饰精美。两侧有浴室、会客厅、讲经室等建筑。（图6.4.4）

第四院是化觉巷清真寺的中心，院中建有三座亭，两边为三角形亭，中间为六角形主亭。主亭名为"一真亭"，飞檐攒尖，如凤凰展翅，故又名"凤凰亭"。一真亭后有海棠形水池和大月台。台西为礼拜殿，正面向东，平面为凸字形，面阔七间，进深九间，面积1300平方米，可容千余人同时礼拜。殿内天棚藻井由600多幅彩画组成，具有伊斯兰装饰风格。

四、喀什艾提卡尔清真寺

艾提卡尔（艾提尕尔）清真寺位于喀什市解放路艾提卡尔广场，是新疆南部著名的清真寺。"艾提卡尔"意为节日礼拜场所，该寺始建于清嘉庆三年

（1798年），后经扩建形成如今的宏大规模。（图6.4.5）

主体建筑包括大门、邦克楼、讲经室、礼拜殿、教长室等。大门入口在东面，礼拜殿在西面，两侧是教职人学习进修用房。寺中有一座水池，广植林木，环境幽雅。大门门楼正中，有高近10米的尖券门洞，门洞两侧及上部墙面有一些小壁龛。礼拜殿面阔三十八间，异常宏伟，全部用廊式的做法，用油饰绿柱或蓝柱及白色顶棚，顶棚上进行彩画装饰。大殿中部前做抱厦四间，进深三间，使造型富于变化。抱厦内用砖砌内殿，面阔十间，用以冬天举行礼拜。内殿左有廊柱式外殿十五间，右为十三间。大殿左右两侧多用绿柱，抱厦则用蓝柱，主次分明。

五、苏公塔清真寺

苏公塔清真寺位于吐鲁番东南郊的木纳尔村，始建于清中期，是吐鲁番最大的清真寺。占地2500平方米，室内宽敞，建筑庄严古朴、可容纳上千人做乃玛孜（礼拜），苏公塔礼拜寺因其圆形宣礼塔而得名。

苏公塔即额敏和卓报恩塔，建成于1777年，是新疆现存最大的古塔。苏公塔全部用黄灰色砖建成，塔入口处，有一方石碑，分别用维吾尔族、汉族两种文字记载修塔的原因。塔高44米，塔基直径

图6.4.5 艾提卡尔清真寺

图6.4.6 吐鲁番苏公塔

为10米，塔身下大上小，呈圆锥形。塔内有72级螺旋形台阶通往顶部，塔身周围在不同方向和高度设有14个窗口。塔表面分层砌出三角纹、四瓣花纹、水波纹、菱格纹等15种几何图案，具有浓郁的伊斯兰建筑风格。（图6.4.6）

🔗 **思考题**

1. 传统佛教建筑的类别有哪些？

2. 佛塔的类别有哪些？

3. 何谓经幢？

4. 传统道教建筑有怎样的文化特征？

5. 传统伊斯兰教建筑有怎样的体系？

第七章
中国传统园林建筑

7

第一节　概述

　　世界园林主要有两大类：一类是欧洲的几何图案式园林，一类是中国的自然山水园林。中国传统园林是出于对大自然的依恋与向往而产生，所谓"居山水间者为上，村居次之，郊居又次之。"是对生活空间的诗化和精神世界的物化。（图7.1.1）

　　例如苏州拙政园名取西晋潘岳《闲居赋》中"筑室种树，逍遥自得……灌园鬻蔬，以供朝夕之膳……此亦拙者之为政也"之意，表达归隐田园、享受平淡自由生活的理想。苏州网师园始建于南宋淳熙年间，原为藏书家史正志的"万卷堂"。清乾隆年间，退休官员宋宗元购之重建，成为宅园合一的私家园林。网师园东部为住宅，中部为主园，西部为内园，湖石相叠，池水相映，花木成景，布局紧凑，建筑精巧，步移景异，诗意无限。网师即渔

父，园名表达"渔隐"之意。（图7.1.2）

　　苏州吴江区同里镇的退思园，始建于清光绪十一年至十三年（1885-1887年）。园主任兰生，字畹香，号南云。于光绪十年（1884年）落职回乡，花十万两银子建造宅园，取《左传》"进思尽忠，退思补过"之意。退思园的设计师袁龙因地制宜，在园区中修建坐春望月书楼、琴房、退思草堂、闹红一舸、眠云亭等建筑，十亩见方的园林中充满诗情画意。

　　可见，园林的文化性更加明显。德国美学家黑格尔认为，园林不是一种正式的建筑（狭义），却是融合着以科学规律和美学规律所建造、营构的一种"高级建筑艺术"。中国传统园林凝聚了古代文人的智慧和匠人的工巧，蕴涵了传统文化深刻内涵，在世界园林体系中独具特色。

图7.1.1　北海公园

图7.1.2　网师园竹外一枝轩和射鸭廊

第二节　中国传统园林的历史沿革

一、三代至秦汉时期的园林

此时园林以帝王苑囿为主体，规模庞大，风物多取诸天然，人工设施亦随时代发展不断增多，广设楼台，穷极侈丽。《史记·殷本纪》记载商纣王"益广沙丘苑台，多取野兽飞鸟置其中"，帝王苑囿奠定了中国传统园林艺术的雏形。

春秋战国时期，各诸侯国竞相建造苑囿，修高台以远眺。齐国临淄"桓公台"遗址夯土高14米，南北长86米。还有楚王的章华台，吴王阖闾的姑苏台等著名建筑。

秦始皇统一全国后在咸阳渭水之南建上林苑，又在咸阳"作长池、引渭水、筑土为蓬莱"。汉武帝时重修上林苑，内建离宫别馆七十多所，如鱼鸟观、白鹿观等，宫室"弥山跨谷"。

当时"苑"已成为集居住、娱乐，休息等多种用途于一体的综合性园林。建章宫中开太液池，池中堆三座假山象征着蓬莱、方丈、瀛洲三座神山。这种"一池三山"造景手法是当时园林规划的主要内容之一，被后世所继承。

秦汉时期贵族、富豪的造园活动也日渐频繁，追求规模庞大，以象征财富和地位，经济性大于观赏性。梁孝王的兔园和富豪袁广汉园林最具代表性，《汉书》《西京杂记》有相关记载。

二、魏晋南北朝的园林

魏晋南北朝时期儒学衰退、玄学兴起、佛学流渐，而且在一定程度上三种学说趋于融合。"无为"是魏晋时期玄学的基本命题，《老子》《庄子》《周易》并称"三玄"。此时园林是文人士大夫"以玄对山水"、体悟"玄道"的方式，追求"会心处不必在远。翳然林水，便自有濠濮间想也，觉鸟兽禽鱼，自来亲人。""何必丝与竹，山水有清音"等境界。园林规模比秦汉时期小，明显世俗化，逐渐从帝王园苑囿向文人园林转化。

东晋迁都建康后，士大夫们在江南的秀丽环境中过着安适闲逸的生活，这一时期出现许多山水诗，山水画亦开始萌发，致力于表现自然之美。山水园林也开始真正奠定了发展基础。当时建康、会稽、吴郡等地相继建起私家宅园和郊区别墅，不少名士争相堆石引水、植林开涧、营造园林。最著名当属石崇的河阳别业"金谷园"。

城郊公共游览景区得到发展，文人外出游览成一时盛事。东晋永和九年（353年）三月三日，著名书法家、右军将军、会稽内史王羲之与名士谢安、孙绰等41人在山阴县（今浙江绍兴）西南的兰亭举行修禊活动，流传千古的《兰亭集序》因此问世，成为千古美谈。修禊是古老的风俗，可以追溯到春秋时期。最初定在三月上旬巳日，魏晋时期改为三月三日。如今的兰亭建筑都是清朝重建，经过多次修葺。主体建筑包括三角攒尖"鹅池"碑亭、曲水流觞亭、内置康熙手书的《兰亭集序》碑的八角重檐攒尖亭、王羲之祠等。（图7.2.1）

修禊活动促成传统园林中"流杯渠"的出现。北京故宫宁寿宫花园内有一个坐西向东的"禊赏亭"，是乾隆专门为举行修禊活动而建造。建于乾隆三十七年（1772年），坐落于须弥座平台上，面阔、进深各三间，前出抱厦，平面呈凸字形，三面出歇山式顶，中间为四角攒尖琉璃屋顶，覆黄琉璃瓦绿剪边，檐下以苏式彩画为装饰。抱厦内地面凿石为流杯渠，渠长27米，曲折回环，象征"曲水流觞"。亭内外饰竹纹，取"茂林修竹"之雅意。（图7.2.2）

与此同时，随着佛教寺庙的大量产生也促进了佛寺园林景观的发展。所谓"深山藏古寺"，很多著名佛寺都修建在深山之中，草木华滋，环境优雅。例如东晋高僧慧远在庐山北麓创东林寺，依山就势，面向香炉峰，前临虎溪，风景奇秀。

三、隋唐时期的园林

隋唐时期是中国传统园林全面发展的时期。

首先，此时帝王苑囿和离宫的兴建极盛，规模庞大。唐代离宫不下20所。长安有西内苑、东内苑与禁苑三苑，地处城北龙首原高地，对太极宫、大

图7.2.1　兰亭鹅池碑亭

图7.2.2　故宫禊赏亭

明宫、和兴庆宫形成层层围护，帝王在内苑中举行狩猎、宴乐、歌舞、百戏、马球、蹴鞠、竞渡等娱乐活动。长安城五十里处的骊山建有华清宫，唐玄宗从开元至天宝四十多年间经常驻跸。洛阳宫城以西设有芳华苑（又称神都苑、西苑）。

其次，城市和近郊的风景得到开发。每逢佳节游人众多，长安东南的曲江风景区最受欢迎。唐朝在科举考试中考取进士的书生都把曲江游宴、慈恩题名、杏园探花看作是生平得意之事。

山居别墅追求诗情画意，受到文人喜爱，以宋之问的蓝田别墅、王维的辋川别业，李德裕的平泉山庄，白居易的庐山草堂最为著名。各地私家园林的兴建也日趋频繁，尤其两京地区最盛。小型园林倍受欢迎，形成山池院、水院、竹院、梅院等专题小型园林，盆景也因此得到流行。被誉为"江南三大名楼"的滕王阁、黄鹤楼、岳阳楼等都出现在此时。

黄鹤楼位于湖北武汉市，最初是东吴黄武二年（223年）孙权建造的军事建筑，魏晋至隋唐时期成为游宴娱乐之地，文人名士"游必于是，宴必于是"，历代文人墨客不乏咏颂之篇。李白的诗句"黄鹤楼中吹玉笛，江城五月落梅花"为武汉赢得"江城"的美誉。现存建筑为1981年重建，位于距旧址约1000米的蛇山峰岭上。主楼平面为四边套八边形，谓之"四面八方"。底层边宽30米，顶层边宽18米，通高51.4米，共分五层，攒尖楼顶，外覆金黄色琉璃瓦，层层飞檐状如黄鹤，展翅欲飞。楼内有陈设展览，也可登高远眺。（图7.2.3）

岳阳楼坐落在湖南岳阳西北的巴丘山下、洞庭湖畔。最初是鲁肃于建安二十年（215年）修建的巴丘古城阅军楼，唐代始称岳阳楼。李白赞曰："水天一色，风月无边"。岳阳楼也屡毁屡修，经历30多次重建。现存建筑为1983-1984年修复，保存了清朝的规模、式样和大部分的建筑构件。平面呈长方形，宽17.2米，进深15.6米，高达25.35米。中部以四根直径50厘米的楠木大柱直贯楼顶承载重量。再用12根圆木柱支撑2楼，外以12根梓木檐柱顶起飞檐。梁、柱、檩、椽以榫卯衔接，十分稳固。楼顶是层叠相衬的"如意斗拱"托举而成的盔顶式，在我国传统建筑史上独一无二。（图7.2.4）

四、宋元时期的园林

宋朝帝王苑囿继续发展，私家园林也进一步发展，更加世俗化。园主们热衷为园林撰记或请别人撰记，留下丰富的文献资料。如赵佶的《艮岳记》、苏舜钦的《沧浪亭记》、欧阳修的《醉翁亭记》《真州东园记》、司马光的《独乐园记》、沈括的《梦溪自记》、李格非的《洛阳名园记》、周密的《吴兴园林记》等。

很多绘画作品中也描绘当时的园林。张择端的《金明池争标图页》真实再现金明池的建筑造型。金明池始建于周世宗显德四年，为训练水军攻伐南唐所建。太平兴国年间，宋太宗令在琼林苑以北重新开凿金明池，导入金水河水，每年由皇帝赐令士大夫、庶民在此举办龙舟竞赛并赐宴群臣。（图7.2.5）

图7.2.3 黄鹤楼

图7.2.4 岳阳楼

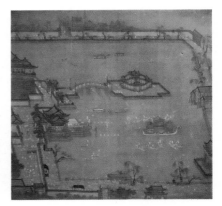

图7.2.5 《金明池争标图页》

图7.2.6 留园冠云峰

图7.2.7 沧浪亭

东京园林兴盛，各种大小园林遍布京城内外，数量不下二百处。"都城左近，皆是园圃"。皇城东北的皇家苑囿"艮岳"最著名，花耗大量人力物力，在平江（苏州）设应奉局，从江南罗致奇花异草，奇峰怪石，动用运粮纲船送到京城，10船连成一"纲"，即著名的"花石纲"。安置于苏州留园东部、林泉耆硕之馆以北的冠云峰便是宋代花石纲遗物，又名观音峰，高6.5米，造型玲珑剔透，充分体现太湖石"瘦、透、漏、皱"的审美特征。（图7.2.6）

洛阳的园林也非常多，《洛阳名园记》记载从富弼到吕蒙正的宅园19座，富弼的园林"最为近辟而景物最胜"。苏州苏舜钦（1008-1048年）的沧浪亭、杭州林逋（967-1028年）的山园则是江南地区最为出名的园林。（图7.2.7）

南宋私家园林不仅作为隐逸休闲场所，还被当作一种艺术进行表现和创作，叠石理水的江南园林风格逐渐取代北方以花木为主的园林风格。临安有10余处皇家园林，有记载的私家园林有50余处，最著名的是韩侂（tuō）胄的南园和贾似道的集芳园。西湖周边园林园囿遍布，楼台亭阁与湖光山色交映，形成西湖十景。西湖览胜是当时社会时尚。（图7.2.8）

元朝皇家园林的代表是大都城的内苑太液池，即今北海、中海两部分。江南地区延续南宋遗风，园林依然盛行。无锡城"百里之内，第宅园池甲乙相望，譬诸木焉"，文人寒士的庭院式写意园林开始崭露头角，富豪则以拥有园林为荣。顾德辉的玉山草堂、倪瓒的清阁阁、徐良甫的宅园被称为最有意趣的三座园林。

元朝最著名的私家园林是苏州狮子林，以假山取胜，"有竹万箇，竹下多怪石，或卧或仆，状佸狻猊"。元顺帝至正二年（公元1342年），天如禅师在苏州"菩提正宗寺"修行，寺庙布局为前寺后园，狮子林即寺庙后花园，在历史上几经荒废和重建，几经易主。现存建筑可分祠堂、住宅与庭园三部分。住宅区的燕誉堂是全园的主厅，建筑高敞宏丽，结构精巧，堂内陈设华丽，是典型的鸳鸯厅形式。其他还有指柏轩、真趣亭、立雪堂、问梅阁、石舫、卧云室、见山楼、荷花厅、湖心亭、暗香疏影楼、扇亭等建筑。园中假山共有9条路线，21个洞口，极尽曲折回环、起伏跌宕之能事。奇峰怪石变化无穷、玲珑剔透、巧夺天工、充满佛教禅理；花木相映，错落有致，充满诗情画意。（图7.2.9）

五、明清时期的园林

明清时期是中国古典园林发展的最后高峰。江南私家园林兴盛至极，南京、苏州、扬州、杭州、上海、无锡等地是园林的集中地，园主多为退休、辞归或贬斥的官僚和豪门士族等，造园追求"城市山林"之趣，堆山理水、广置花木，楼阁亭榭错落有致，回廊曲折。康熙、乾隆时期，江南私家园林数以千计。康熙、乾隆南巡之际，还将江南园林引入皇家苑囿，使北方园林的艺术手法更为丰富。

明清时期造园技巧得到总结，产生一批造园专家和理论著作。计成、文震亨、周秉臣、张涟、叶池、李渔、戈裕泉、石涛等是代表人物。

明初朱元璋倡导简朴，规定百官第宅"不许于宅前后左右多占地、构亭馆、开池塘以资游眺"。还规定"凡诸王官室，并不许有离宫别殿及台榭游玩去处"。因此明朝前期的园林活动甚少。正德、嘉靖年间，奢风大盛，禁令松弛，造园之风渐盛，苏州拙政园、留园、无锡寄畅园、南京瞻园等著名园林皆创于此时。

明正德四年（1509年），御史王献臣归隐苏州，历时16年建成拙政园，以林木绝胜而著称，造三十一景。其中三分之二景观取自植物题材，入诗入画。如远香堂与荷风四面亭取荷花"香远益清""荷风来四面"，倚玉轩、玲珑馆取翠竹"倚楹碧玉万竿长""日光穿竹翠玲珑"，听松水阁取松"风入寒松声自古"。著名书画家文徵明主持设计拙政园，还在园内亲植一株紫藤。拙政园总面积78亩，分为东、中、西和住宅四个部分。1992年秋，利用住宅部分建成了我国第一座园林博物馆。

拙政园中部是核心，基本保持明朝时期"池广林茂"的特点，面积约18.5亩，水面约占全园面积的三分之一。总体布局以水池为中心，楼台亭榭皆临水而建，错落有致。空间分割巧于因借，互相呼应，形成对景，构思巧妙。中心建筑是远香堂，位于水池南岸，环以山池花木，隔荷花池与东西两山岛相望。远香堂为单檐歇山顶四面厅堂，四周长窗透空，属于"落地明罩"，可以在厅堂内环视四面景物。（图7.2.10）

远香堂北荷塘中垒土石构成东西两山，其上各建一亭，西为长方形平面的"雪香云蔚亭"，东为六角形的"待霜亭"。两山之间架有小桥，并以曲径东通梧竹幽居亭，此亭四面设圆洞门，风景尽在环中。在西山西南角的水池中建有荷风四面亭，其西、南两面架两座桥，西桥通柳阴路曲廊，转北至见山楼，南桥与远香堂以西的"倚玉轩"衔接。（图7.2.11）

远香堂东南隅有绣绮亭、枇杷园、嘉实亭、玲

图7.2.8 西湖"三潭印月"石塔

图7.2.9 狮子林假山石

图7.2.10 拙政园远香堂（左）与倚玉轩（右）

图7.2.11 拙政园梧竹幽居亭

图7.2.12 留园明瑟楼与涵碧山房

珑馆、海棠春坞等景观。西南隅有花厅"玉兰堂"、水阁"小沧浪"以及廊桥小飞虹等景观。柳阴路曲廊的南端有半亭"别有洞天"，由此向西便是拙政园的西部。

西部也以水池为中心，主体建筑在水池南岸靠近住宅。其水面迂回曲折，布局紧凑，依山傍水建以亭阁。有与谁同坐轩、三十六鸳鸯馆、笠亭、倒影楼、宜两亭、浮廊等建筑。

留园坐落在苏州市阊门外，原为明朝万历年间太仆寺少卿徐泰时的东园，清朝嘉庆时期归刘恕所有，改称寒碧山庄，俗称刘园。光绪年间，留园归富豪盛康，进行扩建，改名为"留园"。留园占地30余亩，集住宅、祠堂、家庵、园林于一身，建筑数量是苏州诸园之冠。留园在建筑空间上的处理极具特色，巧于因借，藏露互引，疏密有致，虚实相生，层次丰富、诗情画意，充分体现了古代造园家的高超技艺。

全园可分为中、东、西、北四个部分：中部是核心，以山水见长，池水清幽透彻，峰峦环抱，古木葱郁。东部以建筑为主，重檐迭楼，曲院回廊，疏密相宜，奇峰秀石，引人入胜。西部环境僻静，富有山林野趣。北部竹篱小屋，颇有乡村田园气息。几个部分彼此以墙相隔，以廊贯通，以空窗、漏窗、洞门使两边景色相互渗透，隔而不绝。曲廊"随形而变，依势而曲"，长达670余米，各式漏窗200余孔。

中部水池东曲溪楼一带重楼起伏，池南有涵碧山房、明瑟楼等。涵碧山房面水而建，前后皆可观景，取朱熹"一水方涵碧，千林已变红"诗意。明瑟楼取自《水经注》"目对鱼鸟，水木明瑟"，给人清新舒爽之感。两座建筑相邻，高低错落，虚实相间，色调淡雅清新。西部土山上有云墙起伏，墙外更有繁密的枫林作为远景，层次丰富。（图7.2.12）

寄畅园初建于明嘉靖年间，面积15亩。旧名"凤谷行窝"，俗称秦园，园主为南京户部尚书秦金（号凤山）。万历时，秦氏后人秦耀罢官归隐，取王羲之"欢取仁智乐，寄畅山水阴"诗意，更园名为"寄畅园"，构二十景，每景一诗。清康熙初年，造园家张涟参与设计，园景更胜，康熙和乾隆南巡必到此园。乾隆认为"江南诸名胜，唯惠山秦园最古"，深爱其幽致野趣，在清漪园（颐和园）中仿造一座，即谐趣园。寄畅园的重檐歇山御碑亭内置3米多高的乾隆皇帝御碑，雕饰精美，碑文对寄畅园不吝赞美。亭前有一座古朴的金莲桥，是北宋抗金丞相、无锡人李纲督造，是无锡历史最久的石桥。（图7.2.13）

清咸丰十年（1860年），园毁，重建后的寄畅园仍遵循旧貌。寄畅园西靠惠山，东南有锡山，以

图7.2.13 寄畅园御碑亭与金莲桥

图7.2.14 寄畅园知鱼槛

山池为中心，远借锡山龙光塔等景观入园。巧构曲涧，引"天下第二泉"惠山泉水注流其中，亭廊桥榭绕水而建，与假山相映成趣。园中有一泓清波的锦汇漪、曲折高敞的游廊、背山面水的知鱼槛、妙趣横生的太湖石、长虹卧波的七星桥、韵味别致的郁盘亭，以及茂林叠峰、古塔山霭，飞瀑流泉，湖光山色，充满诗情画意，美不胜收。

知鱼槛位于锦汇漪中心，突出池中，三面环水，是方形歇山顶水榭，造型似亭，槛名出自《庄子·秋水》。槛四周以美人靠（亦称吴王靠、飞来椅、鹅颈椅）围之，观者可以凭栏休憩、观景。园主在诗中题曰："槛外秋水足，策策复堂堂；焉知我非鱼，此乐思蒙庄。"（图7.2.14）

豫园位于上海市老城厢东北部，园主潘允端，是刑部尚书潘恩之子，于明嘉靖三十八年（1559年）乡试不中，遂在宅西营造园林聊以自娱。后来中进士，因仕途不顺遂辞官回家，花十余年时间营造园林，面积达70余亩，取名豫园。园名出自《诗经》"逸豫无期"，表达奉养老父安度晚年之意。园内楼阁参差，山石峥嵘，湖光潋滟，素有"奇秀甲江南"之誉。豫园屡经毁建，现存面积30余亩。

园内有三穗堂、仰山堂、大假山（造园家张涟设计）、萃秀堂、元代铁狮子（一对）、亭桥、鱼乐榭、两宜轩、万花楼、点春堂、穿云龙墙、打唱台、古井亭、藏宝楼、快楼、会景楼、得月楼、玉玲珑、积玉水廊、内园静观大厅、曲苑古戏台等亭台楼阁以及假山、池塘等四十余处古代建筑景观。设计精巧、布局细腻，以清幽秀丽、玲珑剔透见长，小中见大，鲜明体现出明清时期江南园林的艺术风格。

北方规模宏大的皇家苑囿在清中期得到全面发展，兼具游息、起居、宴饮、骑射、观戏、礼祖、礼佛、办公等多种综合功能。建筑风格轻松活泼，布局因地制宜，建筑形式多样，建筑装饰简洁素雅，建筑与周围的水池、假山、花木等形成整体风景。除北京西苑（北海、中海、南海）之外，避暑山庄、颐和园、圆明园是当时最著名的三座皇家园林，都有数千亩的规模。

避暑山庄建于康熙四十二年（1703年），位于河北承德北郊的热河。避暑山庄内门高悬"避暑山庄"四字镏金匾额，是康熙五十年（1711年）康熙御笔，从此这座热河行宫改称为避暑山庄。雍正、乾隆时期不断扩建。避暑山庄周围20多里，园里山岭占五分之四，平地占五分之一，其中有许多水面。园内造景80余处，大多数已毁。这些景观多仿江南名胜，如"芝径云堤"仿杭州西湖，"烟雨楼"仿嘉兴南湖烟雨楼，"文园狮子林"仿苏州狮子林，"小金山"仿镇江金山寺。还利用借景手法，远借园外东、北两面的外八庙风景。（图7.2.15）

避暑山庄内的宫殿建筑群位于南面，有9进院落，取"天保九如，万寿无疆"之意，是清帝理政和休憩之所。殿宇都用卷棚屋顶，素筒板瓦，不施琉璃，风格淡雅。主要建筑包括澹泊敬诚殿、松鹤斋（乾隆之母所居）、清音阁（戏楼）、万壑松风殿（康熙所居）等。其中清音阁、勤政殿已毁。

烟波致爽殿是寝宫的中心建筑，建于康熙四十九年（1710年），居于康熙三十六景之首，殿内陈设富丽典雅，正中三间设御座，西次间为佛堂，西稍间为暖阁，是皇帝寝室，寝宫两侧各有一

个小院落，名曰东所、西所，与寝宫有侧门相通，是后妃居所。1861年，咸丰皇帝在烟波致爽殿驾崩。（图7.2.16）

颐和园位于北京西北郊，金朝已建有行宫，元、明时期分别扩建。清朝乾隆十五年（1750年），弘历为庆祝其母60寿辰，改瓮山为万寿山，于上建"大报恩延寿寺"，大规模扩建园林，称为清漪园。咸丰十年（1860年），清漪园毁于英法联军之手。光绪十二年（1886年），慈禧太后挪海军军费进行重建，改名颐和园，取意"颐养冲和"，于光绪十九年（1893年）完成。光绪二十六年（1900年）又被八国联军毁掉，光绪三十一年（1905年）再次修复。全园占地面积4000多亩，以昆明湖和万寿山为中心，万寿山前部的排云殿和佛香阁是主体建筑。排云殿是举行典礼和礼佛之所，佛香阁高38米，为全园制高点，可以远借西山、玉泉山等景色。两侧有若干庭院，楼台亭阁依山而建。

昆明湖水面占全园面积的四分之三，山前湖水开阔，沿湖岸建有长廊、栏杆、驳岸。山前西侧湖畔有慈禧太后下令修建的一座白石舫"清晏舫"。万寿山后部水面狭长曲折，林木繁茂，岸边仿建苏州街。还有一处谐趣园，仿无锡寄畅园营构，形成园中之园，环境幽雅。昆明湖仿杭州西湖建堤2道，建桥6座，湖面分为东西两部分，东湖中有小岛，以十七孔桥相联。（图7.2.17）

圆明园与颐和园毗邻，始建于康熙四十六年（1709年），园名取自雍正的法号"圆明"。是清朝帝王花150余年时间陆续经营用以避暑、办公、游玩的"夏宫"。雍正曾在园南增建正大光明殿和勤政

殿，以及内阁、六部、军机处诸值房等，在此处理政务。乾隆对圆明园进行大力扩建，形成圆明园、长春园、绮春园（即万春园）三园的格局。乾隆在《圆明园后记》中说："其规模之宏敞，丘壑之幽深，风土草木之清丽，高楼邃室之毕备，亦可称观止。实天宝地灵之区，帝王豫游之地，无以逾此"。在欧洲，圆明园被誉为"万园之园"。

圆明园面积5200余亩，造景150余处。周围连绵有10公里，还有许多属园，如香山的静宜园、玉泉山的静明园、清漪园（颐和园前身）等。圆明园设计上借鉴了江南名园胜景，园内宫殿雄伟壮丽，楼阁轻巧玲珑，山水相依，充满诗情画意。还创造性地移植了西方园林建筑，集当时古今中外造园艺术之大成。乾隆十二年，筑西洋楼，名为"谐奇趣"，楼高三层，楼南面左右两侧曲廊伸出六角楼厅作为演奏蒙、回与西域音乐之所。传教士郎世宁、王致诚、艾启蒙、蒋友仁等人主持了西洋楼、蓄水楼、方外观等建筑设计，还受命仿制西方建筑和园林中的喷泉（大水法），于乾隆二十五年（1760年）完成。之后相继建造了海晏堂和远瀛观。海晏堂是规模最大的西洋建筑，立面西向，二层，面阔十一间。门前石阶下达水池，池两侧各排列六个铜铸生肖造型，代表十二时辰，每隔一个时辰依次喷水。正午时分，十二个喷泉同时喷水，十分壮观。建筑平面布局和建筑设计风格中西结合，更倾向于欧洲洛可可（Rococo）装饰风格。（图7.2.18）

另外，圆明园内还收藏无数的珍宝、历史典籍和文物，是一座历史文化的巨大宝库。1860年，英法联军洗劫圆明园。1900年，八国联军侵占北京，

图7.2.15 避暑山庄烟雨楼

图7.2.16 避暑山庄烟波致爽殿内景

图7.2.17　颐和园十七孔桥

图7.2.18　圆明园残迹

圆明园与颐和园再遭劫掠，其后逐渐荒芜。

　　清朝江南私家园林营造极盛。明朝那种隐居式的士大夫园居生活逐渐被富豪商贾以生活享乐为主的园居生活代替，"高低曲折随人意"。

　　南京有瞻园、煦园、随园等著名园林。欧阳兆熊与金安清所撰《水窗春呓》记载："江宁滨临大江，气象开阔宏丽。北城林麓幽秀，古迹尤多。"

　　扬州园林因盐商而兴盛，从天宁门外沿瘦西湖到平山堂一带，楼台亭阁延绵不断，"两堤花柳全依水，一路楼台直到山"，时人称"杭州以湖山胜，苏州以市肆胜，扬州以园亭胜"。个园、何园（寄啸山庄）都是著名园林。

　　苏州风物清嘉，园林冠绝天下。苏州园林历史悠久，从吴王阖闾所筑的姑苏台，到吴王夫差为西施所建的馆娃宫，再到吴王刘濞的吴苑，直至明清

时期的名园层出，可谓极千古之盛。清同治年间《苏州府志》记载，明代苏州园林271处，数量为全国之首。清代苏州的园林超过130处。康熙时苏州诗人沈朝初描述："苏州好，城里半园亭"。现存的网师园、留园、怡园、曲园、耦园、艺圃、环秀山庄、听枫园、鹤园、畅园、半园、退思园等都是其中的佼佼者。苏州四大名园是沧浪亭（宋）、狮子林（元）、拙政园（明）、留园（清），见证四朝更迭间苏州园林的持续兴盛。在江南四大名园中，苏州列其二：苏州拙政园、苏州留园、南京瞻园、无锡寄畅园。在中国四大名园中，苏州仍居其半：北京颐和园、河北承德避暑山庄、苏州拙政园、苏州留园。同济大学教授陈从周（1918-2000年）赞曰"江南园林甲天下，苏州园林甲江南"。

第三节　中国传统园林的设计要素

　　中国传统园林有四大设计要素：山、水、植物、建筑。文震亨认为"石令人古，水令人远，园林水石，最不可无。要须回环峭拔，安插得宜。一峰则太华千寻，一勺则江湖万里。又须修竹、老木、怪藤、丑树，交覆角立，苍崖碧涧，奔泉汛流，如入深岩绝壑之中，乃为名区胜地。"传统园林中有山水和花木，才能使园林充满自然之趣。建筑要依山傍水而建，因地制宜，巧于因借，与花木掩映成趣，营造诗情画意。

　　传统园林中的建筑主要有门楼、厅堂、轩、馆、楼、阁、斋、亭、榭、廊、舫、台、桥等。《园冶》："凡家宅住房，五间三间，循次第而造；惟园林书屋，一室半室，按时景为精。方向随宜，鸠工合见"。强调建筑与景观的搭配。《浮生六记》："若

夫园亭楼阁，套室回廊，叠石成山，栽花取势，又在大中见小，小中见大，虚中有实，实中有虚，或藏或露，或浅或深，不仅在周回曲折四字，又不在地广石多，徒烦工费。……"也强调园林建筑与环境巧妙搭配。

一、门楼

　　门楼是单独建造在大门之上的装饰性建筑，建筑中多有使用。"门上起楼，象城堞有楼以壮观也"。有的是在大门上端增加仿楼结构，雕饰图案以四君子、仙鹤、祥云、喜鹊、石榴等吉祥图案以及戏曲故事、神话人物等居多，门楼中央往往配有匾额。也有单独把门楼建造在大门之外，由楼顶、柱

图7.3.1　拙政园门楼

图7.3.2　留园林泉耆硕之馆鸳鸯厅

子、柱础等组成门坊。还有面对大门有不开门的墙对应而立，称为"风水墙"。（图7.3.1）

二、厅堂

厅堂是建于高台之上的建筑。"古者之堂，自半已前，虚之为堂。堂者，当也。谓当正向阳之屋，以取堂堂高显之义。"堂建在台基上，前堂后室，中间以墙隔开。园林中的厅堂是主体建筑，用于会客、理事、礼仪等。《园冶》："凡园圃立基础，定厅堂为主。"建筑要高敞宽阔，装饰华丽。一般面阔三、五开间，多用歇山顶和悬山顶。

厅堂种类很多，从材料看，用扁料（长方形木料做梁架）者称"厅"，用圆料（朝下圆弧形，朝上为平形的半圆杆）者称"堂"。从形式看，四面用回廊、隔扇，不设墙壁的厅堂叫四面厅，如苏州拙政园的远香堂。厅内脊柱落地，柱间以屏风、门罩等将厅分为南北两部分，陈设各不相同，这种形制叫鸳鸯厅，如南京瞻园的静妙堂、拙政园的三十六鸳鸯馆、留园的林泉耆硕之馆等。

留园的林泉耆硕之馆，为单檐歇山顶建筑。林泉指山林泉石，耆指高龄老者，硕指有名望者，合指德高望重的社会名流聚会之所。馆采用一屋两厅的鸳鸯厅形式，厅两边的功能各异，陈设不同。有男厅（北）、女厅（南）之分，男厅华丽，扁方梁架，精雕细刻；女厅简朴，圆木梁架，极少雕饰。体现"男尊女卑"的观念。（图7.3.2）

设置小庭院、内置主题景观的厅堂叫花厅。如拙政园玉兰堂、怡园梅花厅等。外观仿照船形者称船厅，有渔隐之意。扬州何园桴海轩就是典型的船厅，其正厅两旁柱上有对楹联："月作主人梅作客，花为四壁船为家"。

三、轩

轩造型轻巧，多分布在便于观景的高敞地段或环境幽深地带。《园冶》："轩式类车，取轩轩欲举之意，宜置高敞，以助胜则称。"如留园绿荫轩、网师园竹外一枝轩、拙政园听雨轩、个园宜雨轩等。

四、馆

馆初为帝王离宫，后演变成待客之所。在园林中用于休息、会客或宴会。《园冶》："散寄之居曰馆，可以通别居者。今书房亦称'馆'，客舍为'假馆'。"意思是临时寄宿之所为馆，书房也可称馆，旅馆可称"假馆"。江南园林中的馆都环境安静闲逸，如苏州拙政园的玲珑馆、三十六鸳鸯馆、沧浪亭的翠玲珑馆、留园的五峰仙馆、林泉耆硕之馆、清风池馆等。

五、楼

楼是重檐的房屋，出现于先秦时期，最初用于军事瞭望，南北朝时期成为园林建筑。《说文》："重屋为楼"，《尔雅》："陕（xiá）而修曲为楼。"登楼远眺、吟诗作赋是历代文人墨客的传统习俗。文震亨强调："楼阁作房闼者，须回环窈窕，供登眺者须轩敞宏丽，藏书画者须爽垲（kǎi）高深，此其大略也。楼作四面窗者，前楹用窗，后及两旁用板。阁作方样者，四面一式。楼前忌有露台、卷蓬，楼板忌用砖铺。盖既名楼阁，必有定式。若复铺砖，与平屋何异？高阁作三层者，最俗。楼下柱稍高，上可设平顶。"如拙政园见山楼、倒影楼、北海倚晴楼、悦古楼、何园赏月楼、玉绣楼、骑马楼等。（图7.3.3）

六、阁

阁亦称干阑、阁阑，用以登高远眺、藏书、藏经等。《园冶》："阁者，四阿开四牖。"历史上有汉朝麒麟阁、唐朝凌烟阁、滕王阁以及明朝宁波天一阁等。园林中多有阁类建筑，在园林中多处于显要位置。如苏州拙政园松风水阁、留听阁、浮翠阁、网师园的濯缨水阁等。

七、斋

斋原指古人祭祀前清心寡欲、净身洁食以示庄重的活动，园林中的斋用以藏气敛神、安身修性，多建于僻静之处。北海公园的园中之园静心斋是典型代表，其主体建筑镜清斋建于乾隆二十二年（1757年），得名于乾隆"临池构屋如临镜"诗意。斋前后皆有水围绕，是皇帝及后妃来此避暑、休息、读书之所。（图7.3.4）

八、亭

亭堪称最具代表性的园林建筑，供游客游行停憩，在园林中最常见。古人尝用"堂以宴、亭以憩、阁以眺、廊以吟"来概括园林建筑的价值。秦汉时期十里设一亭，古道长亭供人停歇。《释名》："亭，停也，人所停集也"。亭的造型特点是有屋顶而无墙，屋顶以攒尖为主，常见平面造型有三角、四角、五角、六角、八角、十二角、梅花、横圭、卍字、海棠、十字、圆形、扇形、方形、方胜等形式。（图7.3.5）

九、榭

榭是园林中供游人休息、观景之所。榭大多建于水边，一半伸入水中，一半架立于岸边，上面建木构建筑物。水榭一般三面临水。平面多为长方形，四周柱间设置栏杆或者美人靠，立面通透畅达，常用卷棚顶式样。如拙政园芙蓉榭、怡园藕香榭、番禺余荫山房水榭。

广州番禺余荫山房是岭南名园，是清朝举人邬彬花5年时间修建的私家园林，布局紧凑巧妙，亭桥楼阁应有尽有，环境幽深曲折，与顺德的清晖园、东莞的可园、佛山的梁园，并称为"广东四大名园"。余荫山房水榭为八角形，造型独特。（图7.3.6）

十、廊

廊起源很早，是有屋顶的通道，用于连接建筑物，有遮风避雨、联系交通、组织景观、分割空间

图7.3.3 拙政园见山楼

图7.3.4 北海静心斋

图7.3.5 北海五龙亭

图7.3.6 余荫山房八角形水榭

图7.3.7 何园复道回廊

图7.3.8 颐和园长廊

等功能。高承《事物纪原》曰："殿下外屋曰廊然则唐虞时事也"。廊是线性建筑，"宜曲宜长则胜"、"随形而弯，依势而曲。或蟠山腰，或穷水际，通花渡壑，蜿蜒无尽"。从结构看，檐下两侧有柱无壁的称为空廊，单面的空廊称为廊轩。空廊的中间修一道隔墙的称为复廊，两侧都可以通行，隔墙上多开设精美的漏窗，可以从中欣赏另一侧的景观。

还有上下双层的楼廊，如扬州何园的复道回廊，全长1500多米，左右分流，四通八达，回环变化，上下两层，构思巧妙，发挥多方位连接沟通和道路分流的作用，被视为立交桥的雏形。从环境角度看，又有直廊、曲廊、回廊、爬山廊、水廊、桥廊等。（图7.3.7）

颐和园长廊是我国古典园林中最长的长廊，雕梁画栋，装饰精美，长达728米，共273间，廊中建有象征春、夏、秋、冬的"留佳""寄澜""秋水""清遥"等四座八角亭，1992年被收入吉尼斯世界纪录。（图7.3.8）

十一、舫

舫亦称不系舟、旱船，是用石头修砌在水中或水边的船形建筑，可游玩、宴会、休息、观景。船形建筑还蕴含退隐江湖的寓意。拙政园香洲、豫园船厅、煦园石舫、狮子林石舫、退思园旱船、颐和园清晏舫等都是典型的船形建筑。颐和园清晏舫在万寿山西麓水边，长36米，舫名取"河清海晏"之意。建于清乾隆二十年（1755年），舫上中式舱楼后被英法联军毁坏。光绪十九年（1893年）重修时依慈禧意图改为西式舱楼，雕饰精美，还镶嵌彩色玻璃为饰，石舫两侧增置两个机轮。（图7.3.9）

十二、台

台用于天文观测、祭祀祈祷、讲经说法、休憩观景等。《老子》曰："九层之台，起于累土。"《楚辞·招魂》曰："层台累榭，临高山些"。《礼记·月

中外建筑史

图7.3.9　颐和园清晏舫

图7.3.10　颐和园绣漪桥

令》曰："五月可以居高明，可以处台榭。"《尔雅》曰："阇（dū，城门上的台）谓之台，有木者谓之榭。"[1]早期台多为夯土筑造，河北新乐的伏羲台、黄帝轩辕台、舜九成台、夏桀瑶台和容台、商纣王鹿台、周文王羑里演易台等，都是垒土而上，规模庞大，还有在台上建楼阁者。之后还有吴王阖闾姑苏台，越王勾践琅琊台，楚灵王章华台，燕昭王黄金台，汉武帝通天台，东汉洛阳灵台（天文台），曹操铜雀台，后赵石虎芳尘台，登封观星台、北京古观象台、南京雨花台等等。

　　园林中的台或用叠石垒砌，顶上平整；或用木架上铺平板，无屋；或在楼阁前跨出一步三面敞开的地方。《园冶》："园林之台，或掇石高而上平者，或木架高而版平无物者，或楼阁前出一步而敞者，俱为台。"可见，台的形式并不单调，无论上面有无

建筑，皆有所宜。

十三、桥

　　园林中的桥梁其艺术价值超过实用价值，起到点缀山水、连接路线、分割水面、丰富景观等重要作用。《园冶》："疏水若无尽，断处通桥"。《长物志》："广池巨浸，须用文石为桥，雕镂云物，极其精工，不可入俗。小溪曲涧，用石子砌者佳，四旁可种绣墩草。板桥须三折，一木为栏，忌平板作朱卍字栏。有以太湖石为之，亦俗。石桥忌三环，板桥忌四方磬折，尤忌桥上置亭子。"各式各样的桥梁在园林中或轻盈灵巧，或古朴简约，或长虹卧波，皆悦人心神。（图7.3.10）

第四节　中国传统园林的审美特征

　　中国传统园林可望、可游、可行、可居，其审美特征主要体现在三个方面。

一、顺物自然，追求天然图画

　　《园冶·园说》："凡结林园，无分村郭，地偏为胜……轩楹高爽，窗户虚邻，纳千顷之汪洋，收四时之烂漫。……虽由人作，宛自天开"。这句话道

破中国传统园林的玄妙。中国传统园林最具特色的便是其自然美，大自然的四时、日、月、风、雨、雪、霜都可入园成景，所谓"相于清风明月际，只在高山流水间"，追求天人合一境界是中国传统园林最重要的文化取向。

　　例如扬州个园以竹取胜。个园是嘉庆二十三年（1818年）盐商两淮商总黄应泰（黄至筠）在明代寿芝园的基础上扩建而成。刘凤诰《个园记》记

1　管锡华译注. 尔雅［M］. 北京：中华书局，2014:345

图7.4.1　个园春景

载："园内池馆清幽，水木明瑟，并种竹万竿，故曰个园。"个园四季假山景观巧合自然，在江南园林中最具特色。春景以石笋置于竹林间象征雨后春笋，春意盎然，另以湖石组成十二生肖闹春图。夏景以青灰色湖石叠砌假山，若云卷云舒，繁而不乱。可穿行其间，拾级而上可达山顶小亭。秋景以黄石砌筑假山，曲折迂回，构思巧妙，上建四方亭。假山与楼阁相通，古柏与梁桥掩映。冬景以白色宣石堆叠，构成群狮戏雪图，山脚铺冰裂纹路面，南墙凿24个风音洞，营造北风呼啸、雪满人间的境界。（图7.4.1）

二、以曲为胜，追求曲径通幽

中国传统园林之妙，不在于一览无遗，而在于曲径通幽，这表现在两个方面。

首先是因地制宜构设景观。园林设计的地势高低不同，"涉门成趣，得景随形"。清代钱泳认为"造园如作诗文，必使曲折有法"。在园林建筑装修中讲究"端方中须寻曲折，到曲折处还定端方，相间得宜，错综为妙。"[1]这些设计手法使园林景观引人入胜，游客在观赏过程中不断体会"步移景异"之妙。

其次是巧用曲折与虚实变化。景中含景，象外有象，营造"山重水复疑无路，柳暗花明又一村"的意境。例如传统园林常运用造型各异的洞门、漏窗，施于建筑隔墙或游廊墙上，极尽变化之妙。窗格图案异常丰富，常运用吉祥图案、琴棋书画、冰裂纹、鱼鳞纹、如意纹、方胜纹、条环纹、万字纹、各式花卉纹、各式几何纹等，应有尽有。洞门和漏窗具有交通、通风、排湿、造景、观景等妙用，是园林中靓丽的风景线。（图7.4.2）

三、营造意境，追求诗情画意

园林被誉为"立体画、无声诗"，意境是其重要的文化特征，表现在情景交融、虚实相生方面。造景手法强调对立统一的和谐，强调诗情画意，文心画品。

园林中的花木种植皆讲究渲染诗意。竹多植于庭前屋后、山地谷间，竹挺拔坚韧清雅，与文人审美趣味、道德理念相合，正所谓"可使食无肉，不可使居无竹。"桃花宜种植在小桥流水之畔，营造"小桥流水人家"的水乡情调，抑或桃柳间植，桃红柳绿相映成趣。杏花宜种植在屋角墙根，营造"红

中外建筑史

1　刘乾先. 园林说译注［M］. 长春：吉林文史出版社，1998:103

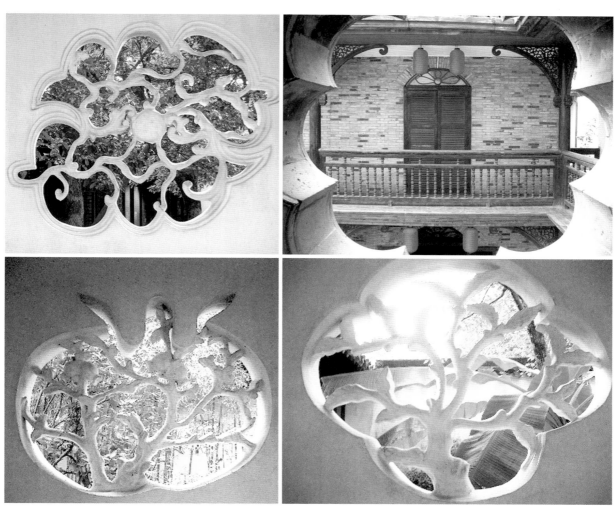

图7.4.2 传统园林中的各式漏窗

杏枝头春意闹""一枝红杏出墙来"的诗意。梅花冰清玉洁，"一树独先天下春"，以横斜、曲倚、苍疏、古雅为美，文人往往追求"自锄明月种梅花"，寒梅著花、暗香浮动、疏影横斜、雪香云蔚，皆取自梅花之风韵。荷花"出淤泥而不染，濯清涟而不妖"，是花之君子，多种植于园林水池中。

分景、隔景、抑景、对景、借景等手法常被用于园林意境的营造。借景手法运用最多，"夫借景，园林之最要者。"可远借、近借、俯借、仰借、镜借，虚实兼容。"雨后景观山意思，风前闲看月精神"。花月树影、风声雨声、鸟鸣花香等自然界的虚景也被广泛纳入园林。置身"听雨轩"，品"小楼一夜听春雨，深巷明朝卖杏花"的诗意；静坐留听阁，

驻"秋阴不散霜飞晚，留得残荷听雨声"的世界。（图7.4.3）

园林中"文学趣味、书生意气、画中天地"是必不可少的审美要素。"虫二"（风月无边）实乃园林要旨，空灵本是园林真谛。

首先，景观名字与诗意有直接联系。以网师园为例，"殿春簃"取苏轼"多谢花工怜寂寞，尚留芍药殿春风"诗意；"竹外一枝轩"取苏轼"江头千树春欲暗，竹外一枝斜更好"诗意；"月到风来亭"取邵雍"月到开心处，风来水面时"诗意。（图7.4.4）

其次，名联、名诗与名园、名楼关系密切。"偌大景致，若干亭榭，无字标题，也觉寥落无趣，任有花柳山水，也断不能生色。"[1]苏州沧浪亭的亭柱楹

---

1 曹雪芹、高鹗著. 红楼梦（第二版）[M]. 北京：人民文学出版社，1996:142

099

第七章　中国传统园林建筑

图7.4.3 拙政园留听阁内景

图7.4.4 网师园月到风来亭

联："清风明月本无价，近水远山皆有情"，将欧阳修与苏舜钦的诗句联在一起，意趣无穷。济南大明湖小沧浪亭对联"四面荷花三面柳，一城山色半城湖"点明环境的清幽旷远。杭州岳王庙对联："青山有幸埋忠骨，白铁无辜铸佞臣"，表达对岳飞的尊敬和对秦桧、王氏、张俊、万俟卨（mò qí xiè）四位佞臣的控诉。

最后，文因景成、景借文传。如《兰亭集序》之于兰亭，《滕王阁序》之于滕王阁，《岳阳楼记》之于岳阳楼，《钗头凤》之于沈园，彼此之间相得益彰。

 思考题

1. 帝王苑囿有怎样的特征？

2. 明清时期传统园林有哪些成就？

3. 皇家园林与私家园林有怎样的区别？

4. 中国传统园林的建筑类型有哪些？

5. 如何理解中国传统园林的审美特征？

8

第一节　概述

民居建筑意味着安居，最初都是就地取材、因地制宜。无论是穴居，还是巢居，都是为了更好地生存。梁思成认为："建筑之始，产生于实际需要，受制于自然物理，非着意创制形式，更无所谓派别。其结构之系统及形式之派别，乃其材料环境所形成。"

中国传统民居在发展中出现很多概念，如家、室、房、宅、府、邸、第等。

家是身体和精神的栖息地。从文字的角度看，"家"字是会意字，从宀从豕。段玉裁认为其本指"豕之居也"，引申为"人之居也"。从建筑的角度看，家与干栏式民居密切相关。《魏书》记载西南僚人"依树积木，以居其上，名曰干阑，干阑大小，随其家口之数"。干栏式民居最大的特征就是上层住人，下层架空，可以养一些家畜。宋代周去非《岭外代答》描述南方民居："结棚以居，上设茅屋，下豢养牛豕"。

室是堂后之正室。《释名》："室，实也，人物实满其中也。"古代房屋内前为中堂，堂后以墙隔开处为室，室的东西两侧为房，即所谓"前堂后室"。成语"登堂入室"说的是进入屋内堂室，引申为入门之意。

《尔雅》："宫谓之室，室谓之宫。牖户之间谓之扆（yǐ），其内谓之家，东西墙谓之序。西南隅谓之奥，西北隅谓之屋漏，东北隅谓之宧（yí），东南隅谓之窔（yào）。"意思是说宫就是室，堂室窗和门之间的地方（屏风）为扆，窗门以内的地方为家，东

西墙为序。屋内西南角称奥，西北角称屋漏，东北角称宧，东南角称窔。

房是住人或纳物的建筑，一般与"屋"连用。《释名》："房，旁也，在室两旁也。"《说文》："房，室在旁也。"《园冶》："房者，防也。防密内外以为寝阕也"。认为房有"防"的意义，可以间隔内外，做卧室用。

《淮南子》："舜作室，筑墙茨屋，令人皆知去岩穴，各有室家，此其始也。"大约尧舜时期，屋就已经出现。陕西长武县出土新石器时代的穹顶陶屋模型可以佐证史料的记载。

宅始于尧帝之时，指地势较高的住所。《说文》："宅，所托居也"。宅泛指普通人的住所，无贵贱之分，但底层百姓的住处一般不称宅。宅也可引申为家族。

府、邸、第三者皆指贵族、官员和富豪的住宅。《周礼·天官》："百官所居曰府"。《说文》："府，文书藏也。"府是指国家收藏文书和财富的地方，也指官员办公之所，后泛指权贵阶层住宅。清朝宗室分十二等级爵位，即亲王、郡王、贝勒、贝子、镇国公、辅国公、不入八分镇国公、不入八分辅国公、镇国将军、辅国将军、奉国将军、奉恩将军。其中亲王、郡王所居称王府，其他宗室住宅只能称府。（图8.1.1）

例如山西晋城阳城县的皇城相府，亦称午亭山村，是典型的明清城堡式官宅民居建筑群。它是清

朝文渊阁大学士、历任吏、户、刑、工四部尚书加三级、康熙帝师、《康熙字典》总编陈廷敬的故居。因康熙皇帝两次驻跸于此，故名皇城相府。该府占地约10万平方米，依山而建，由内城"斗筑可居"（含陈氏宗祠、世德居、树德居、麒麟院、容山公府、御史府、河山楼）、外城"中道庄"（含大学士第、御书楼、南书院、止园、小姐院、管家院、望河亭、石牌坊）、紫芸阡（陈廷敬墓）等部分组成，有16进院落，640余间房屋。其城墙雄伟坚固，建筑层楼叠院，高低错落，布局紧凑有序，雕饰精美。（图8.1.2）

"邸，属国舍也"，原指诸侯在国都的住宅，引申为王侯、高级官员住所。甚至可以以邸代表其人，如称明燕王朱棣为"燕邸"，称清恭亲王奕䜣为"恭邸"。第，指次序，亦指宅第，在周代已出现，指帝王赐给大臣的住所。实行科举制度之后，考中进士者按成绩排列次第，引申为住宅，如进士第、大夫第、翰林第、大学士第等，都泛指一般文职官员的住宅。

中国传统社会讲究宗法伦理观念，以农业经济为基础，以尊神敬祖、尊卑有别、长幼有序、男尊女卑、兄弟和睦等观念维护家族关系，崇尚家族聚居生活，对民居建筑布局产生很大影响。基于社会文化和自然环境的影响，形成传统民居建筑的五大鲜明特征。

第一，平面布局丰富，空间组合多变。传统民居大多呈院落式平面布局，建筑组合方面，基本平面有口字形、日字形、目字形、田字形、凹字形、圆形、曲尺形等多种平面形式，注重横向发展，或者几何排列，或者分散布置，不一而足，往往考虑生活的便利和居住的安全。

有的民居庭院深深，如山西祁县乔家大院平面为"囍"字造型，分6个大院20个小院。有的村落布局复杂，如浙江兰溪诸葛村按九宫八卦布局设计，被费孝通誉为"八卦奇村，华夏一绝"。四川罗城古镇仿照船形进行规划，表达百姓希望避免水灾的愿望。福建土楼则以圆形为主，环环相套，造型奇特。（图8.1.3）

第二，就地取材，建筑造型丰富。主要材料有土、木、竹、石、草、砖、瓦等，往往因地制宜，

图8.1.1　北京恭王府

图8.1.2　晋城皇城相府

图8.1.3　永定土楼群

就地取材。山居村寨，多采石筑屋；海边民居，以海草覆屋顶。西南多有竹楼民居，平原多建砖瓦四合院，水乡多为小桥流水人家，黄土塬仍有以土窑为居者，草原游牧民族仍保留毡包，丰富多彩的建筑形式充分展示传统民居建筑的艺术成就。

第三，讲究风水，注重环境和谐。传统民居或在平原修台建宅，或在水边沿河搭屋，或在山上垒石筑楼，讲究风水，注意建筑与建筑、地形、河流、绿化之间的搭配关系。

第四，注重装饰，繁简相宜。传统民居的色彩以

黑白灰色调搭配为主，大门、墙面、窗户、照壁、梁枋、柱础、柱身、天花、地面等都是装饰对象。装饰手法丰富，图案丰富，往往采用各种象征、隐喻、谐音手法，将花鸟鱼虫、山水林泉、神仙故事、人文典故、戏曲人物等或绘于梁，或雕于砖，或刻于石，或镂于木，表达人们对美好生活的向往。

第五，民族特色鲜明，争奇斗艳。汉族有四合院，傣族有干栏式竹楼，蒙古族有蒙古包，维吾尔族有阿以旺，藏族、羌族有碉楼，哈尼族有蘑菇房，侗族有鼓楼，白族有"走马转角楼"，无不表现出各自的民族特色。

第二节　中国传统民居的历史沿革

传统民居从最初的穴居和巢居开始，一步一步演化到成熟的住宅建筑。

北京周口店发现的北京猿人和山顶洞人生活过的自然岩洞、金牛山人居住过的洞穴、辽宁喀左县鸽子洞、江西万年县仙人洞等都是先民居住的地方，都在地势较高处，靠近河流，便于渔猎和取水。

巢居多见于南方湿热地区，由巢居发展成"干栏式"民居。尧的时代，茅屋简陋。"茅茨不翦，采椽不斫（zhuó）"，栎木椽子都不经过砍削加工。

禹为民治水，花十几年时间才使人们得以安居，当时居低洼潮湿处的人们构木巢居，居高敞干燥处的人们挖洞而居。定居生活开始之后，先民逐渐形成原始村落。根据考古发掘的旧石器和新石器时代村落遗址可知，仰韶文化和龙山文化时期的建筑多为半地穴式房屋。一般在村落周围都有壕沟，村落内有圆形和方形房屋。以泥土为主原料做墙，也有木骨架房屋，村落附近有墓葬区和作坊区。西安半坡文化遗址位于浐河西岸，其村落的建筑有方形和圆形两种。早期为半地穴式，上面用树枝搭成方锥形屋顶，屋面以黄泥掺杂植物涂抹。半坡遗址晚期的住宅已经出现地面的面阔三间、进深两间的木骨泥墙骨架房屋。（图8.2.1）

西安临潼姜寨村落距今6000余年，村落呈椭圆形，面积33600平方米。分为居住区、作坊区、墓葬区三部分，村落中间的大房子为首领居住和部落议事中心。甘肃秦安县大地安遗址距今7800-4800年，清理房屋遗址240座，灶址104个，灰坑和窖穴342个，窑址38个，墓葬79座，壕沟9条。（图8.2.2）

龙山文化主要分布在山东半岛，河南、山西、陕西亦有遗存。如河南永城的黑堌堆遗址、山东日照的尧王城遗址、江苏连云港的藤花落遗址等。藤花落遗址是迄今为止我国首例内外双重城墙结构的史前古城遗址，内城有30多座房址，分长方形单间房、双间房、排房、回字形和圆形房屋等，也有公共建筑"大房子"。还发现水沟、水口、水坑、水田等与稻作农业生产有关的遗址。

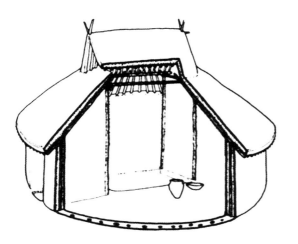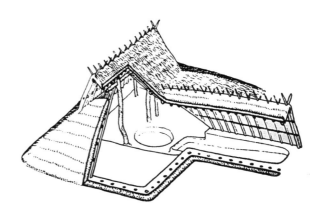

图8.2.1　半坡遗址圆形与方形房屋复原剖视图

图8.2.2 大地湾村落遗址复原模型

图8.2.3 红山文化村寨复原模型

由于地缘关系，黄河流域多为木骨泥墙房屋。西安半坡遗址、临潼姜寨遗址、秦安大地湾遗址、内蒙古赤峰红山遗址等聚居的基本面貌相似，大都以"大房子"为中心，周围有序地分布着居住区、墓葬区、储藏区与作坊区等，背坡面水，茅茨土阶。（图8.2.3）

长江流域多为干栏式建筑，位于长江下游的浙江余姚河姆渡文化遗址的干栏式建筑具有代表性。河姆渡文化遗址清理出大量木桩、柱、梁、枋等建筑构件，有数百件构件带有榫头和卯口，说明当时已经采用榫卯技术。其建筑基本结构是在一定数量的木桩上做好基座，铺上地板，然后立柱架梁、构建人字坡屋顶，以苇席或树皮围护房屋。（图8.2.4）

春秋时期士大夫的住宅由庭院组成。入口有3间屋，明间是门，左右次间是塾；门内为庭院，主体建筑为堂，用于起居和会客。堂左右为厢房，堂后为寝室。

中外建筑史

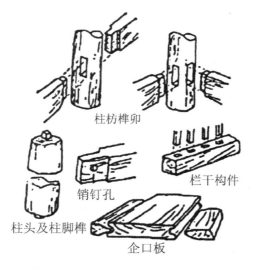

柱枋榫卯

销钉孔

栏干构件

柱头及柱脚榫

企口板

图8.2.4 河姆渡文化遗址木构建筑的
榫卯结构

汉朝继承庭院式住宅形制，庑殿顶、歇山顶、悬山顶、硬山顶、攒尖顶、囤顶等几式样已经齐备，窗户也有不同造型的窗棂图案。其形制在画像石、画像砖中有很多描绘，如厅堂、楼阁、阙、亭、桥等造型。（图8.2.5）

汉代厚葬之风盛行，陪葬明器十分丰富，建筑模型是其中常见的一种，如陶屋、陶院落、陶楼阁、陶望楼、陶仓、陶厕、陶猪圈、陶羊圈等。陶屋多单层，楼阁有二至多层者，有斗栱和栏杆、顶瓦等。小型院落多为方形、长方形等多种造型，多采用木构架结构，夯土筑墙，屋顶有悬山顶、囤顶等多种。中等院落有一字型、曲尺形、日字形等平面布局，院落复杂，有高楼凸起，主次分明。四川成都出土的汉代画像砖中有大型住宅形象，分为左右两部分，右侧有门、堂、是住宅的主要部分；左侧是附属建筑。右侧外部装有栅栏的大门，门内又分前、后两个庭院。以木构回廊围绕。左侧部分后院中有一座高大的庑殿顶望楼，应为瞭望敌情和存储贵重物品之所。（图8.2.6）

贵族的大型宅第，外有正门，屋顶中央高，两侧低，其旁设小门，便于出入。大门内又有中门，与大门一样皆可通马车。门旁还有附属房屋，称为门庑，可供宾客留宿，园内按前堂后寝布局。富豪家族还创造坞堡，四周以高墙环绕，前后开门，坞堡四角建角楼用于眺望，防御性强。

出土于河南淮阳于庄的东汉彩绘陶庄园院落堪称东汉时期坞堡的代表作，长130厘米，宽114厘米。主体是三进四合院，布局错落有致，建筑之间以走廊相连，井然有序，且形成封闭的防御体系。中庭内有座高大庑殿顶建筑，为庄园主休息和娱乐的主要场所。这件庄园模型是河南出土的形制最

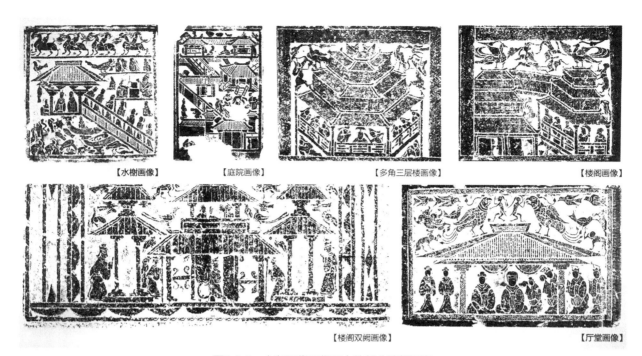

| 【水榭画像】 | 【庭院画像】 | 【多角三层楼画像】 | 【楼阁画像】 |

| 【楼阁双阙画像】 | 【厅堂画像】 |

图8.2.5　山东汉代画像石中的部分建筑图案

大、内容最丰富的建筑模型，既有庭院高楼，又有水沟农田，还有彩绘壁画，整组模型布局严谨，雕饰生动，形象逼真，是廊院形制的典型案例，为研究东汉时期的建筑和社会生活提供重要的实物资料。（图8.2.7）

　　1967年，在湖北鄂城出土一座三国时期吴国陶院落明器模型，现藏于中国国家博物馆。包括厅堂、正房、厢房、前后门，前门正上方筑门楼，围墙四角各有一座角屋。门楼和角屋都起到守护院落的作用。通过这座陶院落，可以了解三国时期的院落布局。（图8.2.8）

　　魏晋南北朝时期的木构基本无存于世，仅能通过当时遗留下来的石刻作品推测当时的住宅情况。据河南洛阳出土的北魏宁懋石室石刻、河南沁阳的东魏造像碑石刻可知，当时建筑用庑殿顶屋顶、鸱尾、直棂窗，以走廊围绕庭院，布局也当继承前代前堂后寝结构。（图8.2.9）

　　隋唐五代时期的住宅，在敦煌壁画和一些绘画、明器上有体现。其布局讲究对称，有回廊式庭院和不带回廊的庭院。贵族府邸大门采用乌头门，宅内两座主要房屋之间用带有直棂窗的回廊连成封闭的四合院。乡村住宅则不用回廊，直接以房屋围

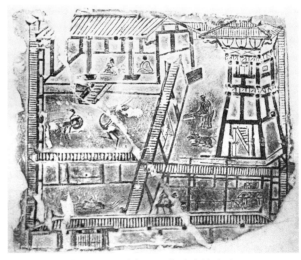

图8.2.6　成都汉画像砖中的庭院

绕，形成长方形四合院。还有简单的三合院住宅（凹字形），以篱笆墙围绕茅屋。（图8.2.10）

　　1994年，西安长安区灵沼乡出土一组唐三彩院落模型，是唐朝长安贵族住宅的真实写照。该模型为长方形两进院落，由九座房屋组成，包括中路的院门、前堂、后室以及两侧东西厢房。采用悬山屋顶，屋顶有简单的瓦与脊装饰。屋顶均施绿釉，其余部位施白色护胎釉。院内有站立的3位侍从，还有

图8.2.7　东汉陶庄园院落

图8.2.8　三国东吴陶院落

图8.2.9　沁阳东魏造像碑石刻上
的住宅建筑

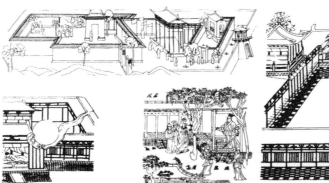

图8.2.10　敦煌壁画中的唐朝住宅形象

中外建筑史

若干动物，造型生动，神态各异。这种成套组的唐三彩院落模型出土相对较少，提供了唐朝民居建筑的实例。（图8.2.11）

　　宋朝里坊制度瓦解，住宅布局自由。作为城市基本管理单位的里，从魏晋时期逐渐改称坊。坊，"防也"，是四周有围墙的封闭区域。里坊都用以监管居民、防御盗贼。里、坊的每一边长度约为一里，面积即一平方里左右。战国至秦汉时期，五家为伍，伍为之长，十伍为里，里置有司。唐朝时期，以百户为里，五里为乡，四家为邻，五家为保。每里设一名里正。乡村设村正，以负责管理人口，课植农桑，督察奸非，催促赋役。北宋乡村设乡、里，城郭设厢、坊进行基层管理。消防、治安等组织普遍存在。史载北宋首都开封旧城内左第一厢二十坊，第二厢十六坊，新城内城东厢九坊，城西厢二十六坊。并且坊市分离的制度被破除，城市的市场十分自由活跃，促进了城市经济的发达。《梦梁录》《东京梦华录》等史料都记载了热闹的市场情况。随着人口增多、经济繁荣，人们对民居建筑的要求也增多了，宋朝逐步在城市实现茅瓦相间，"陶瓦覆屋，以宁室居"，砖瓦较之竹木、茅草等要更易防火，更易安居。

　　张择端《清明上河图》、王希孟《千里江山图》等绘画作品反映了当时城市的民居建筑情形，宫殿、官邸、佛寺道观等建筑自然是精美壮观的，城市民居也是楼门相交。普通百姓的民居大多为茅

图8.2.11　唐三彩院落

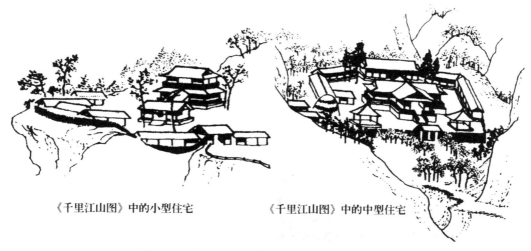

《千里江山图》中的小型住宅　　　　《千里江山图》中的中型住宅

图8.2.12 《千里江山图》中的小型住宅和中型住宅

屋，很少有瓦葺之家。南宋方回（1227-1305年）在《续古今考》中记载："茅屋炊烟，无穷无极，皆佃户也。"

宋朝民居出现前店后宅、房屋串联成工字型等新格局。回廊被廊屋代替，大门内树立照壁，形成四合院格局。《宋史·舆服志》记载："六品以上宅舍许作乌头门……凡民庶家，不得施重栱藻井及五色文采为饰，不得四铺飞檐，庶人舍屋许五架，门一间两厦而已。"南宋江南住宅出现庭院园林化趋势，依山就水建宅筑园，在一定程度上影响了后世的城市住宅和园林设计。（图8.2.12）

明清时期城市数量比以前有更多增长，民居建筑形成特征鲜明的地域和类型特色，保留大量建筑实物。如誉为"天下第一府"的曲阜孔府，素称"一座恭王府，半部清代史"的北京恭王府，中西合璧的天津庆王府，保存完整的太平天国苏州忠王府，人称"民间故宫"的灵石王家大院，俗称"乔家一个院、常家两条街"的榆次常家庄园，被誉为"中国北方民居建筑的一颗明珠"的祁县乔家大院，号称"津西第一宅"的天津石家大院，玲珑精雅的扬州汪氏小苑，雕饰精美的江西景德镇黄理大夫第，素称"具有国际水平的东方住宅"的东阳卢宅，色彩热烈的宫殿式红砖大厝（cuò，福建沿海和台湾对房屋的称呼）泉州杨阿苗住宅，等等。

曲阜孔府即衍圣公府，是孔子嫡长子孙居住的府邸。随着历代对孔子的尊崇，孔府地位不断提高，规模不断扩大。1377年，明太祖敕建孔府新

宅。嘉靖年间建高大的城墙和护城河将孔府、孔庙纳入县城中保卫，之后多次扩建和修葺。孔府占地240余亩，共九进庭院，共有厅、堂、楼、房463间，分左、中、右三路布局。中轴线上依"前官衙后内宅"排列建筑，依次为大门（圣府门）、二门（圣人之门）、仪门（重光门）、大堂（内悬"统摄宗姓"匾）、二堂（内悬"钦承圣绪"和"诗书礼乐"匾）、三堂（内悬"六代含饴"匾）、内宅门、前上房（内悬"宏开慈宇"匾和慈禧亲题"寿"字）、垂珠门、前堂楼、后堂楼、后五间以及花园等建筑，东路有一贯堂、慕恩堂、报本堂、家祠等建筑，西路是孔府接见贵宾和子弟学习之地，有红萼轩、忠恕堂、安怀堂、花厅、学房、佛堂等建筑。（图8.2.13）

图8.2.13 曲阜孔府仪门

第三节 中国传统民居的类型

中国传统民居建筑类型丰富，可以依据不同的标准进行划分。按照民族划分，可分为几十种类型；按照所处地区划分，可分为北方建筑、南方建筑、西方建筑、东方建筑、中原建筑等；按照地理环境划分，可分为平原建筑、临水建筑、山区建筑、草原建筑等；按照住宅基本样式划分，可分为院落式民居、干栏式民居、窑洞式民居、毡包式民居、碉楼式民居等类型。

一、院落式民居

院落式民居在周朝时期已经产生，是最普遍的居住方式。根据地域分布，可以分为南、北两大类型。北方以华北地区的四合院为代表，如北京四合院、山西民居大院。南方院落式建筑较为丰富，地域特色鲜明，如江南水乡民居、徽派民居、客家土楼、云南一颗印、窨子屋等。

（一）北京四合院

北京四合院是典型的院落式民居。忽必烈定都北京后，以八亩为一分，把北京城的土地分给迁入北京的官员富豪修建宅第，北京四合院从此大规模出现。而北京现存最早的四合院遗址是西直门里的后英房元代遗址。明清时期是四合院的发展高峰，形成典型的四合院形式，有不同等级和规模。

四合院以"进"为单位，一进四合院是最普遍的四合院，由正房、厢房、倒座组成封闭院落，往往为中下层平民的民居。除此之外还有并联式四合院、两进四合院、三进四合院、大型带花园的四合院等。三进四合院是最典型的四合院，大门在东南角，进门后迎面是影壁，穿过影壁向前是前院，房屋以倒座为主，庭院较浅。前院与内院之间有垂花门，因门槛有木雕莲瓣纹垂花而得名。内院是主体，包括坐北朝南的正房以及左右耳房、东西厢房等，以连廊连接厢房与正房。院内栽植花木，尤其喜欢栽紫丁香，寓意"紫气东来"。还设石桌、石凳等布置于庭院之中。后院北部建有一排后罩房。（图8.3.1）

正房每侧各有一间耳房，即为"三正两耳"。如果正房每侧各有两间耳房，则称"三正四耳"。小型四合院多为"三正两耳"，中型四合院为"三正四耳"。正房是长辈居住的房屋，东西耳房为晚辈住房。四合院的居室内沿墙置炕，以供睡眠。满族四

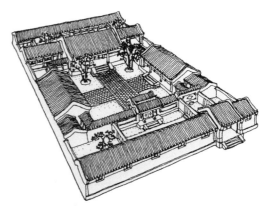

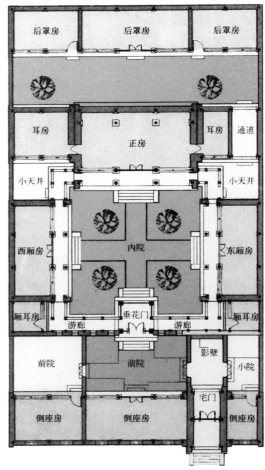

图8.3.1 北京三进四合院形式与平面图

合院的居室除了东面墙外，其他三面有炕，形成转圈炕，或者万字炕。西炕为供神处，禁止坐。长辈睡南炕，北炕为晚辈居住。子女长大后另置居室。

（二）乔家大院

乔家大院是山西民居大院的典型代表，坐落在山西祁县乔家堡村，又名在中堂，始建于清乾隆二十年（1756年），之后有两次扩建和一次增修，如今辟为祁县民俗博物馆。占地面积8000多平方米，建筑面积近4000平方米，是比较具有代表性的北方民居。

乔家大院由6个大院、内套20个小院组成，有313间房屋。从高处俯瞰，整体为双喜字型布局，大院形似城堡，三面临街，四周用10余米高的水磨砖墙围护，墙上边有女儿墙和瞭望口。屋顶形式多样，有歇山顶、硬山顶、单坡顶、卷棚顶、平顶等，屋顶林立140余个烟囱，各具特色。房屋高低错落，井然有序。

大门坐西向东，拱形门洞，上有高大的顶楼，顶楼正中悬挂山西巡抚丁宝铨受慈禧太后面谕而题的"福种琅嬛"匾额，大门对面有一座砖雕"百寿图"照壁。大门内以一条80多米长的平直甬道将院子分为南北两排，南北各三座大院相互毗邻，甬道尽头是乔氏祠堂。

北面三个院自东向西依次为1号院、5号院、6号院，均为开间暗棂柱、庑廊出檐大门，便于车、轿出入，大门外侧有拴马柱和上马石。1号院（大夫第）和5号院（中宪第）是祁县一带典型的"里五外三穿心楼"的两进四合院，里院的厢房两边各五间，外院的厢房两边各三间，里外院之间有穿心过厅相连。6号院原打算建成三进偏套院，但因日军侵华，乔家人避难平津等地，此院没有建成，如今辟为花园。（图8.3.2）

南面三院自东向西依次为2号院（敦品第）、3号院（芷兰第）、4号院（承启第），建成时间比北面三院晚，是两进双通四合院形式，正、偏院相对，每个主院的房顶上盖有更楼，并建有相应的更道，把整个大院连成整体。

乔家大院建筑造型宏伟，装饰精美，布局得当，整体中见变化，跌宕起伏。院内斗栱飞翘，出檐玲珑，各种石雕、砖雕、木雕、彩绘俯仰可见，

图8.3.2　乔家大院1号院正房

图8.3.3　乔家大院在中堂垂花门楼雕饰

题材丰富，寓意吉祥。（图8.3.3）

（三）江南民居

江南民居以水乡民居和徽派民居为代表。自古以来称长江以南为江南，包括苏南、浙北和上海，以及安徽、江西的沿长江南岸地区。江南水网纵横，气候温和，雨量充沛，经济发达，文化底蕴深厚，建筑风格清新雅致。

1. 水乡民居

江南地处长江三角洲和太湖水网地区，形成以水运为主的交通体系，因水成市，因水成街，形成很多市镇。这些市镇以市场为中心，修建许多商业建筑和娱乐休闲场所，百姓的住宅临水而建。前店

图8.3.4 乌镇民居

图8.3.5 婺源民居

后坊、上宅下店是江南古镇较为典型的建筑形制。水城苏州、绍兴，古镇周庄、同里、甪直、乌镇、西塘、南浔等皆临水而建，依水而居。

为适应江南潮湿的环境，水乡民居的细节处理比较独特。建筑多穿堂布局、院落形成小天井。房屋多为木结构平房或楼房，青灰瓦顶、空斗墙、观音兜山脊或马头墙形成了高低错落的建筑。

空斗墙是用砖侧砌或平、侧交替砌筑成的空心墙体。具有用料省、自重轻和隔热、隔声性能好等优点，但坚固性比实体墙差。在明朝以来，空斗墙已大量用来建造民居和寺庙等，长江流域和西南地区应用较广。

观音兜本是古代妇女的风帽，因帽子后沿披至颈后肩际，类似佛像中观音菩萨所戴的帽子式样，故名。它作为一种建筑形式源自福建民居，后多见于徽派建筑山墙、门头。做法是在墙头上盖瓦做背平面的形式，类似于渔民捕鱼的网兜，在民间有祈福保佑风调雨顺的意思。

马头墙也称"封火山墙"，指建筑两侧山墙高出屋面，做成阶梯状或平头高墙，具有防火功能。有时称它为"风火山墙"，应该是"封火"的谐音。（图8.3.4）

水乡民居的天井大都为横向长方形，便利通风和采光。大型水乡民居多为富豪、官宦宅邸，入口沿街或沿河，对称布局，坐北朝南或坐西向东。中央的主体院落一般由门厅、轿厅、正厅、内厅、女厅等五进组成，以厢房或院墙围合成院落。边路院落包括花厅、书房、内宅、厨房等组成。有时与园林巧妙结合，如同里的退思园。还在前后进的腰门

上作装饰性的砖雕门楼，上悬匾额。墙基常用条石，墙面以石灰粉刷，或用清水磨砖贴面。院内的地面要铺设砖石、鹅卵石防潮，室内多用木地板。

水乡民居平房与楼房错落有序，山墙起伏跌宕，高墙深巷掩映、板路曲桥互通，码头驳岸相杂，临河贴水，因地制宜，虚实相生，色调淡雅，极富朦胧的诗意，因此，常以"粉墙黛瓦""小桥、流水、人家"来形容江南民居。

2. 徽派民居

"徽"指徽州，别称歙州、新安，即今安徽黄山市。徽州号称"八分半山一分水，半分农田和庄园"，山明水秀，人杰地灵。徽派民居是南方民居的重要类型，江西、苏南、浙西等广大地区的建筑风格都受到徽派建筑影响。徽派建筑以木构架为主，以砖、石为辅助。梁架考究，注重在屋顶、檐口、梁枋、柱础、门窗等部位进行装饰，雕饰精美。木雕、砖雕、石雕题材丰富，寓意美好，雕工精湛，体现出高超的艺术水平，为民居建筑中之翘楚。徽派民居往往坐北朝南，以砖石垒砌高墙，形成小天井的封闭院落，建筑之间互相连接，与北方四合院的建筑之间相互分离不同。布局因地制宜，层次高低错落，空间变化多端，色调灰瓦白墙，装饰繁简得当，群体搭配自然，总体感觉清新素雅。安徽宏村、西递、南屏，江西婺源李坑、江湾、篁岭等都是代表性的徽派建筑村落。（图8.3.5）

宏村位于安徽黄山西南麓，是一座风景优美的画里乡村。最早称"弘村"，始建于南宋绍兴年间，是汪氏一族聚居的村落，清乾隆年间更名宏村。村落占地30公顷，北枕雷岗，面临南湖，山清水秀，

风景如画。明永乐时期，村民对宏村进行仿生设计规划，仿牛形结构，"山为牛头，树为角，屋为牛身，桥为脚"。雷岗山是牛头，山中古木是牛角，由东而西错落有致的民居组成牛身，村中九曲十弯的水渠是牛肠，泉水蓄成的半月形池塘形成牛胃，水渠最后注入村南的湖泊，是为牛肚，又在绕村的溪河上先后架起四座桥梁作为牛腿。设计巧妙，不仅有利于居民用水，还改善居住环境，巧妙融合人文景观与自然景观。（图8.3.6）

全村现完好保存明清民居140余幢，包括住宅、园林、祠堂、书院等建筑类型。基本上依水而建，住宅多为二进院落，有的人家还引水入宅，形成水院，开辟鱼池。整个村落处处粉墙黛瓦、层楼叠院、高墙深巷、石路板桥，意境古朴清幽；民居前庭后园，马头墙错落有致，木构架雕饰精美。比较典型的建筑有南湖书院、乐叙堂、承志堂、德义堂、松鹤堂、碧园、敬修堂、东贤堂、三立堂、叙仁堂等。（图8.3.7）

西递位于安徽黄山市黟县东南部，是胡氏宗族聚居的村落，始建于北宋皇佑年间，发展于明景泰中叶，鼎盛于清初，已有960余年历史，素称"桃花源里人家"。西递东西长700米，南北宽300米，居民300余户，人口1000多。整个村落呈船形，徽派建筑鳞次栉比，宛如一间间船舱。现存比较完好的明清古民居建筑124幢、祠堂4幢、牌楼1座，建筑样式与宏村类似，大都设有天井，寓意"四水归堂""肥水不流外人田"，石雕、砖雕、木雕精美绝伦。代表性建筑有胡文光刺史牌坊、凌云阁、瑞玉庭、桃李园、东园、西园、大夫第、敬爱堂、履福堂、青云轩、膺福堂、笃敬堂、仰高堂、尚德堂、枕石小筑、惇仁堂、追慕堂等。（图8.3.8）

（四）土楼建筑

土楼是为逃避中原战乱而迁徙到南方的中原客家人住宅，历史可以追溯到魏晋时期。主要分布在闽西、赣南、粤北一带，用当地质地黏稠且坚韧的红壤夯筑而成。土楼造型独特，被英国科技史学家李约瑟称赞为"中国最特别的民居"。

按照形式划分，土楼可分为圆形、方形、半圆形、八卦形、凹字形、五凤楼等造型，以圆楼与方楼最常见。圆楼内部形成环环相套的布局，圆心处为家族祠院，向外依次为祖堂、围廊，最外一环住人。其底层为餐室、厨房，第二层为仓库，三层楼以上的为居室。其中每一个小家庭或个人的房间都是独立的，而以一圈圈的公用走廊连接各个房间。圆楼形制较为封闭，一二层一般不开窗，这样的设计注重防御性。方楼形制是沿方形围墙修建筑物。内有天井和回廊，楼最高可达六层。最后使用木制地板与木造栋梁，加上瓦片屋顶。福建龙岩永定区世泽楼、广东潮州饶平县畲族泰华楼等是典型的方形土楼。

半圆形分布于平和与永定，而八卦型的土楼则偶见于永定、漳浦、华安、诏安、南靖和广东东部的梅州、潮州地区，广东潮州饶平县道韵楼是典型代表。凹字型土楼主要分布于闽西永定。五凤楼又名大夫第、府第式、宫殿式或笔架楼。基本上是以两个厢房、一个门楼组成三凹两凸形式，类似中国古代的笔架造型，主要分布于闽西各县与漳州、台湾。（图8.3.9）

按照建筑内部结构划分，土楼可分为内通廊式土楼和单元式土楼。内通廊式土楼各层以走马廊连接各户，主要分布在客家人聚居的福建龙岩永定区，又称为客家土楼，以永定湖坑镇振成楼为代

图8.3.6　安徽宏村石拱桥

图8.3.7　宏村民居

表。振成楼建于民国元年（1912年），依照八卦方位建造，卦与卦之间有防火墙，内有中心大厅、花园、学堂等，装饰精美，雕梁画栋，被誉为最富丽堂皇的土楼。单元式土楼各层没有连贯各户的走马廊，形成独立的垂直单元，又称为闽南土楼，以永定的振福楼为代表。

土楼的墙壁下厚上薄，最厚处可以达到1.5米。在夯土内掺入适量的小石子和石灰，甚至适量糯米饭，红糖，以增加其黏性。夯筑时在土墙中埋入杉木枝条或竹片为"墙骨"，以增加其拉力。经过反复夯筑后，再在外表抹一层防风雨剥蚀的石灰。整个建筑非常坚固，防风、防火、防盗、防震能力极强。

永定有23000座土楼，是拥有土楼数量最多的地方。高头乡的承启楼是围数最多、规模最大的土楼，为四层、四环圆楼，有四百余间房，始建于清康熙四十七年（1708年），现住江姓57户300余人，被誉为"土楼之王"。（图8.3.10）

漳州南靖县土楼群也十分具有代表性。其最早建造的圆形土楼是高五层的裕昌楼，始建于元末明初，俗称"东倒西歪楼"。楼中心有单层圆形祖堂，

祖堂四周以鹅卵石铺成大圆圈，分成五格，象征"金、木、水、火、土"五行。田螺坑土楼群方圆搭配，被戏称为"四菜一汤"。中心方形土楼为步云楼，始建于清嘉庆元年（1796年），三层，每层26间房屋。之后相继建造四座圆形图楼：位于其右上方的和昌楼、左上方的振昌楼、右下方的瑞云楼、左下方的文昌楼。（图8.3.11）

（五）云南院落式民居

云南昆明、大理、丽江等地有一种四合院式民居，结构为正方形，正房为三间两层楼房，两边厢房各一或两间，矮于正房，院之中间形成小天井，高墙无窗，外观方正类似于印章，故称"一颗印"。其门廊又称倒座，进深八尺，因此，一颗印民居也被称为"三间四耳倒八尺"（亦有"三间两耳"）。房屋采用木结构柱梁，墙体多为夯土墙，屋内极少装饰。正房三间的底层中央作为客堂，左右为主人卧室。耳房底层为厨房和猪、马牲畜栏圈，楼上正房中间为祭祀祖宗的祖堂或者是诵经供佛的佛堂，其余房间供住人和储存农作物等。（图8.3.12）

图8.3.8　西递胡文光牌坊

图8.3.9　永定福裕楼

图8.3.10　永定承启楼

图8.3.11　南靖县田螺坑土楼

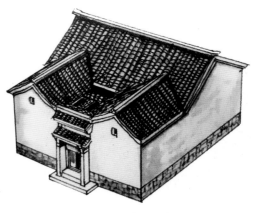

图8.3.12　云南一颗印民居

图8.3.13　大理白族民居

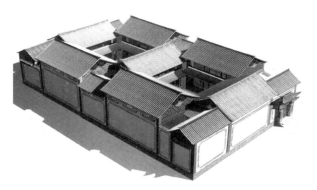

图8.3.14　白族民居六合同春结构图

　　大理地处云南省中部偏西，是云南文化的最早发祥地之一，素以"下关风、上关花、苍山雪、洱海月"著称。大理是白族聚居地，白族民居也采取一颗印形式，广泛用石头为建材，门楼造型变化多端，山墙与照壁等部位装饰精致，粉墙画壁[1]，图案丰富。还镶嵌大理石为饰，极具地域特色。房屋多为三间两层的楼房，坐西向东，寓意"背靠苍山，面对洱海"。院内喜欢种植花木，环境布置非常优美。平面布局和组合形式一般有"一正两耳""两房一耳""三坊一照壁""四合五天井""六合同春"和"走马转角楼"等。（图8.3.13）

　　白族民居的大门大多在东北角，门内有照壁对着正房，正房较高，两边厢房较低，建筑错落有致，俗称"三坊一照壁"。多为砖木结构，屋顶用筒板瓦覆盖，前面形成重檐前山廊格局。以石块垒砌墙基，以砖砌墙。"四合五天井"则去掉正房面对照壁而代之以下房（倒座），四坊（正房、左右厢房、下房）围成一个封闭的四合院，同时在下房两侧又增加两个漏角小天井，加上中央庭院天井，形成"四合五天井"。"六合同春"是大型住宅，基本形制是由一院三坊一照壁和一院四合五井天组合而成，共有两个大天井和四个小天井，凑六数而得六合同春，寓意"鹿鹤同春"，因此又称"重院""重堂"。这种民居比较耗费财力，仅限于富贵人家，目前保留极少。在院落中，以楼廊将正房与厢房彼此相连，通行无阻，故名"走马转角楼"。（图8.3.14）

（六）窨子屋

　　在湘、黔、赣地区的"窨子屋"是侗族民居样式。窨（yìn）本意指地下室，《说文》："窨，地室也"。窨子屋是相对紧凑、封闭的院落式民居，至今已有上千年历史。其平面为四合院布局，造型方正，多为两进两层木构建筑，也有两进三层或三进三层的，三层上南北间有天桥连通。外面以高墙环绕，防御性强，建筑中心留有小天井以便采光。这种建筑明显受到徽派建筑影响，又掺杂一些沅湘地域特色。其门楣、梁枋、户牖、柱础、照壁等部位皆雕饰精美，图案丰富。湖南怀化市黔阳古城、洪江古商城仍保留大量明清时期留下来的窨子屋。

二、干栏式民居

　　干栏式建筑在广西中西部、云南东南部、贵州西南部等地区一直流行。《博物志》："南越巢居，北朔穴居，避寒暑也。"广西壮族、侗族，贵州侗族、苗族，云南南部瑞丽江、怒江、澜沧江下游地区的傣族、基诺族、独龙族、布依族、侗族、黎族、高山族、傈僳族、景颇族、德昂族、布朗族、佤族、拉祜族等如今仍保留干栏式建筑的居住方式，俗称"竹楼建筑"。干栏式建筑用粗大的竹子或木材作为梁、柱，用竹篾作墙栏，用草排为房顶。分为两层，楼下架空，放置杂物或养牲畜，楼上有大厅、卧室、阳台等部分。

1　"粉墙画壁"白族民居的典型装饰。墙上主题是粉白色，灰色勾边。以彩画装饰，题材有花鸟虫鱼、山水、吉祥图案、文字等，风格素雅清新，别有情趣。

图8.3.15　西双版纳傣族竹楼

图8.3.16　凤凰吊脚楼

（一）西双版纳傣族建筑

西双版纳傣族园位于勐罕镇（橄榄坝），南临澜沧江，北有龙得湖，当地热带植物茂盛，有曼将、曼春满、曼听、曼乍、曼嘎等5个傣寨，有300多户，1500余人。这些傣寨竹楼的形制相似，顶部用歇山屋顶，坡度陡，出檐深，内部宽敞通透，功能分区得当。底层以木柱架空，有效地防虫蛇、防潮湿、防地震，楼下圈养牲畜或放置农具杂物，楼上住人。登上前廊内的楼梯到二层堂屋，中间设火塘，用以煮饭、照明、取暖。堂屋旁边是阳台，当地称"展"，是盥洗、晾晒之所。堂屋与卧室之间以隔板相隔。（图8.3.15）

（二）湖南凤凰吊脚楼

吊脚楼是半干栏式建筑，常见于湘西、鄂西、黔东南地区的苗族、侗族、壮族、水族、土家族聚居地。或依河而建，或依山而建，正房建在实地上，厢房处于悬空状态，以高高的木柱支撑。吊脚楼多为二层楼房，饮食起居都在二楼，偶有三层楼房。湖南凤凰县沱江边保留的一些明清时期吊脚楼颇具代表性。凤凰是一座环境优美的小山城，历史可以追溯到唐朝。凤凰吊脚楼造型奇特，坐落在古城东南的回龙阁，前临古官道，后悬于沱江之上，长240余米，大多数是清朝和民国时期的建筑，具有浓郁的苗族风情。（图8.3.16）

三、窑洞式民居

窑洞式民居是穴居方式的延续，《诗经》中已有

"陶复陶穴"的描述。其主要分布在豫西、晋中、陕北、陇东、新疆吐鲁番等地区，这些地区地处黄土高原，黄土层堆积很厚，土质疏松，气候干旱，炎热少雨，便利挖洞居住。

窑洞属于生土建筑，先定方位，在挖地基，再打窑洞、扎山墙、安门窗。窑洞采用拱顶结构，稳固耐用，朴素自然，室内冬暖夏凉。它们以院落为单位，依托地形巧妙排列，成群成片，成线成面，高低错落，在壮阔雄浑的黄土高原上展示出窑洞建筑的淳朴美学意蕴，体现出人与自然的共生，体现出因地制宜的智慧，它是黄土高原的特殊文化表现。根据窑洞的形式可以分为靠崖式、地坑式、锢窑三大类。

靠崖式窑洞是利用天然崖面挖掘而成。窑洞往往高3米、宽3米左右，进深有所不同。常常曲线排列，内有多个窑洞。陕西延安的窑洞在王家坪、杨家岭、枣园等随处可见。富贵人家的窑洞形成院落，有大门、照壁、寝室、拐窑（要洞内再挖的小窑洞）、厨房等组成。河南巩义康店村的康百万庄园是明清时期留下来规模最大的靠崖式民居建筑群。依山开窑洞，临街建楼房，濒河设码头，布局严谨，规模宏伟，集农、官、商于一体，有33个庭院、53座楼房、16孔砖拱靠崖窑洞，73孔砖砌锢窑，房舍1300余间。山西吕梁碛口镇李家山村，建筑依山而建，层叠错落，如凤凰展翅，风格独特，现有百十来院，400多孔窑洞。既有窑洞式"明柱厦檐高垲台"四合院，又有靠崖挖的土窑。（图8.3.17）

地坑式窑洞也称下沉式窑洞、天井院、地阴院。是在挖好的方形地坑四周再进行横向挖洞，形

中外建筑史

图8.3.17　李家山村窑洞民居

图8.3.18　陕县地坑院

成下沉式居住单元，具有"远看不见村，近看脚下人；平地起炊烟，忽闻鸡犬声"的奇特效果。在陕西、甘肃庆阳、山西运城、河南荥阳、巩义市、三门峡市陕县等地都有地坑院（图8.3.18）

锢窑是独立式的窑洞，在地面上用砖石建造拱顶住宅，形似窑洞，不适用梁柱结构。有土坯结构，也有砖石结构，可以单层，也可以建成二层楼。上层若仍为锢窑，称为"窑上窑"，上层若为木构房屋，则称为"窑上楼"。明末至民国逐渐修建而成的山西碛口镇西湾村，依山就势，街巷相连、院院相通，建筑多有锢窑形式。（图8.3.19）

四、毡包式民居

毡包式民居是我国北方游牧民族的传统居住方式。古代游牧民族喜欢逐水草而居，流动性很强，因此在草原上采用拆装方便的毡包作为居住方式。蒙古族、哈萨克族、柯尔克孜族、维吾尔族、鄂温克族、鄂伦春族等都曾住过或还在住着毡包。汉武帝时期远嫁乌孙国的细君公主因思乡而作《悲愁歌》，描绘当地民居"穹庐为室兮旃为墙"，穹庐就是弧顶毡包。

毡包式民居做法是先将地表整平，根据毡包的尺幅规定毡包的圆周范围，然后用皮条绑扎起枝条做骨架围合成墙壁，上面覆盖一个伞形拱架，绑扎结实后在外面披上羊皮或毛毡，用绳索束紧即可。毡包内部铺设一层沙子或干羊粪以防潮，再铺上皮垫、毛毡之类，家具陈设较为简单。毡包顶部伞形拱架中心是圆孔，白天掀开毛毡可以从圆孔采光。

蒙古包是毡包的典型代表，亦称"穹庐""毡帐"，指"无窗的房子"。蒙古包以树木做骨架，以羊毛擀毡子，以马鬃、马尾、驼毛搓绳，所需原料随手可取，施工亦不需要泥水土坯砖瓦。传统蒙古包主要由架木、苫毡、绳带三大部分组成，内部宽敞舒适。蒙古包的骨架包括陶脑（套脑、套瑙）、乌尼（乌那）、哈那、门。陶脑是蒙古包的天窗，可以通风、采光，形似撑开的伞，一般由三个规格有序的圆形木环和四个弧形木梁组合而成，最大的圆木环外侧凿有方形插口。乌尼即椽子，是连接陶脑和哈那的木杆。哈那是以柳木条用皮绳缝编成菱形网眼的网片，将哈那连接成一个圆形栅框，就是蒙古包的墙壁。（图8.3.20）

门在蒙古语称为"哈拉嘎"，由门框、门槛和门楣组成，门框与哈那高度相等。蒙古包的门不能太高，一般高约三尺五寸，宽约二尺五寸，进入蒙古包往往需要弯腰才能进去。门朝南或东南方向，可避西北风。

苫毡由顶毡、顶棚、围毡、外罩、毡墙根、毡幕等组成。夏季盖一层，春、秋季节盖两层，冬季则盖三层，并在里面挂帘子，毡子四周以绳扣紧。蒙古包内陈设极为讲究，通过方位体现尊卑。西北、西、西南方向放置男人所用物品，东北、东、东南方向放置女人所用物品。西北为尊，安放佛桌和佛像、佛龛。蒙古包以白色为主，多配以蓝色图案。"蒙古"在蒙文中指银色的河、洁白的河，其祖先起源也有"苍狼白鹿"的传说，因此蒙古人崇尚白色，象征高贵和纯洁。蒙古包的造型和色彩充分反映了蒙古族的文化内涵和审美观念。（图8.3.21）

图8.3.19　西湾村锢窑式民居

图8.3.20　蒙古包的骨架结构

鄂温克族毡包往往做成圆锥形，俗称"撮罗子"，鄂温克语叫"希椤柱"，高约3米，直径约4米，用松木搭建而成。其顶在不同季节用不同物品遮盖，夏季一般用桦树皮，冬季则用麂（jǐ）、鹿皮。牧区的鄂温克人也住蒙古包，山区贫困人家的住房是矮小、潮湿的土坯房，俗称"马架子"。

鄂伦春人的"斜仁柱''也是圆锥形窝棚，与"撮罗子"相似，是鄂伦春人狩猎时的主要住房。"斜仁"是树干的意思，其主要结构以树干搭成，上覆狍子皮、芦苇帘、布围子等，室内有神位、铺位、火塘。

五、碉楼式民居

碉楼式民居主要分布在青藏高原、内蒙古等地，藏族、羌族的住宅是代表。平面呈方形，类似于碉堡，故名碉楼。一般三到五层，砌有高大厚实的石墙，木梁柱，平顶。下层是库房和牲畜圈，二

层以上住人，顶层还专门设有经堂和晒台。

藏族在唐朝时称"吐蕃"，藏族人自称"博巴"。藏族建筑包括碉楼、土掌房（土木结构、厚墙小窗的二至三层平顶或悬山顶民居，主要在云南迪庆）、毡包等，其中碉楼最具代表性，外墙垒石砌筑，厚实坚固。

西藏山南市扎囊县郎色林庄园的主楼就是典型的碉楼民居。郎色林庄园又名"囊色林"，意思是"财神之地"，是西藏地区最古老、最高耸的庄园。庄园主人曾是吐蕃王朝末代赞普朗达玛的女婿。庄园约建造于13世纪，处于雅鲁藏布江畔的袋状谷地中，周围以垣墙围合。庄园主楼高大壮观，为土木混合结构，平面呈横长方形，局部高达7层，主体为6层。屋顶四周的女儿墙外皮用"边玛草"垒砌成边玛檐墙，边玛草是生长在高寒山区的一种灌木，其生长期慢，质地坚硬，枝干不易分叉，往往被藏传佛寺或藏族贵族府邸用作建筑装饰材料，象征着建筑的高贵。主楼东端凸出部分的外墙以石块垒砌，其余皆夯土墙。每一层梁架的椽子上皆铺木板或半圆木，上铺鹅卵石，再于其上铺阿嘎土层。阿嘎土是西藏传统建筑屋顶和地面采用的制作方法，即将碎石块和泥土、水混合后铺于地面或屋顶，再进行反复夯打，夯实后得阿嘎土地面或屋顶显得十分美观光洁。（图8.3.22）

羌族自称"尔玛"，主要分布在四川省阿坝藏族羌族自治州所属的茂县、汶川、理县、松潘、黑水和绵阳市北川羌族自治县以及平武县。其余散居在甘孜藏族自治州以及贵州铜仁地区，羌族民居以石砌碉楼为特色。《后汉书·南蛮西南夷列传》记载，

图8.3.21　锡林郭勒草原蒙古包

分布在岷江上游和四川北部地区的冉駹（máng，青色的马）羌就居住在名为"邛笼"的碉楼里："故夷人冬则避寒，入蜀为佣，夏则违暑，反其邑，皆依山居止，累石为室，高者至十余丈，为邛笼"。书中所提到的"邛笼"源自羌族语言，意思为"碉楼"，它的形式与当地山居环境有关。（图8.3.23）

隋唐时期，碉楼在川西地区和藏东地区广泛分布。《隋书·附国传》："近川谷，傍山险。俗好复仇，故垒石为石巢而居，以避其患。基石巢高至十余丈，下至五六丈，每级丈余，以木隔之，其方三四步，石巢上方二三步，状似浮屠，于下级开小门，从内上通，夜必关闭，以防贼盗"。顾炎武《天下郡国利病书》："威、茂，古冉駹地。垒石为碉以居，如浮屠数重，门内以辑木上下，货藏于上，人居其中，畜圈于下，高至二三丈音谓之邛笼，十余丈者谓之碉。"石巢、邛笼即羌族村寨中的高大碉楼，碉楼可居，可守，大多修建于村寨的中心或交通要道。据《理番厅志》记载，羌民"皆依山冈为宫室，叠石架木，层级而上，形为箱柜，最后则修高碉，藏其珍宝兵甲"。总体布局呈方形、平顶，墙壁以山石垒砌，高10余米。一般分为2～4层，以3层最为普遍，底层设厕所、牲畜圈，二层住人，堂屋中间砌火塘。室内神龛或屋顶往往供奉白石，白石是神的象征，寄托羌族人对生活的美好愿景。三层为平台和储藏室，邻居之间屋顶平台相互依借，连成一片，错落有致。

苗族民居建筑以木结构为主，有穿斗式民居、吊脚楼、杈杈房（竹木结构的简陋草顶房）等形式，

还有一些苗寨依山而居，就地取材，利用山里的石块垒砌碉房，辅以土木，多为1～2层，屋顶覆瓦或木板和石片，以悬山顶和平顶为主。

广东开平还有一种风格独特的碉楼，其出现与近代华侨寄钱回乡建房有关。由于当时盗匪横行，这些建筑强调防御性，大都是多层碉楼建筑，在风格上中西结合，顶部变化丰富，形式多样。现存1800多座，分布在各个乡镇。百合镇雁平楼、马降龙碉楼群、塘口镇方氏灯楼、蚬冈镇瑞石楼、升峰楼、锦江楼等都是杰出代表。塘口镇自力村有15座碉楼，方润文于1925年所建的铭石楼是其中最精美的一座。楼高5层，楼身为钢筋混凝土结构，外部造型壮观，内部陈设豪华。碉楼顶部以爱奥尼亚柱廊与中式攒尖顶互融，巴洛克曲线山花与罗马式围栏混搭，形成中西合璧的瞭望亭。（图8.3.24）

六、其他民居

中国是历史悠久、地大物博的多民族国家，各民族、各地区的民居式样丰富多彩。如山东胶东半岛的海草房、福建泉州以卵石垒砌的石头厝、新疆维吾尔族"阿以旺"、云南摩梭人木楞房、云南迪庆藏族土掌房、云南红河哈尼族彝族自治州的哈尼族蘑菇房，等等。

（一）新疆阿以旺

新疆维吾尔族住宅一般包括前、后两个院子。前院为生活起居的主要场所，院中引进渠水，栽植

图8.3.22　郎色林庄园主楼

图8.3.23　茂县羌族碉楼

图8.3.24 开平铭石楼

图8.3.25 元阳县哈尼族蘑菇房

葡萄、杏等果木。还有用土坯砌成的晾房，用于晾制葡萄干，墙体做成镂空花墙形式。后院用作饲养牲畜和积肥的场地。

"阿以旺"主要分布在新疆维吾尔自治区南部，已有数百年历史，是一种带有天窗的夏室（大厅），顶部是平顶，在木梁上排木檩。厅内周边设土台，高40~50厘米，用于日常起居。室内设壁龛，可放被褥或杂物。墙面喜用织物装饰，并以织物的质地和大小、多少来标识主人身份与财富。

（二）哈尼族蘑菇房

云南红河哈尼族彝族自治州元阳县哈尼族村寨

的民居建筑形如蘑菇，被称为"蘑菇房"。墙基用石料或砖块砌成，墙基上用夯土垒土成墙，屋顶用多重茅草遮盖，形成四个斜面。蘑菇房结构奇特，冬暖夏凉。内部分三层，第一层用于养牲口、放杂物。第二层用于休息、会客、饮食，客厅中央设置长方形的火塘，并有一个小门通往厅外的晒台。第三层是阁楼，亦称"封火楼"，用于存放粮食柴草等物品，也用于适龄男女谈情说爱和住宿。哈尼族民居一般位于向阳的山腰上，依山而建，高低错落。建筑与山峦、树林、梯田、水泉等有机融合，形成奇妙的生态景观。（图8.3.25）

🔗 思考题

1. 传统民居具有怎样的文化特征？

2. 何谓里坊制度？

3. 传统民居有哪些样式类型？

4. 南北方四合院有怎样的布局差异？

5. 窑洞有哪些类型？

第九章
其他传统建筑

第一节　概述

中国传统建筑中，还有一些满足装点环境、主题纪念或特定功能需要的建筑。用于点缀环境、发挥标志作用的建筑有华表、风水塔、航标塔、过街楼、牌坊、照壁等；用于教育和文化传播的建筑有官办学校和各地私学，私学以书院为代表；用于娱乐休闲的建筑有戏台、戏场、青楼、赌坊等；用于商业与手工业的建筑有瓦肆、商铺、作坊、会馆、旅店、酒楼、货栈、水磨坊、造船厂等；用于观测天文和气象等科学研究的建筑，有观象台；用于交通、疏浚水利的建筑有桥梁、码头等；用于民生慈善的建筑有药局、养济院（孤儿院、养老院）、漏泽园（公墓）等；用于城市报时和防御示警的建筑有钟楼、鼓楼、望火楼（消防瞭望塔）等。

一、华表

华表也称望柱，一般立于宫殿、桥梁、陵墓前面作为点缀。自下而上分为柱础（台基）、柱身、云板、圆形承露盘、蹲兽（神兽望天犼）几个部分，在柱身上端斜插一块云板，与柱身形成相交。华表出现于尧舜时期，最初是木柱，作为识别道路的标志，称为"桓木""表木"。后来成为供人留言议论是非的"诽谤木"，希望帝王勤政爱民，广开言路。晋代崔豹《古今注》记载："程雅问曰：'尧设诽谤

之木，何也？'答曰：'今之华表木也，以横木交柱头状若画也，形似桔槔，大路交衢悉施焉。或谓之，表木，以表王者纳谏也，亦以表识衢路也。秦乃除之，汉始复修焉。今西京谓之交午也。'"[1]可见，汉朝已使用石柱作华表。

北京天安门前后各有一对汉白玉石雕刻的华表，通高9.57米，直径98厘米，始建于明永乐时期，被视为中国传统文化的标志性建筑符号之一。华表耸立于须弥座台基上，柱身雕刻云龙盘绕，上端横插云板，承露盘上端坐望天犼，整个造型比例协调，雕刻精美，端庄秀丽，庄严肃穆。（图9.1.1）

桥头的华表在历史中也有表现，北宋大画家张择端画的《清明上河图》中，汴梁虹桥两端就画有两对高大的华表，顶端白鹤伫立，神态生动各异。卢沟桥两端也各有2座华表，高4.65米，气势非凡。

二、风水塔与航标塔

风水塔，亦称文峰塔、文昌塔、文笔塔，一般居于村落水口，起到镇形养气、弥补地势缺陷等风水作用。如江苏常熟的标志性建筑"崇教兴福寺塔"，始建于南宋建炎四年（1130年）。当时高僧文用认为常熟地势西北高而东南低，在风水学上"主位低，客位高"，应在城东南建塔以抬高主位。"兹

1　张华等撰、王根林等校点．博物志（外七种），上海：上海古籍出版社，2012:133

图9.1.1　北京天安门前华表

图9.1.2　泉州六胜塔

图9.1.3　平遥市楼

邑之居，右高左下，失宾主之辨，宜于苍龙左角，作浮图以胜之。"这座四面九级方塔建成后高达67米，逐层递收，立面轮廓为平滑抛物线状，登上塔顶可以俯瞰虞山景色。

航标塔一般建在港口、码头的制高点，塔上置光源便于往来渔船辨别方位，东南沿海城市和村落仍有不少古代航标塔遗存。始建于宋、重建于元代的福建泉州六胜塔俗称万寿塔、石湖塔，是泉州港（古称刺桐港，被誉为东方第一大港）、海上丝绸之路的第一座灯塔。塔高36.06米，为花岗石仿木结构八角五级楼阁式建筑，每级由塔心、外壁、回廊组成，有券顶门、方龛各4个，全塔有佛教造像浮雕80尊。（图9.1.2）

三、过街楼

过街楼一般建于街巷，底层架空便利通行，二层以上跨在街巷之上，可以登高远眺。平遥县城南大街中部横跨的市楼是一座典型的过街楼。平遥原有朝市、午市、夕市三市，由此得名。因市楼东南有水井，"水色如金"，故又名"金井楼"。现存建筑为清康熙二十七年（1688年）重修，之后多次修葺。市楼为三重檐木构架楼阁，高18.5米，黄绿琉璃瓦歇山顶。底层面阔、进深各三间，占地133.4平方米，平面呈方形。南北贯通，东西各有券门一道，四周围廊，柱间以栏额、平板枋连接，上施层次丰富的斗拱。可登楼远眺，仰观烟云变幻，俯察市井繁华，享受古陶胜景。（图9.1.3）

四、戏台

戏台亦称戏楼，是传统娱乐类建筑的代表，一般建于宫廷、府邸内、茶楼酒馆、瓦肆勾栏，或者乡村的公共广场。戏台的基本造型由台基、三面开放的方形表演台、屋顶三部分组成。

宫廷戏台以故宫畅音阁为代表。畅音阁始建于乾隆三十七年（1772年），光绪十七年（1891年）重修，位于宁寿宫内的养性殿东面，坐南向北，是故宫中规模最大的戏台，也是保存至今唯一的三层戏台。畅音阁主要用于重大节庆演出，在此演出的戏曲大多为歌舞升平的吉祥神仙戏。

畅音阁为三重檐楼阁式建筑，面阔进深各三间，台后为扮戏楼。戏台高3层，上层为"福台"，中间为"禄台"，底层为"寿台"，各层表演区域自下而上逐渐缩小，底层面积最大，为演戏的主要场所，台面中央和四角设有五口地井，台上有三个天井以便更换布景以及演员从天而降或自地而出等特殊效果而设置。建筑风格兼具壮丽与清新，每层都出檐，覆以黄琉璃瓦歇山式卷棚顶，檐柱皆为绿色，三重檐正面都悬挂墨底金字匾额。

天津杨柳青石家大院的戏楼是北方民宅中最大的戏楼。戏楼位于石家大院中间位置，大部分为木质结构，屋顶以铅皮封顶，用铜铆钉铆成"寿"字。戏楼建筑结构精巧，冬暖夏凉，传音良好。戏楼两侧有12根通天柱，上有回廊。戏台前设有120个观众席位，中间设官客席，后设女客席。戏台约20平方米，著名京剧表演艺术家孙菊仙、余叔岩等当年

中外建筑史

都曾在此登台献艺。（图9.1.4）

乡镇的戏台比较普遍，满足民众的娱乐需求。如始建于乾隆十四年（1749年）的浙江乌镇戏台，位于修真观对面，曾屡遭损毁。戏台为歇山式屋顶，正脊短平，飞檐翘角，具有南方建筑的灵动秀逸。楼台分前、后两部分，前部是正对着广场的表演台，后面是化妆室。（图9.1.5）

五、照壁

照壁亦称影壁（取"隐避"之意）、屏风墙、萧墙。萧墙即古代宫廷内用作屏障的矮墙，最早在《论语·季氏》中出现："吾恐季孙之忧，不在颛臾，而在萧墙之内也"。照壁的作用在于挡风、遮挡、装饰等，基于百姓的辟邪观念和风水原理。风水讲究的本质是气，气直冲厅堂或卧室视为不吉，照壁挡住煞气，导其畅达。位于宅院门外的，称外照壁，位于宅院门内的称内照壁。其形状包括一字形、八字形（雁翅形）、反八字形等样式。反八字形照壁往往斜置于宅门前脸的山墙墀（chí）头两侧，也称为"撒山照壁"，与大门互相映衬。其形式或为单体的独立照壁，或为依附于厢房山墙的座山照壁。常见的材质包括琉璃照壁、砖雕照壁、石雕照壁、木质照壁、土坯照壁等。

照壁通常由基座、壁身，壁顶三部分组成。富贵人家往往以须弥座为基座，壁身中心是照壁心，往往雕刻、绘制吉祥图案或吉祥文字为饰，表达福禄寿、鱼跃龙门、麒麟送子、耕读传家、五谷丰登、吉祥如意等主题，壁身四角一般也有花纹装饰。壁顶出檐以护壁身，有庑殿顶、歇山顶、悬山顶、硬山顶等屋顶形式，正脊两端有螭吻，垂脊两端有脊兽，上覆筒瓦，四角起翘。

晋商大院都建有许多精美的照壁。山西灵石王家大院"鲤鱼跃龙门"照壁建于元代，雕饰奇特，用50块青石雕刻拼砌而成。照壁心面积为22.8平方米，以透雕的方式生动表现鱼龙蜕变的全过程，画面有露有藏，鱼与龙的形象若隐若现，虚实相生。（图9.1.6）

各地还有以龙为装饰的照壁，包括一龙壁、三龙壁、五龙壁、九龙壁等。最精美的当属九龙壁，现存三座，分别是大同九龙壁、北京北海公园九龙壁、北京故宫九龙壁，皆为彩色琉璃照壁。其中大同九龙壁是最大的一座，为明太祖第十三子朱桂的代王府前照壁，长达45.5米，高8米，厚2.02米。壁上雕有九条七彩云龙，姿态各异。北京故宫九龙壁位于宁寿宫皇极门前，建于乾隆三十七年（1772年），是长29.4米、高3.5米、厚0.45米的单面琉璃照壁。北海九龙壁是唯一一座双面照壁，是我国传统琉璃建筑艺术的杰作。原是大圆镜智宝殿前的照壁，建于乾隆二十一年（1756年），高5.96米，厚1.6米，长25.52米。青白石基座壁身为城砖所砌，四面用424块七彩琉璃砖瓦镶嵌而成，壁顶为庑殿顶。壁身两面各有9条彩色蟠龙，嬉戏闹珠于云海之中。正脊、垂脊、筒瓦、滴水等处都雕刻有小龙，

图9.1.4 天津石家大院戏楼

图9.1.5 乌镇戏台

大小龙共计635条。（图9.1.7）

六、书院

书院是我国古代的民间高等教育机构，宋朝尤为兴盛，政府通过赐匾额、赐学田等方式鼓励其发展，对于传播文化、培养人才发挥重要促进作用。孔子首创私学教育，之后一直在民间发展。宋朝朱熹创立正式的书院教育制度，产生天下闻名的四大书院：应天书院、岳麓书院、白鹿洞书院、嵩阳书院。

应天书院前身为睢阳书院，位于河南商丘古城南湖畔，后晋杨悫（què）创办。庆历三年（1043年），应天府书院升"南京国子监"，与东京汴梁国子监、西京洛阳国子监并列为北宋最高学府，是中国古代书院中唯一升为国子监的书院。现存建筑包括崇圣殿、大成殿、前讲堂、书院大门、御书楼、状元桥、教官宅、明伦堂、廊房等。

岳麓书院初创于北宋开宝年间，曾七毁七建。光绪二十九年（1903年），改为湖南高等学堂，1926年定名为湖南大学，现为湖南大学下属学院。这座千年学府是中国现存规模最大、保存最完好的书院建筑群，分为教学、藏书、祭祀、园林、纪念五大建筑格局。现存建筑多为清式建筑，中轴线上有头门、大门、二门、讲堂、御书楼等。斋舍、祭祀专祠等排列于两旁，体现儒家文化尊卑有序的伦理观念。

白鹿洞书院位于江西庐山五老峰南麓，创始人为南唐白鹿先生李渤。因南宋时期理学大师朱熹和学界名流陆九渊等曾在此讲学或辩论而闻名。现存建筑多建于明清时期，布局为坐北朝南的多进四合院，屋顶为硬山顶，风格清雅。主要建筑包括书院大门、先贤书院、朱子祠、报功祠、棂星门院、礼圣殿（大成殿）、白鹿书院、御书阁（圣旨楼）、明伦堂（彝伦堂）、紫阳书院以及相关亭桥等。

嵩阳书院位于河南登封，因坐落于太室山之阳的峻极峰下而得名。其创建于北魏孝文帝太和八年（484年），是中国最早创立的书院之一，兴于宋、元，以研究理学著称。2009年成立郑州大学嵩阳书院，2010年，"天地之中"8处11项历史建筑被列为世界文化遗产，包括少林寺建筑群（常住院、初祖庵、塔林）、东汉三阙（太室阙、少室阙、启母阙）和中岳庙、嵩岳寺塔、会善寺、嵩阳书院、观星台等古建筑。嵩阳书院在明末毁于战火，如今基本保持清式建筑布局，南北长128米，东西宽78米，中轴线上共分五进院落，由南向北依次为高山仰止牌坊、大门、先圣殿、讲堂、道统祠和藏书楼，中轴线两侧配房相连，共有106间房屋，多为硬山灰瓦房，风格古朴雅致。（图9.1.8）

七、桥梁

桥梁是使道路连接、交通畅达的构筑物。还具有调节风水等文化意义，与园林造景关系密切。

周秦时期，梁桥、索桥、浮桥三种形式已有发展。两汉时期，以栈桥建设为主。隋唐时期，技术日益成熟。隋朝李春设计建造的安济桥（赵州桥）是世界上最早、保存最完整的石拱桥，桥拱跨度达

图9.1.6　王家大院鲤鱼跃龙门照壁

图9.1.7　北海九龙壁

图9.1.8 嵩阳书院大门

图9.1.9 怀化皇都侗寨风雨桥

37米，被誉为"初月出云、长虹饮涧"，素称"奇巧固护，甲于天下"。两宋时期，桥梁建设全面发展，绘画和文献中多有描述。元明清时期，桥梁达到鼎盛。清末随着社会环境变化，桥梁进入近现代建设时期，材料与技术发生很大变化。

桥梁根据材质可以分为木桥、石桥、砖桥、金属桥等。根据造型可以分为平桥、拱桥、亭桥、廊桥、悬索桥、梁桥、浮桥、踏步桥等。古代著名桥梁不计其数，如始建于唐朝的多孔石桥——江苏苏州宝带桥，我国古代最长的梁式石桥——建于南宋的福建晋江安海镇安平桥（五里桥），始建于宋、重修于清的浙江台州五洞桥，清康熙御批建造的悬索桥——四川泸定桥，状如八字的南宋石桥——浙江绍兴八字桥，形似莲花的扬州瘦西湖五亭桥，始建于南宋的长廊屋盖梁式桥——福建泉州永春县东关镇东关桥（通仙桥），侗族风雨桥（廊桥、花桥）等等。（图9.1.9）

第二节　钟鼓楼

鼓楼用于定更击鼓，钟楼用于撞钟报时。所谓"一更关鼓闭城门、二更上床睡觉、三更半夜换日期、四更睡得最沉、五更天光开城门"。最初以圭表或铜壶测时辰，击鼓报时，以晓民众。南朝齐武帝萧赜（440-493年）在位期间，在景阳楼内悬一口大铜钟，晚上击鼓报时，开创了击鼓鸣钟报时的先河。建筑上便出现钟楼和鼓楼，形成"晨钟暮鼓"的说法，官员上朝、百姓作息均以此为据。唐朝寺庙也设钟鼓楼，元明清时期，钟鼓楼格局往往是左右对峙分布，唯北京钟鼓楼纵置。

一、北京钟鼓楼

在钟鼓楼历史上，北京钟鼓楼规模最大，形制最高。钟鼓楼坐落在北京城南北中轴线上，地安门外大街北端。钟楼在北，鼓楼在南，两楼相隔百米，南北对峙，气势雄伟，是元、明、清三朝北京报时中心。

钟楼始建于元世祖忽必烈至元九年（1272年），现存建筑为清代重修，通高47.9米，重檐歇山顶，上覆灰琉璃瓦，绿琉璃剪边，砖石结构。钟楼东北角开一蹬楼小券门，登75级台阶至二层。整个建筑结构强调共鸣、扩音和传声功能，设计精巧。钟楼二层陈列的报时铜钟制造于明永乐年间，铜钟悬挂于八角形木框架上，通高7.02米，钟身高5.5米，下口直径有3.4米，钟壁厚12～24.5厘米，重达63吨，是目前中国现存铸造最早、重量最大的古钟。钟鸣之时，声音浑厚绵长，"都城内外，十有余里，莫不耸听"。（图9.2.1）

鼓楼也建于至元九年，初名"齐政楼"，取"金、木、水、火、土、日、月"七政之意，现存建筑为明永乐十八年重建。通高46.7米，为三重檐歇山顶，覆盖灰筒瓦，绿琉璃剪边，砖木结构。鼓楼分两层，底层为无梁殿，即拱券式砖石结构，南北各辟三个券洞，东西各辟一个券洞，东北隅设蹬楼小券门和蹬楼通道。第二层大厅中原有更鼓25面，

1面大鼓（代表一年），24面群鼓（代表二十四个节气），现在残存1面。第二层陈列有古代计时器有碑漏和铜刻漏。（图9.2.2）

二、西安钟鼓楼

西安钟楼始建于明洪武十七年（1384年），依照皇家建筑规格修建，初建于长安古城的中心轴线上，即西安广济街口的皇家道观迎祥观，与鼓楼相对，明神宗万历十年（1582年）整体搬迁。钟楼为砖木结构，底端为方形砖砌基座，基座四面设高宽皆为6米的券洞门与四条大街相通，内有楼梯可盘旋而上。楼身为三重檐楼阁，面阔、进深各三间，四周有明柱回廊。楼顶为四角攒尖样式，上有金顶，覆盖碧色琉璃瓦，总高36米，占地面积1377平方米。各层斗拱、藻井、门扇、梁枋装饰精美，堆金沥粉，和玺彩绘，富丽典雅。钟楼内原来悬挂唐睿宗李旦景元二年（711年）铸成的景云钟，高2米，

重6吨，现存于西安碑林博物馆。（图9.2.3）

西安鼓楼始建于明洪武十三年（1380年），现存建筑为清代重修，保存完整，气势雄浑。鼓楼为砖木结构，底层为长方形基座，东西长52.6米，南北宽38米，高8米。基座南北正中设高皆为6米的拱券门洞以便通行，正东侧有踏步可登台，内有楼梯可登临远眺。楼身面阔7间，进深三间，两层三重檐歇山顶，覆以绿剪边灰瓦。四周围以柱廊，以和玺彩画和旋子彩画为饰，雕梁画栋。总高36米，占地面积1377平方米，南门上悬"文武盛地"匾额为清乾隆时期陕西巡抚张楷所书，北门匾额"声闻于天"传为咸宁学士李允宽所书。（图9.2.4）

三、天津鼓楼

天津鼓楼名为鼓楼，实为钟楼。"鼓楼、炮台、铃铛阁"被称为天津三宗宝。明弘治时期，天津修建砖城，在城中心修建鼓楼，高三层，砖木结构。

图9.2.1　北京钟楼

图9.2.2　北京鼓楼

图9.2.3　西安钟楼

图9.2.4　西安鼓楼

图9.2.5　天津鼓楼

图9.2.6　贵州车江侗寨鼓楼

基座是砖砌的下宽上窄的方形城墩台，四面设拱形门洞，分别与东西南北四个城门相对应。楼身为木结构重檐歇山顶，第一层供奉观音、天后、关羽、岳飞等，上层楼内悬挂一口约两吨重的唐宋制式铁钟用以报时。鼓楼周围环绕东马路、西马路、南马路、北马路，天津城的发展沿着鼓楼向外延伸。清光绪庚子年，八国联军入侵天津，毁坏城墙，鼓楼幸存。民国十年，鼓楼重修，改覆绿瓦，更加靓丽。鼓楼四门上面分别刻上"镇东""定南""安西""拱北"，是老天津卫的标志性建筑之一。（图9.2.5）

四、侗族鼓楼

侗族鼓楼不是报时建筑，而是侗族聚居的村寨里议事、欢庆、唱歌、祭祀、示警的场所，往往建于村寨中心广场。侗寨鼓楼一般是按族姓建造，每个族姓一座鼓楼。如果侗寨族姓多，往往村寨中同

时会建有几个鼓楼。鼓楼、花桥、侗族大歌是侗族三宝。侗族鼓楼式样源自南越僚人的"巢居"，多以杉木为材料，以榫卯拼接，结构多为四柱贯顶、多柱支架的四角、六角、八角密檐塔式结构，顶部为葫芦形。梁柱相搭，纵横交错，逐层收缩，结构严密，层层出檐，雕塑与彩画结合，内容丰富。高度从一层至多层不等，檐层数皆用奇数，侗族人认为奇数是吉祥之数。鼓楼下端为长方形或方形，四周置有长凳，或围以护栏，或直接敞空，中间置火塘，人们可以在此进行休闲活动，楼内顶层置一面长鼓用以召集民众。

全国现存侗族鼓楼630余座，集中在湖南、贵州、广西壮族自治区交界地区的侗族村寨中。贵州黎平县就有鼓楼320座，风雨桥290座。榕江的车江侗寨（千户侗寨）是全国侗族人口居住最密集的地方，鼓楼众多，侗族雄伟的天下第一鼓楼就坐落在榕江县车江侗寨。（图9.2.6）

第三节　牌坊

牌坊包括牌坊和牌楼，是为表彰功勋、科举及第、德政、忠孝节义等而建立，具有纪念功能。亦有以牌坊作宫观寺庙的山门，或标注村寨名或地名。牌坊没有斗拱和屋顶，结构相对简单；牌楼有屋顶，结构更复杂。牌坊在形式上是独立的，集雕刻、绘画、匾联文辞和书法于一体，是传统文化观

念、道德理念、民俗信仰的载体，具有独特的文化价值和审美价值。（图9.3.1）

牌坊的历史可以追溯到周代。城市里坊也会在坊上题写坊名、张贴褒奖告示，坊门逐渐演化成牌坊。坊门与华表形式结合，形成乌头门，因其柱端涂黑漆以防雨防腐而得名。乌头门在唐宋时期是

图9.3.1　山东泰安岱庙石牌坊　　　　图9.3.2　皇城相府石牌坊　　　　图9.3.3　北京国子监琉璃牌坊

大户人家的府邸大门，体现等级规格。宋朝以后，乌头门被"棂星门"取代。棂星门后来逐渐成为宫殿、衙署、坛庙、祠堂、寺观、陵墓、园林前的标志性建筑。明清时期，牌坊发展达到鼎盛，出现多柱、多间、多楼牌坊，以表彰典型，宣扬封建道德观念。

牌坊分类方法很多。依形式分，一种是出头式，俗称冲天牌坊，其两边柱子远远高出额枋，这是牌坊最主要的形制。另一种是"不出头"式，有屋顶。如晋城皇城相府的大石牌坊是康熙三十八年（1699年）陈廷敬任礼部尚书时奉旨而建。四柱三间，高大雄伟，顶部覆歇山式屋顶，檐下仿木斗拱结构，额枋雕龙镂凤，基座瑞兽环拥，上面详细记载陈氏一门五代人的官职和功名（图9.3.2）

依间数分，有"一间二柱""三间四柱""五间六柱"等形式。依照顶上的楼数，可以分为一楼、三楼、五楼、七楼、九楼等形式，多见于宫殿、园林，北京规模最大的牌楼达到"五间六柱十一楼"。

依材料分，有木牌楼、石牌坊、琉璃牌楼、铜牌坊、水泥牌坊等。琉璃牌坊外观华美，充满皇家富贵气息，多见于宫廷、皇家园林、皇家寺庙、陵墓等建筑之中。北京国子监的清代琉璃牌坊为三间四柱七

楼庑殿顶式，正额题"圜桥教泽"，背面题"学海节观"，是国内唯一专为教育而设的牌坊。（图9.3.3）

依性质分，有功德牌坊、贞节牌坊、科举坊、标志坊四类。功德牌坊多为纪念于国于民有功之士，山东桓台新城镇"四世宫保"牌坊是明万历皇帝为兵部尚书王象乾所建的功德牌坊。王象乾晋爵太子太保，追赠曾祖、祖父、父亲太子太保、兵部尚书之衔，故曰"四世宫保"。

徽州是牌坊之乡，有牌坊上千座，形式丰富。牌坊与民居、祠堂被誉为徽派建筑三绝。歙县郑村镇棠樾村牌坊群是典型代表，共七座牌坊，其中明代三座、清代四座，风格古朴典雅，突出"忠、孝、节、义"主题。绩溪县"奕世宫保"牌坊、西递胡文光牌坊、歙县许国石坊等都是较有代表性的牌坊。

由于各地民俗、地理、文化、经济等情况不同，牌坊在各地的分布很不均衡，也存在地域风格差异。如澳门特别行政区的大三巴牌坊，本是建于1637年的天主之母教堂（圣保禄教堂）的前壁遗址，将欧洲文艺复兴风格与东方建筑风格相融合，中西合璧，雕饰精美，巍峨壮观，是西方建筑文明进入中国历史的见证。

中外建筑史

🔗 **思考题**

1. 照壁有哪些类型和作用？

2. 四大书院各有怎样的特色？

3. 桥梁有哪些类型和作用？

4. 钟鼓楼有怎样的意义？

5. 牌坊有哪些类型和艺术特色？

下篇

第十章
外国原始时期建筑

10

第一节　概述

"古往今来曰世，上下四方曰界"。世界是一个多元综合体，除了中国文化，还有其他国家和地区的文化。

全球如今分布着200多个国家和地区，每个国家有不同的地理条件、政治体制、经济形态、社会文化、历史传统，这也决定了各国建筑文化的差异性，在建筑材料、建筑形制、建筑技术、建筑风格等方面各有特色。而在每一个历史时期，总有一些国家的建筑文化体系会成为所在地区的发展主流，对周边国家和地区产生巨大影响，具有典型意义。

外国古代建筑体系以古埃及、古代西亚、古代东方建筑（南亚次大陆建筑、东南亚建筑、东亚建筑）、古代伊斯兰建筑、古代欧洲建筑、古代美洲建筑等为典型代表。中世纪至19世纪则以欧洲建筑为代表，引领世界建筑的发展方向。在现代和当代建筑发展过程中，在现代主义风格趋于国际化的基础上，很多杰出的建筑师对于世界建筑的发展起到巨大的作用，发展出很多建筑风格流派，使外国建筑的发展呈现出求同存异、多元并进的格局。

外国原始时期的建筑可以分为两大类，一类是满足人类居住和安全需要的住宅建筑。另一类则是满足人们原始崇拜和宗教信仰的祭祀建筑。住宅建筑的最早样式是穴居与巢居。整个人类建筑的发展总是从简单向复杂、从低级向高级不断完善的。

古罗马建筑家维特鲁威（Vitruvius）在《建筑十书》中说：人类过去是像野兽一样生存在森林洞穴以及树丛里，采取野食度日。后来发现了火，人们过上集体生活。"有些人便开始用树叶铺盖屋顶，有些人在山麓挖掘洞穴，还有一些人用泥和枝条仿照燕窝建造自己的躲避处所；后来，看到别人得到搭棚，按照自己的想法添加了新的东西，就建造出天天改善形式的棚屋。"由于人类的模仿和学习能力，使得房屋逐渐形成。"最初，立起两根叉形树枝，在其间搭上细长树木，用泥抹墙。另有一些人用太阳晒干的泥块砌墙，把它们用木材加以联系，为了防避雨水和暑热而用芦苇和树叶覆盖。因为这种屋顶在冬季风雨期间抵挡不住下雨，所以便用泥块做成三角形山墙，使屋顶倾斜，雨水流下。"[1]

考古学家认为，旧石器时代，原始人的游荡生活基本结束，开始了定居生活。出土的很多旧石器文化时代文物大都集中在山洞或土窑里面。欧洲的奥瑞纳文化（Aurignacian）最初发现于法国南部加龙河上游图卢兹附近的奥瑞纳克山洞，距今约3.4-2.9万年。梭鲁特文化（Solutrean）最初发现于法国东部里昂附近的梭鲁特雷山洞，距今约2.1-1.8万年。马格德林文化（Magdalenian）最早发现于法国西南部多尔多涅省蒂尔萨克附近的拉马德莱纳岩棚，距今约1.7-1.15万年。以上几种都是比较重要

1　维特鲁威. 建筑十书［M］. 北京：知识产权出版社，2001:37～38

图10.1.1　法国拉斯科洞穴

图10.1.2　瑞士纳沙泰尔湖新石器时代湖居复原图

的旧石器时代晚期文化。在亚洲、非洲、美洲、澳洲等很多地方都有旧石器时代晚期文化的发现。

　　拉斯科洞穴属于旧石器时代文化遗址，位于法国南部的韦泽尔峡谷附近的多尔多涅省蒙特涅克村，1940年9月被4名少年偶然发现。1979年，拉斯科洞穴被联合国教科文组织列入世界文化遗产名录。洞内有保存较完整的原始壁画100余幅，描绘大量野牛、鹿和野马等动物，线条粗壮而简练，气势雄壮，富有动感，充满粗犷的原始气息和野性的生命力。（图10.1.1）

　　新石器时代的建筑有很大进步。人们学会了建造比较坚固、宽敞的住房。造房子用的材料因地而异。例如美国纽约州北部的易洛魁人住在能容纳十

多户人家的大房子里，房屋用树皮和木头建造，因此被称为"长房子人"。在中东，住房的墙是用土坯做的。在欧洲最常用的建房材料是劈开的幼树，上面厚厚地涂盖一层黏土和牲畜的粪便，房顶一般是用茅草覆盖。

　　在东欧发现覆土的木屋，屋的面积达到100～150平方米。瑞士的纳沙泰尔湖（Neuchatel）的水上村落别具特色，人们把五万余根木桩打进湖底，建造了规模不小的水上村落，在居室的地板上有活门，人们用骨制的鱼钩通过此门即可捕鱼。（图10.1.2）

　　原始社会时期的洞穴、崖屋、黏土房屋、蜂房、水上棚屋等在形式上相对简陋。

第二节　外国原始时期的巨石建筑

　　在中石器到新石器时代，人类利用自然的巨石垒筑成供宗教信仰活动的建筑物成为原始时期建筑的代表，这个时期也因此被称为"巨石时代"。石头材质的建筑比木结构和夯土结构、砖结构更具有坚固持久性，是看得见的历史。这些巨石建筑形状有石墓、立石、石垣等，它们往往标志着某种宗教信仰与图腾崇拜，这些巨石建筑也是原始艺术的重要的遗迹。这种巨石建筑遍布欧洲，在英国、法国、德国、瑞典、丹麦等地，甚至意大利南部都有分布，总数量有四五万块。英国索尔兹伯里平原（Salisbury）的中石器时代的斯通亨奇石环、法国布列塔尼半岛上的立石、马耳他巨石庙等较有代表

性。中美洲的奥尔梅克文化遗址留下一些巨石像，太平洋东南部的智利复活节岛上也遗存数百件巨大的石雕像，它们距今的时间较近。

一、斯通亨奇石环

　　斯通亨奇石环（Stonehenge）也称"石垣""巨石柱"，遗址位于英国威尔特郡。巨石直径32米，单石高6米，重30～50吨，竖立在地上围成圆圈。石柱顶端每三块石上横放3米多长的石楣梁，紧密相联形成柱廊形状；东方开口，有巨大的石拱门，整个石环呈现出马蹄形。环内又有5座门状石塔，高约

图10.2.1　斯通亨奇石环

图10.2.2　马耳他巨石庙

7米，全环有130多块石头。环外还有土堤，堤下挖旱沟，包围石阵。如今的石环雏形尚存，庄严而神秘。自公元前1世纪开始，石环受到贵族、平民、奴隶等各个阶层的人们膜拜了几千年。

1980年，英国考古学家对石环进行考察，认为石环大约建造于公元前3100年，当时周围森林繁密，维赛克斯人的原始部落居住于此，制造石器、兽骨工具、陶器和青铜器皿等，学者们认为这里是不列颠文明的发源地。先人最初在这里建立土坛，并有木结构，后来逐渐从远方运来巨石建成石阵。精确的建筑工程和数学天文知识令人赞叹。（图10.2.1）

二、卡纳克石柱群

在法国西部濒临大西洋的布列塔尼岛（法语Bretagne、英语Brittany）卡纳克镇周围的平原上，耸立着一排排巨大的石柱，蜿蜒达10余公里，这些花岗岩巨石现存近3000块，每块高1~6米不等，最重达350吨，十分壮观。20世纪60年代，考古学家使用放射性碳测试技术，确定石柱群的建造时间为公元前4650-前4300年，是新石器文化时期的文化遗址。这些石料需从4000米以外的山地采取，石料的运输和竖立等技术因素成为考古学家至今没能揭破的谜。

三、马耳他巨石庙

马耳他共和国（The Republic of Malta）地处南欧，首都瓦莱塔（Valletta）。它位于地中海的中心，素有"地中海心脏"之称，也被誉为"欧洲的乡村"。马耳他是世界上最小的国家之一，人口仅四五十万人。马耳他在罗马时代因地中海贸易而繁荣一时，后被阿拉伯帝国的势力支配。因罗马的"马耳他骑士团"曾占据马耳他长达数个世纪，故而得其名。

马耳他巨石庙（Megalithic Temples Malta）亦称为"马耳他巨石文化时代的神殿"或"属于巨石文化时代的马耳他的神殿"，是在马耳他岛和戈佐岛等地发现的著名历史古迹，在几十处的巨石神殿中，以吉刚梯亚神殿和哈格尔基姆神殿最具代表性。吉刚梯亚神殿形成于公元前24世纪以前，是马耳他神殿中最著名的神殿，它面向东南，背朝西北，用硬质的珊瑚石灰岩巨石建成，是属于新石器时代晚期的古迹。吉刚梯亚神殿的庙宇大门和墙壁都是用巨石垒成的，神殿外墙的最后部分所用的石材高达6米，最大的巨石重达几十吨。一条走廊从大门处延伸至内殿，两对相对称的半圆形配殿分列在走廊两边，形成一个完整的建筑体系。各殿内均设有神龛，还供奉有妇女的石雕像，她们体形肥硕，象征生育旺盛的大地之母。这些雕像被誉为"马耳他维纳斯"。（图10.2.2）

🔗 **思考题**

1. 外国古代建筑包括哪些文化体系？

2. 原始时期的建筑有几种类型？

3. 简述法国拉斯科洞穴的艺术成就。

4. 简述斯通亨奇石环的成就。

5. 简述马耳他巨石庙的成就。

第一节　概述

古代埃及与中国、古代巴比伦、古代印度并称为世界四大文明古国。埃及地处非洲东北部，小部分领土位于亚洲西南部的西奈半岛（Sinai）。北临地中海（Mediterranean），东隔红海（the Red Sea）与巴勒斯坦相望，西与利比亚（Libya）交界，南邻努比亚（Nubia，今苏丹）。古埃及分为上下两个部分：孟菲斯（Memphis）以南的尼罗河谷地叫上埃及，孟菲斯到地中海岸的三角洲叫下埃及。（图11.1.1）

尼罗河地区石头富足，也产生了众多加工石头

的能工巧匠。而且在长期的水利建设中发展了几何学、测量学，埃及人掌握了圆面积的计算方法，还能计算矩形、三角形和梯形的面积，以及立方体、箱体和柱体的体积。他们还创造了一些起重运输机械，能够进行大规模协作。这些因素对埃及建筑的发展起重要的作用。

公元前3000年左右，上埃及国王美尼斯（Menes）统一上、下埃及，形成统一的奴隶制国家。之后经历了31个王朝，一般划分为如下几个时期：

早王国时期（约公元前3200-前2686年，1-2王朝）

古王国时期（约公元前2686-前2181年，3-6王朝）

第一中间期（约公元前2181-前2040年，7-10王朝）

中王国时期（约公元前2133-前1991年，11-12王朝）

第二中间期（约公元前1786-前1567年，13-17王朝）

新王国时期（约公元前1567-前1085年，18-20王朝）

后王国时期（约公元前1085-前332年）

后王国时期又分为两个阶段，第一阶段约公元前1085-前525年，21-26王朝；第二阶段从公元前525-前332年。

公元前525年，埃及沦为波斯的行省，这标志着

图11.1.1　卢克索神庙方尖碑

古埃及历史的结束。古埃及实行中央集权统治，重视宗教信仰，并且形成祭司阶层，这决定了埃及建筑的最高成就主要体现在陵墓与神庙方面。

第二节　古埃及陵墓

一、金字塔

金字塔（Pyramid）是埃及法老的陵墓。埃及有句著名的谚语："一切都惧怕时间，而时间却惧怕金字塔。"迄今发现的埃及金字塔已有百余座，金字塔是古埃及建筑最杰出的成就，是古埃及文明的象征，是古埃及人智慧的结晶。埃及人制作木乃伊和建造金字塔，目的是为保护灵魂的不朽。埃及雕塑和绘画艺术大都是为来世服务，被誉为"来世的艺术"。

金字塔从古王国时期开始建造，埃及人称之为"庇里斯"。其造型经历一系列演变。最初称"玛斯塔巴"（Mastaba），源于对长方形平台式宫殿府邸的模仿，内有厅堂，墓室在下面，上下有阶梯或斜坡甬道相连。后来逐渐向纪念型陵墓发展，突出对法老的崇拜。（图11.2.1）

萨卡拉的昭赛尔（Zoser）金字塔是第一座台阶式石头金字塔，大约于公元前3000年建造，设计者是第三王朝法老昭赛尔的宰相伊姆霍特普。底座的东西长126米，南北长106米，高约60米，一共6层。昭赛尔金字塔建筑群的入口位于东南方向，从入口进去是一个狭长的甬道，两旁是列柱，然后是院落。这象征着法老在冥界的统治地位不变。这种布局运用多层次的艺术手法，比以前有明显突破。（图11.2.2）

图11.2.1　玛斯塔巴

大约公元前2700-前2500年，在开罗附近的吉萨地区（Giza）建造了三座正方锥状金字塔：胡夫（Kufu）金字塔、哈夫拉（Khafra）金字塔、门卡乌拉（Menkaura）金字塔，这是埃及金字塔最成熟的代表。它们都在尼罗河的西岸，由北向南延伸。从外观上看，其形状类似汉字的"金"字，故称之为"金字塔"。（图11.2.3）

胡夫金字塔高146.5米，底面呈正方形，边长约230多米。底面四角分别指向东、西、南、北四个方位，塔身斜度约为51度。塔身由230万块平均重2.5吨的巨石组成。石块都经过打磨，并按照锥形的体积计算出每一块的几何斜度，然后层层垒砌的，结构严谨，可谓天衣无缝。没有高度发达的几何学和测量技术，不可能完成这座奇迹般的建筑。胡夫金字塔不但造型雄伟，而且内部很复杂，充满艺术装饰。入口在北面第17米高的地方，通过甬道连接上、中、下三个墓室。法老墓室有二条通向塔外的

图11.2.2　昭赛尔金字塔

图11.2.3　吉萨金字塔群

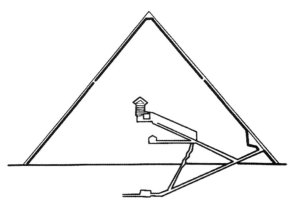

图11.2.4　胡夫金字塔内部

图11.2.5　狮身人面像

图11.2.6　哈特什普苏特陵墓

中外建筑史

字塔旁边还有一座雄伟的狮身人面雕像，是在一个软石灰石小丘的基础上雕刻而成。据说狮身人面像这座雕塑是第四王朝法老哈夫拉命令石匠按照自己的脸型雕刻而成，高约22米，长57米，面部长约5米，耳朵有3米。头戴国王的披巾、额上有蛇的标志，堪称人类第一件伟大的巨型雕像。托勒密王朝（Ptolemaic dynasty）时期，希腊历史学家希罗多德到埃及见到狮身人面像，将其称为"斯芬克斯"（Sphinx），因为其造型与希腊神话中的斯芬克斯十分相似。（图11.2.5）

二、帝王谷的陵墓

第六王朝以后，埃及陷入战乱频繁的第一中间期。直到曼图赫特普一世（Mentu-Hotep Ⅰ）建立第十一王朝，定都底比斯（Thebes），开始了中王国时期。这个时期法老陵墓集中于尼罗河西岸的峡谷，在峭壁上开凿石窟密室放置棺椁。共有几十座陵墓，因此该地被称为帝王谷。帝王谷不远处还有王后谷，有很多王妃的墓葬。这些陵墓大多利用峡谷开凿石窟，在石窟前修建高台，上面建造祭祀厅堂。石窟和厅堂之间有甬道连接，呈现出院落式祀庙布局，有很强的纵深感和节奏感。在建筑中大量使用了梁柱结构，而金字塔的造型逐渐被淘汰。

哈特什普苏特是埃及第一位女王，她通过摄政夺权，戴上法老皇冠和胡须，宣扬自己是阿蒙神的孩子。她在位21年，在商业和建筑方面很有成就，在国内修建大量宏伟的建筑和雕像。死后被继承人塞莫斯三世葬入皇家墓地帝王谷，享受埃及妇女特殊的荣誉。陵墓华丽，布满浮雕，圆雕和壁画，色彩鲜艳。（图11.2.6）

1922年，英国考古学家霍华德·卡特在帝王谷挖掘出十八王朝法老图坦卡曼（Tutankhamen）的陵墓，这是一个保存完好、没有被盗的法老墓葬，出土文物三千余件，其中最有名的是法老的纯金面罩和黄金棺，人形的黄金棺重达110公斤，面容仿照图坦卡曼形象制作。这位只有18岁的年轻法老在位9年，死于政变谋杀。

管道，室内摆放着盛有木乃伊的石棺，地下墓室应该是存放着陪葬品。（图11.2.4）

胡夫的继承人哈夫拉的金字塔比胡夫金字塔略低，高143.5米，底边长215.25米；在哈夫拉金

第三节　古埃及神庙

神庙是宗教信仰的产物。埃及宗教信仰可以追溯到远古时代。由最初的原始图腾崇拜逐渐发展成为以水、土地和太阳为崇拜中心。埃及人的重要神祇有拉神（Ra、Atum）、冥神奥西里斯（Osiris）、生育女神伊西斯（Isis）、法老守护神荷鲁斯（Horus）、太阳神阿蒙（Amon）、太阳神阿顿（Aten）、智慧之神图特（Thoth）、冥神使者阿努比斯（Anubis）等。

在埃及阿斯旺城南、尼罗河中的菲莱岛上，有一座典雅端庄的菲莱神庙（Philae temple），庙内供奉伊西斯女神，这座神庙以石雕及石壁浮雕上的神话故事闻名于世。1972年，为了修建阿斯旺水坝，同时又保护菲莱神庙、拉美西斯二世陵墓等重要建筑遗迹，埃及政府在联合国教科文组织协助下，将菲莱神庙拆卸分解搬迁到距离原址500多米的阿吉勒基亚岛（Agilika island）上，按照原样重建。1979年，菲莱神庙被列为联合国世界文化遗产。（图11.3.1）

尼罗河西岸伊德富市（Edfu）的荷鲁斯神庙（Temple of Horus）是继卡纳克神庙后，规模最大、保存最完好的一座神庙。伊德富神庙建于托勒密三世时期，公元前237年开始兴建，公元前57年托勒密十二世时期完工。罗马帝国皇帝狄奥多西一世于公元391年颁令"严禁偶像崇拜"后，这座神庙就一直被弃置，长期埋在厚12米的沙土和尼罗河淤泥下，当地居民直接在埋藏着神庙的土地上兴建家园，直到1798年拿破仑的远征军到来才发现神庙。1860年，法国的埃及学家奥古斯特·马里埃特开始发掘神庙的工作。神庙常年埋于沙土之下，至今保存完好。（图11.3.2）

底比斯附近的神庙众多，最著名的是卡纳克（Karnak）神庙、卢克索（Luxor）神庙。神庙建筑追求压抑和神秘的宗教气息，与金字塔和峡谷陵墓追求的纪念性有明显区别。

一、卡纳克与卢克索神庙

卡纳克神庙不断扩展千余年，是埃及神庙中规

图11.3.1　菲莱神庙

模最大的。对称布局，长约366米，宽110米。沿轴线有10座牌楼门，第一道门高达43.5米，宽113米，由两座梯形石墙夹着中间的狭窄门道，非常敦厚雄伟。每两道之间设置庭院或者神庙，神庙的周围是高大的方形围墙，门前道路两侧排列着圣羊雕像。

卡纳克阿蒙神庙的主神殿是柱厅（Hypostyle Hall），建造于公元前1312－前1301年，宽103米，进深52米，密密麻麻地排列着134根柱子，分成16排，柱身布满雕刻。中央两排的12根柱子高达21米，直径超过3米，这些粗壮紧密的石柱上面架设数十吨重的大梁，整个空间充满宗教神秘色彩。（图11.3.3）

埃及柱式在此时基本成熟，形成一定的形制理论。柱高和柱径的比例、柱径和柱间距之比由埃及人确定下来，为后世的柱式结构提供了启示。最常用的柱头有纸草式（papyri form）和莲花式（loti form）、棕榈叶式（palm form）、综合式（composite form）等。纸草是下埃及沼泽地区的一种高秆植物，颈部富有纤维性，可以将其做成薄片粘连起来作为书写材料，很多文献都依靠纸草文书保留下来。纸草式象征着下埃及，而莲花式则象征着上埃及。（图11.3.4）

卡纳克与卢克索之间有一条1000米长的石板大道，两边排列着圣羊雕像。卢克索神庙建于十八王朝，又经拉美西斯二世扩建，规模也很大。神庙长260余米，宽56米，由牌楼门、庭院、柱厅和主神殿构成。卢克索阿蒙神庙的主神殿没有完工，如今仅存14根20米高的石柱，雕刻精细。牌楼门是神庙

图11.3.2 伊德富的荷鲁斯神庙

图11.3.3 卡纳克神庙柱厅

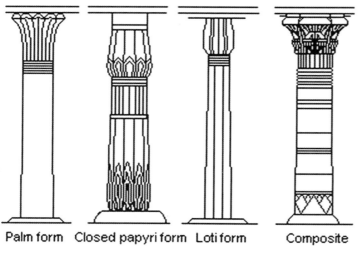

Palm form   Closed papyri form   Loti form   Composite

图11.3.4 古埃及建筑柱式

图11.3.5 卢克索神庙的
法老雕像与方尖碑

中外建筑史

的主要入口，门两侧矗立着拉美西斯二世的巨像，高达14米。在牌楼门前原本有两座拉美西斯二世树立的方尖碑（Obelisk），现在只留下左边的一座，另一座被偷运到法国巴黎，现在放置在协和广场。方尖碑是古代埃及的代表性文化符号之一，方尖碑柱体方正挺拔，向上收缩，顶部呈尖状，直插云霄，方尖碑的高度与宽度之比约为10:1，方尖碑都是花岗岩整石雕刻而成，高达几十米，碑身刻满象形文字和浮雕。（图11.3.5）

二、阿布辛波石窟

埃及人还在山岩中开凿石窟神庙，最著名的是位于埃及南部阿斯旺城的阿布辛波（Abu Simbel）

石窟神庙，由十九王朝的法老拉美西斯二世（Ramses II）开凿，建成于公元前1233年。拉美西斯二世在位67年，是埃及最著名的长寿法老。他的后半生致力于修建巨大的建筑工程，致力于塑造与诸神平起平坐的自我形象，追求永恒。他扩建了卡纳克神庙和卢克索神庙，并兴建以宏伟著称的阿布辛波神庙。他的名字在埃及的方尖碑和神庙上随处可见，甚至许多前代法老修建的建筑也被刻上他的名字。拉美西斯二世还在尼罗河三角洲建立新都，命名为佩尔-拉美西斯，意思为"拉美西斯的宫殿"。（图11.3.6）

阿布辛波位于尼罗河上有努比亚地区，石窟神庙开凿在尼罗河西岸一个转弯处的悬崖上，岩壁高30米，宽36米；门前有4尊高20米的拉美西斯二世正面

图11.3.6　阿布辛波石窟神庙

图11.3.7　阿布辛波石窟神庙前的拉美西斯二世雕像

坐像，雕像旁边点缀着家庭成员的小雕像。内部纵深约60米，设有前厅、中厅、后廊、圣堂等石室。神庙的设计结合了天文、地理、星相等知识，在每年拉美西斯二世的生日（2月21日）和加冕日（10月21日）清晨，阳光会准时射入神庙大门，穿过60米长的石窟庙廊，照射在尽头的拉美西斯二世雕像上，其他雕像则享受不到旭光的沐浴。（图11.3.7）

紧挨着神庙的南边还有拉美西斯二世为家族兴建的神庙，入口两侧是两尊拉美西斯二世立像，中间是王后立像，王后两侧为王子和公主的小立像。

1956年，埃及政府决定在阿斯旺建造新水坝。尼罗河两岸努比亚地区的所有古代遗址和文物，立即面临毁灭的威胁。在联合国教科文组织的帮助下，阿布辛波石窟神庙被整体切割搬迁向上移位60多米原样重组。

新王国之后的埃及陷入长期的混乱，利比亚人、亚述人、波斯人都先后统治这里。公元前332年，亚历山大（Alexander）征服埃及，把希腊文化带到埃及，并修建了海港城市亚历山大城。这是一座战略地位十分重要的城市，在以后的百余年间，它成了埃及的首都，是世界上最繁华的城市之一，而且也是地中海和中东地区最大最重要的国际转运港。亚历山大去世之后，部将托勒密在埃及建立王朝统治了近300年。托勒密一世在亚历山大修建了一座与金字塔一同被誉为世界七大奇迹的建筑——亚历山大灯塔，耸立于法罗斯岛的巨石上。灯塔的塔身分三层，高114米，顶部还有高约7米的海神波塞东（Poseidon）青铜立像。据说在距离灯塔约60千米的海面就能看到它的巨大躯体，由凹面金属镜反射出来的耀眼火炬光芒，使夜航船只能够准确地找到开往亚历山大港的航向。灯塔在7世纪时遭到毁坏，1435年地震后完全毁坏。

公元前30年，罗马皇帝屋大维占领埃及，埃及沦为罗马殖民地。公元7世纪，古埃及文化因素消失殆尽，走向穆斯林化。

🔗 **思考题**

1. 金字塔是如何演变的？

2. 帝王谷的陵墓有何特点？

3. 埃及神庙的基本形制是什么？

4. 埃及柱式有几种类型？

5. 阿布辛波石窟神庙有何特色？

第十二章
古代西亚建筑

12

第一节　概述

古代西亚（The ancient western Asia）是最古老的文明发源地之一。在地理上包括两河流域（Mesopotamia，基本属于伊拉克）、伊朗高原（Iranian plateau）、小亚细亚（Asia minor）、叙利亚（Syria）、巴勒斯坦（Palestine）和阿拉伯半岛（Arabian peninsula）。古代西亚建筑以两河流域、波斯（Persia）建筑为代表。

古巴比伦第六代国王汉谟拉比时代（公元前1792-前1750年），达到古代西亚奴隶制度的鼎盛时期。汉谟拉比进行中央集权制度统治，并制定了世界上最早的内容完备的成文法典《汉谟拉比法典》，用阿卡德文字刻在一块2.25米、底部长1.9米的黑色玄武岩石碑上，石碑现存于法国巴黎卢浮宫博物馆。古巴比伦时代留下的建筑遗迹较少。

之后，小亚细亚的赫梯人（Hittites）、地中海东岸的腓尼基人（Phoenician）、巴勒斯坦的以色列（Israel）和犹太王国（Jewish kingdom），相继经历自己的繁盛。腓尼基人的建筑留存很少，只有一些规模不大的纪念性建筑。以色列和犹太王国都是希伯来人（Hebrew）创建的，公元前10世纪，犹太王大卫（公元前1000-前960年）统一以色列和犹太，将迦南古城耶路撒冷定位为首都和宗教中心。大卫的儿子所罗门（公元前960-前930年）统治时期达到了王国的鼎盛，完成了从大卫时代开始在耶路撒冷锡安山上建造的豪华宫殿和耶和华神庙。

公元前8世纪，两河上游的亚述帝国（Assyrian

图12.1.1　帕塞波利斯宫残柱

empire）崛起，亚述帝国大兴土木，营建新都城尼尼微（Nineveh）。在都城兴建大量的王宫与庙宇，其最重要的建筑遗迹是萨艮王宫（The palace of Sargon Chorsabad）。

新巴比伦王国（公元前626-前538年）是迦勒底人（塞姆族）的领袖那波帕拉萨尔建立的，其子尼布甲尼撒二世（Nebuchadnezzar Ⅱ，公元前605-前562年）在位时期国力最盛。尼布甲尼撒二世攻陷了耶路撒冷，把大量犹太人迁到巴比伦做奴隶，史称"巴比伦之囚"，修建了固若金汤的新巴比伦都城。著名的建筑奇观"空中花园"就建于此时。

公元前6世纪，波斯帝国（Persia，今伊朗）在波斯高原兴起，相继征服西亚、埃及和其他地区，形成地跨亚、非、欧的庞大帝国，大肆修建精美的宫室。（图12.1.1）

古代西亚的建筑成就在于土坯和砖的使用，发展了券拱（arch）[1]、穹顶结构（dome），并产生了陶钉、沥青、琉璃镶嵌等建筑装饰手法。对后来的罗马建筑、拜占庭建筑、伊斯兰建筑都产生很大影响。

第二节　古代两河流域建筑

一、两河下游的建筑

两河流域南部多用土坯和芦苇建造住宅，宫殿和庙宇的布局一般是几个院落连接在一起，大门是一对上面有雉堞的方形碉楼夹着拱门。这种碉楼形式与埃及神庙的牌楼门有一定相似。

当地最重要的祭祀建筑叫做"吉库拉塔"（Ziggurat），一般称之为山岳台。是在平原上用泥砖堆砌的人造高台，面积庞大，高度从十几米到几十米不等，有坡道或者阶梯通达顶层。这些高台是祭祀场所，高台上建有神庙以及其他房间。这种高台建筑形制与当地人们信仰天体和山岳的观念有关。认为神仙居住在山里，山是神人之间沟通的途径，因此在高台上举行祭拜仪式。

最早的山岳台建造于乌鲁克城（Uruk），如今消失殆尽。乌尔（Ur）城残留一座供奉月神的梯形山岳台，约建造于公元前2200年。由夯土筑成，外面贴一层砖。第一层的长65米，宽45米，高9.75米，有三条坡道通达第二层的券拱式塔楼门。二层面积较小，长37米，宽23米，以上部分全部毁坏。据估算，总高度大约为21米。（图12.2.1）

新巴比伦王国时期的建筑成就非凡。尼布甲尼撒二世修建的新巴比伦建立在古巴比伦城址之上，不仅美丽壮观，而且还是整个西亚经济和文化的中心，人口多达十余万。其遗址位于今天的伊拉克（Iraq）首都巴格达（Baghdad）以南约88公里处。幼发拉底河把它分成河西、河东两部分，有一座五根石墩支撑着的大桥连通着。全城由护城河、外城墙、内城墙三重环绕。主城墙长度超过13公里，厚度超过7米，墙上的大道可以容四匹马并行。每隔44米筑有一座塔楼，一共300多座，但仅有伊什塔尔城门（Ishtar Gate）得以保存下来。（图12.2.2）

伊什塔尔是巴比伦神话中掌管战争和胜利的女神。伊什塔尔城门是由两个形式和规模完全一样的门并联组成，高达12米。每道门有4个碉楼，碉楼之间有拱门相连。墙外壁都是用琉璃砖砌成，门墙和塔楼上嵌满蓝青色的琉璃砖，砖上饰有狮、牛和怪兽等形象，每块浮雕高约90厘米。整座伊什塔尔城门显得雄

图12.2.1　乌尔山岳台遗址

图12.2.2　伊什塔尔城门复原模型

1　拱券结构（Arch）发源于两河流域。可以分为叠涩拱（Corbel Arch）和真拱（True Arch of Voussoir Arch）。叠涩拱出现较早，是渐次接近的两排砖的系列，形成曲曲折折的曲线。按照其对称轴旋转形成的三维空间就叫叠涩穹顶。欧洲最早的石屋就是简单的叠涩穹顶结构，悬空的两排砖起到主要的支撑作用。真拱出现较晚，更加复杂，真拱结构中整体由砖构成圆形，呈弧线性。

伟坚固，色彩绚烂夺目。二十世纪初，德国考古学家对巴比伦城进行规模巨大的挖掘，伊什塔尔城门被搬运到柏林国家博物馆中。伊拉克政府已在巴比伦城遗址的入口处按原样重建了伊什塔尔门。（图12.2.3）

伊什塔尔城门是使用琉璃砖镶嵌作为建筑装饰的经典代表。由于两河流域南部缺少石料，苏美尔人最初用泥砖作为建筑材料，因土坯泥砖的防水性差，便在墙面上镶嵌陶钉以保护墙基，并形成各种图案，类似马赛克。后来人们学会用沥青保护墙面，陶钉逐渐被淘汰。公元前3000年前后，琉璃被成功发明，那光鲜夺目的表面和优良的防水效果使琉璃广泛应用于西亚的建筑装饰。（图12.2.4）

尼布甲尼撒二世的王宫位于巴比伦城南部，俗称南宫。由5个建筑群组成，面积约5000多平方米，"空中花园"就坐落在王宫旁边。尼布甲尼撒二世娶米底王国的公主为王后，并命令工匠仿米底山区的景色，建造阶梯状花园，上面栽满奇花异草，曲径通幽，还引水上山，形成溪流和瀑布。其供水系统堪称神奇，应该有特定的机械装置把水运到高出的蓄水池，再经过人工河返回地面。花园中央还修建一座城楼，矗立在空中。整个花园为立体结构，共7层，高25米。基层由石块铺成，每层用石柱支撑。由于花园高出宫墙，好像悬挂在空中，因此被称为"空中花园"，阿拉伯语称为"悬挂的天堂"。

巴比伦城中还修建50余座神庙。最著名的是通天塔，长、宽、高各长约87米，塔高七层，逐层缩小。每级色彩各不相同，象征着七星神。每层墙体都镶嵌琉璃砖，最高一层是天蓝色琉璃砖，顶端小神庙供奉马尔都克神。公元前538年，波斯人毁坏了包括通天塔在内的很多建筑。这座高塔曾被视为《圣经旧约·创世纪》中记载的巴别塔（Babel），1563年，尼德兰（The Netherlands）画家勃鲁盖尔创作一幅绘画《巴别塔》流传至今。（图12.2.5）

巴比伦建筑几乎荡然无存，这与建筑材料有直接关系。土坯和土坯烧成的砖在两河流域大量使用，砖包在土坯外面，大小建筑几无例外。泥板墙时间长容易坍塌，受潮后更难以长存。另外，频繁的战争给建筑带来的毁灭也是巨大的。

二、两河上游的建筑

公元前8世纪，两河流域北部的亚述王国经过改

图12.2.3　伊什塔尔城门上的动物装饰

图12.2.4　两河流域的陶钉

图12.2.5　勃鲁盖尔《巴别塔》

图12.2.6　萨艮王宫复原图

图12.2.7　美国大都会博物馆藏人首翼牛雕塑

革成为军事强国，逐步统一了西亚并征服埃及。亚述人崇尚武力，他们信仰战神。其建筑成就主要是宫殿和庙宇，在建筑中充满了战争题材的浮雕装饰。

位于亚述都尔·沙鲁金（Dur Sharrukin）西北部的萨艮二世王宫（The Palace of Sargon II，公元前722-前705年）是亚述帝国宫殿建筑的代表作。宫殿高踞于18米高的夯土台上，占地约17公顷，有210个房间围绕着30个院落。院落层次分明，周围是厚数米的土坯墙，防御性很强。宫殿的空间跨度约10米，一般认为是使用了拱顶。（图12.2.6）

宫殿的墙基外围的石板墙裙使用砖和琉璃砖镶嵌，其上布满各种浮雕装饰，风格粗犷豪迈，起到守护、辟邪的作用。大门的造型类似于埃及神庙的牌楼门，由4座方形碉楼夹着3个拱门。门洞两边和碉楼拐角处有人首翼牛（Winged bull）雕像。人首翼牛像是深受亚述人喜爱的装饰题材，象征着智慧和力量。从大门进去之后是宽阔的大院子，北边是皇帝正殿和后宫，东边是行政机构，西边有神庙和山岳台，功能分区明确。（图12.2.7）

第三节　古代波斯建筑

波斯高原三面环山，南面是波斯湾，境内多山地和沙漠，平原甚少。波斯高原建立最早的国家是埃兰（Elam），公元前639年，埃兰被亚述征服。公元前7世纪中期，米底（Medes）王国兴起，征服居住在波斯高原西南部的各部落，并与新巴比伦联合灭掉亚述。公元前553年，阿契美尼德王朝兴起，建立强大的波斯帝国，公元前525年征服埃及。公元前五世纪，大流士一世（公元前522-前485年）和其后继者薛西斯二世为争夺小亚细亚同希腊发生战争遭到失败。公元前330年，波斯帝国被马其顿王国灭亡。

波斯人信奉的国教是琐罗亚斯德教（Zoroastrianism），信光明神，我国称之为祆教或拜火教。基督教诞生之前，琐罗亚斯德教在中东影响巨大。伊朗中部的"风塔之城"亚兹德是琐罗亚斯德教的文化中心，至今仍保留一些琐罗亚斯德教的环形寂静塔和馒头状坎儿井取水口，以及方柱形的风塔。（图12.3.1）

琐罗亚斯德教多举行露天祭祀，不塑神像，极少建神庙。其教徒死后不进行土葬或火葬，而是在山上用石头修建环形的"寂静塔"（寂默塔）来处理尸体。

波斯人最重要的建筑是宫殿。从大流士一世开始，帝国的首都有四个：苏萨（Susa）、埃克巴塔纳（Ekbatana）、巴比伦（Babylon）和帕塞波利斯（Persepolis），波斯国王以及宫廷一年四季轮流驻跸于每个都城，宫殿营建十分华丽。

帕塞波利斯（Persepolis）宫殿遗址位于今伊朗西南法尔斯省，从大流士一世开始历经三代修建，大约建成于公元前450年。宫殿依山建造于12米高的平台上，入口处是巨大的石台阶，宽约7米，台阶两侧墙面上雕刻着八方来朝的浮雕群像。前有门楼，中央为百柱厅和接待厅。百柱厅（Sala delle centocolonne）是大流士一世修建，面积约68平方米，内有100根高11.3米的石柱。接待厅建造于薛西

斯二世时期，现存36根高18.6米的石柱。东南为宫殿和后宫，周围是绿化和凉亭等设施。（图12.3.2）

整个宫殿的布局层次分明，功能明确，装饰华丽，体现出金碧辉煌的特色。帕塞波利斯宫殿的营建是一项规模浩大的工程，使用的砖、黄金、木材、石材等都来自波斯征服的各个地区，工匠也来自四面八方，最终造就了这座汇集东西方建筑艺术精髓的宫殿。遗憾的是，公元前330年，这座集中亚非欧多国财富的华丽宫殿被亚历山大烧毁。

亚历山大死后，两河流域与波斯的土地上建立塞琉古王朝（Seleucus），实行希腊化的统治。公元前3世纪中叶，伊朗高原北部的土库曼斯坦地区建立了帕提亚王朝（Parthia），《史记》中称之为"安息"，后来打败塞琉古王朝，将统治区域扩展到两河流域。帕提亚人喜欢希腊文化，并继承和发展了亚述人的穹顶技术。（图12.3.3）

"以旺"（Iwan）式建筑构图是帕提亚王朝时期的重要成就，样式是正面为方墙，中央开巨大的拱龛，龛内有较小的门，通向殿内，方墙两边各有一座塔型建筑。这种建筑构图后被为西亚、中亚以及中国新疆维吾尔自治区等地区伊斯兰教建筑继承。建筑材料在东部多用土坯，西部则用砖石，建筑遗迹比较丰富。

226年，阿尔达希尔建立萨珊王朝（Sassanid Empire），取代了帕提亚王朝，曾一度强盛。在建筑上大量运用穹顶、拱券和以旺结构，发展了墙面的镶嵌装饰技术。

651年，阿拉伯人灭掉萨珊王朝，波斯进入伊斯兰时代，先后经历倭马亚王朝（661-750年）、阿拔斯王朝（750-1258年，即黑衣大食），阿拔斯王朝后期分裂，形成塔希尔王朝（820-872年）、萨曼王朝（874-999年）、塞尔柱帝国（1037-1194年）、花剌子模（1142-1231年）等先后割据的十余个王朝，大量清真寺出现。倭马亚王朝修建了伊斯兰教

最重要的几座清真寺，包括耶路撒冷圆顶清真寺、阿克萨清真寺、大马士革倭马亚大清真寺等。

之后又经历蒙古汗国时期（1231-1380年）帖木儿汗国（1370-1507年）、萨菲王朝（1501-1736年）、阿夫沙尔王朝（1736-1796年）、恺加王朝（1779-1921年）等王朝的统治。1925年巴列维王朝建立，1935年改国名为伊朗。1979年，伊朗发生伊斯兰革命，进入伊斯兰共和国时期。

图12.3.1 亚兹德的宗教建筑

图12.3.2 帕塞波利斯宫遗址

图12.3.3 亚兹德的穹顶民居

🔗 **思考题**

1. 古代西亚建筑有怎样的成就？

2. 山岳台有怎样的建筑特点？

3. 伊什塔尔城门的建筑成就是什么？

4. 两河流域上游有怎样的建筑成就？

5. 帕塞波利斯宫有怎样的特色？

13

第一节　概述

　　古代美洲文明发源在中美洲和南美洲地区，公元前2000年之时，中美洲已出现很多印第安土著部落建成的国家。奥尔梅克文化（Olmec culture）是中美洲文明的始祖。奥尔梅克文化发源于美洲的墨西哥湾海岸，今墨西哥（Mexico）的圣洛伦索（San Lorenzo）就建立在其遗址之上。奥尔梅克文化十分发达，遗留下来很多宫殿的遗址、造型奇特的陶器、奇异的人形美洲虎图案。最著名的是奥尔梅克石像。这些高10英尺、重达30吨的巨大头像被雕刻得栩栩如生，具有纪念碑式的雄伟效果，体现很高的艺术造诣。（图13.1.1）

　　后来出现玛雅文化（Maya）、托尔台克文化（Toltec）和阿兹台克文化（Aztec），有人把这些文化统称为玛雅文明，有辉煌的建筑成就。19世纪中期至今，大批探险者对玛雅文明进行考古挖掘，在20世纪50年代之后，形成专门的"玛雅学"。

　　12世纪左右，在南美洲西部兴起了印加文化（Inca）。中美洲和南美洲这些国家的建筑规模宏大，装饰奇特，是古代美洲建筑文化的代表。（图13.1.2）

图13.1.1　奥尔梅克文化的石像

图13.1.2　奇琴伊察金字塔

第二节　玛雅建筑

玛雅人居住在中美洲（Mesoamerica），西临太平洋，东濒大西洋的墨西哥湾（Gulf of Mexico）和加勒比海（Caribbean Sea），北部是尤卡坦半岛（Yucatan Peninsula），有两条狭窄的陆地与北美洲和南美洲连接。玛雅人在天文、数学、农业、文字、建筑方面有辉煌成就。

1848年，提卡尔（Tikal）古城在丛林中被发现，之后又有数百处的玛雅遗迹陆续被发现。玛雅建筑的遗址主要分布在墨西哥（Mexico）东南部及尤卡坦半岛上的几个州、危地马拉（Guatemala）、通往中南美洲走廊上的洪都拉斯（Honduras）等地。最著名的是提卡尔（Tikal）、科潘（在今洪都拉斯境内）、帕伦克（Palenque，在今墨西哥恰帕斯州境内）、雅克齐兰（Yaxchilan）、米拉多（El Mirado）等五大城邦。

提卡尔是玛雅人的政治、经济、宗教中心，被誉为"玛雅之珠"，大约建成于公元前600年，最盛时期人口约6万人。提卡尔中心大约有3000座建筑，其中500多座是用石头建造的，包括大型金字塔10余座、宫殿和神庙50余座，还有很多纪念碑和球场、市场、街道等。最高的金字塔达到75米，宫殿的规模与欧洲最大的宫殿不相上下。16世纪初玛雅文明已经趋于衰落，欧洲人来到美洲后，看到的普遍是简陋的茅草房和分布在丛林中的村落。（图13.2.1）

提卡尔的大致布局以中央广场为中心，南北以及中央各有一个大的建筑群。东西两边还有广场，广场外面有市场。广场和卫城之间有大道相连。民居、作坊、商铺等分布在大道旁边以及各大建筑之间。最著名的建筑是一号金字塔，位于中央广场的东边，也是8世纪初阿卡高王的陵墓，塔高47米，正面阶梯非常陡斜，塔身原本通体涂成红色，塔顶的神庙建筑装饰十分华丽。考古学家在塔底找到了阿卡高王的遗体，全身以翡翠玉片包裹，还出土很多随葬品。二号金字塔高38米，塔顶建有神庙，气势巍峨壮观。（图13.2.2）

位于墨西哥的恰帕斯州北部热带雨林中的帕伦克（Palenque），是玛雅古典时期最美丽的城市

图13.2.1　提卡尔一号金字塔

之一。因为城市建筑的外表几乎都装饰灰泥雕塑和石灰石板的浮雕，精致细腻，色彩丰富，因此被誉为"雕塑之城"。帕伦克宫是帕伦克城的中心广场最重要的建筑遗迹，是玛雅唯一的塔楼式建筑。高高地耸立在梯形土台之上，平台的底边长100米，宽80米，高10米，在宫殿的平台四周还围绕着四座庭院。帕伦克宫规模庞大，装饰富丽。（图13.2.3）

羽蛇神库库尔坎（Kukulcan）是玛雅人信仰的主神，奇琴伊察的建筑以羽蛇神庙最具有代表性。它与传统的玛雅金字塔不同，传统的玛雅金字塔高峻陡峭，且只有正面有阶梯。而这座金字塔底座是正方形，每边长约56米，共9层台基高24米，顶端神庙高6米，总高30米。四面的坡度平缓，造型稳重典雅，被西班牙人称之为"堡垒"。四面各有一条石阶通向顶端神庙，把台基分为两半。这座建筑造型精致，构思精巧，是玛雅建筑和雕塑艺术的经典体现，也是玛雅历法和数学的具体应用。（图13.2.4）

金字塔的东门还有"战士庙"，神庙建造在谷地广场上，四个台基，面向广场有一条梯道直达顶端神庙。神庙正门两侧拱立着两根巨大的圆柱，上面雕刻羽蛇形象。造型怪异，蛇头为柱础，蛇身为柱身，蛇尾为柱头。神庙最大的特点是采用了石柱，具有托尔台克人的文化痕迹。千余根雕饰精美的巨大石柱巍然而立，神庙也因此被誉为"千柱廊"，气势恢宏。神庙前有一个半躺姿态的人像石雕，双手捧着盘状物放在腹部，被认为是献祭品盛器，此类造型的石雕在很多神庙前都有安置。（图13.2.5）

图13.2.2　提卡尔二号金字塔

图13.2.3　帕伦克宫遗址

图13.2.4　奇琴伊察金字塔与千柱廊

图13.2.5　战士庙雕塑与石柱

第三节　托尔台克建筑

托尔台克人在公元10-12世纪达到了全盛期，在建筑、雕刻和绘画各方面都有杰出的贡献。托尔特克人的首都是图拉，位于墨西哥城以北80公里的伊达尔戈州境内。图拉的建筑在结构上粗糙而拙劣，而且因火灾和后来的破坏而受到严重损毁，大多数神庙的屋顶都已倒塌。

托尔台克建筑的代表是在图拉修建的羽蛇神庙。神庙遗存两排雕成男性人像的石柱，高约4.6米，约雕刻于900-1200年间。这些雕像被表现成了羽蛇神的形象，他们头戴羽毛装饰，双手顺着身体放置，胸前有巨大的蝴蝶状盔甲，背部有象征太阳的圆盘。他们右手执长矛，左手拿着箭和其他物品，雕像由四部分衔接起来，涂有色彩，眼睛和嘴

图13.3.1　托尔台克巨型雕像石柱

都是镶嵌的，表情严肃，具有鲜明的武士风格，体现托尔台克文化的特点。（图13.3.1）

第四节　阿兹台克建筑

　　阿兹台克人原本生活在阿兹特兰（意为"苍鹰栖息的地方"）的岛屿上，阿兹台克也得名于此。阿兹台克人最重要的建筑遗迹是特奥蒂瓦坎（Teotihuacan），位于今墨西哥首都墨西哥城东北53公里处，遗址面积20.7平方公里。公元前1000年就出现了特奥蒂瓦坎城，全盛时期人口达到20万人。16世纪西班牙人来到这里时，在此居住的是尚处于石器时代的阿兹台克人，阿兹台克人认为这里是"众神聚居的场所"。特奥蒂瓦坎整个城市体现出严谨的规划和设计，网格状布局形成清晰的几何图案。全城建筑沿着一条南北向的中轴线布局，这条中轴线全长3000米，宽45米，被称为"冥街"或"死亡大道"。主体建筑包括太阳金字塔、月亮金字塔和"羽蛇神庙"等12座建筑。（图13.4.1）

　　太阳神庙的金字塔位于死亡大道东侧，约建造于公元1-2世纪，高64.5米，共5层，整体呈四方锥体，坐东朝西，逐层向上收缩。底边分别长约222米、225米，占地5万平方米。太阳金字塔外部以琢磨平整的红色火山岩石砌成，正面有一条365阶的梯道通向塔顶，台阶两侧镶嵌着彩石或者雕刻图案，其余三面光滑平整。塔顶原有金碧辉煌的神庙，供奉太阳神像。（图13.4.2）

　　位于轴线尽头的月亮金字塔比太阳金字塔的建造时间晚100～200年左右，塔基宽150米、宽120米，高46米，也是5层。规模比太阳金字塔小一些。这两座金字塔都是实心，外包巨石，内填沙土。死亡大道南端还有巨大的广场，可容纳数万人举行祭祀活动。

　　特奥蒂瓦坎在8世纪之后因故被废弃，阿兹台克人迁徙到今墨西哥城地区。墨西哥城就建立在昔日阿兹台克人的首都特诺克蒂特兰（Tenochtitlan）的遗址上，"墨西哥"在阿兹台克语中指"神灵指定的

图13.4.1　死亡大道

图13.4.2　太阳金字塔

地方"。特诺克蒂特兰城约建于13世纪，到16世纪初，人口超过10万人。它位于盐湖中心，用输水管从陆上送去淡水。全城有三条十米多宽的大道，一条十多公里的长堤，有众多的河道和桥梁，被西班牙人称为"美洲的威尼斯"。中心广场有围墙环绕，广场正中心是一块直径4米的圆形石板，石板中心雕刻着太阳神头像。外围的五圈是象征着年、月、日、时、分的图案。城里有四十多座金字塔，最大的金字塔祭祀阿兹台克人信仰的主神——太阳神惠兹罗伯底里，高35米，长100米，宽90米。阿兹台克人盛行活人祭祀，太阳神庙外墙上挂着大量骷髅。

第五节　南美洲建筑

　　古代南美洲地区的文化主要在今天秘鲁（Peru）境内，远古时期的卡拉尔文化得名于卡拉尔城（Caral）。其遗址位于秘鲁首都利马城（Lima）以北的苏佩河谷，年代为公元前3000年-前2000年，

分布着规模巨大的宅邸建筑和金字塔式神庙。卡拉尔神庙呈阶梯状金字塔型，通过台阶与一个圆形广场相连，顶部建筑规模宏大，结构复杂。

区域发展时期的比路文化分布在秘鲁北部沿海的比路河谷，年代为公元前200-500年。在建筑方面普遍使用石头和夯土墙，建筑表面以雕刻的泥砖为装饰，具有马赛克（mosaic）镶嵌的视觉效果。比路文化中晚期阶段还出现一些军事堡垒建筑。

莫切文化（Moche culture）发源于莫切河谷，年代约为公元200-700年，也属于区域发展时期的文化。在建筑、陶器、金属加工等方面有突出成就。莫切人留下很多建筑遗迹，大量建造泥砖金字塔，既是行政官邸也是王室陵墓，其中太阳金字塔和月亮金字塔最为著名。以金字塔为中心，一层一层向外扩展，形成规模宏大的建筑群。统治者居于金字塔中，金字塔周围有高墙，墙内有天井、走廊、仓库和厨房；金字塔外围是普通居民的住宅以及一些庙宇，最外围是广场。

列国时代的奇穆王国遗址位于秘鲁西北部太平洋沿岸拉利伯塔德省特鲁西略城西北的沙漠地区。都城昌昌古城有"城堡之城"之称，始建于11世纪，全盛时期人口有10万人。16世纪时被西班牙殖民者破坏，古城变成一片废墟。昌昌古城中心由9个各自独立的长方形堡垒组成，每个城堡平均长400余米，宽约200米。城堡四周的围墙高9～12米，厚达3米。城墙和房屋用黏土、沙砾和贝壳粉末为建材，非常坚固。建筑墙壁上都有壁画。城堡内还有金字塔型神庙、宫殿、墓地、民居、庭院和蓄水池等。（图13.5.1）

印加帝国是南美洲印第安文化最后的辉煌。印加人自称是"太阳的子孙"。大约在公元1000年前后从的的喀喀湖地区来到库斯科生活，以库斯科为首都，建立印加帝国。15世纪达到极盛时期，疆域北起今哥伦比亚边境，向南延伸4000公里，直至智利海岸中部，东至玻利维亚中部和阿根廷北部。

1532年，西班牙殖民者皮萨罗（Francisco Pizarro）于1533年攻占库斯科，使城市变成一片废墟。但是还保留一些印加帝国时期的街道、宫殿、庙宇和房屋。

库斯科意思为"离太阳最近的地方"，位于秘鲁东南方的安第斯山脉，海拔3400米。据说在印加帝国伟大的帝王帕查库蒂（Pachacuti）及其继任者图帕（Topa Inca Yupanqui）规划库斯科的时候，将它设计成一头美洲狮的造型。头部是位于城北小山上的萨克萨瓦曼古堡，中部是印加王宫，尾部是贵族府邸。库斯科被誉为"安第斯山王冠上的明珠""古印加文化的摇篮"。库斯科分为十二个区，中心是大广场，广场东北边是太阳神庙，以金板覆盖，辉煌绚丽，被称为"金宫"。庙里还有一个黄金花园，园内的花草树木鸟兽全部以金银为材料制作。广场东南还有太阳贞女宫，周围还有其他神庙和宫殿、府邸等。如今在广场周围保留的是西班牙殖民者修筑的天主教堂和其他建筑，它们吸取了印加的建筑样式，形成西班牙-印加建筑风格，或者利用原有建筑进行改建。

印加人善于利用重达数十吨甚至上百吨的巨石筑成宏伟的堡垒和宫殿及神庙，石块之间有时用沥青与黏土混成的黏合剂填塞缝隙，使建筑异常结构精确和坚固。在建筑外观上，追求规模宏大，雄浑大气，内部则注重金碧辉煌的装饰。

印加人最著名的建筑遗迹当属马丘比丘（Machu Picchu）古城遗迹。印加人大约在15世纪的时候修建了该城。后来荒废，由于隐蔽在深山之中，西班牙殖民者在数百年内竟没有发现该地。1911年美国探险家海勒姆·宾加曼（Hiram Bingham，1875-1956年）无意间发现了这座城市。根据屏障此城的山岭将其命名为马丘比丘。（图13.5.2）

马丘比丘位于库斯科西北约80公里处、2432米

图13.5.1　昌昌古城遗址

图13.5.2 马丘比丘遗迹

作坊、市场、广场、浴池等建筑共两百多栋。建筑的石料和石墙为上窄下宽的梯形，十分稳固。石块切割整齐，拼接严密，技术高超。城中有一片贯穿南北的绿地广场，将古城分为东西两部分。西半部为上城区，建筑多为宫殿与神庙，建筑石材均经打磨，表面光洁；东半部为下城区，石材未经打磨，表面粗糙，建筑物也很小，多是普通民宅。由此可以看出印加帝国森严的等级制度。位于古城西半部的上城区集中了许多大型的建筑，其中最著名的便是太阳神庙。神庙建于一块巨石上面，建材都是精工细磨的花岗岩，用石块砌成的庙墙与巨石浑成一体。考古学家认为这座太阳神庙同时具有观测天象的功能。太阳神庙的一侧是一座两层楼的"公主殿"，推测是太阳贞女的临时住所。

高的维尔卡班巴山巅平台上，占地326平方公里。所有建筑都是由石头砌成，依山形而建，从城脚到城顶有3000多个台阶。城中有神庙、官邸、堡垒、

思考题

1. 简述提卡尔古城的建筑成就。

2. 简述奇琴伊察金字塔的设计特色。

3. 简述托尔台克人的建筑成就。

4. 简述特奥蒂瓦坎的建筑规划特色。

5. 马丘比丘古城有怎样的特色？

中外建筑史

第十四章
古代希腊建筑

14

第一节　概述

　　古希腊（Ancient Greek）是欧洲文化的摇篮。

　　东有爱琴海，西有爱奥尼亚海（Ionian Sea）和亚德里亚海（Adriatic Sea），是三面临海的半岛，只在北部与欧洲大陆相连。希腊得天独厚的地理和气候条件决定了希腊人在思想上的开放性和艺术上的创造性。

　　希腊的建筑历史可以分为五个时期：

　　1. 爱琴文明时期（The Age of Aegean，约公元前20-前12世纪）。也称为克里特·迈锡尼文明（Crete-Mycenae civilization）。这个时期最有代表性的建筑是克里特岛的米诺斯王宫和迈锡尼卫城。

　　2. 荷马时期（Homeric Age，公元前11世纪-前8世纪）。因此时史料主要源于《荷马史诗》（Homer's Epic）而得名，亦称"英雄时期"，这时的氏族部落生活开始解体，没有留下重要的建筑遗迹。

　　3. 古风时期（Archaic Age，公元前7世纪-前6世纪）。出现200多个以城市为中心的城邦国家，最主要的是雅典和斯巴达。雅典（Athens）位于希腊中部阿提卡半岛；斯巴达（Sparta）位于伯罗奔尼撒半岛东南部拉格尼亚平原。当时希腊人进行广泛的殖民活动，跟东方进行交流，吸收埃及和两河的先进文化。因此又称"东方化时期"。各城邦兴建围柱式神庙，多立克和爱奥尼亚柱式确立。

　　4. 古典时期（Classical Age，公元前5-前4世纪）。历时43年的波希战争最后以希腊胜利告终。

　　波希战争后，雅典与斯巴达以及其伯罗奔尼撒同盟在战争中走向衰落。雅典卫城是这时最杰出的建筑成就，科林斯柱式出现。（图14.1.1）

　　5. 希腊化时期（The Age of Macedonia and Alexander's Empire，公元前4世纪-前1世纪）。公元前338年，希腊北部马其顿王国（Macedonia）征服希腊境内。公元前336年，马其顿国王亚历山大即位，进行10年远征，建立西起巴尔干，南到利比亚、埃及，东至印度、中亚一带，北达多瑙河和黑海北岸的空前辽阔的帝国。公元前323年，年仅33岁的亚历山大病死，帝国分裂成马其顿·希腊王国（安提柯王朝，Antigonid dynasty）、托勒密王国、塞琉古王国等三个王国。亚历山大的远征促进了希腊文化与建筑艺术的传播，直到公元前30年罗马人吞并最后一个希腊化国家托勒密王国。

图14.1.1　雅典卫城遗址

第二节　古代爱琴海地区的建筑

爱琴海处于地中海东部的西北隅，东接小亚细亚，西连希腊半岛，南与埃及、利比亚隔海相望。爱琴文明是指爱琴海地区的青铜文明，又被称为早期希腊文化。以克里特岛（Crete）和巴尔干半岛（Balkan Peninsula）的迈锡尼（Mycenae）为代表。

一、克里特岛的宫殿建筑

克里特岛是爱琴海最大的岛屿，是连接欧、亚、非三大洲的枢纽。古希腊史学家修昔底德认为"米诺斯是我们所知的最早的君主"。在希腊神话中，克里特国王米诺斯是神王宙斯和腓尼基公主欧罗巴的儿子，他建造克诺索斯宫殿（Palace at Knossos）。这座宫殿被长埋在地下3000余年，直到1900年才被英国考古学家伊文思（Evans，1851-1941年）发掘出来。宫殿约建造于公元前2000年，王宫曾多次遭到破坏。最后一批建造于公元前1600年，是一组围绕中央庭院的多层楼房建筑群，面积达2.2万平方米，宫内厅堂房间总数在1500间以上，楼层密接，梯道走廊曲折复杂，厅堂错落，天井众多，布置不求对称，出奇制巧，被称为"迷宫"。（图14.2.1）

王宫遗址已被充分发掘和部分复原，其建筑总体呈长方形，按米诺斯宫室的通例，四周不设围墙望楼，以长60、宽30米的长方形中央庭院为中心依山而建。地势西高东低，因此庭院以西楼房有两三层，以东楼房则有四五层。庭院西面楼房主要用于办公集会、祭祀和库存财物。东面楼房则是寝宫、客厅、学校与作坊，各层各处都有楼梯相连。王后寝宫绘有海豚戏水壁画，优美雅致，相连小间有浴室和冲水厕所。（图14.2.2）

克里特岛的建筑采用平顶，在木板上铺黏土。建筑使用的柱子是圆形，上粗下细，造型特殊。（图14.2.3）

二、迈锡尼的卫城建筑

公元前1400-前1200年，位于伯罗奔尼撒半岛

的迈锡尼达到其文明盛期。迈锡尼建筑最突出的成就是迈锡尼卫城，被誉为"黄金遍地、建筑巍峨"。卫城约建造于公元前1350-前1330年，城墙保存较好，用巨大的石头砌成，按照山岩高低取平，高度在4~10米之间，厚度3~13米不等。卫城的主要入口狮子门（The Gate of the Lions），建于公元前1350-前1300年。门宽3.5米，可供骑兵和战车

图14.2.1　克诺索斯宫遗址

图14.2.2　克诺索斯宫的王后寝宫壁画

图14.2.3　克诺索斯宫的柱式

图14.2.4　迈锡尼狮子门　　　　　　　　　　　　图14.2.5　阿特鲁斯宝库石门

通过，门上过梁是块巨石，重达 20吨，中间比两头厚，门楣上有一个三角形的叠涩拱，用以减少门楣的承重力，中间镶着一块三角形的石板，上面刻着一对雄狮护柱的浮雕。狮子中间的柱子上粗下细，是宫殿的象征。城内建筑以迈锡尼王宫为主体，有卫室、回廊、门厅、接待厅、前厅、御座厅等。（图14.2.4）

迈锡尼城附近还有建于公元前1300年的阿特鲁斯宝库（Treasury of Atreus）。阿特鲁斯是著名的迈锡尼国王阿伽门农的父亲，阿特鲁斯宝库相传就是阿特鲁斯和阿伽门农的王陵和藏宝地。它位于距"狮子门"西南约500米的山谷中，门前是一条35米长的石砌长廊。长廊尽头是巨石砌成的门，结构类似于"狮子门"，上面是三角形，下面是长方形，之间用重约100吨的巨石横梁隔开，巨石长8米，宽5米，高1.2米。门后的陵墓是叠涩穹顶结构。（图14.2.5）

公元前12世纪的特洛伊战争之后，一支讲希腊语的多利安人（Dorian）从北部侵入，灭亡迈锡尼诸国，从此，希腊本土文化兴起。

第三节　希腊本土建筑

希腊本土建筑的神庙形制、三大柱式成为后来欧洲古典建筑文化的经典符号，希腊建筑单纯、庄重、布局清晰的特点影响深远。

一、希腊神庙形制

希腊神庙不仅是宗教活动中心，也是公众社会活动和商业活动的场所，还是储存公共财富的地方。围绕神庙又建起竞技场、会堂、旅舍等公共建筑。在环境布局设计上，充分突出神庙的统筹位置和观赏性。

神庙形制最初是长方形有门廊的形式，后来加入柱式。由"端柱门廊式"逐步发展到"前廊式"，即神庙前面门廊是由四根圆柱组成，后又发展到"前后廊式"。古典时期，出现围柱式（peristyle），成为希腊神庙建筑的标准形式，即长方形神庙四周均用柱廊环绕起来。神庙一般都建于高台之上，内部放置神像。建筑师并不注重内部空间处理，而是把主要精力放在神庙的比例和柱式的和谐方面。因此希腊神庙的风格趋于优美和谐、比例协调，端庄静穆。最初的希腊神庙都是木头建造的，后来逐渐被石头取代。又由于石材丰富，石结构也就成为希腊建筑乃至以后欧洲建筑的主要特点。

二、希腊三大柱式

在希腊人眼中，围柱是最完美的建筑类型。柱式不仅是一种建筑部件，还是一种完美的模数规范。柱式由柱础（base）、柱身（shaft）、柱头（capital）三部分组成。要求柱式与建筑的檐部（包括额枋、檐壁、檐口）按照严格的比例和尺度创造出和谐的美感。

希腊人认为美就是和谐，就是比例与秩序。希腊人的理性精神和人本主义精神在建筑中有明显体现。在希腊人认为建筑物必须按照人体各部分的式样制定严格比例。这种要求典型地体现在古希腊的三大柱式中：多立克式（Doric）、爱奥尼亚式（Ionic）和科林斯式（Corinthian）。维特鲁威认为，多立克柱式是仿照男人体的比例来做的，而爱奥尼亚式是仿照女人体比例来做的，一种粗犷雄壮，一种秀美端庄。公元前6世纪，多立克式和爱奥尼亚式两种柱式基本成熟。（图14.3.1）

多立克，常被译作"陶立克""多利亚""多利安"，柱式主要在希腊本土和意大利、西西里岛流行，风格朴素敦厚、粗壮雄健，柱高一般为底径的4~6倍，没有柱础，柱身由下向上逐渐缩小、中间略鼓出，柱身有凹槽（一般为20个），柱头是斜坡扁圆形，上接方形柱冠。檐部高度一般为整个柱子的1/4，柱子与柱子之间的距离约为柱子直径的1.2~1.5倍，十分协调优美。

爱奥尼亚柱式最初流行于小亚细亚西海岸的爱奥尼亚地区，风格精巧、纤细。有柱础，柱身细长匀称（柱高为底径的9~10倍），凹槽紧密（一般为

24个），柱头为婀娜秀美的涡卷形（scrollwork），檐壁有浮雕饰带。

在古典后期和希腊化时期，小亚细亚地区又流行一种科林斯柱式，它是三大柱式最晚出现的一种。科林斯柱式在爱奥尼亚柱式的基础上发展到更为华丽的装饰，柱头有复杂的忍冬草装饰，宛如盛满卷草的花篮。风格华丽精致、繁缛。这种柱式到罗马时代成为常用的柱式。

三、雅典卫城

雅典卫城（Acropolis Athens）原是防御外敌入侵的城堡，位于一座高约150米的石灰岩山上，四面是绝壁，地势险要。雅典人在山上建雅典娜神庙，并把卫城逐渐建设成圣地。圣地在波希战争中遭到波斯人的严重破坏，雅典执政官伯里克利（Pericles）决心重建卫城，一方面纪念胜利并感谢神祇，另一方面使雅典成为希腊的宗教和文化中心。雅典卫城重建任务由著名雕刻家菲迪亚斯（Pheidias，公元前500-前432年）负责。菲迪亚斯和著名的建筑师伊克提诺斯（Ictinus）共同制定建设方案。从公元前448年开工至公元前406年完成伊瑞克提翁神庙，整个卫城建造持续42年。

雅典卫城东西长280米，南北最宽处130米，仅在西端有一个出入通道，卫城的各建筑顺应山崖的不规则地形分布，而不是严格按照对称的古典法则进行设计。建筑布局层次分明，包括山门（Propylaea）、帕特农神庙（Parthenon）、尼开神庙（The Temple of Athena Nike）、伊瑞克提翁神庙（Erechtheum）等建筑。帕特农神庙位于最高处，其他建筑则如众星捧月，衬托帕特农神庙的主要地位。建材全部采用产自潘提利山（Mt.Penteli）的洁白大理石，雕塑用材则采用更细腻的帕罗斯（Paros）大理石。卫城建筑后来随着希腊的衰败而日趋黯淡。

（一）帕特农神庙

帕特农神庙是雅典卫城最重要的主体建筑，位于广场右侧。因供奉的是处女神雅典娜（Athena）而得名。建造于公元前447-前432年。建筑设计师

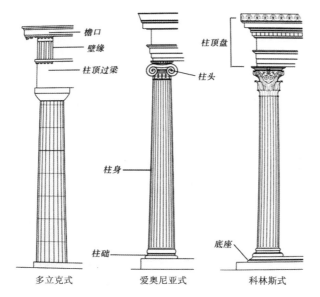

多立克式   爱奥尼亚式   科林斯式

檐口
壁缘
柱顶过梁
柱顶盘
柱头
柱身
柱础
底座

图14.3.1 古希腊三大柱式

是伊克提诺斯和卡里克拉特，菲迪亚斯和他的弟子则完成了神庙的雕刻装饰。

神庙是典型的围柱式，建立在长约70米，宽约31米的三层台基上。外观呈长方形，人字坡顶，东西两端有山墙。共有柱子46根（东西两端各有8根，南北各为15根），柱高10.43米，采用多立克柱式，檐壁又采用爱奥尼亚式的浮雕饰带，东西三角门楣装饰着精美的高浮雕。神庙的主体建筑是两座大厅，东西两端各有一座由6根多立克圆柱组成的门廊。东侧的门廊通向内殿，内殿中央供奉着雅典娜身穿铠甲，一手托着胜利女神、一手执盾姿态的木雕像，高12米，通体以金箔、象牙、宝石等装饰。雕塑出自菲迪亚斯之手，可惜原作在5世纪的时候被罗马军队移走后不知所终。（图14.3.2）

帕特农神庙按照完美的比例进行营造，体现出高超的建筑技巧。首先，为了避免平时看水平面时所产生的下陷错觉，地面的中央地带要比两侧稍微高一些，形成一个曲面；为增强整个建筑的凝聚感，每根圆柱都略微向内倾斜；其次，圆柱底部直径较粗（1.9米），柱顶略细（1.48米），并在圆柱总高度的五分之二处稍稍加粗，这不但可以提高柱

身的稳定性，同时还营造了从下仰望时，柱身显得笔直雄壮的视觉效果；最后，为让角柱看起来不显得比边柱细，角柱比边柱要粗一些，角柱与邻近边柱的距离也比中央各列柱间的距离短一些。帕特农神庙结构匀称、比例合理，有丰富的韵律感和节奏感。建筑结构和装饰统一、纪念性与装饰性统一，内容与形式高度和谐，堪称最完美的建筑典范。

（二）尼开神庙

尼开神庙建造于公元前449-前421年，设计师是卡里克拉特（Callicrat）。尼开是巨人帕拉斯（Pallas）和冥河斯提克斯（Styx）的女儿，常见的形象是手持棕榈枝或头顶花环展翅翱翔，有时又被塑造成由宙斯和雅典娜牵着手的小孩形象。雅典人塑造了没有翅膀的胜利女神，据说是想把胜利女神永远留在身边。这座小型的神庙位于山门右翼，台基很小，正面和背面各有4根爱奥尼亚柱子，属于四柱式的廊柱建筑，但是柱身比较粗壮（柱径与柱高之比为1：7.68），与山门的多立克柱子形成风格的呼应。神庙有精美的浮雕。后来神庙数度毁于战火，1835年，考古学家对其进行了复原。（图14.3.4）

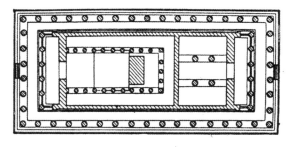

图14.3.2　帕特农神庙平面图

图14.3.3　帕特农神庙

图14.3.4　尼开神庙

图14.3.5 伊瑞克提翁神庙

图14.3.6 德尔斐遗址

（三）伊瑞克提翁神庙

伊瑞克提翁是传说中雅典人的祖先，伊瑞克提翁神庙位于帕特农神庙之北，是卫城建筑中最后完工的，供奉雅典娜和波塞冬两位神祇。神庙是雅典卫城爱奥尼亚柱式的代表，其经典之处是神庙南侧的6尊女像柱。这些雕像是身穿希腊服饰、头戴缦形花雕浅篮的少女形象，身材圆润挺拔，姿态轻盈，衣纹自然下垂，袍裾的褶皱恰好形成凹槽。19世纪初，英国驻土耳其君士坦丁堡大使埃尔金（Lord Elgin）在卫城搜刮很多雕塑精华以及建筑细部，伊瑞克提翁神庙东侧门廊的1根廊柱和1根女像柱被运到英国，现藏于大英博物馆。现存伊瑞克提翁神庙6根女像柱全是复制品，剩余原作藏于卫城东南角的卫城博物馆。（图14.3.5）

四、公共建筑

希腊古典后期和希腊化时期，随着社会结构变化、经济的繁荣、技术的发展，希腊公共建筑变得异常繁荣。剧场、会堂、浴室、体育场、图书馆等占了很大的比重，还出现一些新的纪念个人功绩的建筑如陵墓、纪念堂、纪念亭等，体积庞大、装饰华丽、注重实用，有的吸取东方传统，采取院落式布局，柱式方面多用爱奥尼亚式。

（一）圣地

圣地是古希腊人举行宗教祭祀和节庆、求"神谕"的地方。神谕是古希腊的一种信仰活动，由女祭祀代神传谕，解答疑问。圣地建筑群的格局基本上是以神庙为中心，在周围建造运动场、旅舍、会堂、市场敞廊之类的公共建筑物，追求建筑与环境的协调。雅典北部的德尔斐（Delphi）圣地是古希腊最著名的圣地，是古希腊的宗教中心和统一的象征，又被称为"世界之脐"。

德尔斐圣地的主要建筑包括阿波罗神庙、剧场、珍宝库、运动场、祭坛等。阿波罗神庙始建于公元前7世纪，后来曾数度重建和被毁。庙长约60米，宽约25米，东西端各有6根石柱，南北面各15根。德尔斐的露天剧场为半圆形格局，有38层台阶，可容纳5000名观众。至今还经常在此举办音乐、诗歌及戏剧竞赛。（图14.3.6）

德尔斐运动场是古希腊的四大运动场之一，至今保持完好。跑道上的起跑线仍可辨明，自起跑线至终点线的距离约为177.53米左右。场地为红泥土地面，周围用条石垒成环形看台，可以坐7000人。整个运动场的平面呈长条马蹄形。起源于公元前582年的皮托运动会每隔4年在此举行，其盛况仅次于奥林匹克运动会。

（二）祭坛

祭坛（Altar）是希腊人拜神的场所，最初用石头垒砌，后来也发展成为独立建筑物。宙斯祭坛建造于公元前180年，是一座大型的精美建筑，长30余米，高9米，基座上竖立着一圈爱奥尼亚柱廊。基座壁上有一条长达120米、高2.3米的浮雕装饰带，内容是希腊众神与巨人的战争。1878年，德国考古学家发掘出宙斯祭坛，现藏于柏林博物馆。

（三）剧场与会堂

露天剧场和室内会堂是这一时期最显著的公共建筑类型。古典时期的露天剧场往往利用山坡把观众席建造成半圆形，逐排升高。表演区是一块圆形，后面是化妆室和道具室。希腊化时代建筑物变得高大，并建造舞台，圆形表演区被切去一部分，改成伴奏乐队的乐池。有的剧场在化妆室和道具室后面还建造大会堂，空间宏大，如麦迦洛波里斯剧场（Megalopolis）的矩形会堂能容纳一万余名观众。

位于伯罗奔尼撒半岛东北部的埃皮道鲁斯剧场（Epidaurus）是当时最著名的剧场，建造于公元前350年，据说设计师是雕塑家小波留克列托斯。剧场依山而建，规模庞大，半圆形的观众席直径约为113米，可容纳万余名观众。观众席增设石凳，每隔一定的距离暗访一个铜瓮，利用声音的共鸣作用，使得剧场的音响效果良好。剧场的表演区中心的圆形平地改成乐池，原来的圆形平地之后的小屋改成舞台，舞台上有用爱奥尼亚柱式装饰的前台，前台高于乐池。小屋的外墙形成舞台的背景。体现出当时对建筑功能、建筑声学的研究进一步提高。（图14.3.7）

（四）集中式建筑

集中式建筑是当时一种新的建筑构图方式，建筑集中向上发展，多层构图，纪念性很强。这种新的形制有别于希腊的围廊式。代表性的建筑是"摩索拉斯陵墓"（The Mausoleum at Halicarnassus）

和雅典的奖杯亭。

"摩索拉斯陵墓"（The Mausoleum at Halicarnassus）位于小亚细亚的哈利卡纳苏斯（今土耳其博德鲁姆，Bodrum Turkey）。摩索拉斯是卡利亚人王国的统治者，陵墓约完成于公元前350年。陵墓体型巨大，装饰华丽，高40多米，分为基座、围廊式的灵堂、金字塔式的顶部三大部分。采用爱奥尼亚柱式，柱头间和饰带上布满雕刻作品。在结构和装饰上，把小亚细亚传统、希腊柱式和埃及金字塔融为一体，可惜在3世纪的一次地震中毁坏。

奖杯亭一般作为陈列体育或者唱歌比赛所获得的奖品，因此也被称为"雅典得奖纪念碑"。目前希腊仅存一座这种建筑，位于雅典卫城东面，建造于公元前335-前334年，是雅典富商列雪格拉德为纪念由他扶植的合唱队在酒神节比赛中获胜而建造。奖杯亭为圆形，高6.5米，立在高4.77米的方形基座上。亭子四周有6根科林斯式壁柱，顶部是一块大理石雕成的圆穹顶，顶上是一个放奖品的架子。这座奖杯亭属于小品建筑，但是结构有层次，方圆结合，既有纪念性建筑的简洁稳重，又不失轻巧华丽。（图14.3.8）

图14.3.7　埃皮道鲁斯剧场

图14.3.8　雅典奖杯亭

🔗 **思考题**

1. 古希腊建筑分为几个发展时期？

2. 希腊早期建筑有何成就？

3. 简述古希腊三大柱式的特点。

4. 简述帕特农神庙的设计特色。

5. 简述古希腊剧场的设计特色。

第十五章
古代罗马建筑

15

第一节　概述

　　罗马兴起于伊特鲁里亚与拉丁姆平原之间的台伯河下游东南岸，属于意大利半岛（即亚平宁半岛 Apennine Peninsula）的中部。意大利半岛形如一只靴子伸入地中海，东临亚得里亚海，南濒爱奥尼亚海，西接第勒尼安海（Tyrrhenian Sea），北部则是阿尔卑斯山脉（Alps），半岛南端隔墨西拿海峡（Messina）与西西里岛（Sicily）相望。

　　古罗马的建筑历史可以分为三个时期。

　　1. 伊特鲁里亚时期（公元前8世纪-前2世纪）。公元前8世纪，来自小亚细亚的伊特鲁里亚人（Etruria）已经生活在意大利半岛北部，公元前7世纪至前6世纪成为强国，这一时期也被称为罗马王政时期。伊特鲁里亚人擅长于土木建筑和城市设计，建筑中出现券拱结构，但没有建筑保留下来。公元前509年，罗马人赶走伊特鲁里亚人，进入罗马共和时期。伊特鲁里亚人的建筑被罗马人继承和发扬。

　　2. 罗马共和国盛期（公元前2世纪-前30年）。公元前272年，罗马征服意大利，又经过三次"布匿战争"（Punic wars），吞并腓尼基人在非洲北海岸建立的古国迦太基（突尼斯）。迦太基遗址位于今突尼斯城东北17公里处，濒临地中海，城中建筑设计严谨，气势宏伟，但在与罗马的战争中被摧毁。（图15.1.1）

　　罗马随即征服叙利亚、希腊、西班牙等地，成为地中海的霸主，并建立行省进行统治，进入罗马共和国的盛期。在公路、桥梁、城市街道和输水道等方面进行大规模的建设，并继承希腊与小亚细亚的文化与生活方式，在公共建筑方面大肆建造剧场、浴场、巴西利卡等，发展了罗马角斗场，在希腊柱式的基础上发展出新式样。

　　3. 罗马帝国时期（公元前30年-公元476年）。公元前30年，盖维斯·屋大维·奥古斯都（Gaius Octavius Augustus，公元前63年-公元14年）建立罗马帝国。修建了宏伟的罗马奥古斯都广场和许多剧场、输水道（aqueduct）、浴场等公共设施。从此罗马城走向空前繁荣，人口一度达到100万，被誉为"永恒之城"。他还建立第一支警察队和消防队，鼓励各城修建交通干道，在全国建立庞大的公路网，形成"条条大路通罗马"。公元64年，尼禄（Nero）统治时期的一场大火严重毁坏了罗马城建筑。

图15.1.1　迦太基古城遗址

中外建筑史

公元1-2世纪是罗马的全盛时期，经历克劳狄王朝（Julio-Claudian dynasty，14-68年）、弗拉维王朝（Flavian dynasty，69-96年）、安敦尼王朝（Nervan-Antonian dynasty，96-192年）。这时罗马版图广阔，社会安定，经济繁荣，歌颂权力和功绩的纪念建筑大规模出现，如凯旋门（triumphal arch）、皇帝广场（square）、神庙（temple）等。另外，剧场（theater）、竞技场与浴场等日趋华丽宏大。

3世纪末，罗马经济衰退，蛮族入侵，建筑活动没有太大成就。戴克里先（Diocletian，244-312年）继位后，掌控罗马帝国东部（巴尔干半岛、东南欧、小亚细亚、巴勒斯坦、叙利亚、黎巴嫩、约旦、埃及），将罗马帝国西部（意大利、西班牙、高卢、不列颠、中欧、北非）交给其好友马克西米安（Maximian）治理，这两位皇帝都称"奥古斯都"，各有一位副皇帝，称"凯撒"，开创了四帝共治制（Tetrarchy）。

330年，君士坦丁大帝（Constantine the Great，272-337年）迁都君士坦丁堡，结束四帝共治制，统一罗马，但东、西两大帝国实际上仍断续存在。395年，罗马帝国统一时代最后一位皇帝狄奥多西一世去世时把帝国分给自己的两个儿子共同治理，罗马正式分裂成东罗马和西罗马。

476年，日耳曼"蛮族"国王奥多亚克（Odoacer）废除西罗马皇帝罗慕洛，西罗马帝国灭亡，西欧进入封建社会阶段。

东罗马帝国即拜占庭帝国（Byzantine Empire，395-1453年）一直幸存，直到1453年被奥斯曼土耳其帝国灭亡。

第二节　古罗马的建筑成就

古罗马建筑多为世俗生活服务，因此建筑类型广泛，形制成熟，在建筑材料、空间与结构、施工技术、建筑装饰等方面都有很大成就，初步建立建筑的科学理论。罗马共和盛期与罗马帝国盛期的建筑和希腊盛期的建筑被誉为欧洲古典建筑，成为后来文艺复兴和法国古典主义学习的榜样。

一、券拱技术

罗马人对世界建筑最大的贡献是发展了券拱技术和穹顶结构。公元前4世纪，罗马城的下水道就使用了券拱，公元前2世纪，真拱在各类建筑中大量使用，技术已经达到很高的水平。罗马境内丰富的火山灰成为罗马人建筑的好材料，罗马人把它和石灰、碎石混合后形成凝结力很强的建材。公元前1世纪的时候，这种资源丰富、价格低廉的天然混凝土成为券拱结构的主要建筑材料。公元2-3世纪，罗马人对混凝土技术又有很大革新。

由于简拱（barrel arch）和穹顶则需要连续的承重墙来支撑，空间相对封闭单一。公元1世纪中叶，罗马人发展出十字拱（Cross vault），十字拱覆盖在方形的间上，只需要四角有支柱，摆脱承重墙的约束，使建筑物轻盈开阔，内部空间得到解放，且有利于开窗采光。罗马人逐渐形成完善的券拱体系，使建筑更加宏伟壮丽。（图15.2.1）

罗马人还创造肋骨拱，可以分散承重受力。在一系列发券之间架设石板，把拱顶分为承重部分和围护部分，减轻拱顶的压力，载荷被转移到券上，这种技术在中世纪得到进一步发扬。罗马人和其他文化不断交流促进，掌握了先进的采矿和凿石技术，并对石材进行标准化制作。对建筑结构进行科学分析，并发明起重运输装置，在建筑施工中发挥重要作用。

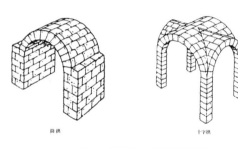

图15.2.1　简拱和十字拱示意图

二、柱式

公元前4世纪，罗马人开始运用柱式。在多立克柱式的基础上改造出一种柱身无槽、比多立克柱式更简朴、更粗短的塔斯干柱式（Tuscan Order）。公元前2世纪，罗马征服希腊之后，进一步受到希腊柱式的影响，柱式大流行。建筑师们对爱奥尼亚和科林斯柱式进行创新发展，形成罗马爱奥尼亚柱式与罗马科林斯柱式。以后又发展出来复合柱式（Composite Order），特征是在科林斯柱头上增加爱奥尼亚式涡卷，显得十分烦琐而华丽。多立克式、爱奥尼亚式、科林斯式、塔斯干式、复合式被视为罗马的五种古典柱式。（图15.2.2）

最能体现创新性的是罗马人创造的券柱式。券柱是在墙上或墩子上贴装饰性的柱式，从柱础到檐口，形成完整的柱式结构。把券洞套在柱式的开间里。券脚和券面都用柱式的线脚做装饰。柱子本身形成了墙面的浮雕装饰，凸出于墙面大约3/4个柱径。这种构图妥善解决了柱式与券拱的关系，不过柱子则完全失去了承重的意义，变成了装饰性的壁柱（Pilaster）。罗马人还在建筑各层之间使用不同的柱式，这就是罗马的叠柱式。罗马城的大角斗场是使用券柱和叠柱式结构的典型例子。（图15.2.3）

罗马柱式比希腊柱式更加细密华美，装饰性强。不同于希腊柱式的典雅庄重，罗马柱式日趋走向规范化，柱式成为建筑艺术的基本要素，深受重视。

三、建筑理论

公元前1世纪，建筑师维特鲁维撰写《建筑十书》，它是世界上迄今留下来最早、最完备西方古代建筑理论著作。约成书于公元前32-前22年间，分为十卷，内容完备。包括城市规划、建筑设计基本

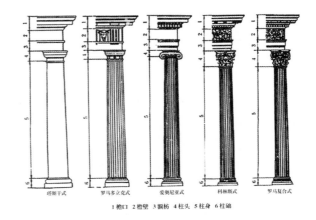

1 檐口 2 檐壁 3 额枋 4 柱头 5 柱身 6 柱础

图15.2.2　罗马五大古典柱式

原理、建筑构图原理、建筑起源、西方古典建筑形制、建筑环境控制、建筑材料、市政设施、建筑师培养等。书中提出建筑设计"实用、坚固、美观"的设计原则至今依然对建筑设计起到作用。《建筑十书》重视建筑学的综合性，强调科学与艺术的结合，奠定了欧洲建筑科学的体系。

四、建筑风格

德国古典主义美学家黑格尔认为："希腊人只把艺术的高华和优美运用到公共建筑方面去，他们的私人住宅微不足道。至于罗马人则不但扩大了公共建筑的范围，例如他们的剧场、斗兽场以及其他公共娱乐场所都把结构的符合目的性和外观的豪华壮丽结合在一起，而且在私用建筑方面也大有发展。特别是在国内战争（公元1世纪中罗马贵族争权夺利的战争）以后，别墅、澡堂、走廊和台阶之类都建造得极豪奢，从而替建筑艺术开辟了一个新的领域，其中包括园林艺术，以富于才智和审美趣味的方式发展得很完美"。[1]罗马人喜欢享受现实生活，建筑风格比较务实，追求宏大和华丽的风格，注重世俗感和装饰趣味。

1　黑格尔. 美学第三卷（上）[M]. 北京：商务印书馆，1979:84

图15.2.3　罗马科罗西姆角斗场券柱和叠柱

第三节　古罗马的建筑类型

一、宗教建筑

（一）神庙

罗马的宗教建筑主要是神庙和祭坛，神庙最具有代表性。罗马人对于神灵的虔诚远远不如希腊人，罗马人更喜欢用凯旋门和纪念柱来纪念胜利。但是在罗马统治下的很多地区和城市依然建造了很多神庙建筑。

罗马人的神庙在初期继承希腊神庙的围柱式形制，平面是长方形，代表建筑是尼姆城（Nimes）的梅宋卡瑞神庙（Maison Carree Nimes）。尼姆城位于法国里昂西南，是加尔省的省会，在古代是高卢部落的首府，公元前121年被罗马统治。城中保存许多罗马时期的建筑遗迹，梅宋卡瑞神庙是现存罗马神庙中保存最完整的，建于公元前15年。神庙位于高台之上，长25米，宽12米，神庙前部是宽敞的柱廊，后部却用石墙围护，外面设置壁柱。

古罗马最著名的神庙是罗马万神庙（Pantheon），最初建造于公元前27年，督造者是奥古斯都的女婿阿格利巴（Agrippa，约公元前63年-前12年），因"献给所有的神"而得名"万神庙"。神庙为围柱式结构，后因雷击而被毁坏。120-124年，哈德良（Hadrain，76-138年）皇帝重建万神庙，形制改为圆形穹顶。3世纪时，神庙前又建一座长方形神庙作为入口。（图15.3.1）

罗马万神庙是罗马穹顶技术的代表，也是单一空间集中式构图的典型建筑。前面门廊有8根科林斯柱式的红色花岗岩石雕圆柱，总宽度为33.53米，柱高14.15米，底直径1.51米，柱头与柱础都用白色大理石。门廊上有三角形门楣和坡顶，下面是两扇高达7米的青铜门。门廊进深约20米，里面是8根列柱和圆形主殿。主殿穹顶直径达43.5米，是古代建筑史上最大的穹顶。主殿高度也是43.5米，整个空间呈球形。主殿施工技术复杂，厚墙无窗，墙体内沿有8个大券，其中一个是大门，其余的都是壁龛，既能减轻重量，又能装饰空间。穹顶中央有一个直径为8.9米的圆洞用以采光。

（二）早期基督教堂与巴西利卡

古罗马的巴西利卡（Basilica）是一种综合性的厅堂式建筑，一般用作法庭、交易所与会堂。平面呈长方形，两端或者一端有半圆形龛（Apse），大厅常被两排或者四排柱子纵分为三或五部分。当中的部分是中厅（Nave），空间宽敞高大，两侧部分是侧廊（Aisle），比较狭窄低矮，上面常有夹层。图拉真的巴西利卡和君士坦丁巴西利卡是两个典型

代表。（图15.3.2）

早期基督教（christianity）的教堂就是在巴西利卡的基础上改造而成。早期基督教受到罗马皇帝的残酷迫害和镇压，处于地下活动的状态，利用地下墓室作为集会场所。313年，君士坦丁大帝颁布"米兰敕令"，承认基督教的合法地位。392年，皇帝狄奥多西一世（Theodosius I，347-395年）宣布基督教为罗马帝国的国教。从此以后，基督教教会在各地大量建立，开始兴建专门供教徒集会、祷告的教堂。基督教建筑更注重对人的精神影响，它通过列柱、连续拱券和一排排的座位，把人们的视线引向圣坛，同时还利用光线的效果增强圣坛的庄严、神圣气氛。这时著名的基督教堂多集中在罗马城，老圣彼得教堂、圣保罗教堂、圣洛伦佐教堂和圣玛利亚教堂等是代表作。

早期基督教堂除了巴西利卡式样，还有集中式教堂（centralized church）和十字式教堂（cross church）。巴西利卡式教堂的大厅是长方形的，而集中式教堂的大厅是圆形的，上面是穹顶。大多数集中式教堂是用来瞻仰圣徒遗物的，而不是聚众受教的。圣君士萨教堂（St.Constanza）是现存最有名的集中式教堂，它原是330年君士坦丁皇帝为其女儿和其他皇族修建的陵墓。内部用12对柱子支撑着跨度为12米的穹顶，现存教堂为1256年改建。

根据基督教会规定，基督教堂的圣坛必须在东端，举行仪式的时候，教徒面对耶路撒冷。后来随着教徒的增多，逐渐在巴西利卡前建造一所柱廊式的院子，中央有洗礼池。后来又在圣坛前增建一道横向空间，大一点的也分中厅和侧廊，高度和宽度都与中厅的对应相等，形成十字形平面，象征着耶稣受难。竖道翼廊比横道翼廊长，称为拉丁十字，流行于西欧。横竖翼廊等长的称为希腊十字，多在东欧。圣坛上用马赛克镶嵌圣像，或者以绚丽的壁画装饰。

意大利拉文纳的加拉·普拉奇迪亚（Galla Placidia）陵墓是欧洲最早的十字式建筑。普拉奇迪亚是狄奥多西皇帝的女儿、西罗马皇帝霍诺里乌斯的妹妹。陵墓建于5世纪，纵深12米，宽10米，从外部看是方形中厅，里面却是一个直径约3米的穹顶，室内饰以大理石墙裙，墙上有马赛克镶嵌画。（图15.3.3）

二、公共设施与建筑

（一）公路

罗马人为巩固统治，以罗马城为中心修建一条条通向它所统治的各个地区的公路干线，这些公路被称为国道，并有很多支线通往罗马统治的每个角落。即所谓"条条大路通罗马"。用石料或天然混凝土修建而成，施工精准。路面略呈拱形，每一英里

图15.3.1 罗马万神庙

图15.3.2 巴西利卡式教堂

中外建筑史

图15.3.3 加拉·普拉奇迪亚陵墓

图15.3.4 庞贝古城的道路遗址

就有一个里程碑，这些国道对于促进各地区的文化与经济交流起了重要作用。（图15.3.4）

（二）输水道

输水道最初发源于西亚，罗马人用输水道将水引入城市满足浴场、喷泉（fountain）以及居民饮用等需要。罗马人掌握了流体力学，将水自高处输入城中蓄水池时，多采取迂回的路线，避免水道坡度过于倾斜。在经过山谷和低洼地区的时候则修建券拱桥。整个输水道是以石块、砖或天然混凝土为材料，并用铅、陶和木质管道作为通入室内的水管。

罗马帝国时期是输水道的建造盛期，罗马城就有11条高架输水道。在罗马统治过的区域内至今还保留很多输水道遗迹。法国南部加尔省的省会尼姆城加尔河上残存的高架输水道最为闻名，建造于公元14年，由阿格利巴设计，原长近50公里，现存这段长268米，俗称"加尔桥""尼姆桥"。共三层，总高达47米，每层均用券拱。最高一层是输水道，由35个小券拱（跨度为4.6米）组成。（图15.3.5）

图15.3.5 加尔输水道遗迹

（三）广场

罗马的城市基本上都有一个广场，是市民集会、演讲或商业活动的中心场所，具有开放性。广场中间是开阔的空地，四周建有神庙、巴西利卡会堂、图书馆、政府机关、凯旋门等建筑。（图15.3.6）

罗马广场（Roman Forum）是罗马城政治、宗教、娱乐、商业的中心，最为恢宏壮丽，建筑规模庞大，施工精巧。现存的罗马广场遗址东临科罗西姆角斗场，南接帕拉蒂尼山，北靠卡比托利欧山（Capitolinum），约从公元前6世纪开始建设，到西罗马帝国灭亡为止。最初广场建筑并没有统一的规划，显得混乱，共和末期的广场才有了统一规划设计。周围遗存着3座凯旋门、系列罗马神庙、埃米利亚会堂（Basilica Emilia）、元老院（Curia）等建筑残迹。共和时期罗马城的广场以罗曼努姆广场和凯撒广场为代表。（图15.3.7）

帝国时期，广场逐渐变成歌功颂德的纪念物，成为皇帝推行个人崇拜的场所，常以皇帝名字来命名。罗马城的奥古斯都广场、图拉真广场是这个时期的代表。

奥古斯都广场（Forum of Augustus）建造于

图15.3.6 罗马早期广场复原图

图15.3.7 罗马罗曼努姆广场遗址

公元前42-公元2年。它位于凯撒广场旁边，广场强调庄严肃穆的气氛，在长方形的广场周围，有厚1.8米、高36米、全长450米的花岗岩石墙。广场内唯一的建筑是战神玛尔斯神庙，它是希腊围柱式建筑，运用科林斯柱式，装饰华丽。

图拉真广场（Forum of Trajan）位于奥古斯都广场旁边，是古罗马最宏大的广场，建造于109-113年，设计师是来自大马士革（Damascus）的著名建筑师阿波罗多罗斯（Apollodorus）。建筑手法吸收了东方建筑的轴线对称和多层纵深布局。正门是一座三跨的凯旋门，门后是面积达1万多平方米的广场。广场两侧的敞廊在中央各有一个直径为45米的半圆厅，形成广场的轴横线，广场上铺着彩色大理石板，广场中心耸立着图拉真皇帝的镀金青铜骑马像。广场底端是图拉真家族的乌尔比亚巴西利卡（Basilica of Ulpia），这是古罗马时代最大的巴西利卡之一。长120米，宽60米，内部有4列10米多高的柱子。4列柱子把会堂分为五跨，中间的一跨25米宽。屋顶覆盖着鎏金的铜瓦。巴西利卡后面还有一个小院，院内耸立着著名的图拉真皇帝纪念柱。

三、纪念建筑

（一）纪念柱

纪念柱（monumental column）也称"纪功柱"，是纪念罗马战争胜利和皇帝权威的纪念性建筑。图拉真纪念柱和马可·奥利略纪念柱最为著名。

图拉真纪念柱高38米，其大理石柱身高27米，柱身浮雕像一条长带，宽1.17米，长达244米，螺旋绕柱23圈。浮雕上的人物多达2500个，图拉真形象出现了90次。浮雕饰带表现图拉真率军队攻打达契亚（今罗马尼亚）人的场景。圆柱直径3米，以多立克式柱头结顶，柱顶安放图拉真雕像，柱础为爱奥尼亚式，柱础下埋藏着图拉真夫妇的骨灰。在纪念柱基圈上雕刻着一位半身巨人，据说这位巨人象征着多瑙河，罗马人正准备渡河，士兵在构筑工事、坚守阵地，图拉真向士兵训话。纪念柱的雕塑人物之多、构图之复杂、艺术水准之高、历史文献价值之大，实属罕见。（图15.3.8）

（二）凯旋门

凯旋门（Triumphal of Arch）出现于共和后期，是罗马统治者为炫耀战争的胜利而兴建。通常横跨在一条道路上，中央有一个或者三个券形门洞，立面方正，有高高的基座和女儿墙。正面用大理石柱做装饰，支墩和顶部有装饰性檐口，拱门两边为歌功颂德的主题浮雕，顶部也有浮雕。4世纪时，罗马城有凯旋门36座。最典型的包括提图斯凯旋门（Arch of Titus）、塞维鲁斯凯旋门（Arch of Septimius Severus）和君士坦丁凯旋门（Arch of Constantine）。

提图斯（41-81年）是罗马弗拉维王朝第一代皇帝韦斯巴芗之子，在位仅2年多时间。他即位前曾指挥军队攻占耶路撒冷，凯旋门就是为纪念这次胜

图15.3.8　图拉真纪念柱

图15.3.9　提图斯凯旋门

图15.3.10　赛维鲁斯凯旋门

利而于公元81年建造的。高14.4米，宽13.3米，进深6米，其主面台基与女儿墙都较高，是罗马现存最早的单拱凯旋门。用混凝土浇筑、大理石贴面，檐壁上雕刻着凯旋时向神灵献祭的行列。还有表现士兵抬着从耶路撒冷神庙里缴获的黄金圣案、烛台和银喇叭等重要战利品兴高采烈地走在凯旋门前的场景。（图15.3.9）

赛维鲁斯凯旋门是塞维鲁斯王朝第一代皇帝米乌斯·塞维鲁斯（193-211年）为纪念对帕提亚人和阿尔比努斯作战的胜利而于公元203-205年建造的。赛维鲁斯凯旋门的整体形象十分壮丽，有三个拱门，体量雄伟，高23米，面阔25米，进深11.9米。墙面布满颂扬塞维鲁斯战绩的浮雕，顶上有皇帝和二个王子驾车青铜像。（图15.3.10）

君士坦丁凯旋门建造于312年。是为庆祝君士坦丁大帝于312年战胜他的强敌马克森提乌斯而建。高21米，面阔25.7米，进深7.4米，是一座气势恢宏的三拱凯旋门。凯旋门的浮雕装饰丰富，多是从其他建筑上搜集而来。这座凯旋门后来成为19世纪拿破仑修建的法国巴黎凯旋门的蓝本。（图15.3.11）

四、娱乐建筑

（一）剧场

罗马的剧场模仿希腊，但规模较小，不再依山而建，而建于城市中心，其舞台后的化妆室扩大为庞大的高层建筑。观众席平面呈半圆形，逐排升起，以纵过道为主、横过道为辅。观众按票号从不同的入口、楼梯，到达各区座位，聚散方便。舞台高起，前有乐池，后面是化妆室，化妆室的立面便是舞台的背景，两端向前凸出，形成台口的雏形。（图15.3.12）

（二）竞技场

竞技场也叫角斗场、斗兽场、圆剧场，是罗马人创造的公共建筑，包括用于举行马车比赛的竞技场和用于举行角斗的角斗场。罗马时期规模最大的马车竞技场是马西莫比赛场（Massimo stadium），建造于罗马帕拉蒂诺山与阿文廷山之间，中间是比赛区，周围是层层向上的观众席。（图15.3.13）

角斗场大都是圆形或椭圆形的建筑。奴隶主把挑选出来的战俘、奴隶或罪犯经过角斗训练后送进角斗场进行角斗表演，供观众欣赏取乐。这种残酷的娱乐活动直到403年才被废止。最初的角斗场几乎都是在山坡处开挖后围成的，以后逐渐发展到在平地上用石料和天然混凝土建造。罗马帝国时期，角斗场的建造日益兴盛，最具代表性的是罗马城的科罗西姆角斗场（Colosseum）。

科罗西姆角斗场也称为大斗兽场、大角斗场，建造于公元72-80年。建造者是来自耶路撒冷的8万名犹太人战俘，提图斯皇帝将其建造完工并对

图15.3.11　君士坦丁凯旋门

图15.3.12　叙利亚杰什拉的罗马时代剧场

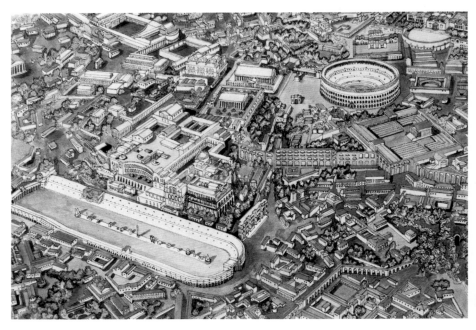

图15.3.13　罗马竞技场和科罗西姆角斗场复原图

外开放。整个角斗场呈椭圆形，长轴188米，短轴156米，中央的表演区长86米，宽54米。观众席约60排，可以容纳5万以上的观众。地下是服务性的地下室，内有兽栏、角斗士预备室、排水管道等等。整个角斗场占地2万平方米，周长527米。（图15.3.14）

科罗西姆角斗场合理地安排了结构与功能之间的关系，构思巧妙，气势雄伟。建筑采用一系列环形拱和放射形拱架起一圈高高的观众席，场内有80个出入口，以便疏散观众。观众席按等级分为五个区，席座和通道都经过精心安排。表演区可以供表演、角斗，还可以灌水成湖表演海战。

角斗场立面高48米，分四层，底下三层是券柱式的拱廊，自下而上分别是塔斯干柱式、爱奥尼亚柱式和科林斯柱式。最上面是实墙，外饰科林斯式壁柱。立面既有丰富的虚实、形式变化，又具有统一和谐的效果，整个建筑显得稳固而雄伟。16世纪的时候，大角斗场开始遭到破坏。

（三）公共浴场

到公共浴场泡澡是罗马人十分热衷的生活方式。罗马共和时期，公共浴场主要包括热水厅、温水厅、冷水厅三部分。大型浴场还有休息厅、娱乐厅和运动场。公共浴场很早就采用拱券结构，在拱顶里设取暖管道。罗马帝国时期，大型皇家浴场又增设图书馆、演讲厅和商店等。公元2世纪初，叙利亚建筑师阿波罗多拉斯设计的图拉真浴场确定了皇家浴场的基本形制:主体建筑物为长方形，完全对称，纵轴线上是热

图15.3.14 科罗西姆角斗场遗址

图15.3.15 卡拉卡拉浴场遗址

水厅、温水厅和冷水厅；两侧各有入口、更衣室、按摩室、涂橄榄油和擦肥皂室、热气室等；各厅室按健身、沐浴的一定顺序排列；锅炉间、储藏室和奴隶用房在地下。公共浴场成为集多种功能、多种服务为一体的综合性公共休闲文化中心。

　　在罗马帝国，每一个城市和乡镇都拥有数量不等的公共浴室。仅在罗马城的公共浴场已经超过1000家，其中特大型的有11家。罗马城内著名的卡拉卡拉浴场（Thermae of Caracalla）建造于212-216年，占地11公顷，可供1500多人同时沐浴。罗马市中心的戴克里先浴场（Thermae of Diocletium）规模更大，建造于305-306年，可以容纳3000人。在这两个建筑中，都运用了复杂多样的券拱体系，成就非凡。浴场内部装饰华丽，有壁画和马赛克镶嵌，而且建筑与雕塑相结合。（图15.3.15）

五、住宅建筑与陵墓

（一）住宅建筑

　　罗马住宅建筑主要分为几个层次：公寓、四合院、别墅、宫殿等。罗马的城市住宅建筑大体上分为公寓和四合院住宅两大类。公寓一般为城市居民居住，楼房居多。它兴起于共和时期，一般是3～4层，帝国时期出现5～6层的。4世纪的时候甚至出现过20多米高的公寓。四合院一般是贵族居住，分为正厅和柱廊庭院两部分。正厅是矩形或方形，周围分布着若干小房间，有门廊通向街道。住宅中往往以壁画或者马赛克镶嵌为装饰。

　　庞贝（Pompeii）位于亚平宁半岛西南角坎佩尼亚（Campania）地区，是一座著名的贸易港口和避暑胜地，十分繁华富庶。公元79年8月24日，位于其东北10公里处的维苏威火山突然喷发，火山灰掩埋这座城市，还让附近的赫库兰尼姆古城（Herculaneum）和斯塔比亚（Stabia）遭受严重毁坏。直到1748年，庞贝古城才被发掘出来，被火山灰掩埋的街道房屋等都保存比较完好。庞贝古城略呈长方形，有城墙环绕，四面设置城门，城内大街纵横交错，街坊布局有如棋盘。到公元79年为止，庞贝城人口超过2万人，是闻名遐迩的酒色之都。在市政广场周围建朱庇特神庙、阿波罗神庙、大会堂、浴场、商场等建筑，还有剧场、体育馆、角斗场、输水道等市政设施。城中作坊店铺众多，都按行业分街坊设置，连同大量居民住宅，是研究古罗马民居建筑的重要实物。富裕家庭一般有花园，主宅环绕中央天井布置厅堂居室，花园中有古典柱廊和大理石雕像，厅堂廊内多装饰壁画。

　　维提之家（Vettis house）是庞贝古城保存最完整的民居，共有房间22个，其中入口右侧12个房间，左侧10个。包括卧室、书房、奴隶房和储藏室等。还有大小花园和庭院各2个，以及1个专用廊道。维提之家的露天庭院是长方形，庭院四周与花园及多个房间相通。庭院中有一大一小两个方形蓄水池。庭院后是对称布局的大花园，园中有一些青铜与大理石雕像，大花园北部还有一个小花园。建筑装饰以黄色和深红等色彩为主，风格细致生动。（图15.3.16）

　　罗马宫殿与别墅绝大部分已经被毁。罗马帝国历代的皇帝宫殿都建造在罗马城内的巴拉丁山冈附近。主要建筑物包括长廊、议政厅、寝宫、浴室、客厅、神庙、法庭、花园、喷泉等。其中比较奢华的是1世纪中期尼禄的金殿。

哈德良别墅是哈德良皇帝的行宫，位于罗马城东郊，始建于117年，占地18平方公里，集中了哈德良在视察帝国时看到的名胜景观，是罗马帝国建筑成就的综合展示。宫中既有雅典的柏拉图学园、亚里士多德的健身房、斯多噶派的画廊等，也有埃及与东方尼罗河入海口的卡诺普斯运河。行宫内有豪华的浴场、图书馆、剧场、亭榭、柱廊、住宅和花园。馆阁厅堂错落有致、建筑组合迂回多变，园林风景秀丽。别墅虽然被毁，但柱廊等部分得以保存至今。（图15.3.17）

（二）陵墓

罗马城西北台伯河西岸的哈德良陵墓是典型代表，建造于135-139年。陵墓基座为正方形，每边长90余米，高约22.9米，四角安置骑士雕像。墓上部是直径为73.2米、高45.7米的鼓形建筑，周围有柱廊环绕。墓顶是锥形塔，塔顶耸立着哈德良皇帝的雕像。墓内有安放棺椁的密室，整个陵墓内外的装饰十分华丽。中世纪时，陵墓被教皇用作碉堡，被称为"天使的宫堡"（Castle of S.Angelo），现在已辟为博物馆。（图15.3.18）

图15.3.17　哈德良皇帝的别墅遗址

图15.3.18　哈德良皇帝的陵墓

图15.3.16　庞贝古城的维提之家

🔗 **思考题**

1. 古罗马建筑分几个发展时期？

2. 古罗马建筑的柱式有怎样的发展？

3. 简述古罗马大角斗场的设计特色。

4. 何谓巴西利卡？

5. 古罗马住宅建筑有何特征？

第一节　概述

从公元476年西罗马帝国被日耳曼人灭亡到文艺复兴的一千余年时间，被史学界称为中世纪时期（Middle Ages），此间基督教文化盛行，中世纪也被称为"黑暗时期"（Dark Ages）。当时"蛮族"在欧洲大陆横行，不断摧毁罗马的文化。

罗马帝国疆域辽阔，意大利以东以希腊语为主，意大利本土和西部地区以拉丁语为主，古希腊语和古拉丁语同属于印欧语系，是通用语言，那些不会说通用语的部落和民族被罗马人称为"蛮族"（Barbarian）。罗马人将日耳曼人（Germans）、斯拉夫人（Slavs）、凯尔特人（Celts）称为欧洲三大"蛮族"。生活在俄罗斯顿河流域的游牧民族阿兰人（Alan）、兴起于蒙古草原的匈奴人（Huns）、信仰奥丁神的北欧海盗维京人（Vikings）、东方的波斯人（Persian）、帕提亚人（Parthia），东南的阿拉伯人（Arabs）等也被罗马人称为"蛮族"。这些"蛮族"支系十分复杂，且在民族迁徙中不断有融合。他们使中世纪的欧洲长期处于风谲云诡之中，他们破除了奴隶制度，最终在欧洲发展了封建制度。

623年，斯拉夫人在捷克地区建立萨摩公国，这是最早的斯拉夫国家。

捷克境内遗存不少中世纪的建筑，从城堡到教堂应有尽有。位于伏尔塔瓦河（Vltava）畔的布拉格城堡（Prague Castle），一直是皇室所在地，也是如今捷克总统与机关的办公中心。城堡在历史

长河中多次扩建，具有多种历史时期的建筑风格。城中有炼金术师居住的黄金巷、波西米亚国王居住的王宫、奔腾的伏尔塔瓦河以及浑朴壮观的查理大桥，以及一片一片的橘红色屋顶。（图16.1.1）

伏尔塔瓦河上游的克鲁姆洛夫古镇（Cesky Krumlov）始建于13世纪，距离布拉格160公里，经过几个世纪的扩建，形成庞大的城堡建筑群。诸多古建筑保存完好，有远山近水，有曲巷红楼，景色迷人。1992年，布拉格城堡与克鲁姆洛夫古镇同时被列入世界文化遗产名录。（图16.1.2）

9世纪末，维京人奥列格（Oleg）以基辅（Kiev）为都城建立了强大的基辅罗斯（Kievan Rus, 882-1240年），这个以斯拉夫人为主体的国家是今俄罗斯、白俄罗斯、乌克兰的前身，以东正教为国教。它不断扩张，奠定近代俄罗斯的版图。13世纪时被蒙古钦察汗国（1209-1502年）的大汗拔都（Batu Khan）率军灭亡。乌克兰卡缅涅茨波多利斯基的石头城堡建于14世纪，其建筑风格独特，灰白色的墙壁和圆锥形的碉楼有非常浓厚的斯拉夫色彩。

10世纪中叶，波兰王国诞生，也接受基督教。1385年，波兰和立陶宛组成联盟，对抗条顿骑士团的侵略。1505年，成立波兰第一共和国，首都从克拉科夫迁到华沙。华沙城中的王宫城堡建于13世纪末，在战争中屡遭破坏，1971年集资重建。克拉科夫的维斯瓦河畔的瓦维尔城堡，曾是波兰王国的皇

图16.1.1 捷克首都布拉格

图16.1.2 捷克克鲁姆洛夫古镇

家城堡，建筑风格刚健而圆润。波兰的马尔堡古堡（Malbork Castle）修建于1274年，是条顿骑士团的总部所在地，被认为是欧洲最大的砖砌建筑。

凯尔特人（Celts）在公元前6世纪占领不列颠诸岛。他们以红发为标志性体貌特征，擅长手工艺和金属制作。罗马皇帝克劳迪乌斯（Claudius）在1世纪时率军征服不列颠，占领该地长达400余年，当地的凯尔特文化逐渐被并入罗马文化之中。仅在爱尔兰、苏格兰还有凯尔特人延续自己的王国。5世纪中叶，日耳曼部族盎格鲁-撒克逊人趁虚而入，侵犯不列颠，史称"日耳曼人征服"或"条顿人征服"。凯尔特人进行了一百多年的英勇抵抗，损失惨重。795年，来自斯堪的纳维亚半岛的维京人（Viking）入侵爱尔兰岛，并建立都柏林等定居点。后来爱尔兰的凯尔特人从维京人手中夺取都柏林，并作为首都。苏格兰的凯尔特人击败当地的皮克特人（Picts），以爱丁堡为都城建立苏格兰王国。爱丁堡城堡（Edinburgh Castle）是苏格兰中世纪建筑的代表，6世纪时成为皇室城堡，始终是苏格兰精神的重要象征。

威尔士人也是凯尔特人后裔，长期处于英格兰人统治之下。1536年和1542年的联合法令把英格兰与威尔士在行政、政治和法律上统为一体，英国王储因此常被称为"威尔士亲王"。威尔士亲王的受封地是卡那封城堡（Castell Caernarfon），位于威尔士圭内斯郡，城堡始建于11世纪末，在战火中屡次被毁。城堡中的鹰塔坚固异常，是英国现存城堡塔楼中最大的一座。（图16.1.3）

居住在今天法国、比利时、瑞士、荷兰、德国南部和意大利北部的凯尔特人则被当时的罗马人统

称为高卢人（Gaul），所居地区被称为高卢。公元前59-49年，凯撒击败高卢人，高卢成为罗马帝国行省，后来兴起了法兰克王国。法兰克加洛林王朝在查理曼大帝（Charlemagne，742-814年）时代实力达到鼎盛。800年，教皇利奥三世在罗马给查理大帝加冕，宣布他成为罗马人的皇帝，这是西罗马覆灭后300余年后西欧第一个皇帝。查理曼大帝定都德国亚琛（Aachen），亚琛地处德国、比利时、荷兰三国交界处，坐落在艾弗尔山脚下，以温泉著称。查理大帝将这里作为疗养胜地，在此修建行宫（Pfalzanlage）。让艺术家仿照古典样式进行创作，以宫廷为中心形成复兴古典文化的热潮，史称"加洛林文艺复兴"，将北欧的日耳曼精神与地中海文明成功结合。

亚琛行宫是查理曼时代最重要的建筑工程，王宫教堂是亚琛大教堂（Aachen Cathedral），又名巴拉丁礼拜堂，平面布局和结构基本模仿意大利

图16.1.3 卡那封城堡

图16.1.4　德国亚琛大教堂

图16.1.5　建于1225年的俄罗斯
罗奇托维斯基教堂

拉文纳圣维塔尔教堂的特点，外观雄浑壮丽，内部装饰辉煌。圆柱和青铜栏杆都来自遥远的意大利，还运用方形柱和罗马拱门。因罗马在亚琛西面，故教堂所有大门都朝向西开门，西面入口处有两座高塔，表达对罗马的向往。这种建筑样式是北方城堡与南方罗马风格的结合，后来成为罗马式教堂的基本样式。大教堂建成于805年，查理曼大帝的遗体安置于斯。教堂以带有圆拱的八角形建筑夏佩尔宫为中心，经过不同历史时期的扩建，融法兰克风格、拜占庭风格、哥特风格为一体，有32位德国国王在此加冕，被誉为"德国建筑和艺术历史的第一象征"。（图16.1.4）

中世纪欧洲的普通民居是简陋的，往往是在泥土地上垒起石墙，上覆茅草屋顶，只有富人以及贵族才用石头和砖瓦修建房屋。"蛮族"建立的王国统治了欧洲，把古罗马的神庙建筑视为异端而毁坏，基督教却得到统治者们的重视，盛极一时。随着罗马帝国的分裂，基督教也在中世纪走向对立。1054年，基督教正式分裂成西欧的天主教（Catholicism，罗马公教）和东欧的东正教（Eastern Orthodoxy，希腊公教）两大宗派，宗教建筑代表着欧洲中世纪建筑的最高成就。

早期基督教仿照巴西利卡建造教堂。后来，西欧开始摹仿古罗马人的拱顶结构和巴西利卡形制，从而产生"罗马式"（Romanesque）建筑。12-15世纪，哥特式（Gothic）建筑在西欧流行，把建筑技术发展到前所未有的极致。

在东欧，东罗马帝国（Eastern Roman Empire，395-1453年）一直稳定发展。东罗马即拜占庭帝国（The Byzantine Empire），我国称之为"拂菻""大秦"。东罗马人把古希腊罗马传统、基督教文化、东方文化融为一体，形成拜占庭建筑艺术，穹顶结构和集中式形制被大大发展，在宗教建筑、公共建筑和城市建设等方面都有巨大成就。（图16.1.5）

第二节　中世纪西欧建筑

5-10世纪，教堂、修道院、城堡是最具有代表性的建筑物。修道院是基督教修士、修女居住和隐修的地方，最初并没有统一的规划和模式，在教会发展壮大后，开始推广教规管理修道院，修道院也是培养神父的教育机构。早期修道院和教堂建筑粗犷厚实，不讲求比例，装饰简陋，反对偶像崇拜，连耶稣基督的雕像都没有。（图16.2.1）

随着封建制度的发展，城市的自由工匠们手工技艺更娴熟，建筑类型也逐渐增多。因为战争较多，城堡（burgus）与城堡式庄园不断产生，规模日益宏大，成为中世纪欧洲政治权力的基本象征。

中世纪早期城堡相对简陋，有的甚至是在罗马帝

图16.2.1　德国马利亚·那赫修道院

图16.2.2　卡尔卡松城堡

国留下的废弃建筑基础上修葺而成。"是墙垣围绕的场地,起初有时甚至围以简易的木栅栏,面积很小,通常呈圆形,四周是壕沟。中间有一座坚实的塔楼,即城堡的主楼,亦即受到攻击时进行最后防御的内堡。"[1]随着蛮族首领纷纷转变为封建领主,他们所居住的城堡从木栅、土碉堡不断向石结构城堡转变,多建于易守难攻的高地或山头上,挖沟渠、修碉堡,充分利用地势增强城堡的防御性。依照中世纪欧洲君主国的贵族等级,分为公爵、侯爵、伯爵、子爵、男爵等五个等级,不同等级的贵族领主们占据相应的城堡和的领地,城堡既是宫殿又是防御建筑。

法国南部的卡尔卡松城堡(Castle of carca-ssone)是典型的中世纪城堡,也是欧洲现存最大的古堡群。8世纪时,卡尔卡松古城归法兰克王国统辖。12世纪时,法兰西卡佩王朝(Capetian Dynasty,987-1328年)对其不断修葺,使城堡更加坚固雄伟。城外有护城河,城内有沿街而建的石头房,房屋呈圆柱形,屋顶为圆锥形塔楼。(图16.2.2)

教堂建筑随之发展,教堂装饰逐渐增多,追求构图完整统一,教堂的整体和局部的匀称和谐等也大有进步,施工日趋精致。10-12世纪流行的罗马式建筑与12-15世纪流行的哥特式建筑是中世纪西欧建筑成就的代表。

一、罗马式建筑

9世纪时,加洛林王朝解体,西欧相继出现法兰西、德意志、意大利和英格兰等十几个民族国家,正式进入封建社会,各具民族特色的建筑在各国发展起来。其建筑规模远不及古罗马建筑,设计施工也较粗糙,很多建筑材料来自古罗马废墟,建筑艺术上继承古罗马的半圆形拱券结构,形式上多采取古罗马的巴西利卡和拉丁十字形制的结合,故称为罗马式建筑。"在罗马式教堂风格中,核心的元素是圆拱(这是从希腊罗马时代借鉴来的);这种结构在罗马式建筑的入口处、窗上、拱廊和石顶上,都能看到。这种建筑风格的主要成就,是以石制圆顶代替了木制的平顶,这使得房子不易着火,从审美角度讲,使整体显得更为完整,且更易让声音产生共鸣。"[2]

意大利中部托斯卡纳地区的比萨教堂(Pisa Cathedral)是罗马式建筑的代表。比萨大教堂始建于1063年,为纪念打败阿拉伯人而建,前后历时近300年。建筑群包括大教堂(Duomo)、洗礼堂(Battistero)、钟塔(Campanile)和大公墓(Camposanto)。风格统一,造型精致,端庄优美。

主教堂始建于1063年,平面为拉丁十字形,长95米,纵向有四排68根科林斯式圆柱。中央十字相

1　亨利·皮雷纳. 中世纪的城市(第二版)[M]. 北京:商务印书馆,2006:46
2　朱迪斯·M. 本内特、C·沃伦·霍利斯特. 欧洲中世纪史(第10版)[M]. 上海:上海社会科学院出版社,2007:328

图16.2.3 比萨教堂主教堂

图16.2.4 比萨教堂钟塔

交处为一椭圆形拱顶所覆盖，中厅用轻巧的列柱支撑着木架结构的屋顶。大教堂正立面高约32米，底层入口处有三扇铜门，上有描绘圣经题材的各种雕像。大门上方是4层连列券柱廊，以带细长圆柱的精美拱券为标准，逐层堆叠为长方形、梯形和三角形，布满整个大门正面。教堂外墙是用红白相间的大理石砌成，与周围绿地相称，色彩明快，给人留下深刻的印象。（图16.2.3）

钟塔建造于1174年，在主教堂圣坛东南20多米，为圆形大理石结构，直径约16米，高55米，分为8层。中间6层周围有券廊围绕，底层只在墙上做浮雕式连券，顶层向内收缩。建筑师皮萨诺在塔楼第三层完工时发现地基沉陷不均，为此，工程曾经数次停顿。这座偏离垂直线有5.4米的斜塔，成了世界建筑史上一道奇特景观。如今所见斜塔经过2001年6月完工的抢救工程后，塔顶南端仍比地基斜4.5米。（图16.2.4）

主教堂西侧大约60米处是洗礼堂，建造于1153-1278年（或说1152-1174年）。造型宛如王冠，主体是内直径35米的圆柱体，顶部为大圆顶，顶上正中又升起一座小圆锥，上方又是一个小圆拱，总高54.8米，立面分为3层。上半部分在13世纪的时候被加上哥特式三角形山花与尖形装饰。（图16.2.5）

二、哥特式建筑

12-15世纪，西欧基督教文化发展到鼎盛时期，市民以极高的热情建造教堂。教堂已不再纯属宗教性建筑物，而是城市公共生活的中心，成为市民大会堂、公共礼堂，甚至可用作市场和剧场。11世纪末叶与12世纪初，法兰西人创造了哥特式建筑。

"哥特"原指日耳曼蛮族，15世纪人文主义学者反对神权，提倡复兴古罗马文化，把12-15世纪流行的建筑风格称为"哥特"风格，以示贬低与否定。哥特教堂平面仍为拉丁十字形制，但在其西端门两侧增加一对高高的尖塔。哥特建筑以直升的线条、雄伟的外观、空阔的空间、绚丽的玻璃窗著称于世。

哥特建筑利用肋拱、尖券（pointed arch）、修长的束柱，以及新的框架结构支撑顶部。飞扶壁（fly

图16.2.5 比萨教堂洗礼堂

buttress）是哥特建筑的一大创造，它利用墙体上部向外挑出一个券形或半券形的飞券，将墙体所受的压力传递到墩柱上。以墩柱支撑屋顶并抵消侧推力。飞扶壁解放了墙体，使玻璃窗大面积运用，建筑结构更加轻巧玲珑。（图16.2.6）

教堂的彩色玻璃技术拼成一幅幅五颜六色的宗教故事，形成"无字的圣经"。玻璃颜色以蓝色和红色为主，蓝色象征天国，红色象征基督的鲜血。窗棂的构造工艺精巧，细长的窗户被称为柳叶窗，圆形的被称为玫瑰窗。这些花窗一方面用于采光，另一方面渲染宗教的神秘气氛。（图16.2.7）

法国哥特式教堂平面式拉丁十字形，但横翼很少突出。西面为正门入口，东面有环形殿堂和环廊，许多小礼拜室呈放射状排列。教堂中庭高耸，有大面积彩色玻璃窗。外观上有许多大大小小的尖塔和尖顶做装饰，西端塔楼、平面十字交叉处顶部、扶壁、墙垛上皆为尖顶，窗户细高。14世纪之后，建筑物的窗棂形状类似火焰，称之为火焰式，装饰日趋复杂。束柱没有柱头，很多细柱从地面直通拱顶，成为肋架。

德国哥特式教堂中厅和侧厅的高度相同，没有高侧窗和飞扶壁，完全依靠侧厅外墙的窗户采光。内部是多柱大厅，拱顶上面再加一层整体的陡坡屋面。有的教堂只在正面建造一个钟楼的哥特式教堂，德国南部乌尔姆市敏斯特教堂（Ulm Minster）即是如此。始建于查理大帝时代，长126米，宽52

米，东侧有双塔，西侧主塔高达161.53米，是世界上最高的教堂钟楼。（图16.2.8）

意大利哥特式建筑主要在北部地区有影响。教堂不强调高度和垂直感，正面也没有高高的钟塔，很少使用飞扶壁，注重装饰感。

英国的哥特式建筑流行于12-16世纪。早期英国哥特教堂比较简洁，14世纪走向装饰性风格，15世纪形成垂直式风格。窗户的平行垂直和扇形穹顶是这一时期的典型样式。

中世纪欧洲代表性的哥特式建筑有法国巴黎圣母院、郎恩教堂、兰斯教堂、夏特尔教堂、亚眠教堂、德国科隆大教堂、意大利米兰大教堂、英国威斯敏斯特大堂，等等。

（一）巴黎圣母院

巴黎圣母院（Notre Dame de Paris）是早期哥特式建筑的代表。它位于巴黎塞纳河城岛的东端，始建于1163年，是巴黎大主教莫里斯·德·苏利（Maurice de Sully）决定兴建的，当时教皇亚历山大三世（Pope Alexander III）负责奠基。雨果曾称其为"一部规模宏大的石头交响诗"。（图16.2.9）

巴黎圣母院坐东朝西，正面有一对60米高的钟塔，但没有尖顶，造型稳重优美。立面分为上中下三段，每段之间都有装饰带。在下层和中层间的横带上雕刻着20多位国王像，造型高瘦。中层与上层之间以一排镂空的尖券为装饰。最下面是3个大拱门，中

哥特教堂剖面　　哥特教堂双尖角窗

图16.2.6　哥特教堂剖面和双尖角窗示意图

图16.2.7　英国威尔士大教堂玻璃窗

图16.2.8　乌尔姆大教堂

图16.2.9 巴黎圣母院俯瞰

图16.2.10 兰斯教堂西立面

间是"最后的审判"的主门，左右是"圣母玛丽亚"和"圣安娜"的次门，门内层层线脚中布满雕像。正门上部是直径为13米的圆形玫瑰窗，镶嵌着彩色玻璃，玫瑰窗两侧是尖券形窗。巴黎圣母院平面是拉丁十字，总长约125米，总宽约47米。中厅宽12.5米，高32.5米，可以容纳9000余人。平面十字交叉处是90余米高的尖塔，而不是罗马式建筑的穹顶。教堂东端有半圆形通廊。整个结构用柱墩承重，柱墩之间全部开窗，并运用尖券六分拱顶、飞扶壁等。2019年4月15日，巴黎圣母院发生严重火灾，三分之二屋顶被毁，尖塔倒塌，损毁严重。

（二）朗恩教堂

朗恩教堂是早期与巴黎圣母院齐名的哥特教堂。西立面宽31米，塔楼高56米，中厅顶高24米，建造时间约为1160-1230年，突出特征是交叉廊。除西立面以外，交叉廊的南北两个立面分别建有双塔，中厅和侧廊的交叉部也有巨大的采光塔。1220年完成了包括双塔在内的西立面，不久后增建了飞拱。

（三）兰斯教堂

兰斯教堂（Rheims Cathedral）建于1211-1290年，是为纪念圣雷米主教为法兰西第一任国王克洛维受洗，先后有25位国王在此加冕。唯一例外的是，自封为皇帝的拿破仑在巴黎圣母院加冕。为历代国王举行加冕仪式的地方还有圣雷米教堂和圣雷米修道院。1991年，这三座建筑均被联合国教科

文组织列为世界文化遗产。兰斯教堂是法国最美丽的教堂之一，形体优雅、装饰纤巧。教堂长138.5米，高38米，三层立面，运用肋骨拱、束柱、飞扶壁等典型的哥特式结构。教堂内外布满以圣经故事的主题雕塑，有雕塑2302尊。（图16.2.10）

（四）夏特尔教堂

夏特尔教堂（Chartres Cathedral）原本是9世纪建造的罗马式教堂，在毁于一场大火之后，于1194-1260年重建。西面两座塔楼建造时间相差400年，形式也各不相同。教堂中厅高约37米，内部极少雕刻装饰，代之以彩色玻璃镶嵌。在教堂侧面墙壁上部，每两扇柳叶窗与一扇玫瑰花窗组成一组，开创建筑史上的先例。（图16.2.11）

（五）亚眠教堂

亚眠市索姆河畔的亚眠教堂（Amiens Cathedral）建于1220-1288年，是法国最大的教堂，也是哥特式建筑顶峰时期作品之一。教堂以设计精巧、造型优美、装饰瑰丽、雕塑众多而闻名。包括3座殿堂、1个十字厅（长133.5米、宽65.25米、高43米）和1座设有7个小礼拜堂的环形后殿。教堂上下分为3层，巨大的连拱占据大部分空间。大门上方叠加两层连拱，第2层是著名的国王拱廊。还有一个直径11米的巨形火焰纹玫瑰圆窗和一组高廊。两座塔楼拱卫于两侧，形成整体布局中巨大的空间。教堂顶部均由4根一组细柱和1根粗壮圆柱组成的束形柱支撑，布局排列严谨

有序。教堂墙壁上雕饰基督教先知、信徒和法国历代国王画像，以及被称为"石头上的百科全书"的宗教故事。（图16.2.12）

（六）科隆大教堂

坐落在美丽的莱茵河畔的德国科隆大教堂（Cologne Cathedral）始建于1248年，是欧洲北部最大的哥特式教堂，在很多结构方面类似于法国亚眠教堂。平面为拉丁十字形，长143米，宽84米，西面的一对八角形塔楼建于1842-1880年，高达150余米，造型雄伟瑰丽，中厅宽12.6米，高46米。教堂装饰丰富而精致，在建筑物所有的细部上都覆盖着流动感的石造镂空花纹，给人以纤巧空灵，直插云霄的感受。（图16.2.13）

（七）米兰大教堂

米兰大教堂（Milan Cathedral）坐落于意大利米兰市中心的大教堂广场，平面为拉丁十字，长158米，最宽处93米，塔尖最高处达108.5米。总面积11700平方米，可容纳3.5万～4万人举行宗教活动，是世界上最大的哥特式教堂。始建于1386-1485年，之后又经过扩修，历经五个多世纪才最终完工，因此它的建筑风格非常丰富。教堂上半部分是哥特式的尖塔，下半部分是巴洛克式风格，从上而下满饰雕塑，极尽繁复精美，还融合文艺复兴时期的建筑风格。教堂由白色大理石筑成，大厅宽达59米，长130米，中间拱顶最高45米，使用尖拱、壁柱、花窗棂等哥特式结构。（图16.2.14）

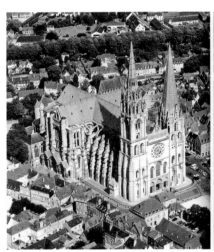  

图16.2.11　夏特尔教堂及内部　　　　　　　　　图16.2.12　亚眠教堂

图16.2.13　科隆大教堂塔楼　　　　　　　　　　图16.2.14　米兰大教堂

（八）威斯敏斯特大教堂

威斯敏斯特教堂（Westminster Abbey）即圣彼得联合教堂，又因为其位于英国伦敦西部泰晤士河畔威斯敏斯特区的议会广场，因此又称西敏寺。英王爱德华于10世纪始建，最终完成于1755年，集罗马式、哥特式、文艺复兴式等多种风格，总体属于哥特式，主要由教堂及修道院两大部分组成。教堂平面呈拉丁十字，长达156米，宽约22米，上部拱顶高达31米。教堂西部双塔（1735-1740年）高达68.6米。威斯敏斯特教堂还是英国国王加冕和王室成员举行婚礼的地方，里面也有英国国王与名人墓室。威斯敏斯特教堂的柱廊恢宏，雕刻优美，装饰精致，玻璃色彩绚丽，双塔高耸，它是英国政治地位最高的教堂，也是欧洲最美的教堂之一。

第三节　中世纪东欧建筑

330年，君士坦丁迁都到帝国东部的拜占庭（Byzantium），更名君士坦丁堡，因此东罗马也称拜占庭帝国。统治疆域的核心在巴尔干半岛，疆域最大时包括意大利、小亚细亚、叙利亚、巴勒斯坦、两河流域和西班牙南部、非洲的埃及和北非地中海沿岸等地方，地跨三大洲。文化上延续传统，经济上持续发达，城市建筑上技术进步，是欧洲历史最悠久的君主制国家。

东罗马经历12朝，93位皇帝，查士丁尼统治时期（527－565年）东罗马帝国的国力达到鼎盛。1071年，拜占庭帝国在与突厥人建立的伊斯兰帝国塞尔柱帝国（Seljuk Empire，1037-1194年）的战争中落败，帝国从此走向衰落。拜占庭向罗马教皇求救，教皇乌尔班二世（Urban Ⅱ）在1095年召开宗教会议后，引发长达200余年的十字军（Crusades）东征。

塞尔柱帝国被蒙古灭亡后，其支系奥斯曼人（Osman）随后兴起。1453年，奥斯曼土耳其帝国（the Turkish Ottoman Empire）苏丹穆罕默德二世率军攻陷拜占庭，罗马帝国彻底灭亡。君士坦丁堡被更名为伊斯坦布尔（Istanbul），成为奥斯曼帝国的都城。

中世纪东欧建筑包括拜占庭建筑和俄罗斯建筑。

一、拜占庭建筑

拜占庭建筑分为三个阶段。早期（4-6世纪）主要仿照罗马城建设君士坦丁堡。建筑包括城墙、城门、宫殿、广场、输水道、蓄水池、教堂等。东正教是国教，教堂的中厅都是正方形或近似正方形，不同于西欧的狭长造型。6世纪兴建的圣索菲亚大教堂是此时的代表作。中期（7-12世纪）因受到外敌不断侵扰，建筑规模减小。建筑结构趋向于向高发展，中央大穹顶被几个小穹顶群取代，装饰性强。代表建筑是基辅圣索菲亚大教堂和意大利威尼斯圣马可教堂。后期（13-15世纪）拜占庭已经没有能力对建筑进行创新，被土耳其人统治之后建筑大都被破坏。

拜占庭建筑结合西亚的砖石券拱、古希腊的柱式和古罗马的气势，形成别具一格的拜占庭风格。教堂格局在巴西利卡、集中式和十字式三种基本形制的基础上，创造了内角拱（Squinch）和帆拱（Pendentive），把巨大的穹顶支撑在正方形的中厅上。内部玻璃马赛克与粉画的装饰艺术取得大发展。（图16.3.1）

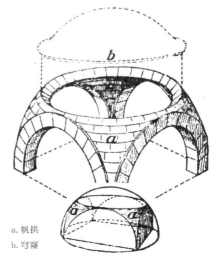

a.帆拱
b.穹窿

图16.3.1　三角穹顶帆拱

（一）圣索菲亚大教堂

圣索菲亚大教堂（S.Sophia）位于君士坦丁堡，是拜占庭帝国的宫廷教堂，建造于532-537年。教堂平面是长方形巴西利卡，东西长77米，南北长71米，中央部分房顶由一巨大圆形穹顶和前后各一个半圆形穹顶组合而成。（图16.3.2）

教堂前面有大院，正门入口有二道门廊，末端有神龛。大厅高大宽敞，中央大穹顶直径32.6米，高54.8米，通过帆拱支撑在四个柱墩上。其横推力由东西两个半圆形穹顶以及南北各两个大柱墩来平衡。教堂内部空间多变，结构复杂而系统。穹顶底部排着40个窗洞，光线射入时形成的幻影，使大穹顶显得神秘梦幻。内部装饰有金底彩色玻璃镶嵌画，富丽堂皇。教堂外形稳重雄伟，墙面使用陶砖砌成。设计师为小亚细亚人安提莫斯（Anthemius）和伊索多拉斯（Isidorus）。1453年土耳其人占领君士坦丁堡之后把它改为清真寺，在其四角建邦克楼，1935年改为博物馆。（图16.3.3）

（二）威尼斯圣马可教堂

圣马可教堂（Basilica di San Marco）是拜占庭风格在西欧的典型建筑，始建于1063年，历时30年建成，为了纪念耶稣门徒圣马可。教堂平面为希腊十字式造型，五个穹顶，中央与前面较大，直径12.8米。穹顶经过帆拱支撑，底部有一列小窗。为了让穹顶高耸，在原结构上面加建一层鼓座较高的木结构穹顶。冠冕式塔顶、尖塔、壁龛是15世纪加

建的，看上去十分华丽。（图16.3.4）

教堂正面有五个华丽的拱门，在入口拱门上方是五幅描述圣马可事迹的镶嵌画。正门上方最高处有一组青铜驷马雕像，是从君士坦丁堡掠夺来的希腊遗物。教堂内部的装饰金碧辉煌，地面运用金色马赛克，墙面是色彩绚烂的大理石，教堂内殿中间最后方的黄金祭坛，祭坛之下是圣徒马可的坟墓。祭坛后方置有高1.4米、宽3.48米的金色屏风，祭坛和屏风都以宝石和象牙镶嵌，洋溢着华贵气息。

二、俄罗斯建筑

俄罗斯、罗马尼亚、保加利亚、塞尔维亚等东欧国家的建筑受到拜占庭建筑影响巨大，但也有民族特色，鼓座突出，穹顶更加饱满壮丽。

俄罗斯源自东欧草原的东斯拉夫人。10世纪初，东斯拉夫人建立基辅罗斯，基辅大公于988年接受东正教为国教。11-12世纪，基辅大公大肆建造教堂和其他城市生活设施，风格受到拜占庭影响，基辅（Kiev）的教堂常常有浑圆饱满的葱头形穹顶。基辅圣索菲亚大教堂是俄罗斯当时最杰出的建筑，平面呈希腊十字形，建于1017-1037年。"按拜占庭君士坦丁堡的索菲亚教堂模式设计，结构接近正方形，内部有通廊，东面有5个半圆形的壁龛，教堂顶上有13个穹顶，呈金字塔形耸立。教堂内部有壁画和镶嵌画。这座教堂是基辅东正教的中心教堂，

图16.3.2　圣索菲亚大教堂

图16.3.3　圣索菲亚大教堂内部

图16.3.4　威尼斯圣马可教堂

图16.3.5　基辅的圣索菲亚教堂

大公在此举行重要的庆典，所以内部装饰很讲究，外部风格严整、厚实。"[1]（图16.3.5）

　　1380年，俄罗斯独立，开始大规模的建筑工程。莫斯科教堂运用穹顶，还加入来自民间的帐篷顶。初期教堂受到弗拉基米尔建筑的影响，外形小而精美，建筑材料大量使用白石，非常讲究。16世纪30年代，以莫斯科公国（Grand Duchy of Moscow，1283-1547年）为中心的俄罗斯统一的中央集权国家形成。1547年，伊凡四世（伊凡雷帝）加冕称沙皇，莫斯科公国改称沙皇俄国。此时加强了对首都莫斯科城的建设，卫城克里姆林宫得到加固。（图16.3.6）

　　克里姆林宫是历代俄罗斯皇宫，是俄罗斯国家的象征。最初是1156年在莫斯科河左岸修建的木结构城堡，为防御蒙古人袭击，1367年又建造起石壁石塔的城塞。伊凡雷帝时期召集意大利和俄罗斯最有名的建筑师增修和扩建，使皇宫形成南临莫斯科河、西北接亚历山大罗夫斯基花园、东南与红场相连的宏大规模，平面呈三角形，气势雄伟壮观。宫殿城墙全长2235米、高5～19米，最大厚度达6米，有近20座塔楼门，其中最大的5座塔楼门上嵌上红宝石五角星。

　　从15世纪起，在克里姆林宫外逐渐形成交易集市，17世纪建成南北长695米，东西宽130米的不规则长方形广场，面积为9.035万平方米，即"红场"（Red Square）。18世纪初，彼得大帝迁都圣彼得堡后，这里一度失去首都的功能。苏联苏维埃政权成立后，克里姆林宫再次成为最高权力的象征。卫城内相继兴建乌斯宾斯基教堂（1475-1479年，即圣母安息大教堂，沙皇加冕所在地）、勃拉各维辛斯基教堂（1484-1490年，即圣母报喜大教堂）和阿尔罕格尔斯基教堂（1505-1509年，即天使长大教堂）等建筑，形成一个广场建筑群。（图16.3.7）

　　卫城内还兴建大公的宫殿（1481-1508年），以意大利匠师参与设计的多棱宫（1487-1496年）最出色。1508年，在卫城中心建造了一座高达81米的"伊凡钟塔"，也是全城最高的一座建筑，在其右侧安置一口铸造于18世纪的巨钟，重达203吨。（图16.3.8）

　　16世纪伊凡雷帝时期，华西里·伯拉仁诺教堂（Saint Basil's Cathedral）是具有俄罗斯民族"帐篷顶"和"多柱墩"建筑特色的典型。俗称圣瓦西里大教堂，建于1555-1560年，坐落在莫斯科克里姆林宫外红场南端，由9个独立的墩柱式结构组成。伊凡雷帝为纪念战胜蒙古军队而命建筑师A·巴尔马和波斯尼克建造这座教堂。建筑风格独特，内部空间狭小，外观壮丽，具有纪念碑式的视觉效果。中央主塔是帐篷顶，高47米，周围是8个形状色彩与装饰各不相同的葱头式穹顶。外部用红砖砌成，以白

1　奚静之. 俄罗斯和东欧美术［M］. 北京：中国人民大学出版社，2004:4

色石构件装饰，大小穹顶高低错落，色彩鲜艳，形似一团烈火。（图16.3.9）

17世纪的建筑规模都较小，注重细节加工，建筑材料常用红砖，并用带釉的陶砖和白石做装饰，

视觉效果绚丽多姿。17世纪后期，西欧巴洛克风格传到俄罗斯。1682年彼得一世执政以后进行改革，俄罗斯建筑走向西欧化。

图16.3.6　克里姆林宫

图16.3.7　克里姆林宫的报喜教堂

图16.3.8　克里姆林宫中心的伊凡塔楼

图16.3.9　华西里·伯拉仁诺教堂

🔗 **思考题**

1. 欧洲中世纪建筑是在怎样背景下发展的？

2. 简述罗马式建筑风格特征及代表建筑。

3. 简述哥特式建筑风格特征及代表建筑。

4. 拜占庭建筑具有哪些特征？

5. 俄罗斯建筑具有怎样的特点？

第一节　概述

15-18世纪，欧洲建筑的主要成就体现在几种风格的形成：文艺复兴建筑（Renaissance architecture）、巴洛克建筑（Baroque architecture）、洛可可建筑（Rococo architecture）、古典主义建筑（Classical architecture）。

14世纪，在意大利出现资本主义萌芽。新兴的资产阶级以复兴希腊、罗马时期的古典主义为目标，以人文主义为指导思想，发起变革，在思想、宗教、政治、文化艺术等各个领域和封建制度、宗教神学展开斗争，这场变革运动即文艺复兴运动（renaissance）。文艺复兴建筑风格首先在意大利各大城市开始，15世纪以后遍及西欧大多数地区，其典型特征是抛弃哥特式风格，在教堂和世俗建筑上重新采用古希腊和罗马时期的古典柱式。半圆形券、厚墙、圆穹顶等逐步取代哥特式的尖券、尖塔、束柱、飞扶壁等。建筑师们认为，哥特式建筑是基督教神权统治的象征，而古代希腊和罗马的建筑是非基督教的。古典柱式构图体现着和谐与理性，并且同人体美有相通之处，应提倡这些因素取代中世纪的建筑。另外，文艺复兴时期的建筑在类型、形制、技术等方面都比以前增多，进一步发展了建筑理论，促进了西欧建筑的新发展。（图17.1.1）

15-16世纪，意大利的文艺复兴建筑蓬勃发展，引领西欧。在16世纪后半叶渐趋衰落，产生巴洛克建筑风格。17世纪，法国宫廷文化成为欧洲主导，为君权服务的古典主义成为欧洲建筑的标杆。

意大利罗马特雷维喷泉（Trevi Fountain）是典型的巴洛克风格，也称"少女喷泉"，即著名的许愿池，由建筑师尼古拉·萨尔维（Nicolo Salvi 1697-1751年）设计。它位于罗马梵蒂冈的西班牙广场与威尼斯广场之间，1762年建成，历时30年。喷泉池背靠波里公爵府，喷泉池边的假山上是一组气势磅礴的雕塑，中间为驾驶马车的海神尼普勒，造型生动传神。（图17.1.2）

18世纪，法国资产阶级革命的启蒙运动又开辟文化和建筑的新时期，在欧洲产生巨大的影响。继古典主义之后，法国产生洛可可风格。多米尼库斯·齐默尔曼（Dominikus Zimmermann）设计的德国怀斯巡礼堂内厅（1745-1754年）是典型的洛可可风格。（图17.1.3）

图17.1.1　佛罗伦萨建筑

图17.1.2 罗马特雷维喷泉

图17.1.3 怀斯巡礼堂内厅

第二节 意大利文艺复兴建筑

意大利在文艺复兴时期还处于分裂状态，佛罗伦萨、米兰和威尼斯等城市最早出现资本主义萌芽，也是文艺复兴运动的发祥地。城市建筑由于城市生活的变化而发生很大改变，资产阶级的府邸和象征城市与城市经济的市政厅、行会大厦、广场与钟塔日趋增多，宫廷建筑也有较大发展，世俗性建筑成为主要建筑活动。并形成文艺复兴风格。

意大利文艺复兴建筑早期以佛罗伦萨（Florence）为中心，以古典风格为主体，注重整体的比例和谐和柱式的运用，代表人物是伯鲁乃列斯基和阿尔伯蒂，代表作品是佛罗伦萨大教堂、帕齐礼拜堂等。15世纪中后期进入盛期，专业建筑师大量涌现，代表人物如伯拉曼特和米开朗基罗，代表作品则是圣彼得大教堂。此时文艺复兴风格也扩大影响，流行于欧洲各国。16世纪下半叶，文艺复兴建筑进入晚期，建筑作品以维尼奥拉和帕拉蒂奥的建筑作品为代表。

一、宗教建筑

（一）佛罗伦萨大教堂的穹顶设计

佛罗伦萨位于意大利中部的托斯卡纳地区，13世纪时已经发展成富庶的城市，是文艺复兴早期的中心。佛罗伦萨大教堂的穹顶设计，标志着意大利文艺复兴建筑的开始。

1296年，佛罗伦萨人开始修建百花圣母大教堂（Santa Maria del Fiore），其洗礼堂由老教堂改建，钟塔则建造于1334年，由大画家乔托设计并监工，费时25年，于1359年完成。塔楼为白色大理石方柱结构，平顶与哥特式双柱圆拱长窗相结合，表面以红、绿、粉色大理石图案为饰，精致华美。（图17.2.1）

但人们不知道大教堂那个直径43.7米、高50米的八角形穹顶该怎样施工，于是工程进行了百余年也未能完工。1420年，出身于行会的工艺家伯鲁乃列斯基（Fillipo Brunelleschi，1377－1446年）通过竞标获得教堂圆顶的设计任务并动工兴建。伯鲁乃列斯基曾在罗马潜心研究古代券拱技术，测量遗迹，制作模型，考虑排除雨水、采光和设置小楼梯等问题，还考虑风力、暴风雨和地震，提出建造大教堂穹顶的相应措施。伯鲁乃列斯基设计的穹顶加上采光亭，高达107米，是全城的制高点。穹顶分为内厚外薄的两层，中间是空的。上面运用鱼骨形结构和同心圆原理，在八边形的8个角上升起8个主券，8个边上又各有两根次券。每两根主券之间由下而上水平砌9道平券把主次券连成整体。体现出独特的艺术匠心和高超的结构技术。与古罗马建筑穹顶不同的是，佛罗伦萨教堂的穹顶高高耸立在12米高的鼓座上，非常醒目。券顶有一个八边形的

图17.2.1 佛罗伦萨大教堂钟塔

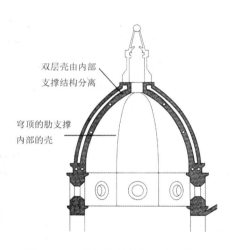

双层壳由内部支撑结构分离

穹顶的肋支撑内部的壳

图17.2.2 佛罗伦萨大教堂穹顶结构

图17.2.3 帕齐礼拜堂内部

收束环，环上是采光亭，全部由大理石砌成。（图17.2.2）

经过16年努力，穹顶于1436年基本完工。佛罗伦萨大教堂穹顶的建造是高难度的高空作业，但是伯鲁乃列斯基创造了"牛吊车"，以牛马为动力，拖动底部纵轴旋转，再利用齿轮、滑轮组和绞盘将重物提升起来。还发明可以横向移动重物的起重机，并设计许多安全设施，取得事半功倍的效率。1446年，伯鲁乃列斯基因病去世，其墓穴就安置在大教堂下。

伯鲁乃列斯基还设计了佛罗伦萨圣劳伦佐教堂内的圣器室（S.Lorenzo，1421-1428年）、丝绸商人工会出资修建的育婴院（Foundling Hospital，1419-1440年）、帕齐家族的礼拜堂（Pazzi Chaple，1433-1446年）等建筑。育婴院以科林斯式券柱廊著称，风格轻快优雅。帕齐礼拜堂正面为集中式建筑，平面为长方形大厅，大厅正中置穹顶，两翼各设一段筒拱。内部以壁柱和装饰性的檐部、假券来美化空间。（图17.2.3）

（二）新圣玛利亚教堂

佛罗伦萨的新圣玛利亚教堂（Church of Santa Maria Novella）正立面建造于1458-1470年，是阿尔伯蒂（Leon Baptista Alberti，1404-1472年）设计的建筑，立面采用圆形、三角形、方形、菱形等多种几何图形进行装饰，并且采用漩涡的结构形式，使建筑上下两部分形成自然的过渡，整体造型优美和谐，赏心悦目，是文艺复兴早期的优秀作品

之一。（图17.2.4）

阿尔伯蒂所设计的建筑受到古罗马柱式和凯旋门的影响很大，并体现出对数学和理性的运用。代表作品有鲁切拉伊府邸（1446年）、里米尼地区的马拉泰斯塔教堂（1447年）、曼图亚的圣安德烈亚教堂（1460年）、佛罗伦萨的新圣玛利亚教堂（1470年）等。（图17.2.5）

（三）坦比哀多小神殿

罗马坦比哀多（Tempietto，1502-1510年）小神殿是第一个成熟的集中式纪念建筑，标志着意大利文艺复兴建筑盛期的到来。设计师为布拉曼特（Donato Bramante，1444-1514年），他精通建筑理论，还具有高超的技能和实践。他不仅模仿古典，还进行创新，给建筑带来无尽的美丽和精致。

坦比哀多的意义在于标志和保护第一位教皇圣彼得殉难的地点，为圆形集中式建筑，高14.7米，外墙直径6.1米，以16根高3.6米的多立克石柱组成柱廊。这座建筑体型很小，但是层次分明，体积感强，构图浑然一体，风格雄强刚劲。这种集中式建筑在西欧的推行是极具创新性的，它对后来的圣彼得大教堂穹顶、伦敦圣保罗教堂穹顶、华盛顿国会山庄穹顶、巴黎万神庙穹顶等都具有明显的启发作用。（图17.2.6）

（四）圣彼得大教堂

圣彼得大教堂（S.Peter，1506-1612年）堪称意大利文艺复兴建筑最伟大的纪念碑。它的建造

图17.2.4 新圣玛利亚教堂

图17.2.5 鲁切拉伊府邸正面

图17.2.6 坦比哀多小神殿

过程历时一百余年，很多著名的设计师都参与了设计。（图17.2.7）

16世纪初，教皇尤利乌斯二世（Julius II，1503-1513年在位）想改建巴西利卡式样的旧圣彼得教堂，宣传宗教思想，并用不朽的教堂来覆盖自己的坟墓。布拉曼特提出的希腊十字式方案被采纳，并在帕鲁奇（Baldassare Peruzzi，1481-1536年）、小桑迦洛（Antonio da San Gallo，the Younger，1485-1546年）等建筑师的协助下于1506年开工。但是教堂设计的方案在后来的施工中经历数次改变，新教皇命令拉斐尔（Raffaello Sanzio，1483-1520年）采用拉丁十字方案，但帕鲁奇和小桑迦洛也各自进行改建。

1547年，米开朗基罗（Michelangelo Buonarroti，1475-1564年）接手主持圣彼得大教堂的设计，恢复布拉曼特的方案，另外加固了支撑穹顶的4个墩子，简化四角的布局，还在正立面设计9开间的柱廊。教堂穹顶最终由德拉·博塔（Della Parta，1541-1606年）和多梅尼克·封丹纳（Domenico Fontana，1543-607年）完成。

圣彼得大教堂的穹顶直径41.9米，直逼万神庙，内部顶点高123.4米。外表总高度达137.8米，是罗马城最高点。穹顶比佛罗伦萨大教堂有很大进步，是真正的球面圆顶，轮廓饱满和谐。建筑施工的难度较大，使用了悬挂式脚手架。其希腊十字双臂的内部宽27.5米，高46.2米，通长140多米，气势非凡。1564年，维尼奥拉设计了四角的小圆顶。这座建筑被视为意大利文艺复兴建筑的最高成就。（图17.2.8）

图17.2.7 圣彼得大教堂

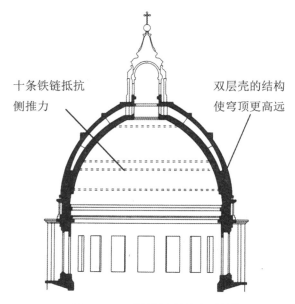

十条铁链抵抗侧推力

双层壳的结构使穹顶更高远

图17.2.8 圣彼得大教堂穹顶结构

中外建筑史

后来，天主教会规定天主教堂必须是拉丁十字式，教廷命令建筑师玛丹纳（Carlo Maderno，1556-1629年）拆去米开朗基罗设计的正立面，在集中式希腊十字之前增建巴西利卡大厅（1606-1612年）。教堂正前方的方尖碑是古罗马时期从埃及运来的战利品，高约30米。（图17.2.9）

米开朗基罗出生于佛罗伦萨，多才多艺，是意大利"文艺复兴三杰"之一。他倾向于把建筑当作雕塑看待，喜欢使用深深的壁龛、凸出的线脚、小山花、高浮雕壁柱、巨柱等，强调体积感。他的建筑作品还包括佛罗伦萨的劳伦奇阿纳图书馆（1523-1526年）、美第奇家庙（Medici Chapel，1520-1534年）、罗马市政广场等。（图17.2.10）

代表威尼斯教堂建筑成就的有巴尔达萨雷·隆格纳（Baidassare Longhena，1598-1682年）设计的圣玛利亚·萨鲁特教堂（S.Maria della Salute，1631-1682年）和皮埃特洛·龙巴都（Pietro Lombardo，1435-1515年）设计的圣玛利亚·戴·米拉克里教堂（S.Maria dei Mairacoli）。圣玛利亚·戴·米拉克里教堂建于1481-1489年，内外皆使用大理石镶嵌，给人华美欢快之感。这座教堂被誉为"珍宝盒"，里面存放着一张被认为具有神奇魔力的绘画——尼古拉迪皮埃特罗的《圣女与圣婴》。（图17.2.11）

二、府邸建筑

14世纪至15世纪初，意大利文艺复兴运动的主力军还是行会工匠，公共建筑物是主要建筑物。15世纪中期开始，府邸建筑成为主流。这些资产阶级新贵族大兴土木，建造的府邸多为城堡式四合院，在一定程度上还保持中世纪的风格，一般为3层结构，临街而建，外墙通常采用粗面砌石建造，但装饰具有新意。平面紧凑整齐，追求雄伟壮丽，中世纪的角楼、雉堞等防御性设施逐渐被淘汰。在建筑的内部，配置着带有圆柱的宽敞的庭院，庭院和某些房间的样式保持对称，表现出构造的匀称和完整。

在佛罗伦萨，著名的府邸有美第奇家族府邸、潘道菲尼府邸、皮蒂宫、韦吉奥宫、乌菲齐宫（瓦萨里设计，建造于1560-1580年）、帕齐宫、斯特罗齐宫等。

美第奇家族的府邸（Palazzo Medici，1430-1444年）是府邸建筑的代表作品之一，设计者是米开洛佐（Michelozzo Michelozzi，1397-1473年）。墙垣仿照中世纪的佛罗伦萨市政厅样子，全部用粗糙的大石块砌筑。为了追求壮观的形式，沿街立面是屏风式的，与内部房间很不协调。底层的窗台很高，勒脚前有一道凸台，给卫兵休息用。它的高度约为27米，檐口挑出1.85米。（图17.2.12）

潘道菲尼府邸（Palazzo Pandolfini，1516-1520年）是拉斐尔设计的府邸，画家出身的拉斐尔始终坚持秀美和谐的风格，在建筑上体现出温馨典雅的特点。潘道菲尼府邸由两个院落组成，主院落的建筑为2层，外院为1层。墙体结构处理得层次分明，外墙采用粉刷与链式隅石相结合，装饰细腻，手法新颖而有个性。（图17.2.13）

图17.2.9 圣彼得大教堂

图17.2.10 劳伦奇阿纳
图书馆楼梯

图17.2.11 圣玛利亚·戴·米拉克里教堂

图17.2.12　美第奇府邸

图17.2.13　潘道菲尼府邸

图17.2.14　韦吉奥宫

韦吉奥宫（Palazzo Vecchio）建于1299-1310年，为方形碉堡式3层建筑，具有较强的防御性。1872年，韦吉奥宫作为佛罗伦萨市政厅使用至今，它也是佛罗伦萨的地标建筑之一。入口处装饰城市徽章，每层的窗户为拱形双扇窗。最奇特的是在顶部耸立一座极为气势雄伟的四方形塔楼，高达94米，塔楼上还有垛口，上面的钟表至今仍在精准运转。市政厅内是开阔明亮的中庭，四面围以券廊，与中世纪的哥特式建筑阴暗狭窄的空间有明显不同。这里曾是美第奇家族的住所，达·芬奇、米开朗基罗、瓦萨里等人都参与过其室内设计。其门前为佛罗伦萨最热闹的西纽利亚广场（Plazza della Signoria，亦称僭主广场），广场上放置詹博洛尼亚制作的柯西莫·美第奇一世的青铜雕像。柯西莫一世开创了美第奇家族在佛罗伦萨的统治，创立乌菲齐美术馆，赞助了很多艺术家。

韦吉奥宫门前左侧安置着米开朗基罗的雕塑"大卫"复制品，右侧为大力神海格力斯。宫殿左侧还有本齐·迪乔内和西莫内·托冷蒂于1376-1382年建造的晚期哥特风格兰齐敞廊。敞廊里面陈列着切利尼的《珀尔修斯杀死美杜莎》和詹博洛尼亚的《海格力斯与半人马》《劫夺萨宾妇女》等雕塑作品，长廊后面就是乌菲齐美术馆。（图17.2.14）

威尼斯的府邸多为商人所建，竞豪斗奢。建筑临河而建，平面不求整齐，灰白色调。立面喜开大窗，以小柱分为两部分，上端用券和小圆窗组成装饰图样。横向采用壁柱划分空间，具有很强

的框架感。代表作品如皮埃特洛·龙巴都设计的文特拉米尼府邸（Palazzo Venderamini，1481年）和珊索维诺（Jacoop Sansovino，1486-1570年）设计的科纳府邸（Palazzo Corner della Ca'Grande，1532年），前者主要以柱式组织立面，对古典和中世纪的手法随意运用，风格轻松活泼，后者在府邸底层用石砌基座，上两层用柱式，风格庄严雄伟，是文艺复兴盛期的典型立面处理手法。（图17.2.15）

龙巴都和珊索维诺是威尼斯15世纪和16世纪建筑界的领军人物，龙巴都父子和科杜西（Moro Conducci）设计的圣马可学校（Scuola di S.Marco，1485-1495年）形式丰富，风格活泼，和珊索维诺设计的圣马可图书馆（Libreria S.Marco，1536-1553年）的外观简洁、体积感强的特点形成鲜明对比。（图17.2.16）

16世纪之后，文艺复兴运动走向衰落，贵族庄园开始流行。这些庄园府邸外观简洁，主次分明，外观多为长方形或正方形，底层为杂务用房，外墙处理成基座；二层为正房，横向分为三部分，对称分布，外壁用壁柱等装饰；顶层处理成女儿墙或阁楼。"把建筑物立面依上下和左右划分为几段，以中央一段为主，予以突出，这是文艺复兴建筑同古典建筑的重要区别之一"。维尼奥拉（Giacomo Barozzi da Vignola，1507-1573年）和安德烈·帕拉蒂奥（Andrea Palladio，1508-1580年）是此时的代表人物，他们都曾深入研究古代建筑，在理论方面具有很

高的建树，被认为是欧洲学院派古典主义的奠基人。

维尼奥拉的代表作品是罗马附近的教皇尤利亚三世别墅（Villa di Papa Giulio，1550-1555年），构图讲究透视，没有采用四合院式布局，空间开敞，主体建筑呈半圆形，内外风格不一。

帕拉蒂奥在威尼斯设计了圣乔治·马乔里教堂（San Giorgio Maggiore，1565年）和救世主教堂（IL Redentore，1577年），在故乡维琴察（Vicenza）设计了很多乡村住宅，以圆厅别墅（Villa Capra，1552年）为代表。圆厅别墅亦称卡普拉别墅，构图严谨完整，和谐优美平面为正方形，四面带有同样的门廊，以罗马神庙式的圆柱和三角形山花组成。第二层是12.2米的圆厅，上面覆盖一个模仿万神庙的穹顶，穹顶内部装饰华丽。四周的房间对称分布，室外的大台阶直通二层门廊，室内设有小楼梯。（图17.2.17）

帕拉蒂奥还创造一种柱式构图方式，被称为"帕拉蒂奥母题"（Palladian motive）。即在建筑立面采取大小不同的柱子组成复合开间，开间里以圆券为主，层次分明，这种风格的代表作品是其在维琴察市政广场设计的巴西利卡。

另外，建筑师帕鲁奇设计的罗马麦西米府邸（Palazzi Massimi，1535年）、热那亚建筑师阿莱西（Galeazzo Alessi，1500-1572年）设计的道利亚府邸（Palazzo Doria，1564年）等也是府邸建筑的优秀作品。

三、广场建筑群

文艺复兴时期的广场设计恢复了古典传统，注重建筑群的呼应和完整性。代表作品是佛罗伦萨的安农齐阿广场（Piazza Annunziata）、罗马市政广场和威尼斯圣马可广场。

安农齐阿广场平面为矩形，长70余米，宽60余米，是文艺复兴时期早期最完整的广场，周围的主体建筑经过伯鲁乃列斯基和阿尔伯蒂等人的设计和改建，包括安农齐阿教堂和育婴院，以及16世纪初建造的修道院等。广场三面都是开阔的柱廊，从入口处可以看到广场中央的费迪南大公骑马铜像和喷泉。

罗马市政广场位于罗马城的卡比多山上，米开朗

图17.2.15　科纳府邸

图17.2.16　圣马可教堂学校正面

图17.2.17　圆厅别墅

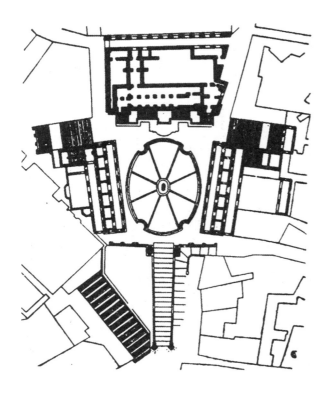

图17.2.18　罗马市政广场平面图

图17.2.19　圣马可广场俯瞰

图17.2.20　威尼斯总督府

基罗对其进行改造设计。平面呈梯形，前宽40米，后宽60米，纵深79米。周围建筑包括元老院、钟塔、档案馆、博物馆等，对称分布，形式协调统一。广场上放置雕塑，与建筑的配合相得益彰。（图17.2.18）

威尼斯是一座水城，建筑宛若浮在水面。城中河道纵横，桥梁丰富，教堂建筑有上百座之多。威尼斯圣马可广场是世界上最著名的广场之一，被拿破仑誉为"欧洲最美丽的客厅"。圣马可广场由大小两个部分组成。大广场位于北部，梯形平面，东西方向，长175米，东边宽90米，西边宽56米。圣马可教堂位于大广场东端，造型华丽。北侧是龙巴都设计的高3层的旧市政大楼（Procuratie Vecchie，1496-1517年）。珊索维诺设计了大广场南侧的空间。斯卡莫齐于1584年在南侧设计了新市政大楼（Procuratie Nuove）。广场西侧是珊索维诺修整的老教堂（San Zimignano），在19世纪被新建筑取代。小广场与大广场垂直相连，也是梯形平面，南北方向，南端接入运河口。周围主体建筑是总督府和圣马可图书馆。从河口可见前方400米远的小岛上帕拉蒂奥设计的圣乔治·马乔里教堂，教堂60多米

高的尖塔与小广场形成对景。（图17.2.19）

与圣马可教堂毗邻的威尼斯总督府（Palazzo Ducale，1309-1424年），亦称道奇宫，是欧洲中世纪最美丽的建筑之一，为四合院式建筑，南立面和西立面的券廊最具特色，具有哥特风格和伊斯兰格调。康塔里尼家族的黄金府邸（1427-1437年）就是对它的模仿。（图17.2.20）

总督府内曾设有法院，审判后的罪犯往往走过叹息桥到达对面的监狱。叹息桥是白色大理石结构的廊桥，上覆穹隆顶，封闭严实，仅向运河一侧有两个小窗。因为过桥时能通过桥两侧的墙孔看一眼外面世界，但之后再难以看到外部的精彩，罪犯常为之叹息，桥因此得名。（图17.2.21）

四、建筑理论的发展

文艺复兴时期产生专业的知识分子建筑师，发展了建筑理论。最具代表性的是阿尔伯蒂、维尼奥拉、帕拉蒂奥三位大师及其著作。

阿尔伯蒂认为"建筑无疑是一门高贵的科学，

并不是任何人都宜于从事的"。他花了40余年时间，于1485年出版专著《论建筑》，成为文艺复兴时期最重要的建筑理论。书中重点论述了建材、施工、结构、经济、规划、水文等内容，并强调古罗马建筑师维特鲁威的观点，认为实用第一。"所有的建筑物，如果你们认为它很好的话，都产生于'需要'（Necessity），受'适用'（Convenience）的调养，被'功效'（Use）润色；'赏心悦目'（Pleasure）在最后考虑。那些没有节制的东西是从来不会真正地使人赏心悦目的。"

维尼奥拉在1564年发表了《五种柱式规范》。帕拉第奥在1554年出版他的古建筑测绘图集，又在1570年出版《建筑四书》，这些著作后来成为欧洲建筑师的教科书。

文艺复兴时期的建筑师都推崇比例的和谐，追求理想化的建筑美。古罗马的维特鲁威认为人体四肢伸开后，他们的端点和头顶可以连接成正方形和圆形，所以正方形和圆形是最完美的几何形。达·芬奇据此描绘著名的《维特鲁威人体比例图》，显示人体完美的平衡性。这些比例和几何成为文艺复兴建筑的设计依据。阿尔伯蒂充分肯定建筑美的客观存在，主张"美就是各部分的和谐"。帕拉蒂奥则称："美产生于形式，产生于整体和各个部分之间的协调，部分之间的协调，以及，又是部分和整体之间的协调；建筑因而像个完整的、完全的躯体，它的每一个器官都和旁的相适应，而且对于你所要求的来说，都是必需的"。

五、文艺复兴建筑影响的扩大

文艺复兴建筑发展到后期时传入欧洲各国，与各国地方特色相结合，形成新的建筑形式。其中法国、西班牙、英国的成就较高。

法国在中世纪是哥特风格的起源地，法国文艺复兴建筑风格是将哥特式与文艺复兴建筑风格混搭，产生新的建筑形式。代表作品是卢瓦尔河谷（Loire）的各式法国贵族的城堡和庄园别墅。卢瓦尔河是法国第一大河，全长1020公里，卢瓦尔河谷生产木材和葡萄酒，是法国王室和贵族度假胜地。在卢瓦尔河谷留下文艺复兴时期的古堡有上百座，规

图17.2.21　威尼斯叹息桥

模大小不一。瓦罗亚王朝王室及其朝臣营造的香博城堡、安珀兹城堡、布罗瓦城堡、雪侬梭城堡、阿赛·勒·李杜城堡、枫丹白露宫等都是法国文艺复兴建筑的代表作。

香博城堡（Chateau de Chambord，1519-1544年）是卢瓦尔河谷最壮丽的城堡，弗朗索瓦一世修建，设计师是意大利人考特内（Domonique de Cortone），城堡与周围环境相得益彰，完美诠释了建筑美学。城堡长宽各有100多米，中间为正方形主堡，两侧为四个圆锥形的角楼，气势雄伟。建筑屋顶为高耸的圆形尖顶，屋顶露台是观景台，周身有365个壁炉，烟囱造型独特，雕饰精美。城堡有440间房屋，13个主楼梯和70个副楼梯，最著名的是位于中心位置由达·芬奇所设计的双螺旋楼梯，两组独立的楼梯相互交错地围绕着一个共同的轴心，螺旋式地盘旋而上，同时上下楼梯的人，可以相互看见，而不会碰面。这座城堡风格刚健，常常被誉为法国古堡的国王，而位于昂布瓦西以南、跨在谢尔河上的水上城堡——雪侬索城堡（Château de Chenonceau）融合哥特式与文艺复兴式风格，历代城堡主人皆为女性，总体风格偏于阴柔，被誉

为法国古堡的王后。（图17.2.22）

西班牙在15世纪末打败了伊斯兰侵略者，建立天主教的国家。在建筑上追求宫廷和府邸建筑的宏大，在世俗建筑风格中依然保留伊斯兰风格，受到意大利文艺复兴建筑的影响之后，产生独特的"银匠式"（Plateresque）建筑装饰风格，因它们像金银细工一样精巧繁密而得名。银匠式风格注重大门的堆砌装饰，产生朴素与繁密、轻灵与厚重的对比。如萨拉曼迦的贝壳府邸（1475-1483年）和阿尔卡拉·德·海纳瑞大学（1540-1553年）。在宗教建筑中还有哥特式和极端的巴洛克风格。

西班牙文艺复兴建筑的代表作是托勒多（Toledo）和赫拉拉（Herrara）在马德里西北的旷野上为菲利普二世建造的埃斯库里阿尔宫殿（Escuial，1562-1582年）。这座建筑南北长204.3米，东西宽161.6米，包括教堂、修道院、神学院、大学、中央办公机关、皇家陵墓等。外观朴素，布局合理。菲利普二世对它的要求是"形式要简单，气氛要庄严，高尚而不傲慢，尊贵而不虚夸"。（图17.2.23）

英国受到文艺复兴建筑的影响是在16世纪的都铎王朝时期。英国仅将其看做建筑装饰手法，而没有替代英国建筑的整体布局。都铎风格（Tudor Style）的府邸采用文艺复兴式的对称构图，但仍保留塔楼、雉堞、烟筒等哥特式样，形体凹凸起伏，窗户排列也很随意，大多是方额窗口。喜欢用红砖建造，砌体的灰缝很厚，腰线、券脚、过梁、压顶、窗台等用灰白色的石头，简洁明快。室内设壁炉，喜用深色木板座护墙板，板上作浅浮雕。顶棚用灰色抹灰，富于装饰感。

16世纪下半叶，英国建筑受到帕拉蒂奥的影响很大，府邸建筑追求外观整齐对称，运用柱式，真正开始文艺复兴时期。代表作品如罗伯特·斯密斯索（Robert Smythson）设计的沃莱顿府邸（Wollaton Hall Notts，1580-1588年）、哈德威克府邸（Hardwick Hall，Derbyshire，1576-1597年）等。（图17.2.24）

图17.2.22　香博城堡

图17.2.23　埃斯库里阿尔宫殿

图17.2.24　沃莱顿府邸

第三节 巴洛克建筑

16世纪下半叶是文艺复兴晚期，建筑界出现两种倾向：一种泥古不化，教条地崇拜古代，把柱式作为不变的公式。建筑师塞利奥甚至认为违反这些公式就是犯罪。另一种倾向是追求新颖轻巧，堆砌壁龛、雕塑、涡卷等，玩弄色彩光影、不安定的形体以及不合逻辑的起伏断裂。用毫无意义的壁柱、线脚、盲窗在建筑立面进行装饰，这被称为"手法主义"（mannerism）或"样式主义"。

在以罗马为中心的地区，耶稣教会掀起了矫揉造作的巴洛克风格，服务于宗教和贵族。所谓"巴洛克"，原意指形状不规则的、畸形的珍珠，被18世纪的古典理论家用来嘲弄17世纪的这种艺术风格。巴洛克受到手法主义的影响，巴洛克的非理性、动感、奇幻的特点逐渐取代文艺复兴的理性、安静与和谐。巴洛克建筑的最大特点是丰富多变的构造，激情飞扬的动感。巴洛克建筑有复杂的节奏旋律和强烈的明暗对比，富有想象力和创新意识，在建筑上细节方面有如下特点：

第一，强调建筑与雕塑、绘画的结合。

第二，爱用双柱，甚至三柱为一组，开间的宽窄变化很大。

第三，突出垂直划分，采用叠柱式，但基座、檐部甚至山花都做成断折式。

第四，追求强烈的体积和光影变化，墙面上做深深的壁龛。

第五，大量使用曲线和椭圆形，形式新奇，动感强烈。例如山花缺顶部，嵌入纹章、匾额或其他雕饰，有时把多个山花套叠在一起。

意大利的巴洛克建筑成就主要有教堂、府邸和别墅、广场等，对欧洲其他盛行天主教的国家也产生了影响。如佩德罗·里韦拉（Pedro de Ribera）设计的西班牙马德里救济院（1722年），明显受到巴洛克风格的影响。（图17.3.1）

德国巴伐利亚州的符兹堡主教宫是德国最华丽的巴洛克宫殿之一，1719年开始营造，主要建筑设计师是纽曼。建筑风格参照法国凡尔赛宫，建筑主体和两翼围成一个院落，前有广场，后建花园，景观优美。宫内设皇帝厅、楼梯厅、庭园厅、白厅等，阶梯大厅和穹顶壁画也是巴洛克艺术的杰作。楼梯厅的设计充分利用楼梯多变的形体，组成既有变化而又完整统一的空间，楼梯杆上装饰着雕像，天花壁画同雕塑相结合，色彩鲜艳，富有动态。宫内壁画是18世纪意大利著名画家提埃波罗绘制。

弗朗西斯科·波洛米尼（Francesco Borromini，1599-1667年）和吉安·洛伦佐·贝尼尼（Gian Lorenzo Bernini，1598-1680年）是巴洛克建筑风格最具代表性的两位建筑师。

波洛米尼（Boromini，1599-1667年）是参与建造圣彼得大教堂的建筑师玛丹纳（Carlo Maderno）的弟子，作品风格完全打破古典美的规范。他在罗马设计的圣卡罗教堂是巴洛克建筑的代表作之一，完成于1682年。教堂平面在希腊十字的基础上由四个礼拜堂环绕，礼拜堂中设计一个椭圆形穹顶，内部空间为椭圆形，有壁龛和凹间，格局巧妙。建筑立面运用曲线，呈波浪形。（图17.3.2）

波洛米尼设计的圣伊沃·德拉·萨皮恩扎教堂（1642-1650 年）、罗马纳沃纳广场（Piazza Navona）的圣阿涅塞教堂（S.Agnnese，1653-1657年）等也是优秀的作品。（图17.3.3）

位于罗马纳沃纳广场西侧的圣阿涅塞教堂是为纪念13世纪一位不愿意与异教徒通婚而被伤害的少女阿涅塞而建造，中部为集中式构图，左右建有哥特式钟塔。纳沃纳广场是罗马最华丽的巴洛克广场，有三个巴洛克式喷泉（baroque fountains）。中央的四河喷泉（Fountain of Four Rivers）是贝尼尼在1651年设计的杰作，以四个大理石雕像代表非洲尼罗河（Nile）、亚洲恒河（Ganges）、欧洲多瑙河（Danube）和南美洲拉普拉塔河（La Plata Parana River）。喷泉中间有假山和花岗岩方尖碑，象征着天主教在全世界的胜利。假山上坐着四位巨人，在喷泉出水口附近还塑造有马、狮子、蛇、犰狳（qiú yú）也分别象征多瑙河、尼罗河、恒河和拉普拉塔河。

贝尼尼与波洛米尼是同时代最优秀的巴洛克艺术大师，在雕塑、绘画、建筑甚至诗歌等方面都有很高的成就。他一生的大部分时间都在罗马创作，担任教廷总建筑师。1623年，教皇乌尔班八

图17.3.1　马德里救济院

图17.3.2　罗马圣卡罗教堂

图17.3.3　圣伊沃·德拉·萨皮
恩扎教堂

图17.3.4　圣彼得大教堂内部的祭坛

图17.3.5　圣彼得大教堂前的广场

世（Pope Urban Ⅷ）成为他的庇护人，1624年，他受命设计圣彼得大教堂的青铜祭坛（1624-1666年）和柱廊广场。贝尼尼还设计了罗马的蒙特西托里奥府邸和巴贝里尼府邸。（图17.3.4）

圣彼得大教堂前的广场为椭圆形结构，中心是方尖碑。广场与教堂之间以梯形小广场相连，广场周围以柱廊围绕。柱廊采用4排塔斯干式柱子，共284根。柱子间距密集，光影变化无穷。这个广场使圣彼得大教堂显得豁达大方，是巴洛克风格的杰作。（图17.3.5）

第四节　法国古典主义建筑

1589年，亨利四世登上王位，以巴黎为都城，波旁王朝取代瓦罗亚王朝统治法国。在之后的路易十三和路易十四时代，君主专制达到极盛，法国以宫廷文化为主导，崇尚古典主义建筑。

16世纪时，法国和意大利交流密切，意大利的四合院形制和柱式构图对法国宫殿和贵族府邸都产生很大影响。17世纪时，法国人以意大利的建筑理论为基础形成法国古典主义建筑。古典主义建筑造型严谨，普遍应用古典柱式，内部装饰丰富多彩。法国古典主义建筑的代表作是规模巨大、造型雄伟的宫廷建筑和纪念性的广场建筑群。这一时期法国王室和权贵建造的离宫别馆和园林，也为欧洲其他国家所仿效。

1671年，在巴黎设立建筑学院，学生多出身于贵族家庭，形成了崇尚古典形式的学院派。学院派建筑和教育体系一直延续到19世纪，在欧洲影响深远。 建筑学院的第一任教授弗朗西斯·勃隆德（Francois Blondel，1617-1686年）是法国古典主义建筑理论的主要代表。勃隆德认为"美产生于度量和比例"，推行几何和数学在建筑中的运用，对古罗马的建筑十分推崇。勃隆德说"柱式给予其他一切以度量和规则"。柱式建筑被古典主义者认为是高贵的，非柱式建筑则是卑俗的。但是古典主义建筑抛弃了古罗马的券柱，反对柱式和券拱的结合，主张柱式只能有梁柱结构。建筑的构图要讲究均衡对称，层次分明。

17世纪下半叶，法国在"太阳王"路易十四（1638-1715年）的统治下君权达到顶峰，古典主义建筑也达到盛期。凡尔赛宫成为法国上流社会生活的中心，也是法国绝对君权时期最重要的古典主义建筑的纪念碑。

一、凡尔赛宫

凡尔赛宫位于巴黎西南约20公里处，最初路易十三在此修建狩猎馆和小宫殿。路易十四23岁亲政之后进行扩建，将凡尔赛宫变成欧洲最豪华的宫苑，造型模仿财政大臣富-勒-维贡府邸（Vaux-le-Vicomte，1656-1660年）。

富-勒-维贡府邸将古典主义手法与园林相结合，以长达1公里的轴线为主导，以府邸为中心进行几何布局。间杂水池和喷泉，点缀着雕塑和假山，周围的草坪、花畦与道路也组成对称的几何图案，花木都修剪成几何形，体现在理性主义影响下的法式园林古典之美。府邸落成之后，路易十四受邀前去参加宴会，对府邸十分赞赏，当即调去其建筑师勒伏（Louis le Vau，1612-1670年）、艺术家勒布伦（Charles le Brun，1619-1690年）和造园

家勒诺特（Andre Le Notre，1613-1700年）为自己建造凡尔赛宫。

勒诺特出生于皇家园艺师世家，是法国最伟大的造园师，擅长宫廷花园设计。他掌握了均衡对称的造园技巧，以类似棋盘式的造型架构，打造出花木外貌简约严谨、整齐划一的法式园林。子爵之谷城堡园林（Vaux Le Vicomte）、枫丹白露宫皇后花园的花圃、丢勒里宫（Tuileries）皇室园林等都出自他的手笔，凡尔赛宫花园的设计是勒诺特的巅峰之作。

凡尔赛宫花园历时近30年才完成，有壮丽的林荫大道，有几何草坪和花圃，有水池、台阶、瀑布，还有高难度的运河以及上千座喷泉等，精致而工丽，富有秩序感，这些组成了法国园林的基本格调，颠覆了意大利园林的面貌。约1668年，法国画家皮埃尔·巴特尔在绘画作品中描绘了凡尔赛宫的宫殿与园林。（图17.4.1）

凡尔赛宫是欧洲最宏大、最辉煌的宫殿，占地800公顷。宫殿区主要建筑包括大理石内庭、北翼楼、皇家礼拜堂、南翼楼、国王翼楼（富饶厅、维纳斯厅、戴安娜厅、战神厅、墨丘利厅、阿波罗厅）、镜厅、王后翼楼（王后寝宫、贵族厅、鸿宴厅、警卫厅、加冕厅）、大特里阿农宫、小特里阿农宫、爱之堂、王后小庄园等，共有厅室700多间。建筑屋顶抛弃巴洛克的圆顶和法国传统的尖顶，而多采取平顶的形式，给人以端庄雄浑之感。（图17.4.2）

园林区由喷泉、皇家大道、大运河、小运河、小树林、国王花园、王后小树林、橘园等组成，喷泉1400余座，树木达20万株。为了建造凡尔赛宫，

图17.4.1 巴特尔绘制的凡尔赛宫

图17.4.2 凡尔赛宫大特里阿农宫

图17.4.3 拉托娜喷泉

耗空了国库，每天动用2万多人工作，花了50余年时间，到路易十五时代才完成，在建筑艺术和技术方面体现出当时的最高成就。（图17.4.3）

二、恩瓦利德新教堂

恩瓦利德新教堂（Dome des Invalides，1680-1706年）又称"伤兵院新教堂"，于·阿·孟莎设计，是第一个完全的古典主义教堂建筑。新教堂接在旧的巴西利卡式教堂南端，平面呈正方形，采取希腊十字和集中式，鼓座高举，穹顶饱满，顶上还加了一个文艺复兴式的采光亭。四角上是四个圆形的祈祷室。新教堂立面紧凑，穹窿顶端距地面106.5米，是整座建筑的中心，外表贴金为饰，显得高贵而华丽，不同于其他古典主义建筑端庄素雅的外观。（图17.4.4）

三、法国古典主义对俄罗斯的影响

17世纪开始，俄罗斯建筑受到西欧的影响，普遍采用西欧的建筑细部，如壁柱、山花、檐部、线脚等，风格华丽，装饰感强。教堂建筑的外观堆砌各种装饰，采用金盔顶、帐篷顶、花瓣形装饰、钟乳式下垂券脚、花瓶式的柱子以及山花、壁柱等，华美而精致，被称为"玩具式"或"模型式"教堂。同时还流行多层集中式的教堂，受到俄罗斯民间木建筑的影响。

18世纪初，罗曼诺夫王朝第四代沙皇彼得大帝（Peter the Great，1672-1725年）进行改革，发展资本主义，提倡学习西欧，建成强大的俄罗斯

帝国，到18世纪中期叶卡捷琳娜二世（即凯瑟琳大帝，1762-1796年在位）时期达到鼎盛。1703年，彼得大帝在俄罗斯西北方的涅瓦河（Neva River）三角洲、濒临芬兰湾的地方亲手建造彼得堡（Histric Centre of St.Petersburg），亦称圣彼得堡，1712年成为首都。彼得堡在苏联时代改称列宁格勒，1991年恢复原名。

涅瓦河右岸彼得保罗城堡中的保罗大教堂（Peter and Paul Cathedral，1712-1713年）为拉丁十字结构，有一个高达34米的金色锋利尖顶，是大胆的创新表现。这座教堂成为彼得大帝和以后的沙皇的安息地，后来在涅瓦河南岸造船厂旧址上改建的海军部大厦高72米的尖塔与之形成呼应。（图17.4.5）

彼得堡的涅瓦大街始建于1710年，这条大街长约4公里，两边集中了18-20世纪最杰出的建筑，包括歌剧院、图书馆、博物馆、音乐厅、电影院、银行、百货公司、食品店、教堂和名人故居等。位于这条街起点的海军部大厦建造于1805-1823年，设计师是扎哈洛夫（1761-1811年）。它东临冬宫，西接参政院广场，正对涅瓦河大街。它最吸引人的是其高达72米的金色塔楼，塔楼正面宽400多米，分为三层，第一层为立方体塔基，中央是券洞。第二层是爱奥尼亚式柱廊，第三层是方形抹角墩座及穹顶，穹顶上是八角形亭子，亭子顶端是高耸的八角尖锥，上托一艘战舰，象征着俄国海军的威力。（图17.4.6）

彼得大帝还以凡尔赛宫为蓝本在涅瓦河左岸修建夏宫，法国建筑师亚历山大·勒·布隆（Jean Baptiste Alexandre Le Blond）负责设计。夏宫完成于1704-1730年，后世陆续进行增建。夏宫占地

图17.4.4 恩瓦利德新教堂

图17.4.5 彼得堡保罗大教堂

图17.4.6 海军部大厦

图17.4.7 彼得堡夏宫

图17.4.8 叶卡捷琳娜宫

11.7公顷，包括宫殿和花园两大部分，被誉为"俄罗斯凡尔赛"。夏宫花园的营造因地制宜，整体平面呈斜坡状，园中设有果园、菜圃、温室等，布局工整对称，花木之间点缀着各式各样的喷泉上百座。喷泉的周围竖立着希腊神话中的人物和故事雕像。（图17.4.7）

普希金市的叶卡捷琳娜宫（The Catherine Palace，1752-1756年）又称凯瑟琳宫，建造于1717年，是一座巴洛克风格的园林。最初是彼得大帝赠送给第二任妻子——皇后叶卡捷琳娜（1684-1727年）的行宫，叶卡捷琳娜在彼得大帝死后成为俄罗斯女皇，史称叶卡捷琳娜一世或凯瑟琳一世（Catherine I，1725-1727年在位），此地因此被称为"沙皇村"。后来行宫成为他们的女儿伊丽莎白一世（1709-1762年，Elizabeth I）的财产，伊丽莎白一世对宫殿进行扩建，尤其经过建筑设计

师拉斯特雷利的巧妙规划设计，使其成为当时俄罗斯巴洛克建筑之最，极尽奢华。平面呈长方形，平面的长度为300米。除了东端有一个小教堂外，其余皆为连接厅。建筑外观采用白色壁柱、蓝色墙体、金色浮雕，显得华丽端庄。1762年，叶卡捷琳娜二世即位，成为行宫第三任主人，将原来呈几何形布局的花园改建成以自然为本的英国式园林。（图17.4.8）

冬宫（Winter Palace，1754-1762年）是沙皇居住的宫殿，极尽奢华。它占地9公顷，共有1057间房屋。冬宫主体建筑建于1754-1762年，建筑立面以圆柱与长窗相间，以淡绿、白色和金色为基调，于淡雅中显出辉煌的气派，室内装饰华美，宏伟壮丽。叶卡捷琳娜二世继位后又对彼得堡进行经营，使之成为全国文化艺术的中心，并在冬宫建造"艾尔米塔什"博物馆，收藏艺术珍品。现有270多

图17.4.9　彼得堡冬宫

图17.4.10　斯摩尔尼修道院教堂

万件藏品，与英国伦敦大英博物馆、法国巴黎卢浮宫博物馆、美国纽约大都会博物馆并称为世界四大博物馆。（图17.4.9）

　　斯摩尔尼修道院是1748年伊丽莎白女皇下令修建的彼得堡第一所女子修道院，包括修女住所、食堂、图书馆以及四个小教堂。由于战争，直到1828年修道院才最后完成，但最终没有作为修道院使用，如今辟为音乐厅。平面为希腊十字式，形制是俄罗斯传统，外观却以巴洛克手法处理。（图17.4.10）

第五节　洛可可建筑

　　路易十五（1715-1774年在位）时代，法国走向衰退。在路易十五的情妇蓬巴杜夫人的推崇下，法国产生了纤巧精致、华美烦琐、富丽堂皇以及富于幻想和浪漫情调的艺术风格，即洛可可风格，又称路易十五风格，它反映出上流贵族的审美理想和趣味。（图17.5.1）

　　洛可可风格以艳丽、轻盈、精致、细腻和表面上的感官刺激为追求。建筑造型的比例关系偏重于高耸和纤细，以不对称代替对称，频繁地使用变化多端的C形和S形曲线，排斥了端庄和严肃的表现手法。在室内装饰方面最具特色，喜欢使用大镜子作为装饰，抛弃了壁柱。与巴洛克风格不同的是，以凹圆线脚和柔软的涡卷取代檐口和小山花，把圆雕和高浮雕换成绘画和薄浮雕。大量运用纤细的花环和花束、蕨类植物、弓箭和箭壶以及各种贝壳图案。色彩明快而柔媚，爱用白色和金色组合色调。在室内装饰和家具配置上，造型的结构线条具有轻松、柔和、优雅、安逸等特点。（图17.5.2）

　　洛可可风格波及欧洲大片地区，涉及各种艺

图17.5.1　罗贝尔·德科特设计的凡尔赛宫王妃寝宫

图17.5.2　枫丹白露宫会议厅

图17.5.3　巴黎苏比斯宾馆公主客厅　　　　图17.5.4　波茨坦无忧宫的音乐厅　　　　图17.5.5　巴黎黄金大厅

术表现形式。洛可可艺术大师热尔曼·布弗朗（Gabriel Germain Boffrand，1667-1754年）设计的巴黎苏比斯宾馆公主客厅（1737-1738年）堪称洛可可建筑的代表作品，室内安置大镜子、水晶吊灯，陈设烛台、瓷器和装饰华美的家具，给人浪漫而温馨、华美富丽的感觉。（图17.5.3）

德国波茨坦市的无忧宫（Sans Souci Palace）是德国巴洛克和洛可可风格建筑的代表作。它始建于1744年，是普鲁士国王腓特烈二世（1712-1786年）的离宫。腓特烈1740-1786年在位，是欧洲历史上著名政治家、军事家、作家、作曲家，被尊为腓特烈大帝（Frederick the Great）。宫殿正殿中部为半圆球形顶，两翼为长条锥脊建筑，室内装饰豪华，金碧辉煌。宫殿前有喷泉和几何园林，以希腊神话题材塑造的雕像随处可见，形象生动传神。（图17.5.4）

罗贝尔·德科特（Robert de Cotte）设计的凡尔赛宫王后寝宫，柯特（1656-1719年）设计、装饰艺术家瓦塞（1618-1736年）和画家贝利厄尔协助完成的巴黎图卢兹公馆的黄金大厅（现在为法国银行），尼古拉斯·皮诺设计的巴黎罗克洛尔旅馆客厅（1733年），安热·雅克·加布里埃尔（Ange Jacques Gabriel）设计的枫丹白露宫会议厅（1751-1753年），德国慕尼黑阿马林堡展馆的镜厅（1734-1739年），约翰·迈克尔·菲希尔（Johann Michael Fischer）设计的德国圣三位一体修道院教堂（1711-1766年），多米尼库斯·齐默尔曼（Dominikus Zimmermann）设计的德国怀斯巡礼堂内厅（1745-1754年），埃吉德·奎林·阿萨姆（Egid Quirin Asam）设计的德国罗尔修道院圣母升天祭坛（1722-1723年），埃吉德·奎林·阿萨姆设计的德国慕尼黑圣约翰尼斯·尼波姆克教堂内厅（1733-1746年）等也是优秀的洛可可建筑。（图17.5.5）

🔗 思考题

1. 文艺复兴建筑具有怎样的风格特征？

2. 巴洛克建筑具有怎样的风格特征？

3. 简述法国古典主义建筑风格及其代表作。

4. 简述俄罗斯建筑风格及代表作。

5. 简述洛可可建筑风格及其代表作。

第十八章
伊斯兰建筑

18

第一节　概述

　　以阿拉伯半岛为中心的阿拉伯帝国曾横跨欧、亚、非大陆。如今阿拉伯半岛上的国家包括沙特阿拉伯（Kingdom of Saudi Arabia）、也门（The Republic of Yemen）、阿曼（Sultanate of Oman）、阿拉伯联合酋长国（The United Arab Emirates）、卡塔尔（The State of Qatar）、科威特（The State of Kuwait）、约旦（The Hashemite Kingdom of Jordan）、伊拉克（Republic Of Iraq）、以色列（State of Israel）等，都以伊斯兰教为主要宗教。

　　伊斯兰教的创始人穆罕默德（Mohammed，570-632年）出生于阿拉伯半岛的麦加（Mekka），麦加因此成为伊斯兰教的圣地。

　　630年，穆罕默德统一阿拉伯半岛，建立伊斯兰国家。之后经过历代哈里发（阿拉伯政教合一国家最高统治者）不断扩张，8世纪时建立横跨亚非欧三大洲的阿拉伯帝国。

　　巴格达、开罗、科尔多瓦在当时是世界上重要的经济和文化中心，先后兴建许多规模宏大的建筑，主要有城寨、礼拜寺、宫殿、经学院、陵墓、图书馆与澡堂等，但是历经战乱后，建筑遗迹留存不多。

　　12世纪时，突厥人从中亚入侵阿拉伯，建立奥斯曼土耳其帝国，并于1453年灭亡拜占庭，但突厥人却被伊斯兰文化征服。伊斯兰教此后逐渐传入小亚细亚和东欧地区，甚至影响了波斯、中亚、南亚次大陆和东南亚许多国家。（图18.1.1）

　　伊斯兰建筑最典型的成就是礼拜寺。礼拜寺的显著特点是圆形屋顶和巨大的拱形柱廊，还有尖塔或钟楼供报时和打钟来召唤祈祷者。礼拜寺的内部没有任何具象的绘画和雕塑，只是在墙面上布满了植物纹、几何纹、《古兰经》内容的阿拉伯文字等彩色镶嵌，具有富丽堂皇的艺术效果。

图18.1.1　乌兹别克斯坦撒马尔罕经学院

第二节　礼拜寺

伊斯兰阿拉伯第一个王朝是倭马亚王朝，都城是大马士革。阿拉伯人本是沙漠游牧民族，没有多少建筑传统，就把大马士革的基督教巴西利卡教堂改为礼拜寺，后来形成伊斯兰建筑风格。伊斯兰教建筑在阿拉伯文中叫"麦斯志得"，意为"礼拜的地方"，又称"礼拜寺"，中国俗称其为清真寺。各国伊斯兰建筑布局相近，主要特征表现在五个方面。

第一，有封闭院子，院子中央有一个水池或喷泉。因为伊斯兰教要求人们在礼拜前清洁，寺内祈祷室中圣龛方向必须朝向圣地麦加的克尔白。

第二，每个清真寺有一个或多个邦克楼。邦克楼即宣礼塔，一般建在寺院四角，以便阿訇登高召唤教徒前来举行宗教活动。后来兼做船舶和沙漠中的迷路者指明方向的灯塔，在阿拉伯语中叫"麦纳拉"，意为"灯塔"。

第三，每个清真寺的屋顶都有一个或几个洋葱头式的尖形穹顶。

第四，清真寺的立面一般比较简洁，墙面多半是沉重的实体。门和廊多由各种形式的拱券组成。

第五，伊斯兰教不设神像崇拜。内部装饰丰富，多是几何图案，后来才允许一些程式化的植物纹。大面积彩绘，喜欢用蓝色。

一、麦加圣寺

麦加清真寺即圣寺，以白色大理石建成，庄严而圣洁。圣寺庭院周围是两层长廊环绕，使用廊柱892根。经过多次扩修，可容纳50余万穆斯林同时做礼拜。圣寺有精雕细刻的25道大门和7座高耸云端、高达92米的尖塔，四周以24米高的围墙将门和尖塔连接起来。（图18.2.1）

位于圣寺广场中央稍南的那座灰色岩石天房"克尔白"是穆斯林朝觐的方向。克尔白是阿拉伯文KA'BA的音译，意为"立方形体的房屋"，相传是古代先知易卜拉欣及其子所创建。623年，穆罕默德规定克尔白作为伊斯兰教的礼拜方向，并把四周划为禁地，因此麦加圣寺又称"禁寺"。天房南北长12米，东西宽10余米，高14米。东北侧装有两扇

图18.2.1　麦加清真寺

金门，离地约2米，高3米，宽2米，是用286公斤的赤金精工铸造的。天房自上而下终年用黑丝绸帷幔蒙罩，帷幔中腰和门帘上用金银线绣《古兰经》，帷幔每年更换一次，这一传统已延续一千多年。天房外东南角墙上镶嵌着一块30厘米长的带微红的褐色陨石，即有名的黑石，或称玄石，穆斯林视其为神物。朝觐者游转天房经过此石时，都争相亲吻它或举双手以示敬意。（图18.2.2）

二、耶路撒冷圣岩寺

耶路撒冷已有5000多年的历史，饱经沧桑。公元前3000年迦南人部族耶布斯人来此定居，公元前10世纪，犹太王大卫以此为都城建立以色列-犹太王国，取名耶路撒冷，意思为"和平之城"。大卫之子所罗门王在耶路撒冷摩利亚山修建了圣殿，存放约柜。约柜是犹太人的圣物，是一个镶金的木柜，里面放着刻有上帝启示摩西十条戒律的两块石板和其他圣器。从此，耶路撒冷成为犹太人的宗教中心。圣殿用山石砌成，规模约长50米，宽30米，殿内用香柏木板贴墙，以黄金做装饰。整个工程征召20万人，花7年才完成。又花了13年时间建造黎巴嫩林宫，所罗门王把财富都聚敛在黎巴嫩林宫。（图18.2.3）

耶路撒冷先后被迦南人、犹太人、巴比伦人、波斯人、希腊人、罗马人、拜占庭人、埃及人、阿拉伯人、中世纪十字军、土耳其人和英国人等占领过，饱受战争摧残。犹太教、基督教和伊斯兰教都

图18.2.2　麦加圣寺天房

图18.2.3　绘于16世纪的耶路撒冷所罗门圣殿

图18.2.4　耶路撒冷哭墙与远处的圣岩寺

图18.2.5　圣岩寺

把耶路撒冷视为本教的圣地。三大教在城内留下不同时期建造的宗教遗迹有200余处，最著名的如犹太教圣殿唯一的残迹哭墙、基督教的圣墓教堂、伊斯兰教的圣岩寺和阿克萨清真寺。

圣岩寺又称萨赫莱清真寺、圆顶清真寺、奥马尔清真寺（Omar Mosque，"奥马尔"在阿拉伯文中是"石头"的意思），约建造于688-692年间。耸立在耶路撒冷老城西北角的圣殿山（Temple Mount）上，据说犹太教第一圣殿当年就建在这里，现在只剩下一段12米高的哭墙残迹。圣殿被毁那天是犹太历11月9日，后来每年这一天，分布在世界各地的犹太人会聚集到此哀哭、祈祷，故名"哭墙"。（图18.2.4）

圣岩寺中有一块长方形岩石，被视为三教圣石。岩石长17.7米，宽13.5米，高出地面1.2米。正是这块石头，成就了耶路撒冷作为宗教圣地的不朽地位。在犹太教中，这是上帝为考验犹太人的始祖亚伯拉罕，让他杀子祭祀的地方。在基督教中，这是上帝用泥土捏成人类始祖亚当的地方。在伊斯兰教中，这是穆罕默德登天而去的踏脚石。这里也因此而成为除麦加和麦地那之外的伊斯兰教第三圣地。

圣岩寺造型受到拜占庭建筑影响，集中式布局。平面呈八角形，顶部是直径为20.6米、高35.3米的半圆形金色穹顶。围绕岩石的4根柱子与12根中建筑，支持圆筒状的墙壁，墙上架起双层木造穹顶，周围用八角形的墙壁围住。外墙上段各边均有5个窗户。在东西南北各设入口。在圆柱和八角形的中间，又有8根柱子与16根中间柱，做成八角形拱门排列，以支持上方穹顶。清真寺外墙底部的云石高5.5米，上面布满玻璃瓷砖装饰。内部采用大理石以及镶嵌画为装饰，各种精美的图案布满建筑内外。圆顶外表本来是铅板镀金，1994年，约旦国王侯赛因出资650万美元为礼拜寺圆顶盖上了24公斤纯金箔，使圣岩寺圆顶在阳光照射下，金碧辉煌。（图18.2.5）

三、大马士革礼拜寺

大马士革坐落在卡辛山旁边、巴格达河畔，是叙利亚的首都，素有"人间天堂"的美称。大马士革如今古城内外还有近400座伊斯兰教礼拜寺和70多座基督教堂。大马士革礼拜寺（The Great Mosque, Damascus）是倭马亚王朝于706-715年建造，故也称倭马亚礼拜寺。

大马士革礼拜寺建立于一座基督教堂遗址上，靠近王宫，兼作哈里发的接见场所。礼拜寺的院落内包括礼拜殿、藏经楼、钟楼等圆顶建筑，以及一座大理石水池和三座尖塔。礼拜殿长136米，宽37米，圣龛位于南墙正中，前面上有穹窿。建筑内外镶嵌着精美的图案，美轮美奂。这座大寺在伊斯兰世界上享有崇高的地位，被认为是伊斯兰教的第四座圣寺。（图18.2.6）

四、伊拉克萨玛拉礼拜寺

在穆罕默德逝世之后的数十年，伊斯兰教传入伊拉克。萨玛拉位于巴格达北部，836年以后，萨玛拉曾一度是哈里发的都城。萨玛拉大礼拜寺（The Great Mosque, Samarra，也称马尔维亚大礼拜寺）建造于848-852年，是现存的巴格达哈里发时期最早的建筑遗迹，也是伊斯兰教最大的礼拜寺。长238米，宽155米，中有内院，基地上有464根柱子。整个礼拜寺被高大厚重的砖墙围绕，每隔15米就在墙面上开设一个半圆形的塔状扶壁，墙头原有雉堞。围绕墙垣开设13个大门，主门在北边。礼拜殿位于院子南端。礼拜寺北有螺旋形的邦克楼（Minaret），这座塔的名字叫"马尔维亚"，意为"蜗牛壳"。这座造型奇特的宣礼塔的塔基是方形，两层，底边边长约30米。在上层台基上座落着高大的圆柱状塔体，螺旋向上收缩，整个塔体用砖砌成，高达50米。这种造型应该是受到两河流域高台建筑的影响。（图18.2.7）

五、伊朗伊斯法罕皇家礼拜寺

16世纪以后，在伊朗高原建立了王朝，以伊斯法罕为都城。国王阿拔斯（1588-1629年在位）统治时期大兴土木，掀起一个建筑高潮。流行于波斯地区的礼拜寺保持了横向大殿的传统，并在正殿上面架起高大的穹顶，鼓座高起，穹腹外鼓，向上收

缩城尖状，造型饱满而优雅。寺院大门有尖券内凹式神龛。

伊朗伊斯法罕皇家礼拜寺（Masijid-i-shal）建造于1629-1638年，正是当时的国王阿拔斯下令修建。礼拜寺位于伊朗伊斯法罕市中心的皇家广场南端，正轴线朝向麦加，主要建筑包括礼拜殿、内院、正殿的高大穹顶和华丽的门殿。左右是邦克楼，上面都以彩色釉面砖、琉璃镶嵌。

礼拜寺的大门其标志性建筑之一，是一个巨大

图18.2.6　大马士革礼拜寺

图18.2.7　马尔维亚宣礼塔

的尖券凹廊，两侧是一对高耸的尖塔。这种构图是伊斯兰建筑的典型形制。院内的中庭横长约68米，纵深约50米，四周各面正中分别有一座门式凹廊。（图18.2.8、图18.2.9）

礼拜殿的穹顶高达54米，两侧各有8座小穹顶，覆盖着16间小祈祷室。建筑物都以深蓝色的琉璃砖镶嵌成阿拉伯式藤蔓几何图案，室内多以马赛克镶嵌为饰。

图18.2.8　伊斯法罕礼拜寺

中外建筑史

图18.2.9　伊斯法罕清真寺的大门

六、伊斯坦布尔蓝色礼拜寺

土耳其伊斯坦布尔的蓝色礼拜寺建造于1609-1616年，是14岁即位的奥斯曼土耳其帝国艾哈迈德苏丹任命穆罕默德·阿迦设计的，这座礼拜寺内墙壁上镶嵌着2万多块蓝色的釉面砖，拼成各种图案，故称"蓝色礼拜寺"。

蓝色清真寺耸立在马尔马拉海和博斯普鲁斯海峡的入海口处，整个建筑由大石头砌成，是奥斯曼土耳其帝国时期的建筑杰作，建筑主体的中部是巨大的圆穹顶，直径41米，四周是直径为大圆顶1/4米的小圆顶，下面还有30多座更小的圆顶层层升高，簇拥在大圆顶周围。寺院有8个入口，分布在院子的三个方位。走过装有大理石铺成门框的三道门，便进入内庭。四周的连券柱廊上面有30多个小圆顶。内庭中间是喷水池，四周是6根大理石柱。中央的圆顶通过角穹靠在4个突出的拱上，支撑着大圆顶的4根大柱直径为5米。柱头上装饰着蓝底金字阿拉伯文，柱身有黑底金字阿拉伯文。礼拜殿内的面积达4600多平方米，可容纳5000人进行祈祷。墙壁布满几何图案，通过260多个彩绘玻璃窗户摄入的光线让空间绚丽夺目。

礼拜寺的周围建有6座宣礼塔，当时只有圣地麦加的清真寺才能拥有6座宣礼塔。为了平息争论，苏丹捐赠了第7座宣礼塔给麦加。蓝色礼拜寺也因此成为世界上唯一的六塔礼拜寺。（图18.2.10）

七、西班牙科尔多瓦礼拜寺

科尔多瓦礼拜寺（The Great Mosque，Cordora）建造于785-987年，是西班牙伊斯兰文化的中心，曾经三次扩建，扩建之后礼拜殿长126米，宽112米。13世纪时被改成基督教堂，15世纪时中央部分又被划为圣母升天教堂，迄今只有室内局部尚存原样。

礼拜殿高约10米，内部由648根柱子组成幽暗神秘的空间。纵向排列8排，间距不足3米，横向36排，互相遮挡。3米高的柱子上支撑着两层重叠的马蹄形券，券用红砖和白色云石交替砌成。圣龛前的复合券是科尔多瓦礼拜寺的另一特色，花瓣

图18.2.10 蓝色礼拜寺

图18.2.11 科尔多瓦清真寺券柱

形的券重重叠叠,华丽多姿。圣龛的穹顶使用4个肋架券交叉架构而成,轻盈优美,上面有华丽的琉璃镶嵌。在礼拜寺的北面有一座30米高的宣礼塔。(图18.2.11)

第三节 宫殿

711年,统治伊比利亚半岛的西哥特人内部发生分裂,摩尔人(Moors)乘势入侵,统治西班牙700多年。信仰伊斯兰教的摩尔人促进了东西方文化的交流。西班牙南部的安德鲁西亚(Andalusia)的建筑蓬勃发展,城市的繁荣持续到1492年西班牙人复国战争成功为止。

以哥多华为首都的倭马亚王朝灭亡之后,格拉纳达(Granada)逐渐发展起来,13世纪时成为一个小王国的都城,15世纪末被天主教徒占领。"格拉纳达"在当地语言中指"石榴果实"。格拉纳达的阿尔罕布拉宫(Palace of the Alhambra)也称红宫,建造于1338-1390年,是全世界仅存的中世纪伊斯兰宫殿。(图18.3.1)

阿尔罕布拉宫是摩尔人的王宫,巧妙运用山坡和河流,依山而建。占地面积130万平方米,包括城寨(建于9世纪)、卡洛斯五世宫(Palacio de Carlos V)、宫殿群与花园四部分。首先进入卡玛雷斯宫(Palacio de Comares),宫内靠近城墙的庭院早已毁坏,中央有一座造型奇特的水池,北侧是9座拱门连成的柱廊,南侧已变成绿地。卡玛雷斯宫最前面的是梅斯亚尔厅(Sala del Mexuar),

是处理政务的地方,厅内部华丽,装饰精美。还有一座巴尔卡厅(Sala de la Barca),供国王举行登基大典。宫后有一座高塔,其上的玻璃彩绘规模宏大、色彩丰富。穿过梅斯亚尔厅和庭院到达桃金娘宫(Patio de Arrayanes),因庭院水池边种植很多桃金娘灌木而得名(图18.3.2)

桃金娘宫东面就是著名的狮子院(Patio de los Leones),这座建筑堪称伊斯兰建筑的精华。这是一座不大的长方形院子,长约29米,宽约16米。周围是124根细长的白色大理石柱,其上方柱头和马蹄形券顶到屋檐的柱坊,都覆盖着精细的灰泥雕饰,繁密细致,华丽而优美。院内十字路的交点有喷泉,泉水从12头石狮口中喷出,故得名狮子院。

图18.3.1 阿尔罕布拉宫

图18.3.2　阿尔罕布拉宫的桃金娘宫

图18.3.3　阿尔罕布拉宫狮子院

狮子喷泉周围还有一些建筑，房间内部布满图案装饰。（图18.3.3）

阿尔罕布拉宫运用了钟乳拱（Stalactite），也称蜂窝拱，是由一个个层叠的小型半穹窿组成，在结构上起出挑作用，本身也具有装饰意义。

阿尔罕布拉宫设计精巧，建成于伊斯兰文化的鼎盛时期，包含细柱、圆券、拱顶、彩色玻璃和繁而有序、精美细致的雕饰等特色，利用天然地势配合建筑几何学，完美地阐释了伊斯兰建筑的艺术魅力。

 思考题

1. 伊斯兰建筑的风格特征是什么？

2. 麦加清真寺有何特色？

3. 耶路撒冷在建筑史上有怎样的地位？

4. 科尔多瓦清真寺有何特色？

5. 简述阿尔罕布拉宫的建筑设计特色。

第十九章
古代南亚、东南亚与东亚建筑
19

第一节　概述

　　古代亚洲的重要建筑文化还有南亚次大陆建筑、东南亚建筑以及日本、朝鲜建筑等。

　　南亚次大陆建筑以印度（India）为代表。印度三面临海，北靠喜马拉雅山，北广南狭，形如半月。古代印度宗教兴盛，本土兴起的婆罗门教（Brahmanism）、耆那教（Jainism）、佛教（Buddhism）对印度建筑产生重要影响，都有自己的庙宇形制，成就非凡。

　　东南亚国家的建筑主要受到印度建筑影响，以佛教和婆罗门教的庙宇为代表建筑。最著名的是缅甸仰光大金塔，柬埔寨吴哥寺和印度尼西亚爪哇岛婆罗浮屠，被誉为"东南亚三大古迹"。

　　日本（Japan）位于亚洲东北部，由北海道、本州、四国、九州等四个大岛和几百个小岛组成。古代日本建筑在宫殿、园林、宗教建筑方面受到中国的影响很大，并结合其民族特色取得不俗的成就。

　　朝鲜位于亚洲东部，由朝鲜半岛及其附近的3300多个岛屿组成。东临日本海，西濒黄海，南隔朝鲜海峡与日本相望，北界鸭绿江、图们江与中国为邻，东北与俄罗斯接壤。朝鲜建筑受中国建筑的影响巨大，保持着浓郁的唐风。

　　公元前2333年，檀君王俭在今朝鲜首都平壤建王俭城，创立古朝鲜，统治1500余年。4世纪时，朝鲜北部高句丽、南部百济、新罗形成三国鼎立局面。4世纪中叶，佛教自中国传入高句丽，佛教建筑兴起。5世纪中叶，佛教从高句丽传入新罗，其首都庆州兴建很多寺院和佛塔，建筑成就较高。

　　百济建筑与高句丽类似，喜欢用风景和凤凰纹作为装饰。位于今韩国扶余市的定林寺建于6世纪，殿堂均已毁，唯有平济塔遗存，为五层石塔，高8.33米，构造严整，形式美观，是百济建筑的代表作品之一。

　　7世纪时，新罗成为唐朝附属国。10世纪，新罗被王氏高丽灭亡。朝鲜妙香山的普贤寺始建于1042年，寺内遗存建筑包括大雄殿、万岁楼、观音殿等10多幢，山中还有其他古建筑群，是王氏高丽时期建筑的重要见证。王氏高丽以开城为都城，开城位于朝鲜边境，距离朝鲜战争停战谈判签字的板门店仅8公里，现存宫殿、王陵、成均馆等历史建筑。成均馆其名源自《周礼》："成人才之未就，均风俗之不齐"，是10世纪时修建的最高教育机构国子监，尊崇孔子，今为高丽博物馆。

　　1388年，高丽大将李成桂建立朝鲜国取代王氏高丽，定都汉阳（今韩国首尔）。朝鲜王朝实行尊儒灭佛政策，建筑以城郭和宫殿为主，佛教建筑衰退。都城汉阳在600余年间留下诸多历史建筑遗迹，如景福宫（1394年始建、1870年重建）、昌德宫、昌庆宫、宗庙、社稷、成均馆等，还有很多城门、陵墓与宗教建筑。（图19.1.1）

图19.1.1　景福宫延生殿

第二节　古代南亚次大陆建筑

南亚次大陆（The South Asian Subcontinent）是喜马拉雅山脉以南的一片半岛形陆地，受到喜马拉雅山脉阻隔，相对独立，面积又小于普通意义上的大陆，故得名"次大陆"。包括印度（India）、巴基斯坦（Islamic Republic of Pakistan）、孟加拉（Bengal）、尼泊尔（Nepal）、斯里兰卡（Sri Lanka）、不丹（Kingdom of Bhutan，"布鲁克巴"）等国家。

一、印度建筑

古代印度建筑分为六个经典发展时期。

（一）印度河文化时期的建筑

印度河文化的发掘开始于20世纪20年代初，考古学家陆续发现了很多城市和村落遗址，最重要的是摩亨佐·达罗古城（Mohenjadaro与哈拉帕古城，因此也称为哈拉帕文化（Harappa culture）。这两座城市面积相似，大约各有85万平方米，城中居民大约3万多人。哈拉帕的卫城有高厚的砖墙，形成堡垒，城北有谷仓、作坊和奴隶宿舍。

（二）吠陀文化时期的建筑

约公元前14世纪，雅利安人从印度西北方入侵到次大陆，从此开始吠陀时代，以雅利安人的《吠陀经》（Veda）而得名。公元前9世纪，吠陀教（Vedism）演变成婆罗门教，即印度教的前身。吠陀文化时期的建筑多为茅茨土阶的结构，现已荡然无存。

公元前6世纪，进入列国时代（公元前6-4世纪）。实力较强的有16个王国，最强盛的是恒河流域中游的摩揭陀（Magadha）。各国城邦都有发展，恒河中下游出现一些著名的城市，如摩揭陀的首都王舍城、居萨罗的首都舍卫城、迦尸的首都波罗奈城、跋祇的首都吠舍厘城等，但基本没有建筑实物遗存。

（三）孔雀王朝时期的建筑

公元前6-前4世纪，印度西北部处于波斯统治，接着又被亚历山大征服。孔雀王朝（Maurya）取代难陀王朝之后，建筑继承传统，又吸收了波斯的影响，创造空前恢弘壮丽的建筑作品。孔雀王朝第三代国王阿育王时期的建筑开始从木结构向石结构过渡。孔雀王朝的都城华氏城沿恒河延绵约15公里，城堡呈平行四边形，有护城河和高大的木墙，墙上设置570座防御塔楼，有城门64座。华氏城王宫内建筑恢宏壮丽，装饰繁缛华贵。

孔雀王朝时期建筑成就以佛教（Buddhism）建筑为主。阿育王（AshoKa，约公元前273-前236年）因推崇佛教而名垂青史，他曾巡礼佛教圣地，广建佛塔，封赠寺院，在华氏城发起佛教经典的第三次结集。阿育王还把佛教徒派往锡兰（Ceylon，今斯里兰卡）和缅甸，甚至西亚、北非、东南欧的希腊化诸国传播佛教，奠定了佛教成为世界性宗教的基础。

阿育王下令在全国各地兴建大量石柱用以宣传佛法，这些石柱被称为"阿育王石柱"，现存30多座，每座高达10米以上，重约50吨，圆形柱身上往往刻着阿育王的诏书。最具代表性的是佛教圣地鹿野苑的萨尔纳特狮子柱（Capital of a Stambha Sarnath），始建于公元前242-前232年。石柱为磨光的砂石材质，象征着宇宙之根，残高12.8米，上面刻有覆莲、法轮、狮子、马、瘤牛、象等形象，各有寓意。1950年印度共和国成立后，把萨尔纳特狮子柱头选为国徽图案，其下面是一句古老的梵文格言："唯有真理得胜"。（图19.2.1）

阿育王时代草创了佛教建筑的一些基本型制：窣堵坡（Stupa）、石窟——包括支提（Chaitya）与毗诃罗（Vihara）。

1. 窣堵坡

窣堵坡是埋葬佛骨的地方，也称浮屠、浮图，中国称之为"塔"。塔身通常是建立在基座上的半球形覆钵，内为泥土，外砌砖石，埋藏舍利容器。自孔雀王朝以降，窣堵坡成为佛教礼拜的中心。最著名的是位于今印度中央邦首府博帕尔（Bhopal）附近的桑奇1号窣堵坡（Great Stupa，Sanchi），建造于公元前2世纪的巽迦王朝（Sunga）时期，它是现存年代最久远保存最完整的窣堵坡，是印度早期佛教建筑的巅峰。

桑奇1号窣堵坡建在高4.3米的圆形台基上，直径36.6米，台基边沿有一圈石栏，台上是高12.8米的实心半球形覆钵，表面以石板贴面。球顶上有一圈正方形栅栏，栅栏正中竖立一根三层伞盖，三层伞盖比喻佛、法、僧三宝。伞盖下方是埋藏舍利的

地方。公元前1世纪安达罗王朝时期，围栏四方加建四座高约10米的牌坊石门，门的左右是两根立柱，柱上部建三道横梁，横梁断面呈橄榄形，上面布满精美繁复的雕塑。（图19.2.2）

印度西北部的犍陀罗（Gandhara，今巴基斯坦白沙瓦）是连接印度与中亚、西亚和地中海的纽带。犍陀罗是十六个列国之一，公元前326年，犍陀罗被亚历山大征服，从此希腊化文化与印度教文化走向融合，在贵霜王朝时期（Kushan Period，1-3世纪，即大月氏）达到鼎盛。犍陀罗艺术遵循希腊、罗马雕刻艺术的惯例来雕刻佛像，使佛像造型具有希腊化风格，这种风格明显异于本土风格，被称为犍陀罗风格。后随佛教传入中亚各国以及中国、朝鲜、日本。

2. 支提窟

支提窟内平面多为细长的马蹄形，前部是长方形礼堂，窟顶凿成筒拱状，上有仿木结构的拱肋。后半部为半圆形，中央就地凿出小型的窣堵坡，窟顶是半穹窿，支提窟内一般都有一圈石柱围绕。

3. 毗诃罗窟

毗诃罗原是休闲安居的园林，后指僧侣居住静修的精舍或寺院。外观比较简单，为左右展开的一列柱廊，全部立面为三开间到九开间。从前廊正中一间进窟内，窟内为一座平顶的方形大厅，早期厅内无柱，晚期多有列柱。窟内还开凿一些方形支洞，每个洞约一丈见方，供僧人修行。

图19.2.1 萨尔纳特狮子柱头

图19.2.2 桑奇1号窣堵坡

（四）笈多王朝时期的建筑

笈多王朝（Gupta Dynasty）定都华氏城，是印度宗教、哲学、文学、艺术和科学全面繁荣发展的黄金时代。佛教建筑方面，以阿旃陀石窟为代表，而印度教的神庙形制开始产生并走向完备。

1. 阿旃陀石窟

阿旃陀（Ajanta）石窟是古代印度最著名的石窟群，环布在马蹄形玄武石峭壁上，共29窟，延绵550多米。石窟开凿于公元前2-7世纪，是建筑、雕塑与壁画艺术的综合体。其洞窟形制是支提与毗诃罗，前期石窟结构简单，缺乏装饰。后来开凿的石窟日趋复杂，壁画和雕饰精美。

2. 印度教建筑

笈多王朝时期印度教兴起，成为印度传统文化的集大成者。印度教神庙可以分为石窟式岩凿神庙和独立式石砌或砖砌神庙两大类。笈多早期印度教神庙造型简单，笈多中期神庙趋于复杂，主殿建造在方形基坛上，坛周围修建右绕甬道回廊，前面建有列柱门廊或小型神殿。代表建筑是建造于5世纪的中央邦纳契纳库塔拉的帕尔瓦蒂神庙。笈多后期神庙形制日臻完备，分为南方式、德干式（中间式）、北方式三种。主殿（圣所）平面多为折角亚字形，上有巨大的塔顶。塔顶在南方称"毗玛那"（Vimana），造型为阶梯状角锥形，表面饰多级而密集的雕饰，最上覆球形顶石。塔顶在北方称"悉卡罗"（Sikra），轮廓为玉米状或竹笋状曲拱形，上面覆圆饼状巨石，顶端还有刹杆。印度教神庙的总体建筑风格追求庞大的体量、变化的空间、起伏的节奏和华丽的装饰。体现出对宇宙生命的崇拜，致力于"梵我同一"的观念。主殿象征着宇宙的胚胎，塔顶象征宇宙之山。湿婆神庙的圣所中往往供奉着林伽（男根）或者林伽与优尼（女阴）组合雕塑，象征宇宙的生殖。

（五）中世纪时期

印度中世纪从7世纪至13世纪，即笈多王朝衰亡到穆斯林入侵印度北部为止，此时印度处于王朝割据局面。佛教式微，各国大量兴建印度教神庙。

1. 印度教建筑

帕拉瓦王朝（Pallava Dynasty，约580-897年）时期，濒临孟加拉湾的马哈巴里普拉姆古城开凿十余座石窟神庙，奠定了南方式神庙的基础形制。通常正面是列柱，石柱多以各种姿态的狮子为柱础。内部多为长方形，中央有圣所，后壁和侧壁装饰印度教主题的浮雕。代表建筑包括五车神庙、海岸神庙（Shore Temple）。

11世纪时，朱罗王朝（Chola Dynasty，846-1279年）修建的布里哈迪希瓦拉神庙（Brihadishvara Temple）在都城坦焦尔（Tanjore）又称罗阁罗阁希瓦拉神庙、坦焦尔大塔，以花岗岩砌成，造型雄伟壮观，是印度遗存至今的最高大的神庙。

之后的潘迪亚王朝（Pandya Dynasty，1100-1350年）喜欢在旧神庙周围修建院墙，增设殿堂、柱廊等。门塔（gopura），是中世纪后期印度教南方式神庙最醒目的特征，建立在单层或双层长方形基座上，基座较长的一边辟门洞，上层是一座带有长方车篷形拱顶的角锥形塔楼，装饰烦琐。位于潘迪亚都城马杜赖（Madurai）的米娜克希神庙（Minakshi Temple）是经典之作，神庙长265米，宽250米，包括湿婆主殿、米娜克希神配殿、大小千柱殿、回廊围绕的金百合池、4座庭院和11座门塔。最外层庭院围墙的4座门塔高于主殿，南边的门塔重叠9层，高约46米。塔楼各层均装饰有数以百计的灰泥彩塑，密密麻麻地排列在一起，具有矫揉造作的浮华感。纳耶克王朝（Nayak Dynasty，1565-1700年）时期，装饰更繁密，门塔更高，列柱更多。（图19.2.3）

德干式（Deccan style）形制介于南方和北方之间，更接近南方式，但其塔低平稳重。代表建筑是埃洛拉石窟第16窟凯拉萨纳塔神庙（Kailasanatha Temple），是从一块天然火山岩峭壁中开凿出来的独立式神庙，造型宏伟，供奉湿婆。这座神庙全部工程费时达一百年，16世纪初穆斯林征服德干时把它称为彩宫。埃洛拉石窟与阿旃陀石窟并称为印度艺术的两大宝库。

北方式也称雅利安式（Aryan style）、那加式（Nagara style），又分为奥里萨式（Orissan type）与卡朱拉霍式（Khajuraho type）两种类型。

卡朱拉霍式在今印度中央邦北部留存遗迹较多，原有神庙85座，现存25座，大都建造于950-1050年金德拉王朝（Chandella Dynasty，约950-1203年）盛期。卡朱拉霍神庙通常由门廊（半

曼达波)、过厅(曼达波)、会堂(大曼达波)、主
殿(包括圣所)和右绕甬道五部分组成,平面呈双
十字形。小型神庙一般只有门廊、会堂和主殿三
部分。神庙建立在高大的台基上,主殿圣所上方耸
立着笋塔,主塔四周有若干小笋塔,塔顶均有扁圆
盖石和宝瓶。门廊、过厅和会堂上方的三个屋顶呈
角锥状,向上层层收缩,高度渐次接近主塔。神庙
内外的雕刻题材丰富,强调动感,以表现情爱主题
闻名于世。祀奉湿婆的坎达里亚·摩诃提婆神庙
(Kandariya Mahadeva Temple,约1018-1022
年)是其最典型、最壮丽的建筑,竹笋状尖塔高31
米,四周以小塔环拱,气象雄伟。(图19.2.4)

2. 佛教建筑

印度中世纪佛教日趋衰微,建筑明显受到印度
教的影响,体现神秘、复杂、烦琐的特征。最典型
的建筑是12世纪时波罗王朝(Pala Dynasty,约
750-1150年)重建的佛陀伽耶金刚宝座塔,也称佛
陀伽耶大菩提寺(Mahabodhi Temple),塔的方形
基坛边长15米,中央耸立着高52米的7层角锥形主
塔,类似印度教神庙的悉卡罗。基坛四角有四座四
角锥形小塔,大塔西侧邻近金刚宝座和菩提树,基
坛面对菩提树的壁龛供奉着佛陀坐像。(图19.2.5)

3. 耆那教建筑

耆那教追求苦修,但神庙建筑却力求华美,装
饰繁缛。耆那教建筑主要集中在北印度西部,早期
耆那教神庙的代表是埃洛拉石窟第30窟,开凿于
9-13世纪。庭院三面环以两层石窟,中间是一座从
岩石中凿出来的小殿。

11-14世纪时,在拉贾斯坦地区建造了一批耆
那教神庙。阿尔布山(Mount Abu)的迪尔瓦拉神
庙群是印度耆那教的典范。建筑群包括维马拉、泰
贾帕尔和阿迪纳塔等三座,形制和规模几乎相同,
互相毗邻。维马拉神庙最具代表性,长长的庭院内
有前厅、过廊、中殿和主殿。前厅和过廊都敞开无
外墙,中殿和主殿呈封闭形,主殿里有圣所。以大
理石雕成的前厅最具特色,8根柱子围成八角形,柱
子上端各分出2根斜撑,支撑起一座圆形藻井。表面
饰以高浮雕甚至透雕,精细华丽。(图19.2.6)

图19.2.3 米娜克希神庙门塔

图19.2.4 坎达里亚·摩诃提婆神庙

图19.2.5 佛陀伽耶金刚宝座塔

图19.2.6 维马拉神庙

图19.2.7 阿格拉勤政殿的大理石嵌花凹室

图19.2.8 泰姬陵

（六）伊斯兰时期

12世纪末，中亚土耳其人和阿富汗（Afghanistan）穆斯林入侵北印度之后，印度伊斯兰建筑（Indo-Islamic architecture）。建筑类型有城堡、宫殿、礼拜寺、陵墓等，一般以尖拱门（pointed arch）、圆顶（dome）、尖塔（minar）、小亭（kiosk）

等建筑构件的组合为特征。早期建筑以德里的威力礼拜寺和库特卜塔为代表。莫卧尔王朝（Mughal Dynasty，1526-1858年）时期达到鼎盛。建筑材料主要采用印度特产的红砂石和白色大理石，建筑更加坚固和华美。其建筑风格还融合印度本土的传统，形成简洁明快又装饰富丽的莫卧尔风格（Mughal style）。

莫卧尔王朝第三代皇帝阿克巴（Akbar，1556-1605年在位）热衷于建筑营造，建筑风格雄强刚劲，粗犷豪迈。代表作品是莫卧尔第二代皇帝胡马雍（1530-1556年在位）的陵墓（Tomb of Humayun），胡马雍陵位于首都德里，陵高42.7米，1565-1569年建成。其花园、尖拱门、八角形平面与双重复合式穹顶影响后来的泰姬陵。

第五代皇帝沙·贾汉（Shah Jahan，1628-1658年在位）开创了伊斯兰建筑的黄金时代。建筑结构宏伟，设计奇特，装饰华贵，耗资巨大，被形容为"尺寸巨大的珠宝"。波纹状连弧的连拱门或连拱廊是建筑典型特征，圆顶形状也从简朴的覆钵式变为鳞茎状或葱头状的波斯式圆顶。（图19.2.7）

1632-1647年，沙·贾汉在阿格拉耶木纳河南岸为皇后阿尔朱曼德·巴努·贝古姆（Arjumand Banu Begum，1593-1631年）修建的泰姬·玛哈尔陵（Taj Mahal）是印度伊斯兰建筑最完美的作品，被誉为"印度的珍珠"。（图19.2.8）

泰姬陵的设计师是沙·贾汉的宫廷首席建筑师、来自波斯的乌斯塔德·艾哈迈德·拉合里（Ustad Ahmad Lahori，约1575-1649年），来自中亚和欧洲的许多能工巧匠也参与了建造。建材是从400公里以外的马克拉纳采石场车载船运而来。镶嵌在大理石表面的材料来自世界各地，包括巴格达的红玉髓、阿富汗的天青石、旁遮普的碧玉、阿拉伯海的珊瑚、欧洲的玉髓、中国的绿松石和水晶等。

泰姬陵的建造动用工匠2万多人，耗资4千万卢比。其平面是长方形，南北长576米，东西宽293米。中间是一座正方形花园，边长约300米，由两条十字交叉的轴线划分为四等分。这种均匀对称的波斯式花园被称为"四分花园"。花园中心有一个凸起的白色大理石水池，四条红砂石砌成的长长的水渠笔直通向四方，象征着从"伊甸园"中流出的四条河流。

图19.2.9　加德满都杜巴广场

图19.2.10　博达纳特塔

陵墓主体安放在象征着天国乐园的花园北边，花园南墙正中的红砂石拱门象征着天国乐园的入口。

白色大理石修建的陵墓主体色调柔美圣洁，每天随着光照而变幻出深浅不同的各种色调。圆顶寝宫高约57米，修建在高7米，边长95米的正方形平台上。平台四角矗立着四座高40.6米的圆塔。中央穹顶直径17.7米，外观呈葱头形，比例匀称，曲线优美。寝宫内部是八角形，中心大厅安放着玛哈尔的白色大理石衣冠墓。寝宫内部的大理石墙壁、地板和透雕花格门窗上都布满金银彩石镶嵌或者浮雕图案，显得华丽精巧却不繁缛琐碎。为保持泰姬陵和谐对称，在陵墓左右各建有一座造型相同的清真寺。

二、尼泊尔建筑

尼泊尔是内陆山国，北边与中国西藏自治区接壤，东、西、南三面被印度包围。尼泊尔在公元前6世纪就建立了王朝。尼泊尔是佛教最早流行的地区之一，释迦牟尼就诞生于尼泊尔的兰毗尼。尼泊尔与中国素有文化交流，中国高僧法显、玄奘都曾到过兰毗尼朝拜，尼泊尔著名工匠阿尼哥在元大都修建了妙应寺白塔。尼泊尔的建筑成就集中体现在宗教建筑上，著名宗教之城以加德满都、帕坦和巴德冈为代表，三座城市在古代都曾作为都城，建筑布局都以杜巴广场（Durbar Square）为中心。尼泊尔将围绕皇宫的广场统称为杜巴广场，在广场周围建造寺院和皇宫。

尼泊尔的首都加德满都（Kathmandu）素称"寺庙之都"，历代王朝在此兴建大批庙宇、佛塔、

神龛和殿堂，逐渐形成"寺庙多如住宅，佛像多如居民""五步一庙、十步一塔"的现象。加德满都杜巴广场周围还有15-19世纪的50余座寺庙与宫殿建筑。（图19.2.9）

尼泊尔最著名的佛教建筑是斯瓦扬布寺（Swayambu）和博达纳特塔（Boudha nath）。斯瓦扬布寺位于加德满都市西侧环路内的小山上，建于公元3世纪，是尼泊尔最古老的佛教寺庙、著名的佛教圣地。附近常有猴群出没，因此俗称为"猴庙"。寺中耸立在山顶的大佛塔建造于5世纪，总高约30米，在高大的半球形覆钵上面是方形石砌结构，四面各绘一对天眼，寓意佛陀明察秋毫。其上相轮为圆形，共十三层向上收缩，称为"十三天"，象征着修成正果所经历的13个阶段，最上面是华盖和塔尖。塔体表面皆由铜片镶嵌或金箔镶镀，其纯白的塔基，金黄的塔身，高耸的华盖与宝顶在阳光照耀下交映生辉，十分光彩夺目。中国西藏江孜白居寺塔的造型与此塔类似。

博达纳特塔在加德满都市东部，高36米，周长100米，约建造于5世纪，据说该塔藏有古佛迦叶的遗骸舍利。兴建此塔时适逢干旱无水，工匠便采集露珠来和灰泥，故又称"露珠塔"。博达纳特塔与斯瓦扬布寺的结构相似但规模更大，是尼泊尔最大的佛塔，也是世界最大的覆钵体半圆形佛塔。塔自下而上由三层方形台基、半圆形白色覆钵塔身、四方形镀金石砌塔座和角锥形塔冠组成。塔座每面绘有象征觉悟的一双慧眼，环墙外壁有147个凹龛，内悬经轮，置108个打坐的佛像。（图19.2.10）

第三节　古代东南亚建筑

古代南亚次大陆和东南亚建筑主要受到印度宗教建筑的影响，尤其上座部佛教，佛教建筑成就突出。各国建筑形制与风格相似，但都有自己的民族特色。

一、缅甸建筑

缅甸是个文明古国，最早从印度传入婆罗门教，但没有留下建筑遗迹。约4世纪时，佛教传入缅甸。9世纪时，缅甸人建立蒲甘城（Pagan），1044年形成统一国家，之后经历蒲甘、东坞和贡榜三个封建王朝。19世纪，英国占领缅甸，将其变为英属印度的一个省。1948年，缅甸宣布独立。1974年改称缅甸联邦社会主义共和国，1988年改称"缅甸联邦共和国"。

缅甸佛教建筑造型更加秀丽挺拔，佛塔是寺庙中心，塔基扩大，具有寺的功能。覆钵改为覆钟形，逐渐取消印度佛塔在覆钵与相轮之间的平头围栏，华盖也趋于缩小。全国寺院2万多座，佛塔10万多座，因此赢得"佛塔之国"的美誉。（图19.3.1）

缅甸最著名的佛塔是仰光大金塔（Shwedagon Pagoda）。仰光（Yangon）地处缅甸最富饶的伊洛瓦底江三角洲，是缅甸原首都和最大的城市。仰光大金塔位于仰光城北茵莱湖（YinYa Lake）畔的圣山上，又称瑞大光塔，是缅甸的象征。建造时间有不同说法，有记载称此塔是在2500年前建成，而考古学家则认为此塔是由孟族在6-10世纪所建，曾经过多次重修。大金塔外观为巨大的钟形，高约113米。下部是多层折角较多的方形塔基，塔基周长400多米。塔基上是寺庙的梯台，只有僧侣及男性才能进入。塔顶平台用大理石铺成，中央是主塔。塔内供奉着一尊玉石雕刻的坐卧佛像和罗刹像，雕刻精巧细腻，形象端庄秀丽。另有造型与材质各异的64座小塔和4座中型塔簇拥在大金塔周围。塔顶的金伞上镶有5448颗钻石和2317粒红、蓝宝石，挂有1065个金铃、420个银铃，塔尖有一颗重76克拉的巨钻。全塔为砖砌，外涂坚硬的灰浆，外表贴金箔1000多块，重达7吨，所用金箔来自缅甸各阶层的捐赠。（图19.3.2）

二、泰国建筑

泰国东临老挝和柬埔寨，南面是暹罗湾和马来西亚，西接缅甸和安达曼海。公元前3世纪，佛教传入泰国。5世纪，柬埔寨扶南王国（中国史书称"占婆"）统治了泰国南部，流行婆罗门教与佛教。6世纪中叶，来自缅甸南部的孟人在泰国建立很多小王国。7世纪时，高棉人（柬埔寨人之祖）建立的高棉王国（中国史书称"真腊"）取代扶南王国。9世纪，高棉定都吴哥，史称吴哥王朝。11世纪时，吴哥王朝占据泰国南部，并一度占领缅甸南部，并将疆域推到泰国北部。

13世纪中叶，源自中国西南的泰族人建立素可泰王朝（约1238-1378年），信奉上座部佛教为国教，并创立泰文，建筑受到缅甸与柬埔寨的影响。如素可泰时期的诗素里育他普朗塔，下部白色的基座与基台由多层须弥座重叠而成，造型奇特，上部为金色覆钟形。（图19.3.3）

1350年，素可泰与罗斛国（中国史书称"逻国"）合并建立阿瑜陀耶王朝，中国史书称"暹罗"，都城是阿瑜陀耶（Ayuttaya），又称大城，意为"永远胜利之城"，阿瑜陀耶王朝也因此被称为大城王朝（1350-1767年），统治泰国400余年。1767年，缅甸军队攻陷大城，宫殿、寺庙等建筑都遭到严重破坏，变成一片废墟。如今已经辟为大城历史公园（Ayutthaya Historical Park），包括大城王朝时期的王宫（大城府）、寺庙、博物馆等共95处遗址，其

图19.3.1　蒲甘佛塔群

图19.3.2　仰光大金塔

图19.3.3　诗素里育他普朗塔

图19.3.4　阿瑜陀耶皇陵

图19.3.5　挽巴因离宫和湖心亭

图19.3.6　郑王庙

中大部分都是残垣断壁，仅有4座寺庙还算完好，寺庙建筑多为高棉风格及斯里兰卡风格。普里斯善佩寺、玛哈泰寺、拉嘉布拉那寺、帕兰寺、涅槃寺、大佛寺等都是重要遗迹。其中的菩斯里善佩寺（Wat Phra Si Sanphet）是昔日的皇家寺庙，还残留15世纪的三座锡兰式佛塔，按东西方向一字排开，大小和形制相似，"也是覆钟形，带有'平头'。但'平头'作圆形柱廊式，塔身四面增开高台阶通向四座带山花的塔门，塔基比较简单，也没有大象。周围还有一些小塔陪衬。"[1]塔内埋葬着三位阿瑜陀耶王朝的国王，建筑技巧精湛，线条流畅。（图19.3.4）

阿瑜陀耶的挽巴因离宫是后来的曼谷王朝时期留下的宫殿建筑，位于湄南河水围绕的湖心小岛上，建筑风格多元化，优雅而华美。（图19.3.5）

泰人在华裔将军郑昭（Taksin）带领下继续抗敌并收复大城。郑昭以湄南河西岸的吞武里为都城建立吞武里王朝（1767－1782年）。郑昭于1782年收复全部失地，但同时他被部将查克里杀害。郑王庙是吞武里的代表建筑，为纪念郑昭的寺庙。据说郑昭率军队到吞武里时，正好是鸡鸣时刻，故又称黎明寺。郑王庙与曼谷隔湄南河相望，规模仅次于曼谷大王宫和玉佛寺，是泰国最大的大乘舍利塔。主塔庙堂现供有郑昭王像及遗物，殿内悬挂中国式灯笼。寺院入口处有巨型守护神石像，寺内大塔高79米，造型类似印度教的悉卡罗，其底座和塔身均呈方形，逐层递减，显得古朴庄重。周围是四座与之呼应的小塔，这些实心宝塔四面壁龛都有佛像，塔体布满瓷片镶嵌。（图19.3.6）

1　萧默. 文明起源的纪念碑：古代埃及、两河、泛印度与美洲建筑［M］. 北京：机械工业出版社，2007:152

泰国建筑在曼谷王朝形成了民族特色。查克里以湄南河东岸的曼谷（Bangkok）为都城建立曼谷王朝（1782年至今），继位后称拉玛一世（1782-1809年在位），并建造大王宫（Bangkok Grand Palace）作为国王朝会居住和举行大典之所，大王宫总面积约22万平方米，是泰国古代王宫规模最宏大、保存最完好、最富有民族特色的宫殿建筑群。大王宫周围有白色围墙，高约5米，总长1900米，宫内有殿堂、亭台、游廊、佛寺等建筑，以节基宫（Hakri Maha Prasad）、律实宫（Dusit Maha Prasad）、阿玛林宫（Amarin Winitchai Hall）和皇家寺庙玉佛寺（Wat PhraKaeo）为代表。

玉佛寺位于大王宫东北角，亦称"护国寺"，面积占整个大王宫的四分之一。是曼谷400多座寺庙中最著名的一座，也是泰国唯一没有和尚居住的佛寺，寺内供奉的玉佛高68厘米，与曼谷的卧佛、金佛并称为泰国三大国宝。玉佛寺始建于1782年，寺内建筑比较密集，主要建筑有先王殿、玉佛殿、钟楼、藏经殿、佛骨殿、大金塔等。这些建筑坐落在白色大理石的台基上，建筑风格宏伟庄重，装饰富丽堂皇，集泰国建筑艺术精华于一身。先王殿是玉佛寺布局的中心，坐东朝西，南北较长，总体平面呈丁字形。屋顶是多层错落重叠的人字坡顶，屋顶中央高耸尖塔。屋顶坡面下缓而陡而平整，铺红色瓦片，蓝瓦镶边。这种屋顶样式是典型的泰国本土建筑风格，在宫殿和佛教建筑中经常使用。（图19.3.7）

除此之外，比较著名的历史建筑还有曼谷市北的云石寺、清迈双龙寺、泰国南部洛坤市的玛哈达寺等。

三、柬埔寨建筑

柬埔寨历史悠久，建筑成就主要体现在宫殿与佛教建筑方面。

金边王宫是柬埔寨宫殿建筑的代表，平面为长方形，长435米，宽402米，四周围以城墙，宫内共有20余座风格独特的建筑。色彩富丽堂皇，黄、白搭相搭，黄色象征佛教，白色象征婆罗门教。建筑屋顶的中央耸立高高的尖塔，屋脊两端起翘，华丽而活泼。王宫建筑按照南朝北寝的格局分布，各有围墙，北为寝宫，南为银殿，中间有通道相连。（图19.3.8）

柬埔寨最著名的建筑遗迹是吴哥遗迹，位于暹粒市（Siem Reap，"平定暹罗"之意）北6公里处、洞里萨湖（Tonle Sap）北岸的丛林中。遗迹包括吴哥通王城（大吴哥）与吴哥寺（小吴哥）以及周围100多座寺庙。

吴哥通王城是吴哥王朝9-15世纪的都城，位于首都中央，是一座正方形的城池，外以城墙围护，城墙全部以赤色石块砌成，至今保存完好。城墙外有100多米宽的护城河环绕，河上建桥。城墙四面共有5座高约20米的塔楼门，塔楼中央尖耸，四面各雕有一尊高约3米的佛陀头像。城墙内有王宫、行政机关和寺庙等建筑。王城内的王宫宏伟壮丽，建立在高台之上，金碧辉煌。如今建筑都已毁坏，只剩下台基和雕刻。城北靠近城墙还有王室浴场的遗迹，浴场四面都以水族浮雕装饰。（图19.3.9）

王城中央的巴扬寺（Bayon）是这座王城最重要的建筑，阇（shé）耶跋摩七世（1181-1251年在位）于12世纪末所建。这位国王信奉佛教，在

中外建筑史

图19.3.7　曼谷大王宫玉佛寺

图19.3.8　柬埔寨金边王宫

图19.3.9　吴哥遗迹女王宫

图19.3.10　吴哥巴扬寺

图19.3.11　吴哥巴扬寺佛像

图19.3.12　吴哥寺

位38年间，不断扩建吴哥王城，大肆修建寺庙、医院、驿站等，建筑工程超过之前四五位国王的总和。（图19.3.10）

巴扬寺象征着佛教的须弥山，全寺有序地分布着54座石塔，每座石塔都涂金色，绚丽耀眼，现已剥落，显得斑驳沧桑。中央的圆锥形宝塔遍身涂金，高40多米，塔内供奉佛陀像，与阇耶跋摩七世的面容相似。每座石塔顶部的四面各雕有一个高3米的阇耶跋摩七世的巨大头像，面容端庄，带着神秘的微笑。这种四面佛塔是独特的高棉建筑样式，全寺共200多个。台基四周有内外两层回廊，廊壁上有神话题材与现实生活场景的浮雕壁画，造型生动逼真。（图19.3.11）

吴哥遗迹最精彩的是吴哥王城南面的吴哥寺。吴哥寺也称小吴哥、吴哥窟，梵语意为"寺之都"，是柬埔寨最著名的寺庙，是"高棉太阳王"苏利耶跋摩二世（1113-1150年在位）历时30余年为供奉毗湿奴而建造，苏利耶跋摩二世死后也埋葬于此，后来阇耶跋摩七世曾进行重修。（图19.3.12）

吴哥寺占地2.6平方公里，坐东向西，平面呈长方形，有两重石砌墙。外墙之外有宽达190米的壕沟围护，东西1500米，南北1300米。进门后是庭院广场，院东有一条大道通向内围墙入口，大道两侧各有一个藏经阁和池塘隔路相望。进入内围墙后再经过一个十字阁，便是主体建筑。

主体建筑修建在一个高23米的三层台基上，台基第三层是正方形平台，边长为75米。平台四边各有三条阶梯路通向顶层平台，平台四隅各有1座石塔，中央有一座高65米的主塔，塔内供奉毗湿奴。每一层平台四周都有回廊环绕，回廊内有庭院、藏经阁、壁龛、神座等。各层都有石雕门楼和阶梯，阶梯的栏杆上都有7头石雕巨蟒盘绕，阶梯两旁还有石狮。护城壕沟象征着佛教教义中的七重海，中央宝塔象征须弥山，平台四隅的四座宝塔象征四大部洲。

吴哥寺规模庞大，包括台基、回廊、蹬道、宝塔全部用砂石砌成，石块之间不用灰泥黏接，历经数百年仍岿峙如初。建筑造型端庄和谐，细部装饰精巧华丽，柬埔寨国旗上的图案造型正是吴哥寺的轮廓。吴哥寺内没有大型殿堂，石室门道都狭小阴暗，艺术装饰主要体现在建筑外部。浮雕极为精致，浮雕内容有毗湿奴的传说，也有战争、出行、烹饪、工艺、农业活动等生活场景。

四、印度尼西亚建筑

印度尼西亚（Indonesia）是著名的千岛之国，由太平洋和印度洋之间17508个大小岛屿组成，3-6世纪，印度尼西亚历史上的古泰王国、多罗摩王国和诃陵王国都是印度人建立的，这促进婆罗门教在印度尼西亚的发展。7世纪之后，佛教在苏门答腊建立的室利佛逝王国时期获得发展，大肆兴建佛教建筑。约8-9世纪时，莎兰达王朝（Cailendra）兴建了印度尼西亚最著名的佛教建筑婆罗浮屠（Borobudur）。

婆罗浮屠的意思是"山丘上的佛塔"，是印度尼西亚最古老、最重要的佛教建筑。它位于爪哇岛中部城市格朗（Magelang），在古都日惹（Yoguakarta）的郊外，掩映在浓密的椰树林中。其平面造型类似于密宗的曼陀罗，四面对称，十分工整。（图19.3.13）

婆罗浮屠是一座石砌实心佛塔，没有拱柱和门窗，大大小小的佛塔堆叠成一座金字塔式祭坛。从塔基到塔顶的高度原本是42米，遭雷击后重修，现高34.5米。包括塔基共10层，象征着菩萨修行成佛必须经历的10个阶段，各层台基依次向上收缩。台基壁面布满佛教题材的雕塑，形象逼真，享有"石刻史诗"的美誉。塔基上面是5层方台，再上面是3层圆台，顶端是直径为9.9米、高约13米的钟形舍利塔。每层台基都有高约4米的小塔，共72座。塔体镂空，内供佛像。16世纪末，伊斯兰教逐渐成为印度尼西亚最盛行的宗教，婆罗浮屠则被废弃，淹没在火山灰和丛林之中，直到19世纪才被发现。（图19.3.14）

五、老挝建筑

老挝是位于中南半岛北部的内陆国家，北邻中国，南接柬埔寨、东界越南，西北达缅甸，西南毗连泰国。1353年建立的澜沧王国（中国史书称"南掌"），曾是东南亚最繁荣的国家之一，以上座部佛教为国教并保持至今。18世纪，老挝形成琅勃拉邦王朝、万象王朝和占巴塞王朝鼎立的局面，并一度沦为暹罗的附属国，19世纪末又成为法国的殖民地。1945年老挝宣布独立，成立伊沙拉政府。

老挝都城万象是"檀木之城"，位于湄公河中游北岸的河谷平原上，隔河与泰国相望。由于城市沿湄公河岸延伸发展，呈新月形，因此又称"月亮城"。万象城内各种寺庙、古塔处处可见，塔銮是其中最著名的佛塔。（图19.3.15）

塔銮是"王家之塔"，始建于14世纪，1556年重修。塔身高大雄伟，坐落在方形台座之上，塔身是方形平面的覆钵，金碧辉煌，轮廓线造型别致。上面是巨大的莲瓣和两道方线脚托起的由两层须弥座组成的"平头"，再上面是立于斗状砌体的方瓶形相轮，顶端是尖细的塔刹。台座上四周建有20多座小尖塔。

图19.3.13　婆罗浮屠

图19.3.14　婆罗浮屠台基上的小塔　　　　　　　　　图19.3.15　万象王塔

第四节　古代日本建筑

　　日本是亚洲东北部一个四面临海的岛国，自东北向西南呈弧状延伸，总面积37万余平方公里。包括北海道、本州、四国、九州4个大岛和其他数以千计的小岛。

　　公元前42年，神武天皇建大和国，《汉书》称之为"倭国"。645年，孝德天皇通过大化革新完成统一，取国名"日之本"，意为"太阳初出之地"。于是"日本"成为正式国名沿用至今。

　　古代日本文化经历了绳纹时代（公元前6000-前250年）、弥生时代（公元前2-3世纪）、古坟时代（3世纪-6世纪中叶）、飞鸟时代（6世纪中叶-7世纪中叶）、奈良时代（7世纪中叶-8世纪末）、平安时代（8世纪末-12世纪末）、镰仓时代（12世纪末-14世纪前半叶）、室町时代（14世纪前半叶-16世纪后半叶）、桃山时代（16世纪后半叶-17世纪初）、江户时代（17世纪初-19世纪后半叶）等历史时期。日本建筑善于运用自然的草、木、土、石等材质，风格淳朴自然、优雅简约，颇具东方意蕴。

一、神社建筑

　　6世纪以前，日本居民相信万物有灵，盛行神道

教。他们最初认为神祇居住在山间树木和岩石上，没有建立供神的特殊建筑物，约4世纪的时候开始建造伊势神宫和出云大社等神社建筑。神道教在以后一直没有中断，神社是日本祭祀神道教、祖先和英烈的场所，从7世纪起实行"造替制度"，一般每隔20年重建一次。这些神社遍布全国，至今仍有约11万所。"神社建筑……顽固地保持了人字形屋顶、素木式建筑、高地板式等古老的传统。"[1]这些古代神社的形制都采用木结构，正殿是长方形或正方形，有一些分为里外两间。两坡屋顶上面往往横放一排压脊圆木，叫竖鱼木，屋脊两端各有一对方木形成交叉，叫千木。竖鱼木和千木是日本神社建筑的重要特征。（图19.4.1）

　　位于三重县的伊势神宫（Naign Shrine, Ise）是日本最著名的神社，又名皇大神宫，始建于1世纪。神宫分为内外两宫，都有四层木板或木柱围成的栅栏，地段呈长方形。按照规定，神宫全部建筑轮流每20年重修一次，因此保存完好。内宫正殿简洁明快，里面放置天皇用过的一把梳子和一面镜子。屋面用草葺，其他木构件基本没有装饰，竖鱼木两端、千木上、栏杆、地板和门扉的节点上包有金叶。（图19.4.2）

1　井上光贞.纵观日本文化［M］. 孙凯，译. 哈尔滨：哈尔滨工业大学出版社，2003:102

伊势神宫外墙四方设有鸟居，造型简练，古朴雅致。鸟居为牌楼门造型，一般建在神社圣地的大道上或者木栅栏上。形制比较简单：一对立柱，上面架一根横梁，两端挑出；稍低处有一个枋子，两端插入柱身，也有挑出的，后来神社和鸟居的造型受到佛教建筑的影响。（图19.4.3）

其他著名神社还有不少。始建于6世纪末的广岛县严岛神社，20余栋建筑以红色回廊相连，风格华丽，是著名的文化遗产。奈良县的春日大社是日本全国各处的春日大社的总部，与伊势神宫、石清水八幡宫并称为日本三大神社。建于和铜二年（710年），是为当时藤原家族的守护神而建，朱红色回廊与春日山郁郁葱葱的绿色森林和谐映衬。（图19.4.4）

二、佛教建筑

佛教约于6世纪传入日本，在飞鸟时代，日本受到中国建筑广泛的影响，建造佛寺、宫室和庭园。早期佛寺受到百济的影响，7世纪初的重要寺院奈良法隆寺和大阪四天王寺都是"百济式"，布局结构以回廊围成方形院子，主要建筑和门都排列在中轴线的两侧或与回廊相接。8世纪修建的奈良旧药师寺，将金堂放在院子中央，前面东西两侧安置一对塔，讲堂在金堂后北回廊中央，平面布局依轴线作纵深排列，布局对称工整，这是"唐式"风格。另外，受中国东南沿海一带建筑式样影响的佛寺则称为"大佛样"或"天竺样"，典型建筑如奈良东大寺南大门和兵库县净土寺净土堂。室町时代（1338-1573年），日本禅宗继续发展，在京都和镰仓都仿中国南宋禅宗五山十刹之制设五山寺院。后来在中国唐式佛教建筑中加入日本传统神社元素，形成"和式"风格。

飞鸟时代的平城京（奈良）是日本都城，集中众多名寺，最具代表性的有法隆寺、东大寺、唐招提寺等。

法隆寺又称"斑鸠寺""法隆学问寺"，于607年建成，主要祀奉药师如来，是世界上现存最古老的木结构建筑群，也是日本最古老的佛寺。法隆寺分为东、西两院。现存建筑50余座，多为7世纪后半

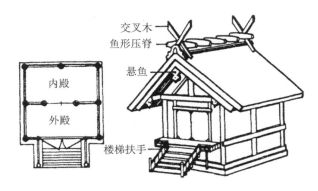

图19.4.1　大阪府大鸟神社

图19.4.2　日本伊势神宫主殿

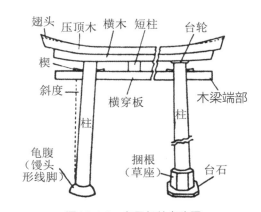

图19.4.3　鸟居部件名称图

叶到8世纪前半叶重建，其中19座被列为国宝级建筑。其建筑布局、结构和形式受到中国南北朝时期建筑影响，代表建筑是金堂与五重塔，两者形成左右对称格局。

金堂是一座双层歇山顶建筑，建在方形台基上，造型雄伟壮观。底层面阔五间，进深四间，二层面阔四间，进深三间。堂内光线晦暗，中央安置佛像。

五重塔是日本最古老的寺塔，高32.45米，建筑

图19.4.4　奈良县春日大社

图19.4.5　法隆寺五重塔

图19.4.6　东大寺金堂

风格受到百济与中国的影响，五层屋檐逐层向上收缩，层层出挑，以云头斗拱支撑檐口，底层出檐4.2米。塔内有中心柱，直贯塔顶，塔顶相轮高9米。金堂与五重塔都使用单拱和计心造[1]，这是日本斗拱的重要特征。（图19.4.5）

东大寺位于春日山西麓、奈良公园内，地处奈良东方，故名"东大寺"。东大寺是日本佛教华严宗的总本山，是奈良时代佛教全盛时期的代表作，是笃信佛教的圣武天皇（724-749年在位）花了30年修建而成。

东大寺金堂即大佛殿，面宽57米，进深51米，高48.74米，形制仿中国唐朝建筑，屋脊两端有金色的鸱吻，突出殿堂的华丽富贵。殿中供奉卢舍那佛，是日本的国宝。高达15米，用青铜近500吨，是世界上最大的青铜佛像。（图19.4.6）

唐招提寺建造于759年，中国高僧鉴真（688-763年）主持修建。包括金堂、讲堂、大塔等。其中金堂面阔七间，中间五间开门。进深四间，前檐有廊，屋顶是单檐庑殿顶，梁枋斗拱都有彩画。唐招提寺金堂鲜明体现了中国唐代建筑风格，端庄大方。

10世纪中叶之后，日本佛教建筑逐渐摆脱百济、中国的影响，形成民族特色，并走向世俗化。其世俗化的建筑成就集中体现在阿弥陀堂上，阿弥陀堂用于焚香奏乐、诵读经文，往往置于池园林木之间，采用府邸的形制，一正两厢，用游廊（渡殿）连接。室内装饰追求华贵，用隔扇、拉门、方柱等将室内自由划分，这种风格称为"寝殿造"。1053年建造的京都平等院凤凰堂是典型代表，以中堂为中心，左右建翼廊，如凤凰展翅一般。布局是寝殿造，但建筑采用歇山顶、架空地板、出檐深远，又体现出和式特点。（图19.4.7）

京都鹿苑寺是临济宗相国寺派的寺院，始建于1397年，是室町时代最经典的寺庙，寺名源自于当时幕府将军足利义满的法名"鹿苑院天山道义"，又因为仅存的核心建筑"舍利殿"外包金箔，因而又得名"金阁寺"。金阁为三层楼阁，构造巧妙，底层四周架明柱，延续藤原时代寝殿造风格，视野开阔。二层为日本武士建筑风格"武家造"。三层是中式风格，顶部有塔刹以及金凤凰装饰。寺院还效仿衣笠山的池泉回游式庭园设计园林景观，舍利殿与镜湖池水交相辉映，景色优美。该寺为日本国宝，毁于1950年火灾，1955年依照原样重建，1994年被列入世界文化遗产。（图19.4.8）

三、城市建设与宫殿

日本古代城市和宫殿大部分都已被毁。桃山至江户时代是日本城市建设的成熟时期，有平山城与平城两种主要形式。平山城建在20～100米左右的丘陵上，如滋贺县安土城、滋贺县彦根城、爱知县犬山城、兵库县姬路城等。平城即在平地修筑的城市。一般分为本丸（背前丸，即中心）、二之丸、三之丸三重城郭。有高大坚固的石头城墙和护城水濠，设置牢固的城门和城楼，城中心设有壮美瑰丽

第十九章　古代南亚、东南亚与东亚建筑

1　计心造是一种斗拱构造形式，按斗拱出跳数设横拱，出跳数与横拱数成正比，几跳斗拱即有几列横拱。

的天守阁显示城主威严，如江户城、大阪城、名古屋、长野县松本城等。

姬路城地形复杂、布局巧妙，设有3重水濠，因地制宜设置城楼和围墙防御外敌，易守难攻。姬路城本丸的天守阁是日本比较完整地保留至今的城堡，包括1个大天守和3个小天守。大天守高6层，每层都有优美的披屋和曲线形屋檐，白色的墙体矗立在岩石基座上，建筑宏伟而不失优雅。（图19.4.9）

日本古代都城建设受到中国长安城的极大影响。7世纪中叶建造的难波京（今大阪）奠定方格形结构布局，成为以后的定制，称为"条坊制"。之后的平城京（建于708-710年）、平安京（今京都）亦仿照隋唐长安城。宫殿建筑如平安宫、京都御所等，建筑风格简约朴素，崇尚雅洁，非常难能可贵。

四、府邸和住宅

日本的府邸和住宅颇具民族特色。绳纹时代的原始住宅基本上是竖穴住宅，后来民宅以是木构架干栏式结构为主。随着社会等级划分，贵族、武士、庶民的住宅各具特色。代表风格有8-11世纪流行的"寝殿造"，从寝殿造向书院造过渡期间的"主

图19.4.7　平等院凤凰堂

图19.4.8　京都鹿苑寺

殿造"，16-17世纪流行"书院造"、茶室，17世纪之后的"数寄屋"。

"寝殿造"注重住宅与池泉、林木等自然环境结合。"主殿造"的流行与武士阶层当权有关。12世纪之后的幕府统治时期，府邸和住宅建筑发生很大改变。采用简略化、实用化的寝殿造建筑，没有游廊和厢房，内部空间的分割功能明确。有的还增加哨岗、马棚等。

"书院造"在室町时代后期成为定式，受到禅宗寺院的影响，在住宅里安装地板、书架等，还造隔扇、亮拉窗，出现带隔扇和全铺榻榻米的书院式建筑。书院式建筑内部最特别的是"上段"，即一间地板略高于其他房间的房间，其正面墙壁隔为两个凹间，左侧为"床"，"床"内悬挂着中式书画，右侧为"棚"，紧靠床的凹间叫"副书院"，是读书的地方，后来逐渐变小，成为纯粹的装饰。代表建筑是京都的二条城二之丸殿（1603年）、名古屋的本丸御殿（1615年）和京都的西本愿寺白书院（1633年）等。京都御所的常御殿和御学问殿也是书院造形式。（图19.4.10）

15世纪-16世纪末，日本形成茶道，茶室也顺势而生。日本茶室以草庵式为主，追求自然淡雅、和谐宁静，充满禅意和侘寂之美。茶室空间不大，喜欢使用木柱、草屋顶、泥墙、纸门，用不加雕琢的石块做踏步或架茶炉，用圆竹做窗棂或悬挂搁板，以粗糙的苇席做障壁。这与当时还流行的金碧障壁形成鲜明对比。

"数寄屋"是田舍风格的住宅，是对草庵式茶室的模仿，比茶室整齐、实用，风格自然平实。木材常涂成黑色，障壁上画水墨画。最经典的作品是京都桂离宫，建于1620-1658年，在庄园中央的湖水西岸依次建造3栋曲折相连的书院造房屋：古书院、中书院、新御殿。房间不对称分布，以纸屏风分隔，木构架轻盈纤细，地板高高架起，以茅草覆顶。还使用天然石块突出自然意趣，房屋外面是装饰性的花园。这种风格是现代和风住宅的前身。（图19.4.11）

五、园林

日本园林同样注重自然美的营造，曾受到中国

图19.4.9　姬路城天守阁

图19.4.10　京都二条城二之丸殿

图19.4.11　京都桂离宫

图19.4.12　京都龙安寺枯山水

唐宋园林的很大影响。7世纪左右，造园成为日本的一项专门技艺。8世纪时，平城京和平安京都建有大量皇家园林，如平城京的南苑、西池宫、松林苑、鸟池塘，平安京的神泉苑、朱雀院、云林院、嵯峨院等。贵族们也大肆兴造庭园，以海洋为主题，注重观赏性。

11世纪，产生园林设计著作《作庭记》。禅宗寺院的僧侣则发展出写意庭院，盛行于室町和桃山时代。此时正是日本书院造、茶室、数寄屋、山水诗、山水画的形成发展时期。写意庭园追求"一木一石写天下大景"，后来这种写意庭园成为日本园林的主流，包括枯山水与回游式园林两大类。

枯山水的设计采用象征手法，以石块象征山峦，以白砂象征湖海，偶尔点缀灌木和苔藓、薇蕨等。其规模一般不大，属盆景式的园林。代表作品包括京都府龙安寺方丈南庭、大德寺大仙院方丈北、东庭，以及退藏院、灵云院书院等庭院。（图19.4.12）

回游式园林面积大，可供游人在其中游玩。回游式园林巧于取舍、以曲为胜、层次丰富，还充分利用借景手法。园中常用石灯、石水钵、石塔、飞石踏步等小品建筑点缀，与中国园林不同。代表作品是桂离宫和修学院离宫、赤坂离宫、芝离宫、滨离宫、小石川后乐园、香川等。

🔗 **思考题**

1. 简述印度教建筑的类型和特征。

2. 印度泰姬陵有怎样的设计特色？

3. 简述东南亚三大建筑古迹的艺术特色。

4. 简述日本府邸和住宅建筑的风格特征。

5. 日本园林有怎样的特点？

第二十章
近代欧美建筑

20

第一节 概述

15世纪至16世纪初，葡萄牙人达伽马、意大利人哥伦布、葡萄牙人麦哲伦等人的航海活动开辟了新航路，促进资本主义在世界的广泛发展，西欧的资本主义经济发展尤为迅速。18世纪中期至19世纪末，资产阶级革命在欧美蓬勃开展，新兴的资产阶级对于建筑有自己的要求，但是并没有创造全新的建筑形式，而是从历史样式中选择适合他们要求的建筑。

新航路的开辟也引发了西欧国家的对外殖民活动。西班牙、葡萄牙、英国、法国等殖民者闯入美洲，将美洲土著文化破坏殆尽，16世纪之后的美洲建筑基本上是欧洲移民的建筑。1776年7月4日，美利坚合众国（United States of America）诞生，经过艰苦斗争推翻了英国的殖民统治，1787年颁布宪法，确立共和政体。位于美洲最北边的"枫叶之国"加拿大（Canada）的原住民是印第安人和因纽特人（爱斯基摩人），16世纪时沦为英国和法国殖民地。1867年成为英属加拿大自治领，1931年加拿大成为英联邦成员国，1982年获得立法和修宪的全部权力。拉丁美洲的民族解放运动也在18世纪末开展，海地、墨西哥以及西班牙、葡萄牙拉丁美洲殖民地等经过斗争相继独立。18世纪中叶，美洲建筑取得一定成就，但仍没有摆脱欧洲的渊源。

这时期欧美建筑流行复古主义思潮，包括古典主义（Classical Revival）、浪漫主义（Romanticism）和折中主义（Eclecticism）复兴。古典主义复兴是对古希腊和古罗马建筑风格的复兴，在各国都有体现，在法国表现为新古典主义。浪漫主义复兴亦称哥特复兴，在英国取得很高成就。折中主义是任意模仿历史上的各种风格，或自由组合各种样式，因此也称"集仿主义"。在法国和美国有不少代表作品，这些复古风格被赋予特定的象征色彩，例如古典主义代表公正，哥特风格代表虔诚，文艺复兴风格代表高雅，巴洛克风格代表富贵，等等。哥特式用于建造教堂，古典主义用于建造政府机关大厦或银行，文艺复兴风格用于建造俱乐部，西班牙式用于建造住宅，巴洛克与洛可可风格则用于建造剧场等。

复古主义风格的盛行与当时的革命形势和考古成就都有很大关系。古希腊、古罗马那种优美、单纯、崇高、伟大的建筑风格与资产阶级呼喊的自由、平等、民主、博爱思想有深刻的联系。

例如，德国柏林市中心的勃兰登堡门（Brandenburg Gate），建于1789-1893年，是普鲁士国王腓特烈·威廉二世下令建造以庆祝在七年战争（1754-1763年）取得的胜利，朗汉斯（G.Langhans，1733-1808年）设计，造型来源于希腊雅典卫城的山门，6根巨大的石柱迎面而来。（图20.1.1）

19世纪中叶以后，工业革命促使建筑迅速发展。钢铁等新型建筑材料和新型技术的运用为建筑走向新形式开辟了道路。新形式体现在多层厂房、大跨度的仓库、火车站、展览馆、图书馆、市场、百货商厦、大跨度桥梁等建筑上，其结构、采光、

图20.1.1　柏林勃兰登堡门

图20.1.2　圣庞克拉斯火车站大棚

空间跨度、高度等方面体现出与传统迥然不同的风格。以石料和木材为主要建材的建筑体系逐渐被科技带来的钢铁、混凝土、玻璃等新材料建筑体系取代。如1775-1779年建于英国塞文河上的第一座铸铁桥，跨度为30米，高12米。1864-1868年由威廉巴罗（William Barlow，1812-1902年）设计的英国伦敦圣庞克拉斯火车站在细节上运用哥特式尖券，也是一件优秀的钢铁结构精妙之作。（图20.1.2）1851年的英国伦敦水晶宫博览会展厅和1889年法国埃菲尔铁塔无疑是现代新建筑的里程碑式的建筑，从此建筑进入新的时期。

第二节　复古主义建筑

一、英国复古主义建筑

17世纪末，英国资产阶级确立君主立宪制，标志着新的时代的到来。英国资产阶级革命的不彻底性和妥协性在建筑上留下鲜明的烙印。伦敦圣保罗大教堂（St.Paul Cathedral，1675-1716年）是资产阶级革命的纪念碑式建筑，由古典主义建筑大师克里斯道弗（Christopher Wren）设计。设计方案最初是集中式，但受到英国皇室和天主教会的阻挠，教堂最终成为拉丁十字式，西立面建造一对尖塔。圣保罗大教堂采用鼓座和穹顶，模仿罗马坦比哀多，突出纪念性。穹顶分为3层，最外面一层以铅皮包裹木结构，结构设计巧妙，饱满而雄伟，总高112米。教堂主体巴西利卡内部长141.2米，宽30.8米，高27.5米。教堂整体是古典主义布局，但教堂侧立面的线条以及内部壁龛墩柱装饰等细节则体现出巴洛克手法的运用。（图20.2.1）

18世纪英国流行庄园府邸和自然景观园林，建筑受到来自意大利文艺复兴时期的帕拉蒂奥主义影响很大。皇家建筑师钱伯斯（William Chambers，1723-1796年）曾到达中国广州，在其著作《论东方园林》（1772年出版）中介绍中国园林艺术，倡议风景式园林中采用中国风格的建筑。

从18世纪下半叶到19世纪中期，英国建筑流行复古主义，其罗马式复兴的代表作品是1783-1833年建造的英格兰银行。其希腊式复兴产生一大批希腊风格的建筑，如T.Hamilton设计的爱丁堡中学（The high School, Edinburgh，1825-1829年）、威廉伍德与其子亨利设计的伦敦圣庞克拉斯教堂（New St.Pancras Church，1819-1822年）、Sir Robert Smirke设计的不列颠博物馆（The British Museum, London，1823-1829年）等。

英国复古主义思潮成就最高的则是浪漫主义。浪漫主义追求自由的理想，崇尚自然的天性，用中世纪艺术的自然性反对工业时代的机械产品。在建筑上追求对中世纪城堡和哥特式甚至东方情调的模仿，提倡田园生活。英国最著名的浪漫主义建筑当属英国国会大厦（Houses of Parliament），亦称威斯敏斯特宫，建于1836-1868年，坐落在泰晤士河畔。外观雄伟壮观，采用的是亨利五世时期（1387-1422年）流行的垂直哥特式，因为亨利五世曾一度征服法国，这种风格象征着民族自豪感。整个建筑群包括威斯敏斯特教堂、议会大楼、维多利亚塔、钟楼四个主要部分。大厦内的主要厅堂都在建筑中间，装饰华丽。高103米的维多利亚塔以及97米高的钟楼大本钟（Big Ben）是这组建筑群中非常突出的作品。

英国国会大厦的设计者是普金（A.W.N.Pugin，1812-1852年）和巴里（Charles Barry）。普金在建筑、家具、织物、服装、工艺品、瓷器以及玻璃器设计方面都取得一定成就。其著作《基督教建筑的真正原理》于1841年出版，书中倡导真实的建筑应该是具备良好的功能和适当的装饰。其代表作品还有圣吉尔斯教堂（St. Giles, Cheadle, 1841-1846年）和圣奥古斯丁教堂（St. Augustine, Ramsgate, 1841-1846年）等。

英国伯克郡的温莎城堡（Windsor Castle）也是典型的哥特复兴风格（图20.2.2）。维多利亚女王统治英国60多年，在建筑和室内设计、家具、产品等领域流行的复古主义风格被称为"维多利亚风格"（Victorian, Style），追求华贵富丽，装饰繁琐，席

卷了欧美各国。白金汉宫（Buckingham Palace，1703-1705年）是代表建筑。坐落在英国伦敦泰晤士河上的伦敦塔桥（Tower Bridge）也是维多利亚时代经典建筑之一，代表当时桥梁的最高成就，被誉为"伦敦正门"。塔桥建于1886-1894年，设计师为琼斯（Horace Jones）。1887年，琼斯逝世，工程师约翰·沃尔夫·巴瑞爵士改变了琼斯的中世纪装饰形式，而采用更有装饰性的维多利亚风格。塔桥是一座244米长的开启桥，可以升起的每半个桥面都重达1000吨以上，运用水力蒸汽机械装置把水从水库泵入液压装置升起桥面，如今改用电动机来升降。塔桥分上下两层，桥面可以满足路面交通的需求，下面的桥升起后可供河道中的万吨巨轮通航。塔桥两端桥基高7.6米，相距76米，桥基上建有两座高耸的方形砖石五层主塔，主要结构采用钢铁结构，高43.455米，两座主塔上建有白色大理石屋顶和五个小尖塔，气势雄浑，风格古朴，是伦敦的象征。（图20.2.3）

二、法国复古主义建筑

法国是18世纪启蒙思想运动的发源地，启蒙思想家们主张"理性至上"的思想，提倡"自由""民主""平等""博爱"，希望通过一场革命性的思想解放运动改变人民的思想禁锢。法国建筑顺应时代

图20.2.1 伦敦圣保罗大教堂

图20.2.2 温莎城堡

图20.2.3 伦敦塔桥

抛弃了洛可可风格，产生新古典主义风格。新古典主义要求复兴古希腊罗马时代那种庄严、肃穆、优美和典雅的建筑形式。新古典主义与17世纪盛行的古典主义不同，它不是抽象、脱离现实的，而是以古典建筑为典范，用建筑歌颂为资产阶级革命献身的美德和勇气、为共和国而战斗的英雄主义精神。因此，新古典主义又称革命古典主义，在美术和文学、音乐中都有体现，兴盛于18世纪中期，在19世纪上半期发展至顶峰。这时的代表作品是具有希腊风格的巴黎波尔多剧院（Le Grand Theatre, Bordeaux, 1775-1780年）以及巴黎万神庙（Pantheon, 1764-1790年）。

巴黎万神庙本是先贤祠，是为纪念巴黎的守护者圣吉纳维夫而建。1791年用作国家重要人物的公墓，改名为万神庙。设计师是新古典主义大师索夫洛（Jacqnes Germain Soufflot, 1713-1780年），他将希腊式的庄严、罗马式的恢宏、哥特式的轻快巧妙结合在一起。用科林斯柱廊支撑三角山花门廊、穹顶和券拱，平面为希腊十字式，宽84米，长110米，结构轻薄，条理清晰，空间敞亮，外观简洁。（图20.2.4）

1792年，法兰西第一共和国成立，推翻了波旁王朝的统治，国王路易十六被人民送上断头台。同时，英国、荷兰、普鲁士、奥地利、西班牙、葡萄牙、俄国等组成联盟对法国发动战争。1799年，拿

破仑·波拿巴（1769-1821年）发动雾月政变，成为法兰西第一共和国第一执政官。拿破仑瓦解了第二次反法同盟，1804年12月在巴黎圣母院加冕称帝，创建法兰西第一帝国，并很快确立法国在欧洲的霸主地位。1812-1814年，拿破仑被第六次反法同盟打败，波旁王朝复辟，拿破仑被流放到地中海上的厄尔巴岛。1815年初，拿破仑重返巴黎，再次登上帝位，但在布鲁塞尔以南的滑铁卢被第七次反法同盟打败，被囚禁在大西洋的圣赫勒拿岛，直到1821年5月5日去世。其遗体被运回法国，埋在伤兵院教堂。

在拿破仑帝国时代，建筑艺术往往以古罗马建筑为标准，强调庄重雄伟的外观，内部装饰则采取东方手法或洛可可风格，这种风格被称为"帝国风格"（Empire Style）。拿破仑的御用建筑师皮尔西（C.A.Percier, 1764-1838年）和封丹纳（Fontaine, 1762-1853年）说没有任何风格能够超过古罗马风格："我们努力模仿古代，模仿它的精神，它的格言和它的原则，因为它是永恒的。"[1]大革命时代一度中断的大规模城市建设在拿破仑时代再次复兴，留下很多壮观的建筑，如雄狮凯旋门、军功庙。1799年拿破仑为陈列战利品而修建的军功庙，设计师维尼翁（Barthelemy Vignon, 1762-1829年）采用古希腊围廊式庙宇形制，后改为抹大拉教堂（Madeleine）。（图20.2.5）

这一时期的建筑在古典主义风格上也有进一步发展，糅合各种华贵的装饰，形成折中主义。最典型的建筑是巴黎歌剧院（1861-1875年），这座建筑被拿破仑三世认为是法兰西第二帝国的象征，是当时欧洲规模最大、最豪华的歌剧院。面积近万平方米，可容纳观众2000多人。建筑师是查·加尔涅（C.Garnier）。巴黎歌剧院建筑立面采取巴洛克风格、洛可可风格与古典主义风格混合的手法，内外布满烦琐的装饰，格调富丽堂皇。内部观众大厅为马蹄形，完美地突出了视觉效果和演出效果。巴黎歌剧院建造的同时，法国经历了普法战争、巴黎公社等事件，歌剧院曾被用作囚犯所，因此蒙上一层神秘色彩。（图20.2.6）

1 王受之. 世界现代建筑史［M］. 北京：中国建筑工业出版社，1999:13

图20.2.4　巴黎万神庙

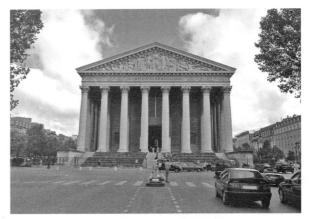

图20.2.5　巴黎军功庙

图20.2.6　巴黎歌剧院

图20.2.7　巴黎圣心教堂

　　巴黎的圣心教堂（Church of the Sacred Heart）也是法国19世纪的著名建筑，建于1875-1919年。设计师是保罗·阿巴蒂（Paul Abadie，1812-1884年），建筑风格兼有罗马式与拜占庭式风格。这座雪白晶莹、造型优雅的教堂长85米，宽35米，顶部是一座高55米、直径16米的穹顶，内部饰以马赛克镶嵌、玻璃彩画、壁画、浮雕，充满艺术格调，是巴黎蒙马特高地的象征。（图20.2.7）

三、德国复古主义建筑

　　德国在18世纪至19世纪早期还处于分裂状态。1871年，普鲁士霍亨索伦家族的威廉一世即位为德意志帝国皇帝，德国完成统一，成为欧洲新的强国。德国当时的古典复兴建筑非常兴盛，卡尔·弗里德里希·辛克尔（K.F.Schinkel，1781-1841年）是德国19世纪最著名的建筑师，他还是一位博学多才、思维严谨的画家、绘图员和舞台设计师。作品的形式简洁，结构清晰，注重功能，适当运用新材料和新技术。他的作品很多，如1818-1821年设计的柏林宫廷剧院、1823-1830年设计的柏林阿特斯博物馆等。（图20.2.8）

　　德国其他古典复兴建筑代表作品还包括朗汉斯设计的希腊复兴式柏林勃兰登门、克林泽1826-1833年在慕尼黑设计的意大利文艺复兴式康宁大楼入口、汉森1873-1883年设计的德国议会大厦、豪布里舍1867-1874年设计的慕尼黑市政府大楼等、1894-1905年德国皇帝威廉二世让设计师尤利乌斯·拉什多夫（Julius Raschdorff）设计新的柏林大教堂（Berliner Dom）等。（图20.2.9）

慕尼黑以南的新天鹅堡（New Swan Stone Castle，1868-1886年）是德国19世纪哥特复兴的经典之作，当时颇具艺术天赋的巴伐利亚国王路德维希二世亲自参与设计这座城堡，将其营造成一个梦幻世界。城堡耸立于阿尔卑斯山脉的一座山巅，工程耗资巨大，共6层，内部的起居室、国王宫殿、宴会厅、歌剧厅等主要建筑装饰奢华，雕饰精美，以天鹅为主题的图案随处可见。建筑内外受到拜占庭风格、罗马式风格影响，但那高耸的尖塔和尖券结构表明了它的哥特复兴风格。（图20.2.10）

四、美国复古主义建筑

美国建筑的发展完整地代表了国家精神和资产阶级的价值观。美国独立以前的建筑多用欧洲样式样，这些由不同国家的殖民者所建造的房屋风格称为"殖民时期风格"（Colonial Style），其中主要是英国式。独立后的美国因为没有建筑传统，只能从欧洲古典建筑中寻找"民主""自由"的感觉，因此复古主义建筑极盛。坐落于纽约华尔街26号的美国联邦大厅国家纪念馆是美国最早开始模仿希腊神庙的大理石建筑，门前台阶上矗立着8根圆柱。这里曾是美国第一届国会所在地，1789年4月30日，美国第一届总统华盛顿在此宣誓就职，大厅门口矗立着华盛顿的铜像。

美国《独立宣言》的起草人、第三任总统托马斯·杰斐逊（Thomas Jefferson，1743-1826年）在推广新的国家建筑形式过程中，受到帕拉蒂奥理论和古罗马建筑的影响很大，罗马式复兴成为美国复古主义建筑的主流，兼容其他欧洲风格，形成折衷主义风格。杰斐逊先后设计过不少建筑，如为自己修建的弗吉尼亚州夏洛茨维尔的蒙蒂瑟洛住宅（Monticello，1770-1809年）、弗吉尼亚州议会大厦（Virginia State Capitol，1789-1798年）、弗吉尼亚大学（University of Virginia，1817-1826年）等。

美国首都华盛顿哥伦比亚特区（Washington District of Columbia）的规划与建筑也体现出明显

的折中主义思想。法国设计师皮埃尔·查尔斯·朗方（1754-1825年）主持规划设计，引入法国贵族风格元素，模仿路易十四时期巴黎的城市布局，整个城市规划宏大、宽敞，采用几何放射形布局。在华盛顿国家广场（National Mall）周围陆续建造很多复古主义建筑，包括白宫（The White House）、美国国会大厦（Houses of Parliament）、华盛顿纪念碑（Washington Monument）、杰弗逊纪念堂（Jefferson Memorial）、林肯纪念堂（Lincoln

图20.2.8　柏林阿特斯博物馆

图20.2.9　柏林大教堂

图20.2.10　新天鹅堡

图20.2.11 美国国家美术馆西馆

图20.2.12 史密森城堡

Memorial）、美国国家美术馆（NationalGallery）（图20.2.11）、美国国会图书馆（Library of Congress）、史密森城堡（Smithsonian Castle）（图20.2.12）以及其余10余座博物馆建筑。

白宫始建于1792-1800年，是美国总统办公室和府邸，在设计中混合希腊风格和托斯卡纳风格，是19世纪美国典型的折中主义作品。在1812-1814年第二次英美战争中，华盛顿被英军占领，总统府等公共建筑都被烧毁。为掩饰烧痕，1814年，总统府重建后将棕红色的石头墙涂成白色。1902年，西奥多·罗斯福总统将其正式命名为"白宫"。20世纪以来，白宫多次扩建，由4层的主楼和东西两翼组成，占地7.3万多平方米。

美国国会大厦是美国复古主义建筑的代表作品，最初的设计师是威廉·桑顿（W.Thornton，1759-1828年）与法国建筑师哈雷特（E.S.Hallet，1755-1825年），它始建于1793年，位于华盛顿的国会山上，模仿巴黎万神庙的造型，雄伟壮观。后由白宫的设计者、爱尔兰建筑师詹姆斯·霍本（James Hoban，1762-1831年）主持设计。在第二次英美战争中，美国国会大厦遭到重大破坏，1851-1867年，沃尔特（Thomas U.Walter，1804-1887年）负责进行重建，增加了南北翼楼和中央大厅的穹

图20.2.13 林肯纪念堂

顶，为铸铁壳体，上面有6米高的自由女神像，象征着国会参议院、众议院权力机构的庄严。

林肯纪念堂是为纪念第十六届总统亚伯拉罕·林肯而建，位于华盛顿国家大草坪西端，用通体洁白的花岗岩和大理石建造，模仿古希腊围柱式神庙风格。林肯纪念堂建造于1914-1922年，高23米，长58米，宽36米。纪念堂室内中央安置美国雕刻家丹尼尔·切斯特·法兰奇（Daniel Chester French）创作的5.8米高的林肯雕像，上方题词："林肯将永垂不朽，永存人民心里"。建筑四周用36根圆柱象征林肯逝世时美国的36个州。纪念堂台阶东边和华盛顿纪念碑之间还建有约610米长的倒影池。（图20.2.13）

第三节 新建筑的探索

英国在18世纪60年代开始的工业革命（Industrial Revolution），是从农业和手工业经济向机器制造为主的工业经济转变的技术革命，它极大地推动了生产力的发展，对世界产生深远影响，既是技术的变革，也是社会、经济、文化的变革。钢铁、煤炭、电力、石油、蒸汽机和内燃机、蒸汽机车、轮船、

汽车、飞机、电报、无线电等新材料、新能源、新发明走进人们的生活。城市人口增多，生活环境发生改变。出现工厂和工人，出现标准化、批量化、集中化、机械化的生产方式。这些因素对近现代建筑科学的发展产生重要的影响，促生了现代派新建筑，使世界各国的城市面貌迅速改观。

19世纪后半叶出现的新建筑探索活动主要发生在欧洲和美国，其肇始标志一般认为是1851年英国水晶宫博览会的展厅设计。英国学者尼古拉斯·佩夫斯纳认为："新风格，本世纪真正、正统的风格实在1914年以前形成的。它包括三个来源，即莫里斯运动、钢铁建筑的发展和新艺术运动。"这场新建筑风格的探索运动最早被称为"新建筑运动"，后来被称为"现代建筑运动"。这场运动在建筑材料、技术、功能、形式、性质、设计理念等多个方面都展现出与传统建筑不同的变化，把世界建筑的发展历史带进新的阶段。

一、水晶宫与埃菲尔铁塔

水晶宫博览会的全称是伦敦万国工业产品大博览会（The Great Exhibition of the Works of Industry of All Nations），是世界上第一届世界博览会，之后世博会便成为国际性的盛会。水晶宫博览会的初衷是展示工业革命以来的成就，发起者是英国女王维多利亚的丈夫阿尔伯特亲王。1851年5月1日，来自世界二十多个国家的各界代表人物聚集在英国伦敦海德公园的"水晶宫"展厅内，见证这次世界博览会的开幕。

博览会的展厅是一座以钢铁和玻璃、木材组成的高大宽敞的建筑，在阳光照射下，晶莹剔透，它因此被人们誉为"水晶宫"（Crystal Palace）。最初征集展览馆方案的时候，筹委会收到245份建筑方案，但是没有一个合适的。最后采用的是园艺师约瑟夫·帕克斯顿（Joseph Paxton，1801-1865年）的方案，他设计的展览馆是使用铸铁梁架结构组成的，占地约7.4万平方米，长1851英尺（563

米），宽408英尺（124.4米），共3层高，逐层收缩，平面分为中央大厅和两翼展廊。中央大厅的顶端为圆形拱顶，最高处108英尺（33米），整个展馆空间巨大，被称为"特大的花房"。

水晶宫的施工非常迅速，从1850年8月开始到1851年5月1日博览会开幕，前后不到9个月时间，用去玻璃9.3万平方米，铁柱3300根，铁梁2300根，体现标准化建筑部件装配的效率。博览会结束后，水晶宫被移到伦敦南郊的锡德纳姆（Sydenham）继续使用，造型与原先的稍有变化，增建一对高塔。1936年，整个建筑毁于一场火灾。

水晶宫在建筑史上具有划时代的意义，它具有空间大、阻隔少、工期短、造价低、材料新、形式美等特点，实现了形式与结构、形式与功能的统一，抛弃了古典的装饰手法，带来了全新的建筑美学。（图20.3.1）

为了庆祝法国大革命一百周年，法国政府在1884年宣布将于1889年在巴黎举办世界博览会，并要建造一个"从所未见的、能够激发公众热情的"纪念物，埃菲尔铁塔就这样应时而生。

埃菲尔铁塔是桥梁专家居斯塔夫·埃菲尔（G.Eiffel，1832-1923年）设计的，埃菲尔是一位从事桥梁设计的工程师，他创造了新的结构科学，并运用在建筑设计中。他提出的方案最初引起多方反对，但最终付诸实施。自1887-1889年，在前后两年时间内建成这座举世瞩目的钢铁怪物。塔高328米，铁塔下面四个塔柱之间形成正方形广场，每边长129.22米，上面有3层平台，设有餐饮服务设施。铁塔内部设有四部水力升降机[1]，可供游人登高远眺，体现出新结构与新技术的结合。如今铁塔已经成为巴黎地标性建筑之一。（图20.3.2）

1889年巴黎世博会的另外一座重要现代建筑机械馆位于埃菲尔铁塔后面，由维克多·康塔明（Victor Contamin，1843-1893年）设计，长420米，宽115米，四壁用玻璃，主要结构由20个钢铁构架组成，并初次运用三铰拱的原理，具有鲜明的

第二十章　近代欧美建筑

1　美国的奥蒂斯（E.G.Otis）发明了世界上第一座真正安全的载客蒸汽机动力升降机，并在1853年纽约世博会上展出，升降机与电梯的出现使得高层建筑成为可能。

图20.3.1 水晶宫

图20.3.2 埃菲尔铁塔

工业时代特征，该建筑在1910年被拆除。

二、近代城市规划

工业革命之后，随着城市工业的发展和城市人口增多，城市布局出现一定的混乱，产生许多社会矛盾。为缓和这些矛盾，人们对城市进行新的规划尝试，希望建设出理想化的城市。如欧斯曼主持的巴黎改建方案、英国霍华德提出的"花园城市"、1901年法国青年建筑师戛涅（Tony Garnier，1869-1948年）提出的"工业城市"的规划方案、西班牙建筑师苏里亚·伊·马泰（Sorya y Mata）提出带状城市（Linear City）理论、美国人提出的方格状城市规划方案等。当时还产生一些空想社会主义者的探索方案，如英国欧文（R.Owen）曾在1817年提出"新协和村"（Village of Harmony），傅立叶提出"法郎吉"（Phalanges），卡贝提出"依卡利亚"（Icaria）等。

巴黎的改建方案比较成功。1853年，法国塞纳区行政长官欧斯曼（G. E. Haussmann，1809-1891年）执行拿破仑三世的命令对巴黎进行大规模改建。全城以爱丽舍田园大道（Champs Elysees，或译为香榭丽舍大道）为东西轴线。从卢浮宫至凯旋门是改建的重点，形成宽阔的林荫大道、放射性道路、星形交叉路口等。并铺设800公里长的给水管道和500公里长的排水管道，有效地解决

了排水污染问题。欧斯曼拆除大量居民住宅，建造"欧斯曼式住宅"，一般6层高，底层为商用，上面住人，这种样式在当时风靡一时。欧斯曼对巴黎的改造尽管未能全部满足城市工业化的要求，但仍具有积极的历史意义，使巴黎成为当时最著名的近代化城市。

在英国，著名的社会活动家霍华德（E. Howard）受到英国政府委托，提出"花园城市"的构想。目的是营造工业化时代城市的理想居住方式，解决人口膨胀的矛盾。1898年他在《明天——一条引向真正改革的和平之路》（后改为《明日的花园城市》）一书中倡导城市与乡村景色结合，注重环境美化。在"花园城市"构想中，城市由系列同心圆组成，包括中心区、居住区、工业区、铁路地带等。在中心放射出六条大道，将城市分为6等分。城中对人口有限制，提出以母城为核心，围绕母城以发展子城的卫星城市理论，强调城市周围保留绿化带的原则。霍华德对城市结构、城乡关系、城市经济、城市环境等都提出自己的见解，对现代城市规划有很大的启发作用。

三、工艺美术运动

工艺美术运动（The Arts and Crafts Movement）是一场现代意识的设计变革运动，热衷于对手工艺的回归，倡导自然风格，反对机械化的生产。建筑

也受到该运动的影响，追求田园风格，摆脱古典建筑形式的约束。这场运动被视为现代设计的开端，影响了欧洲其他国家和美国。

这场运动的领袖是约翰·拉斯金（Jhon Ruskin，1819-1900年）和威廉·莫里斯（william Morris，1834-1896年）。拉斯金是牛津大学教授，他在1849年所写的《建筑的七盏明灯》中，认为建筑是一种艺术，它为了某种用途而对人类建筑的屋宇进行布置或装饰，使得人们看见时，在精神健康、力量和愉悦方面有所收益。他将建筑分为五类：祭祀用、纪念用、民用、军用、家用。建筑有七大原则：牺牲原则、真理原则、权利原则、美的原则、生命原则、记忆原则、顺从原则。拉斯金是第一个抨击水晶宫的人，他很不喜欢那座"穿上大玻璃和生铁外衣的庞然大物"。

莫里斯年轻时就读于牛津大学，他受过建筑和绘画训练，在建筑师斯特里特工作室呆过，后来加入拉斐尔前派（Pre-Raphaelites），还开办设计事务所，从事建筑、室内、家具、平面设计。他强调艺术不应该只为少数人服务，要创造一种由人民制造、又为人民服务的艺术，反对机械化的粗制滥造。但他又承认廉价的艺术是不可能生产的，其思想具有自相矛盾之处。1859年，莫里斯请朋友韦伯（Philip Webb，1831-1915年）设计了位于肯特郡的新婚住宅，这就是著名的红屋（Red House）。这座建筑完全抛弃了巴洛克式的烦琐，追求中世纪哥特风格，采用尖顶拱、高坡度屋顶等结构形式，外观用红砖做墙，质朴而结实。内部装饰不拘一格，清新自然。（图20.3.3）

四、新艺术运动

新艺术运动（Art Nouveau）在风格上与工艺美术运动具有某些相承性，反对古典形式，反对矫饰，反对呆板的机械化制造，从自然和东方艺术中得到很多灵感，倡导曲线风格，铁艺在这场运动中得到创造性地运用。这场运动首先在比利时发起，布鲁塞尔的一个团体"自由美学社"在19世纪末陆续举办系列艺术展览，在欧洲各国引起广泛影响，并以1895年法国商人萨穆尔·宾开办的商店"新

艺术"来命名。当然，这场运动的名称在各国并不统一。在法国、比利时、英国、西班牙、美国等国叫"新艺术运动"，在德国称为"青春风格"，代表人物是贝伦斯和艾克曼。在意大利称为"自由风格"，在英国的代表是"格拉斯哥学派"，在奥地利称为"维也纳分离派"，在北欧地区称为"工艺美术运动"。

（一）比利时新艺术建筑

比利时是欧洲最早的工业化国家之一，19世纪末，布鲁塞尔成为欧洲文化和艺术的一座中心城市。一些具有民主思想的艺术家和设计师倡导"为人民的艺术"，进行积极的设计活动。其中代表人物有两位，一位是亨利·凡·德·威尔德，另一位是维克多·霍塔。

亨利·凡·德·威尔德（Henry Van de Velde，1863-1957年）是比利时建筑师、设计教育家，也是现代设计的先驱人物。他曾在安特卫普和巴黎学画，1891年起他在莫里斯影响下转学建筑设计。威尔德的主要活动在德国，1897年，他在德国慕尼黑和德累斯顿两地与人合办"工业艺术装饰营造工场"，依靠艺术家与手工艺人的合作，开展设计活动。1900年，他应邀担任魏玛大公的顾问，1906年，主办魏玛市立工艺学校。他还是德意志制造联盟的创办人之一，主张工业化，支持新技术。他认为"技术是产生新文化的重要因素，根据理性结构原理所创造出来的完全实用的设计才能够真正实现美的第一要素，同时也才能取得美的本质。"并提出产品设计的三个基本原则：结构合理、材料运用严格准确、工作程序明确清晰。威尔德的思想在当时具有超前性，奠定了现代设计思想基础，因此被称

图20.3.3　红屋

图20.3.4　塔塞尔旅店

黎设计140多个地铁入口，采用金属铸造的结构，模仿植物支干，玻璃棚顶模仿海贝，是典型的新艺术风格。因此，法国新艺术运动也称为"地铁风格"，或者"都会风格"。（图20.3.5）

（三）西班牙新艺术建筑

西班牙新艺术运动的代表人物是安东尼·高迪（Antoni Gaudi，1852-1926年）。高迪出生于一个铜匠家庭中，17岁时到巴塞罗那学习建筑。高迪一生的大部分时间都在巴塞罗那及其周围工作，他创作手法怪异、作品造型奇特、装饰瑰丽，风格神秘，这也使他成为加泰罗尼亚建筑史上最负盛名的建筑设计师。

高迪早期是忠实的哥特风格复兴者。从中年开始，高迪逐步形成自己的风格，作品趋于有机主义特征，又具有神秘、浪漫色彩，不少装饰图案都有强烈的象征含义。1898年前后，高迪迎来建筑创作的成熟期。他花了14年时间为古尔家族设计的古尔公园成为最早的现代城市公园，建筑充满想象力和趣味性，融建筑、雕塑、自然于一体。古尔公园建于1900年，坐落在巴塞罗那西北的山坡上，占地15公顷，按照"花园城市"的理念设计。包括变色龙和蜥蜴造型的两座喷泉、高10米的装饰塔、百柱大厅内部的天花板、百柱大厅上的龙形弯曲长椅等建筑都采用色彩斑斓的马赛克拼贴装饰，屋顶采用加泰罗尼亚传统的砖砌穹顶样式，墙以碎石砌筑，给人以童话世界的感觉。

1904-1912年间，他的重要作品是巴塞罗那的巴特罗公寓（1904-1906年）和米拉公寓（1906-1912年）。高迪把建筑当雕塑来对待，个人风格特征鲜明。高迪崇尚曲线，认为"直线属于人类，曲线属于上帝"。其建筑外观给人强烈的波动感，建筑立面装饰怪异，窗户像张开的怪兽嘴巴。

高迪在米拉公寓中运用独特的力学结构，以柱子支撑重量，内部空间可以随意调整，外观设计如山峦，如波涛，动感十足。共有6层住宅和1层阁楼，阁楼屋顶呈抛物线状，上有30个造型奇特的烟囱、2个通风管道、6个楼梯口。有33个阳台，150扇窗户，窗户宽大，栏杆以缠绕的铁条构成。还有3个采光中庭（2大1小），1个地下停车场，3个门面，

为欧洲大陆的"莫里斯"。

霍塔（Victor Horta，1861-1947年）是比利时新艺术运动的另一位代表。在建筑与室内设计中喜欢用葡萄蔓般相互缠绕和螺旋扭曲的线条，这种起伏有力的线条成了比利时新艺术的代表性特征，被称为"比利时线条"或"鞭线"。其代表作是布鲁塞尔都灵路12号的塔塞尔旅店（Hotel Tassel，1892-1893年），无论建筑外形、立面装饰，还是室内设计，包括栏杆，墙纸，地板陶瓷镶嵌，灯具，玻璃等细节都具有盘旋缠绕的线条图案，显得轻盈浪漫。这座建筑堪称新艺术运动曲线风格的代表作。（图20.3.4）

（二）法国新艺术建筑

法国的新艺术运动集中在巴黎和南锡，涌现了"新艺术之家""现代之家""六人集团""南锡学派"等设计团体。在建筑方面，六人集团的设计师赫克托·吉玛德（Hector Guimard，1867-1942年）的作品颇具代表性。吉玛德在1888年开始从事建筑设计，1894-1898年间担任巴黎拉枫丹路16号伯兰格公寓房屋的设计负责人。他喜欢整体设计，作品具有很多自然装饰细节。1900-1904年间，他为巴

2个正门入口。（图20.3.6）

高迪后半生最重要的作品就是圣家族教堂。教堂工程始于1882年，采取哥特风格。1884年，高迪接手这个工程，对建筑的结构和装饰进行大胆构想和细致推敲，整座建筑有4座高高的棒槌式尖塔，塔身虚实相生，装饰华丽，塔尖图案奇特，充满象征色彩和神秘气息。这座建筑因为经费问题至今仍未完工，但它绝对是高迪建筑风格的永恒纪念碑，也是巴塞罗那市的标志性建筑。（图20.3.7）

（四）英国新艺术建筑

英国在新艺术运动时期涌现一大批著名的建筑师，建筑风格追求简朴而有趣味。比较重要的建筑师是诺曼·肖（Richard Norman Shaw，1831-1912年）、沃伊齐（C.F. Annesley Voysey，1857-1941年）、汤森（C. Harrison Townsend，1850-1928年）等，而苏格兰的查尔斯·麦金托什（Charles Rennie Mackintosh，1868-1928年）则是英国新艺术运动时期最耀眼的设计师。

麦金托什出生于格拉斯哥，自幼就喜欢建筑。在16岁那年进入建筑事务所，1884年到格拉斯哥艺术学院上夜校进修，并获得了亚历山大·汤姆逊旅游奖学金，1891年去意大利旅行，参观罗马、佛罗伦萨、西西里岛等地，受到古典建筑影响。麦金托什1902年开始从事建筑设计，代表作品是希尔住宅（Hill House）及其室内设计。1904年，麦金托什负责设计格拉斯哥艺术学院的新楼，在他的设计下，这座建筑具有现代主义的特点，外观呈几何体，立面简练，石墙上的玻璃窗、大楼前的栏杆都采用直线，仅在顶部用少数新艺术风格的装饰。麦金托什所设计的家具也都采用直线，被称为"高直风格"。（图20.3.8）

麦金托什和妻子麦克唐纳及其妹妹、妹夫等人形成格拉斯哥学派，代表英国的新艺术运动的最高水平。他们的设计不仅包括建筑，还有工艺美术、平面设计，他们的直线风格对奥地利维也纳分离派有很大影响。

（五）奥地利新艺术建筑

"维也纳分离派"（Secession）是新艺术运动在奥地利的代表，这个派别成立于1897年，成员主要是维也纳学院的教师奥托·瓦格纳（Otto Wagner，1841-1918年）以及其学生奥布里奇（Olbrich，1867-1908年）、霍夫曼（Josef Hoffmann，1870-1956年）、莫塞与画家克里姆特等人。其口号是"时代的艺术、自由的艺术"，标榜自己与传统分离，自称为"分离派"。

奥托·瓦格纳1895年出版的《现代建筑》一书中阐述自己的设计思想。他认为设计应该发展到新的阶段，历史主义等装饰不能适应时代的要求。瓦格纳宣称："现代生活是艺术创造的唯一可能的出发点""所有现代化的形式必须与我们时代的新要求相协调"。

图20.3.5 巴黎地铁入口

图20.3.6 米拉公寓

图20.3.7 巴塞罗那圣家族教堂

图20.3.8　格拉斯哥学院新楼

他指出"在古代流行的横线条，平如桌面的屋顶，极为简洁而有力的结构和材料"是未来风格的特征。其代表作是1897年设计的维也纳地下铁车站和1905年设计的维也纳邮政储蓄银行，都采用玻璃和钢材，注重空间功能，抛弃装饰，风格简洁。（图20.3.9）

1898年奥布里奇设计的维也纳分离派展览馆和1905年霍夫曼设计的比利时布鲁塞尔郊区的斯托克列特宫堪称分离派的代表作，这两座建筑都具有现代风格，且不失优雅精致。分离派展览馆为白色几何形建筑，创造出手工艺和工业化的交融风格。奥布里奇将新艺术运动的花草装饰运用得当，入口顶部设计一个由2500片镀金月桂树叶和311个莓果组成的金色圆球作为装饰。展览馆入口上方写着分离派的口号："每个时代有它自己的艺术，艺术有它的自由"。这座建筑是分离派的宣言和创新精神的象征。（图20.3.10）

斯托克列特宫（Stoclet House）是热爱艺术的银行家阿道夫·斯托克列特的府邸，是霍夫曼的代表作。外观简洁，外墙以白色大理石覆盖，窗户错落有节奏感。内部装饰华丽，画家克里姆特、雕塑家麦兹内尔参与室内装饰设计，使这座建筑颇具艺术气质。（图20.3.11）

奥地利建筑师阿道夫·卢斯（Adolf Loos，1870-1933年）也是现代建筑奠基人之一。他反对新艺术风格，主张简约的现代风格。1908年，卢斯发表《装饰与罪恶》一文，提出"装饰就是罪恶"的思想，认为"一个民族的标准越低，它所采用的装饰就越多得令人厌烦。从造型中发现美而不依赖装饰获得美，这是人类所企求的目标"。他将装饰归于"落后的""色情的""浪费的"的范畴。这成为现代主义设计的基础思想之一。卢斯的代表作是1910年在维也纳建造的斯坦纳住宅，采用明快的几何造型，完全抛弃装饰。

（六）德国新艺术建筑

德国新艺术运动以慕尼黑为中心，1897-1898年建造的慕尼黑艾维拉照相馆和1901年建造的慕尼黑剧院以及1901-1903年奥布里奇设计的路德维希展览馆是德国新艺术运动的代表作。德国新艺术运动的代表人物有彼得·贝伦斯（Peter Behrens，

图20.3.9　维也纳邮政储蓄银行

图20.3.10 维也纳分离派展览馆

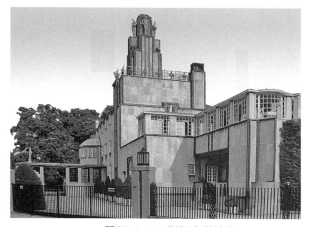

图20.3.11 斯托克列特宫

1868-1940年)、恩代尔（Eedell）等。

贝伦斯是德国现代建筑和工业设计的先驱。1886-1891年贝伦斯在汉堡工艺美术学校学习绘画，后改学建筑，在1901年给自己在达姆斯台特设计的住宅已体现直线风格。1907年，他受聘到德国通用电气公司（AEG）担任建筑师和设计顾问，1909年设计了AEG的透平机制造车间，采用钢铁骨架支撑，形成25米高的室内空间，用玻璃嵌板代替两侧墙身，拐角处采用石料，外观摒弃了传统的附加装饰，造型简洁稳重，被称为第一座真正的现代建筑。（图20.3.12）

1907年，贝伦斯和穆特修斯（Herman Muthesius，1869-1927年）、凡·德·威尔德、瑙姆（Friedrich Naumann，1860-1919年）等人创立德国第一个设计团体"德意志制造联盟"，这个组织的成员包括设计师、手工艺人和艺术家，他们通过系列讲座和展览等活动宣传其设计思想，他们提倡艺术、工业与手工艺结合，宣传功能主义，反对装饰，主张标准化和工业化生产，对当时很多国家产生影响。1914年，德意志制造联盟在科隆举办现代产品设计展览，展览的综合大楼由格罗皮乌斯设计，凡·德·威尔德设计了剧院和办公室，德国很多知名设计师也参与各种建筑细节的设计，使之成为体现德国现代建筑和现代设计思想的建筑物。

五、美国芝加哥学派

美国芝加哥学派（Chicago School）在近代建筑史上占有重要位置。它兴起于19世纪70年代，1871年芝加哥城市大火导致城市建筑大量被毁，城市面临重建，芝加哥学派应运而生。该学派的发展盛期在1883-1893年，主要贡献是创造了高层金属框架结构和箱形基础，在建筑上力求简洁，风格新颖。

芝加哥学派的创始人是威廉·勒巴隆·詹尼（William Le Baron Jenney，1832-1907年），詹尼于1883-1885年设计了芝加哥家庭保险公司大楼，这座建筑共10层（后加至12层），高42米，是世界上第一幢运用现代钢铁框架结构建造的高层建筑，开创摩天大楼建造的先河。

后期领袖是路易斯·沙利文（Louis Henry Sullivan，1856-1924年）。沙利文曾在美国麻省理工学院学习建筑，1874年去巴黎美术学院进修，返回芝加哥后从事建筑设计。1900年，沙利文提出"有机建筑"理论，讲究整体与细节、形式与功能的有机结合，这一思想后来被其学生弗兰克·劳埃

图20.3.12 AEG透平机车间

图20.3.13 芝加哥百货公司大楼

图20.3.14 纽约福勒大厦

德·赖特进一步发扬光大。他最让人们称道的是"形式服从功能"（Form follows function）这一经典思想，开辟了功能主义建筑的发展之路，在当时具有革命的意义。

沙利文的作品很多，1899-1904年设计的芝加哥C.P.S百货公司大楼（Carsons Pirie Scott & Co）最有代表性。高12层，底层用于展示商品，二层以上以整齐的横向长窗排列成网格状建筑立面。沙利文认为高层建筑应该处理成三段：底层与二层形成一个整体，上面是各层办公室，外部处理成窗户，顶层作为设备层，窗户较小，还可以按照传统习惯加一条压檐。（图20.3.13）

芝加哥建筑学派创造的建筑样式在美国影响极大，他们的建筑活动奠基了现代建筑在美国的发展。如芝加哥建筑师丹尼尔·伯恩罕（Daniel H.Burnham，1846-）在纽约设计的福勒大厦（Fuller Building），是纽约第一座摩天大楼，也是最早使用钢铁框架结构的现代建筑之一。这座建筑建于1902年，坐落在纽约曼哈顿第五大道、23街、百老汇大道交叉口的三角形区域，尖头指向麦迪逊广场的南边。其造型奇特，类似熨斗，因此被称为"熨斗大厦"（Flatiron Building），22层，高87米，三角形尖端仅有2米宽。大厦首次使用电梯，解决了高层楼梯的问题，具有划时代的意义。（图20.3.14）

🔗 **思考题**

1. 复古主义思潮有哪些表现？

2. 水晶宫与埃菲尔铁塔在近代建筑史上有怎样的意义？

3. 何谓工艺美术运动？

4. 简述新艺术运动时期的建筑成就。

5. 简述芝加哥学派在建筑史上的贡献。

第一节　概述

现代建筑是人类建筑史上的重要革命，是现代设计运动的重要内容。现代建筑又称现代主义（Modernism）建筑、现代派建筑，是指19世纪末至20世纪流行的诸流派建筑。现代建筑设计产生的原因有三个：第一，工业革命带来的建筑需求的数量和建筑类型增多。第二，工业革命之后出现的新材料为现代主义建筑提供了物质基础。第三，结构科学的发展为建筑结构的多样化和复杂化提供技术保障。

工艺美术运动、新艺术运动、芝加哥学派等都对现代建筑进行积极探索，德国青年风格运动、德意志制造联盟的设计已经体现出德国人对现代风格的兴趣。德国表现主义、荷兰风格派、俄国构成主义、意大利未来主义等现代艺术团体也对传统建筑进行大胆的突破，创造适应工业化社会的新建筑，具有理性主义和先锋艺术的色彩。1919-1933年的德国包豪斯设计学院标志着现代主义发展到高峰。《包豪斯宣言》中强调：一切创造活动的终极目标就是建筑。建筑家、雕刻家和画家们应联合起来转向应用艺术，实现技术与艺术的新统一。包豪斯师生的建筑设计活动使现代建筑的浪潮席卷整个世界，科学与理性逐渐成为建筑设计理念的核心，设计师们以科学性取代艺术性，迎来工业文明时代的机械美学。（图21.1.1）

在特征上，现代建筑抛弃传统和古典主义，认为建筑当随时代，追求现代感。要考虑和解决建筑的实用性和经济性，要发挥新材料、新技术、新结构的特点和作用，讲究理性与功能，认为空间是建筑的核心。外观形式力求简洁方正，反对附加的装饰。这就是"现代主义"，或称"理性主义"（Rationalism）、"功能主义"（Functionalism）的典型特征。

沃尔特·格罗皮乌斯、密斯·凡·德·罗、勒·柯布西埃、弗兰克·劳埃德·赖特等现代建筑大师为推动现代建筑的蓬勃发展做出巨大贡献，被称为20世纪前期现代建筑四杰。通过这些建筑大师的活动，使得理性主义、功能主义成为20世纪现代建筑设计风格的主流。

"二战"爆发前，以德国、意大利等法西斯国家在不同程度上进行一些新古典主义建筑活动，反映国家意志，但设计上缺乏再创造。第二次世界大战

图21.1.1　包豪斯德绍校舍

持续8年，战争给各国带来巨大灾难，建筑停滞不前。从"二战"结束后至今，现代建筑经历三个发展阶段。

第一阶段从1945年至20世纪50年代初，欧美各国忙于经济秩序恢复，重建家园，建筑要解决的首要问题是实用性。科学研究领域的自动化技术、传感技术、生物化学技术、物理技术等广泛转向生活民用，包括建筑材料、建筑设备、建筑机械等在内的建筑工业不断发展，建筑活动和建筑思潮逐渐活跃，现代建筑的设计原则在世界范围得到普及。

第二阶段从20世纪50年代至70年代，国际主义风格盛行。文化教育建筑、体育运动会建筑、商业博览会、商业广场建筑等公共建筑大幅度增建，蓬勃发展。预制装配式结构建筑、大跨度建筑（包括梁架结构、钢筋混凝土薄壳与折板结构、悬索结构、空间网架结构、充气结构、张力结构）、高层建筑（包括砖石结构、框架结构、筒状结构、剪力墙结构）等建筑结构形式得到进一步发展。

"二战"后许多欧洲著名建筑设计师移居美国，促进美国建筑设计和教育的发展，美国成为国际建筑和设计中心。建筑业成为美国的支柱产业之一，风格多样，注重新科技运用，还具有高度商业化的特征。城市周围也进行卫星城镇规划，兴建新城，以住宅建筑居多，强调建筑层数低、建筑密度小等特点。城市中的高层摩天大楼发展迅速，居于世界领先地位。美国高层摩天大楼从芝加哥学派的作品

到克莱斯勒大厦、帝国大厦、西格莱姆大厦，无一不是现代建筑的经典之作。戈德贝瑞（Bertrand Gold-bery）设计的芝加哥马里纳城大楼（Marina City Towers，1964年）采取圆塔式结构，造型酷似玉米，61层，179米。SOM设计的芝加哥约翰·汉考克大厦（John Hancock Center，1969年），100层，楼高343.5米，加上天线高达457.2米。1973年山崎实设计的纽约世界贸易中心（Twin Towers，World Trade Center，1973-2001年）由两座并立的塔式摩天大楼和四幢七层建筑组成，110层，高411米，刷新了帝国大厦保持的世界最高建筑记录。（图21.1.2）

1974年SOM设计的芝加哥西尔斯大厦（Sears Tower），110层，高443米，曾为世界第一高楼，现为威利斯大厦（Willis Tower）。2013年犹太裔波兰设计师丹尼尔·李布斯金（Daniel Libeskind）与SOM事务所的赖瑞·西弗史丹（Larry Silverstein）设计建成的新世界贸易中心一号大楼（Freedom Tower）高541.3米，1776英尺（象征美国建国年份），地上82层（不含天线），地下4层。它超越了西尔斯大厦的高度，是目前美国最高的建筑。（图21.1.3）

2015年建筑师拉斐尔·维奥利（Rafael Violy）设计的纽约公园大道432号（432 Park Avenue）位于纽约曼哈顿黄金地段，96层，高425.5米，1396英尺。整个大楼造型为一根纤细挺

图21.1.2　纽约世界贸易中心双塔

图21.1.3　新世贸一号大楼

拔的长方形柱体，仅有104间独立公寓，外表没有装饰，只有混凝土与细密工整的窗户，室内设计却优雅而奢华，属于顶级豪宅，为目前美国第三高楼，全球最高的住宅建筑。（图21.1.4）

拉丁美洲国家的现代建筑发展有自身特点。拉丁美洲长期是西班牙和葡萄牙的殖民地，在文化艺术等方面受到这两个国家的影响较大。现代建筑方面，勒·柯布西埃对巴西产生决定性影响，巴西著名建筑师奥斯卡·尼迈耶（Oscar Niemeyer，1907-2012年）是其弟子。20世纪50年代，拉丁美洲国家纷纷出现国际主义风格的建筑，以委内瑞拉的加拉加斯、巴西圣保罗最为突出。

1956年开始的巴西新首都巴西利亚的规划设计延续了柯布西埃的建筑思想，是现代城市规划的经典手笔，由尼迈耶和卢西奥·科斯塔（Lucio Costa）合作设计。这座新建的都城像一架巨大的喷气飞机造型，规模庞大，体现出高度的理性化和整体化特点，城内建筑都是国际主义风格。但也存在建筑形式呆板、城市功能分区不协调的情况，居住区和工作区被分在两翼，市民每天要花几个小时上下班。尼迈耶设计的巴西利亚大教堂建成于1970年，造型奇特，被誉为巴西的象征。其地面部分为皇冠状屋顶，有16根弧形的屋脊，教堂主体在地下，内部装饰辉煌。（图21.1.5）

西欧各国在"二战"后的建筑发展也十分迅速。从重建家园引发城市规划以及建筑设计热潮，很多国家都搞卫星城市建设，英国和荷兰做得比较突出。荷兰的建筑设计项目注重政府规划和细节处理，强调整体性。荷兰什佛尔国际机场的设计、阿姆斯特丹地铁系统设计都去的巨大成功。法国战后建筑受到勒·柯布西埃的建筑思想的影响巨大，建筑技术和建筑工业体系也不断创新发展，现代派建筑取代传统的学院派建筑。

法国在巴黎四郊兴建5个卫星城镇，已经颇具规模。如巴黎西郊塞纳河畔的德方斯卫星城（1958-1964年），规划有序，设施先进，与巴黎老城区面貌截然不同，成为现代城市规划的典范。1989年，为了庆祝法国大革命胜利200周年，特意修建了一座高110米方框形白色拱门，与巴黎卢浮宫和雄狮凯旋门在一条轴线上，遥相呼应，它不仅象征着"展望未来""通往世界的窗口"的寓意，还是一座技术先进的35层综合办公楼。德方斯拱门颇具后现代主义风格，其设计方案是经过国际竞赛选出来的，设计师是丹麦建筑师奥·斯普瑞克森（J.O.Von.Spreekelsen）和安德鲁。（图21.1.6）

西班牙现代建筑在20世纪70年代才获得较快发展。代表作品如弗朗西斯科·奥扎（Oiza）设计的彼堡银行大厦（1971年）、拉菲尔·莫尼奥（Rafael Moneo）设计的国家艺术博物馆和马德里的阿托沙火车站新建筑、波菲（Bofill）设计的具有后现代主义特征的"西班牙宫"。

德国在"二战"后分成德意志民主共和国（东德）和德意志联邦共和国（西德），直到1990年两德统一。"二战"后德国建筑主要从住宅建设着手，建筑风格趋于现代化，建筑技术和材料方面取得卓越成果。1953年成立的乌尔姆设计学院将设计建立在科技基础上，推行理性原则，乌尔姆的系统化、模数化设计理念对德国现代建筑也产生重要影响。代表作品如汉斯·夏隆（1893-1972年）设计的柏林爱乐音乐厅（1956-1963年）、柏林国际会议大厦（1979年）等。高层建筑的代表则是杜塞尔多夫的曼奈斯曼大楼（Mannesmann Building, 1960年）、慕尼黑的巴伐利亚汽车公司总部（BMW, 1972年）。

意大利在"二战"后也从住宅建筑开始重建，建筑风格继承传统，又受现代主义影响，并较早发展了高层建筑。都灵展览馆、米兰体育馆、罗马火车站候车厅、罗马小体育馆等是意大利现代建筑的代表作。奈尔维（Pier Luigi Nervi）与吉奥·庞蒂（Gio.Ponti）在1958年设计建成的皮瑞利大厦（Pirelli Tower）采取四排钢筋混凝土墙，支撑跨度达到25米，是第一个大跨度高层建筑，结构独特，是意大利现代主义建筑的里程碑式作品。

北欧斯堪的纳维亚半岛包括芬兰、丹麦、瑞典、挪威、冰岛等国。以芬兰、丹麦、瑞典为代表的北欧设计注重传统材料与现代材料、现代建筑设计与传统民俗元素结合，注重地方主义和有机主义，讲究人情味和温馨感。芬兰设计师阿尔瓦·阿

图21.1.4　纽约公园大道432号

图21.1.5　巴西利亚大教堂

图21.1.6　德方斯拱门

中外建筑史

尔托是北欧设计的杰出代表。

　　苏联（1922-1991年）是世界上第一个社会主义国家，其现代主义建筑开始于构成主义运动，但长期盛行新古典主义，将俄罗斯民族建筑风格与现代结构结合，强调民族的优越性和意识形态。在20世纪20-30年代兴建一批宏大的公共建筑，形式样特点是："都具有类似克里姆林宫的尖顶，中央对称，层层向中心部分攀高，建筑表面布满各种装饰浮雕，图案细节，大量采用雕塑装饰，异常烦琐，被西方建筑界戏称为'莫斯科的生日蛋糕风格'"。

　　苏联在"二战"后以"社会主义现实主义"为指导思想进行建筑活动，追求建筑的艺术性与实用性相统一。20世纪60年代后开始注重住宅建筑工业化，推行预制构件，现代主义建筑真正开始发展。现代高层建筑、纪念性建筑在战后也逐步兴建。劳动模范公寓（1952年）、莫斯科大学主楼（1953年）、列宁格勒饭店（1953年）、重工业部大楼（1953年）、外交部大楼（1953年）、文化人公寓（1954年）、乌克兰饭店（1956年）等7座高层建筑是当时代表作品，都突出纪念碑式的英雄气质。莫斯科大学（Moscow State University）原名罗蒙诺索夫大学，始建于1755年。设计师鲁德涅夫在1949-1953年主持设计的莫斯科大学主楼具有古典折中主义特征，它位于列宁山上，32层，总高240米，其尖顶高55米，顶端是五角星徽标，两侧为对称分布的18层副楼，气势极其宏伟，是莫斯科的标志建筑之一。（图21.1.7）

　　日本现代建筑始于对西方的模仿，并受到包豪斯的影响。20世纪70年代，日本发展成为仅次于美国的世界第二经济强国，现代建筑随之崛起。在发展过程中也注意探讨国际主义风格与民族传统相结合的道路，并出现一批世界知名的建筑师。包括村野藤吾（1891-1984年）、前川国男（1905-1986年）、丹下健三（1913-2005年）、槙文彦（1928-）、矶崎新（1931-）、黑川纪章（1934-2007年）、安藤忠雄（1941-）、伊东丰雄（1941-）、六角鬼丈（1941-）、长谷川逸子（1941-）、隈研吾（1954-）等，他们推动了日本建筑向国际主义和后现代主义风格的发展，出现许多杰出建筑作品。（图21.1.8）

　　第三阶段从20世纪70年代至今，进入后现代建

图21.1.7　莫斯科大学主楼

图21.1.8　中银胶囊塔

筑时期。建筑技术飞速发展，材料不断丰富，建筑风格日趋复杂，建筑理念多元并存，建筑流派精彩纷呈。后现代主义、高科技风格、解构主义、新现代主义等建筑流派的积极探索极大地丰富了世界建筑的面貌。

第二节　现代艺术对现代建筑的影响

一、德国表现主义

表现主义（Expressionism）最初指1911年在德国开始的印象派和野兽派的作品，后来指德国现代美术运动。强调自我感受和主观性，强调象征手法。在艺术上有蒙克、康定斯基等艺术家的活动，在建筑方面反对折中主义，提倡能够象征时代、民族、个人情感的新形式。代表建筑有恩里希·门德尔松（Erich Mendelsohn，1887-1953年）设计的爱因斯坦天文台（Einstein Tower，1919-1920年）。这座位于波茨坦的天文台是为研究爱因斯坦《相对论》而建造的，造型像一座新奇而神秘的雕塑，流畅而富于变化，窗户呈不规则形，整个建筑具有一种动感。这种手法在教堂和影院中也得到运用，但表现主义仅仅是样式的创造，并没有从技术、功能等方面促进现代建筑的发展。（图21.2.1）

二、荷兰风格派

荷兰风格派（De Stijl）是1917年成立的追求几何抽象艺术的团体，聚集了一帮建筑师、艺术家、画家、思想家，他们积极创作，并发行《风格》杂志。主要成员包括彼得·蒙得里安（P.C.Mondrian，1872-1944年）、凡·杜斯伯格（Theo Van Doesburg，1883-1931年）和设计师盖里·里特维德（G.T.Rietveld,1888-1964年）、奥德（J.J.P.Oud）等。风格派的创作理念追求新的文化应在普遍性与个性之间取得平衡，要放弃自然形以及传统造型。作品形式力求几何化，运用直线及方块造型，使用非对称的轮廓，强调红、黄、蓝

图21.2.1　爱因斯坦天文台

图21.2.2　施罗德住宅

原色以及黑、白、灰中性色的使用。风格派推动了抽象艺术与科学的结合，所倡导的几何化造型、理性化结构、中性化色彩对现代主义风格的形成有很大影响，成为国际主义风格的标准特征。

杜斯伯格在1921-1923年住在德国魏玛，曾多次向包豪斯的师生宣传风格派的创作原则。1931年，风格派随杜斯伯格的英年早逝而解散。

风格派在建筑方面的成就体现在里特维德的作品中。里特维德生于乌特勒支市（Utrecht），是荷兰著名的建筑师与工业设计师，偏爱单纯的线条与色彩。1917年，里特维德设计的"红蓝椅"以产品的形式生动地解释了风格派的抽象艺术理论。1925年，里特维尔德设计了乌特勒支市的施罗德住宅及其室内设计与家具，是风格派设计理念的立体化体现。（图21.2.2）

三、意大利未来主义

意大利未来主义（Futurism）是流行于第一次世界大战前的艺术流派，代表人物包括艺术家卡拉、波丘尼、巴拉、塞韦里尼等。1909年诗人马里内蒂（1878-1944年）在巴黎《费加罗报》发表"未来主义宣言"，标志着未来主义的诞生。1914年7月，圣·特利亚（Antonio Santi'Elia，1888-1917年）发表《未来主义建筑宣言》以及《未来主义服饰宣言》。

未来主义的活动中心在米兰，未来主义否定文化遗产和传统题材，反对传统的优美、和谐，反对模仿，崇尚创新。主张"摈弃一切博物馆、图书馆和学院"。宣扬要创造一种未来的艺术，崇尚机器和现代都市生活，追求几何的、数学的、机械的美。

未来主义并没有实际的建筑作品，其建筑思想主要通过《未来主义建筑宣言》表达出来。他们主张用机械的结构与新材料来代替传统建筑材料，城市规划则将人口集中与快速交通相辅相成，建立一种包括地下铁路、滑动的人行道和立体交叉的道路网的"未来城市"计划。并用钢铁、玻璃和布料来代替砖、石和木材来取得最理想的光线和空间。圣·特利亚认为"现代房屋应该造得和大型机器一样"。

第三节　现代建筑大师对现代建筑的促进

20世纪20年代以后，一批思想敏锐的建筑师在思想上引领时代，并通过实践活动推动现代建筑设计的发展。

1927年，德意志制造联盟在斯图加特附近的魏森霍夫举行住宅展览会，展出的建筑多为新材料、新技术作品，参展建筑师们在功能和造型上进行积极的尝试。1928年，国际现代建筑协会（CIAM，1928-1959年）在瑞士成立，发起人包括勒·柯布西埃、沃尔特·格罗皮乌斯、阿尔瓦·阿尔托在内的来自12个国家的几十名现代派建筑师。这是第一个国际建筑师的非政府组织，以个人为会员单位。这些建筑师在设计思想上并不一致，但都追求功能主义和理性主义，奠定了现代建筑设计的思想基础和实践案例，推动现代建筑不断发展。

1933年在雅典召开的CIAM第四次会议通过了柯布西埃起草的《雅典宪章》，提出现代城市规划纲领。居住、工作、交通与文化被认为是城市的基本功能，日光、空间、绿化、钢材与水泥被确定为城建的基本要素。这标志着现代主义建筑在国际建筑界的主导地位。"现代主义建筑"一词随之传播开来。柯布西埃认为："现代主义是一种几何精神，一种构筑建筑与综合精神"。

另外，1948年，联合国教科文组织在瑞士洛桑（Lausanne）成立国际建筑师协会（UIA），是以国家和地区为会员单位，当时有27个国家建筑师组织的代表参加。

一、沃尔特·格罗皮乌斯与包豪斯设计学院

沃尔特·格罗皮乌斯（Walter Gropius, 1883-1969年）是20世纪最重要的设计师、设计理论家

和设计教育家。他出生于德国柏林一个建筑师家庭，青年时代曾在柏林和慕尼黑学习建筑。1907年起在贝伦斯的事务所工作，1910年与迈耶（Adolf Meyer）合伙在柏林开设一个建筑事务所，并于次年合作设计了法古斯鞋楦厂（Fagus Shoelast Factory），是欧洲最早完全采用钢筋混凝土结构、玻璃幕墙和转角窗的现代建筑。（图21.3.1）

1919年3月，36岁的格罗皮乌斯担任魏玛美术学院、魏玛工艺美术学校校长。他怀着振兴设计教育、培养新型设计人才的理想，随即将两所学校合并，成立魏玛国立包豪斯学院（Das Staatlich Bauhaus Weimar），简称包豪斯（Bauhaus）。这是世界上第一所以建筑为主的手工艺与工业技术设计相结合的现代设计学校。

1925年，由于受到反动政府的迫害，包豪斯迁往德绍（Dessau），格罗皮乌斯又选用一批优秀的教师，完善了教学计划和设施。格罗皮乌斯认为，新学校本身的建筑、规划，就是现代主义的宣言，他按照现代主义原则设计了包豪斯新校舍。他首次提出了建筑要从内向外设计的思想，即先确定各部分的功能，再确定相互之间的关系和联系，最后确定整体的外观。在构图上他大量使用不对称构图，主要入口也不止一个。整个建筑群包括设计学院、实习工厂和学生宿舍区三个部分，没有使用任何装饰，但各部分之间的高低错落，十分协调。建筑大量使用了钢筋混凝土及其他工艺，近万平方米的建筑，按时价整体造价每立方米仅约7美元。这座新校舍被誉为现代建筑的里程碑。（图21.3.2）

1927年，包豪斯建立建筑系，汉斯·迈耶

图21.3.1 法古斯鞋楦厂

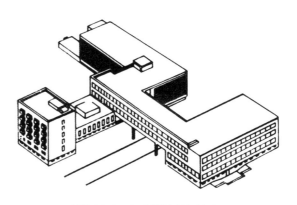

图21.3.2 包豪斯德绍新校舍

（1889-1954年）担任建筑系主任。汉斯·迈耶是瑞士人、德国共产党员，他主张设计服务于社会，提高人们的生活水平，他的建筑设计与理论对包豪斯产生很大影响。1926年他参与格罗皮乌斯的项目，一起设计德绍附近的图登住宅小区，强调功能化、批量化、廉价化、理想化、无装饰化的设计思想，受到人们的欢迎。

1928年，格罗皮乌斯辞去包豪斯校长职务，推荐迈耶担任校长。迈耶担任校长职务后进行改革，把建筑系分成建筑理论部和室内设计部，组建新的摄影实验室。但迈耶的左翼政治思想在包豪斯教育中引起师生们的不满，一些教师离开包豪斯。1930年，迈耶在政治当局和学校师生的压力下辞职，在苏联一直待到1936年，之后回到瑞士。"二战"期间到墨西哥，把现代主义设计思想带到中南美洲。

1930年8月，路德维希·密斯·凡·德·罗（Ludwig Mies van der Rohe，1886-1969年）担任包豪斯第三任校长。他接任后着手淡化学校的政治气息，并进行教学改革，把包豪斯几乎变成纯粹的建筑设计学院。1932年9月，被纳粹党控制的德绍政府强迫包豪斯关闭。密斯决定把学校迁往柏林，在一个废弃的电话公司成立包豪斯·独立教育与研究学院，包豪斯开始了柏林时期。1933年，希特勒成为德国元首，纳粹政府认为包豪斯是"犹太人和马克思主义者的庇护所"而下令关闭。密斯于1933年8月宣布包豪斯永久关闭，结束了14年的办学历程。

包豪斯被关闭后，主要的师生流散在欧洲各地。1937年后，格罗皮乌斯、密斯、马歇·布鲁尔、纳吉等先后移居美国，促进美国现代建筑的崛起。1937年，纳吉在美国芝加哥创立"新包豪斯"，以后发展成芝加哥艺术学院。马歇·布鲁尔（Marcel Breuer，1902-1981年）出生于匈牙利，是包豪斯的首届学生，毕业后留校任教，主持家具车间。1932-1934年，他主要在瑞士工作，从事家具的设计。1937-1946年，布鲁尔任教于哈佛大学建筑系。其主要建筑作品包括1947年设计的康乃狄克州住宅、1953-1958年设计的联合国教科文组织总部（巴黎）、1962年设计的IBM法国研究中心（IBM Research Centre in France）、1963-1966

年设计的纽约惠特尼博物馆。布鲁尔始终致力于家具与建筑部件的规范化、标准化、工业化，是一位真正的功能主义者。

格罗皮乌斯到美国后担任哈佛大学建筑系主任，培养了不少优秀弟子。并创立协和设计事务所（The Architects Colaborative），设计不少优秀建筑作品，如美国驻希腊雅典的使馆（1960年）、美国泛美航空公司纽约总部大楼。

格罗皮乌斯是现代建筑奠基人，持续不断地通过设计教育与实践推广现代建筑设计原则，其设计思想具有鲜明的民主色彩和社会主义特征。他希望设计能够为广大的人民服务，而不仅仅为少数权贵服务。他希望能够为社会提供大众化的建筑、产品，使人人都能享受设计。他的建筑最终应该为德国人民提供廉价、环境好的住宅空间，从而解决因为居住环境恶劣造成的种种社会问题。他之所以采用钢筋混凝土、玻璃、钢材等等现代材料，并且采用简单的、无装饰的设计，是考虑到造价低廉的因素，格罗皮乌斯的风格被称为"理性主义"或"功能主义"。

二、密斯·凡·德·罗与"少即多"

密斯出生于德国亚琛一个石匠家庭，是现代主义最著名建筑师、设计师之一。1908-1911年在贝伦斯事务所学习和工作，对他以后的建筑事业有重大意义。1921-1925年在德国现代艺术团体"十一月社"建筑展览会负责人，1926-1932年任德意志制造联盟副主席，德意志制造联盟追求功能主义的工业化建筑体系深刻影响了密斯。1927年，密斯负责德意志制造联盟在斯图加特魏森霍夫区策划的住宅展览，参展的几乎都是现代主义建筑运动的代表人物，建筑风格也体现出功能主义、减少主义、平形六面体、无装饰化的特点。密斯在此次展览中获得极高的声望。1930-1933年，密斯任包豪斯第三任校长。1937年，密斯移居美国，1938年担任芝加哥阿尔莫理工学院建筑系主任。该学院1940年更名为伊利诺理工学院（Illinois Institute of Technology，简称IIT），是美国最重要的设计学院之一。

第二次世界大战之前，密斯提倡建筑要抛弃传统，追求工业化，不需要在乎形式。1928年，密斯

图21.3.3　巴塞罗那世博会德国馆

图21.3.4　范斯沃斯住宅

提出著名的设计观点："少即多"（Less is More），成为现代主义设计的重要思想基础。此时密斯的代表建筑包括1929年设计的西班牙巴塞罗那国际博览会德国馆（Barcelona Pavilion）以及1930年在捷克斯洛伐克的布卢诺（Brno）为银行家图根哈特设计的住宅（Tugendhat Villa），都是抛弃装饰的简单几何造型，室内外空间浑然一体。

巴塞罗那世博会德国馆是密斯建筑生涯中的里程碑式作品，占地1250平方米，长50米，宽25米，由一个主厅、两间附属建筑、两个水池、几道围墙组成。它是一座钢结构建筑，除了室外方形水池中立置一尊女性雕塑外，无附加装饰。其室内外空间贯通，充满流动性。8根钢柱支撑起钢筋混凝土的薄平屋顶，以绿色大理石和半透明玻璃做分隔墙，各部分都以直线相接，棱角分明，比例严谨，材质新颖，色调协调，突破传统处理手法。德国馆在世博会结束后就被拆掉，1985-1986年在巴塞罗那重建。（图21.3.3）

"二战"后，密斯在美国进行很多设计实践，成为国际主义风格的核心人物，形成属于自己的设计风格：平行六面体，钢筋骨架，玻璃幕墙、内部空间连成整体。这种风格被称为"密斯风格"。现在城市中普遍可见的钢架结构加上玻璃幕墙的摩天大楼都源自密斯风格。

他把最单纯的几何形式推向极致，甚至忽略功能因素，被视为"减少主义"的代表人物。1950年，密斯给女医生范斯沃斯设计的住宅（Farnsworth House）就引发了争议。这座住宅坐落在水边，设计精巧别致，是一座用钢结构和玻璃建成的住宅，长24米，宽85.5米。8根钢柱夹持一片地板和一片屋顶板，从地面到屋顶，四周全是晶莹透明的大玻璃，使主人的起居活动都处于四周透明的环境中，并不适合单身女士范斯沃斯医生的居住。（图21.3.4）

密斯在1919年就已经开始设计玻璃幕墙的摩天大楼方案，1951建造的芝加哥密西根湖畔的滨湖路860号和880号公寓（the Lake Shore Drive Apartments Chicago），26层，奠定了火柴盒式玻璃幕墙高层建筑的双塔格局，是密斯在美国造摩天大楼的最初尝试。

1956-1958年与菲利普·约翰逊（Philip Johnson，1906-2005年）合作的纽约西格莱姆大厦（Seagram Building）是密斯在"二战"后最著名的作品。这座平行六面体大厦坐落在纽约公园大道375号，高158米，38层，采用当时刚发明的染色隔热玻璃做幕墙，把琥珀色的玻璃幕墙与铜窗格结合，内部设施完善，重视材质和工艺细节的精密，彰显优雅的审美品质。（图21.3.5）

作为现代主义建筑的领袖人物，密斯并没有受过正规的建筑教育，他的设计思想主要来自建筑实践。他注重结构与细节，认为"细节就是上帝"。他的经典思想"少即多"实际上是强调理性的简约与和谐，在密斯的建筑与产品设计中都简约到不能再改动，使结构升华为艺术。密斯对世界现代建筑影响深远，以至于美国作家汤姆·沃尔夫（Tom Wolfe，1931-2018年）认为："密斯的原则改变了世界大都会三分之一的天际线。"

三、勒·柯布西埃与"新建筑"

勒·柯布西埃（Le Corbusier，1887-1965

图21.3.5　纽约西格莱姆大厦

图21.3.6　萨伏伊别墅

年）出生于瑞士，原名查尔斯-爱德华·让雷涅特（Charles-Edouard Jeanneret），1917年起长期侨居法国。是现代建筑、现代设计、现代城市规划的重要奠基人，机械美学的倡导者。他与密斯一样，并没有经过系统的建筑教育，而是花费大量时间自学建筑。

1920年，勒·柯布西埃在巴黎与朋友一起创办前卫刊物《新精神》，积极发挥"现代建筑的旗手"的作用，宣传功能主义思想，反对历史样式和装饰，为新建筑摇旗呐喊。1923年出版著作《走向新建筑》（Towards A New Architecture），全书分为7章，系统阐述他对现代建筑的思考。书中文字激昂，认为一个伟大的时代刚刚开始，存在着一个新精神。"在建筑中，古老的基础已经死亡了。我们必须在一切建筑活动中建立逻辑的基础。"他提倡"机械主义，人类历史上的新事物，已经引起了一个新精神。一个时代要创造它的建筑艺术，作为思想体系的鲜明的形象"。他提出"住宅是居住的机器"的著名观点，强调理性主义和机械美学，认为钢筋混凝土给建筑美学带来一场革命，推崇钢筋混凝土幕墙结构体系和建筑的工业化。

1926年，勒·柯布西埃提出"新建筑"的五个特点：一、底部独立支柱，房间主要部分都放在二层；二、屋顶花园；三、不承重的自由平面；四、横向长窗；五、不承重的自由立面。1929-1930年，勒·柯布西埃设计的萨伏伊别墅（Villa

Savoy）完美体现了这五个特点，成为现代主义标志性建筑。别墅外观呈简洁的长方形，长22.5米、宽20米。采用钢筋混凝土框架结构。底层三面以独立的细长圆柱支撑，中心有门厅、楼梯、坡道，后面是车库。第二层是客厅、餐厅、厨房、起居室，还有一个露天小院。第三层是主卧室和日光浴晒台。外观极度简单，是直线和直角的艺术。内部相对复杂，运用旋转楼梯，上下两层之间以平滑的斜坡面连接。这件作品展示了机械美学和立体主义造型特点，为他赢得极高的声誉。（图21.3.6）

1927年，勒·柯布西埃与人合作设计的日内瓦国际联盟总部建筑设计方案，整体造型非对称，强调实用功能。但方案最终落选，学院派建筑方案被采纳。1932年，勒·柯布西埃设计了巴黎市立大学的瑞士学生宿舍，5层，底层以12根钢筋混凝土柱墩支撑，其上几层都是钢结构与轻薄幕墙，还有一面表面粗糙、乱石砌成的弧面墙。这是勒·柯布西埃设计的第一座公共性建筑，建筑对比感强烈。

"二战"前，勒·柯布西埃已提出"模数"概念。他选择1.8米高的男性作为模数理论的依据，在"二战"后积极进行实践研究，构思大量方案。其建筑风格在"二战"后也有重大转变，强调建筑的感性表现。作品喜欢用表面不经处理的钢筋混凝土预制板，粗糙厚重，给人尚未完工之感，各构件之间喜欢直接相连。这种风格被称为"粗野主义"或"粗犷主义"（Brutalism）。这种风格的代表作品包括法

中外建筑史

国马赛公寓（1947-1952年）、朗香教堂（1950-1955年）、拉图雷特修道院（1953年）以及印度昌迪加尔的行政建筑。

马赛公寓是为了解决当时住宅紧缺问题而造的公寓楼，这座体型巨大的住宅楼被未加修饰的钢筋混凝土V形柱支撑起来，风格粗犷。勒·柯布西埃把这个可以容纳1600人的大楼设计成了一个自给自足的住宅单位，里面有商店、面包房、幼儿园、电影院等。房型有23种之多，可供各种类型的家庭入住。按他的设想，这种大楼就是未来城市的"居住单位"。（图21.3.7）

在距离里昂30公里处建造的拉图雷特修道院，以粗制混凝土和玻璃为主，外观朴素，但修道院的暗室色彩富于变化。位于法国东部索恩地区的朗香教堂（La Chapelle de Ronchamp）则体现出有机造型的特点。外形几乎没有一处是直线，给人的感觉就像是一幅抽象画。勒·柯布西埃认为这座教堂是一个"听觉器官"，象征着人与上帝在教堂中对话。这个建筑能够引起人们多种遐想，与他以前崇尚的几何风格完全不同，沉重而封闭的空间、倾斜的墙体、形状各异的窗洞、室内幽暗的光线强化了宗教的神秘色彩。（图21.3.8）

柯布西埃还对现代城市规划做出巨大贡献。柯布西埃的城市规划富有远见，规模宏伟，注重功能分区、高层建筑和绿化、体育设施和立体化交通。1922年，柯布西埃提出拥有300万人口的现代城市规划方案，并在以后的几十年中做了大量城市改建规划。20世纪50年代，柯布西埃在印度昌迪加尔城（Chandigarh）部分实现了他对未来城市的规划。昌迪加尔是印度旁遮普邦新建的省会，柯布西埃为城市做了规划并设计几幢主要的行政大楼，倡导建筑与城市规划要反映人与宇宙的联系。为了解决当地气候干热的问题，他大量使用混凝土预制板构造的大屋顶和大框架，使得建筑既能遮阳，又能保证穿堂风的吹过。但建筑之间的距离拉得过大，法院和议会之间有450米。昌迪加尔议会大厦建于1955-1960年，采用新月形屋顶，可以有效地遮阳，还借鉴传统的莫卧尔王朝建筑形式，融现代性与纪念性为一体。（图21.3.9）

四、赖特与有机主义建筑

弗兰克·劳埃德·赖特（Frank Lloyd Wright，1869-1959年）是美国著名建筑大师，有机主义建筑学派的代表人物。赖特不承认自己是现代派建筑师，而称自己的建筑为"有机建筑"（Organic Architecture）。他很少设计都市的高楼大厦，对建筑工业化持批判态度，设计最多的是别墅和小住宅。他认为现代建筑是有机整体，应成为自然的一部分。他提倡"一座由内向外展开的建筑物与它的

图21.3.7　马赛公寓

图21.3.8　朗香教堂

图21.3.9　昌迪加尔议会大厦

图21.3.10 流水别墅

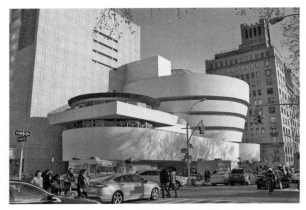

图21.3.11 纽约古根海姆博物馆

周围环境是相融的"，这种建筑设计原则是：由家具体功能和自然环境决定建筑物的个体特征，不采用城市工业化建造方法，而使用天然材料，创造与环境连成一片的流动空间。

赖特是芝加哥学派建筑师沙利文的学生，曾在芝加哥建筑事务所工作。1894年之后，赖特自己从事建筑设计，结合美国中西部地域特征，设计本土建筑风格。其早期设计作品强调与大自然结合，被称为"草原式"住宅（Prairie House）。草原式住宅多为中产阶级的独立式别墅，平面常为十字形，以壁炉为中心，起居室、书房、餐厅围绕壁炉布局，卧室设在楼上。室内空间自由，窗户宽敞，建筑与周围环境和谐相融，颇具美国西部风情。

赖特在第二次世界大战之前最著名的作品是1936年设计的考夫曼府邸（Kaufmann House on Waterfall），俗称"流水别墅"（Fallingwater）。别墅位于宾夕法尼亚州匹兹堡东南郊，整个建筑坐落在错落有致的熊跑溪上，溪水在峡谷中潺潺穿流，周围草木繁茂。赖特因地制宜，临溪建宅，营造出观瀑、听涛的诗意居住空间。以钢筋混凝土悬臂梁

支撑房屋，别墅共分3层，面积约380平方米，以二层的起居室为中心，其余房间向左右铺展开来。别墅造型强调几何形体组合，平台高低错落出挑，以山石砌成的墙与平台相交。溪水在平台下潺潺流过，形成"清泉石上流"之意境。流水别墅空间处理巧妙、体量组合均衡，建筑与环境的结合和谐自然，是有机建筑的经典之作。（图21.3.10）

赖特晚年的代表作是位于纽约第五大街的所罗门·R·古根海姆博物馆（the Solomon R.Guggenheim Museum），建成于1959年，是古根海姆美术馆群的总部，也是纽约的地标建筑之一。古根海姆博物馆坐落在纽约一条街道的拐角处，造型奇特，为白色螺旋形混凝土结构，室内是高约30米的圆筒形空间，周围有盘旋而上的螺旋形楼梯，自下而上圆形空间的直径逐渐扩大，顶部的玻璃圆顶和外墙的条形高窗可以满足大厅采光需求。1969年又增建一座长方形的3层辅助性建筑，1992年又在赖特设计的建筑后面再次增建一个矩形的10层高楼，与赖特的建筑风格搭配比较和谐，互相衬托。（图21.3.11）

第四节　装饰艺术运动时期的建筑

装饰艺术运动（Art Deco）是20世纪20-30年代在法国、英国、美国兴起的设计运动，与现代主义设计运动同时发生发展，并受其影响。装饰艺术运动的名称来源于1925年在法国巴黎举办的装饰艺术博览会，装饰艺术运动的风格特征鲜明，反对古

典主义、自然、单纯手工艺的趋向，主张把手工艺和机械化结合，追求绚丽的色彩，特别重视原色和金属色彩的运用，运用直线、三角形、圆形、正方形、之字形等，具有积极的时代意义。装饰艺术运动的兴起受到埃及古代装饰风格、原始艺术、舞台

艺术、汽车等因素的影响，也被称为"流行的现代主义""大众化的现代主义"。

法国是装饰主义运动发源地，其成就主要集中在豪华奢侈的产品和艺术产品设计上。英国装饰艺术运动主要的成就在于大型公共场所建筑的室内设计上。

装饰艺术运动时期的最具代表性的建筑成就在美国。美国装饰艺术运动开始于纽约和东海岸，逐步向西扩散。建筑中运用大量金属装饰构件，色彩华丽。1923-1926年建造的纽约电话公司大厦由哥姆林建筑公司设计，具有现代主义因素，又有装饰艺术风格的装饰处理。纽约克莱斯勒大厦、帝国大厦、洛克菲勒中心则代表装饰艺术运动在建筑上的最高成就。美国西海岸的装饰艺术风格趋向于工业化的简洁造型，采用大量的曲折线和形体结构，在公共建筑中甚为流行，如百货公司、火车站、餐厅等，更具有大众化的特点。

一、克莱斯勒大厦

克莱斯勒大厦（Chrysler Building）是克莱斯勒汽车制造公司的创建者沃尔特·P·克莱斯勒委托设计师威廉·凡·阿伦（William Van Alen）设计，于1928-1930年建造，坐落于纽约曼哈顿东部，42街与莱星顿街（Lexington Avenue）交界处，高320米、77层，是帝国大厦之前的世界最高建筑，至今依然是世界最高的砖造建筑物。

克莱斯勒大厦顶部金属冠造型独特，由十字型弧棱拱顶与7个同心圆组成，不锈钢板以辐射状铆接许多三角形孔。这个银白色的冠顶造型类似汽车散热器帽盖的装饰物，是克莱斯勒汽车制造公司的象征标记。（图21.4.1）

二、帝国大厦

20世纪30年代，百万富翁拉斯科布为了炫耀自己的财富，决意修建一座世界最高的大厦，这就是纽约帝国大厦（Empire State Building）。大厦位于曼哈顿第五大道350号、西33街与西34街之间，其名称源于纽约州的昵称——帝国州，它占据世界最高建筑地位的时间最久，长达41年（1931-1972年）。楼高381米、103层，1951年增添高62米的天线，其总高度提升至443.7米。帝国大厦总共拥有6500个窗户、73部电梯。第86层有观景台，可以俯瞰纽约全貌。设计师是威廉·兰柏（Lamb），1930年动工，1931年竣工，整个工程仅用410天就完成，内部和外部都具有强烈的装饰艺术风格。（图21.4.2）

图21.4.1 克莱斯科大厦金属冠

图21.4.2 帝国大厦

图21.4.3　洛克菲勒中心奇异
电器大楼

图21.4.4　好莱坞中国剧院 1927年

三、洛克菲勒中心

洛克菲勒中心（Rockefeller Center）是洛克菲勒财团投资建造的大型商业娱乐和办公建筑群，1939年建成，总设计师为雷蒙德·胡德（Raymond M.Hood），3个建筑设计事务所参与设计。包括19幢大楼、占地22英亩。主楼是奇异电器大楼，高259米，共69层。建筑群底层相通，中央是一个地下广场，四周飘扬着联合国的100多面彩旗。广场正面有一座飞翔的金色普罗米修斯雕像，下面有喷泉水池。这组世界最大的私人拥有的建筑群是装饰艺术风格建筑达到登峰造极的象征。（图21.4.3）

四、好莱坞风格

好莱坞位于美国西海岸的洛杉矶郊区，是全球音乐和电影产业的中心。梦工厂、迪士尼、20世纪福克斯、哥伦比亚影业公司、环球影片公司、华纳兄弟（WB）、米高梅（MGM）等著名影业公司都设立于此。20世纪30年代，美国音乐剧、歌舞、爵士乐等表演艺术得到蓬勃发展，好莱坞电影业发展到一定的高度，形成著名的好莱坞风格（Hollywood Style）。好莱坞风格的产生于当时的经济危机有很大关系。1929-1933年，经济危机席卷北美和欧洲，市场紊乱，大量人口失业，社会动荡不安。好莱坞的电影成为人们短暂忘却危机和困境的重要消遣方式，电影业因此空前繁荣，电影院被称为"梦的宫殿"（dream palace）。为营造梦幻气氛，好莱坞的电影院设计充满想象成分，也充分利用装饰艺术风格。好莱坞风格还在当时传入欧洲，影响了欧洲的电影院设计。（图21.4.4）

第五节　国际主义风格时期的建筑

现代主义建筑到"二战"后发展成"国际主义风格"，千篇一律的方盒子建筑成为世界建筑的主流形式。国际主义风格是现代主义风格的延续，形式简单、重视功能、反对装饰、理性化、系统化，受到密斯"少即多"思想影响很大，在20世纪50-70年代达到鼎盛。国际主义风格与战前现代主义设计风格一脉相承，却又有不同之处。战前的现代主义设计具有乌托邦色彩，体现设计的民主主义和社会主义特征；战后则形成强烈的商业味道，变成为资本主义企业的象征。

1927年，德意志制造联盟在斯图加特举办著名的"魏森霍夫现代建筑展"，邀请世界各国著名建筑师前来设计建筑作品。展出的所有建筑样式都为平整的墙壁、连接的玻璃窗和钢筋混凝土的预制件结构，体现出现代主义和功能主义特征，没有装饰。美国建筑师菲利普·约翰逊（Phillip Johnson，1906-2005年）将这种风格命名为"国际主义建筑"（Internationalism in architecture）。

国际主义风格建筑率先在美国发展起来。出生于奥地利的建筑师理查德·努特拉（R.J.Neutra，1892-1970年）在美国最早从事国际主义风格的建筑设计，他受到包豪斯的影响，第一个把现代主义建筑带到美国西海岸的加利福尼亚州。1927-1929年在洛杉矶设计的罗威尔住宅（the Lovell House）完全采取现代主义原则，奠定了他在建筑史上的地位。"二战"后，格罗皮乌斯、密斯、布鲁尔等人到美国推动了现代主义在美国的崛起。密斯在美国奠定了国际主义风格建筑的形式基础，钢筋混凝土预制件结构和玻璃幕墙的结合成为国际主义风格的标准面貌。此时西欧和美国出现一批杰出的设计师和设计事务所，都推崇国际主义风格。

美国SOM建筑设计事务所（Skidmore, Owings and Merrill）是世界顶级设计事务所之一，被誉为"国际主义风格建筑的堡垒"。自1936年成立以来，已经在50多个国家完成上万个设计项目。1950-1952年，SOM的设计师戈登·本沙夫特（Gordon Bunshaft, 1909-1990年）领衔设计的利华大厦（the Lever House）是纽约最早的国际主义风格建筑之一。它位于纽约公园大道53街道与54街道之间，22层（或说24层），高94米，下设2层裙楼，裙楼中间形成院落和屋顶花园。它按照密斯的设计原则进行设计，全部采用玻璃幕墙结构，具有突破性意义。（图21.5.1）

华莱士·哈里逊（Wallace Harrison，1895-1981年）是美国本土国际主义风格建筑师的重要代表。他曾参与设计洛克菲勒中心，1941年与安德烈·福霍克斯成立哈里逊-福霍克斯-阿布拉姆维兹建筑设计事务所（Harrison, Fouilhoux & Abramowitz），简称H&A，其最著名的设计是联合国总部大楼。华莱士·哈里逊担任总设计师，还有法国的柯布西埃、巴西的尼迈耶、中国的梁思成、苏联的巴索夫、加拿大的欧内斯·特科米尔等10余

名知名建筑师组成的设计团队。

联合国总部大楼是国际主义风格建筑最杰出的作品之一。联合国总部居中为大会堂，供联合国大会使用。大厅内墙为曲面，屋顶为悬索结构，上覆穹顶。南面为秘书处大楼，39层，高154米，采取板式高层建筑结构，为方正的火柴盒造型。但没有全部采用玻璃幕墙，仅在前后立面2700个窗口采用铝合金框格的暗绿色吸热玻璃幕墙，两端山墙则用白大理石贴面。东河沿岸为一组五层会议楼建筑，分设各理事会大厅。（图21.5.2）

1962年，哈里逊主持设计纽约林肯表演艺术中心（the Lincoln Center for the Performing Arts）。这个项目也是洛克菲勒中心建筑的组成部分，参与的著名设计师还有SOM事务所的本沙夫特、艾罗·沙里宁、菲利普·约翰逊，MIT的建筑教授贝鲁奇等人。建筑采取国际主义风格的结构，几个剧院的外部采用廊柱支撑，柱顶采用拱券形式，将现代主义与历史符号巧妙结合，也是典雅主义的重要代表作。（图21.5.3）

在国际主义风格的主流中又演化出典雅主义（Formalism）、粗野主义（Brutalism）、有机功能主义（Organic Functionalism）等支流，它们属于国际主义风格，但在具体形式上体现不同的特点。

一、典雅主义

典雅主义是在国际主义风格发展中产生的，它改变国际主义的单调和刻板，追求古典建筑构图手法，比例严谨，造型简练，细节精美，运用传统美学法则来使现代的材料与结构产生庄重典雅的审美感受，具有强烈的构成主义形式感。典雅主义的代表人物包括菲利普·约翰逊、爱德华·斯东（Edward D.Stone，1902-1978年）、山崎实（Minoru Yamasaki，1912-1986年）等。

菲利普·约翰逊是美国著名建筑师、建筑理论家，彼得·艾森曼称他为美国建筑界的"教父"。1927年毕业于哈佛大学哲学专业，但他对建筑更有兴趣。1932年担任纽约现代艺术博物馆建筑部主任，开始研究现代建筑，同年与希契科克合著《国际主义风格：1922年以来的建筑》一书，并举办展

图21.5.1　纽约利华大厦

图21.5.2　联合国总部大厦

图21.5.3　纽约林肯表演艺术中心

览，首次向美国介绍欧洲现代主义建筑。他也是最先给"国际主义风格"命名的人。1940年到哈佛大学建筑系学习，师从M. 布鲁尔，并受格罗皮乌斯、密斯等人的影响。1945年开设设计事务所，1946-1954年重任纽约市现代艺术博物馆建筑部主任。

菲利普·约翰逊跨越了现代主义和后现代主义两个时代，在每个时期都有突出表现。其国际主义风格的代表作品还有1973年设计的明尼苏达州阿波利斯IDS中心大楼、1976年设计的德克萨斯州休斯敦石油工业公司"潘索尔"总部大楼、1980年设计的洛杉矶水晶大教堂等。

1979年，约翰逊获得首届普利兹克建筑奖（Pritzker Prize）。普利兹克奖是1979年由杰伊·普利兹克和妻子辛蒂发起、凯悦基金会所赞助的针对建筑师颁布的奖项，每年评选一次，是建筑界最高奖，被誉为"建筑界的诺贝尔奖"。

爱德华·斯东是美国杰出的国际主义风格建筑师，与哈里逊一样，都希望打破国际主义风格的单调模式，走一条典雅主义的道路。他参与了洛克菲勒中心的附属建筑设计，在"无线电城音乐厅"（Radio City Music Hall）项目中把现代主义和装饰艺术风格完美结合，获得好评。1937年斯东主持设计纽约现代艺术博物馆（the Museum of Modern Art），这座长方形玻璃幕墙建筑奠定了斯东在美国建筑界的地位。

美籍日裔建筑师山崎实（雅马萨奇）1912年出生于美国西雅图一个日本移民的家庭，美国典雅主义建筑的最重要的人物之一。山崎实在20世纪50年代曾发表文章对现代建筑进行深入研究，强调建筑要符合人的心理需求和人机工学原则，并探索国际主义的修正途径。他质疑"装饰即罪恶"的理论，认为现代主义建筑中可以适当引入部分装饰性的特征，以增加建筑语言的趣味性和丰富性。他1965年设计的普林斯顿大学威尔逊学院（Wilson School, Princeton University）明显受到希腊神庙布局影响，他将古典主义的柱脚、细长的柱子和柱顶线盘集于一身，在整齐之中渗透着变化，给现代主义建

图21.5.4 普林斯顿大学威尔逊学院

图21.5.5 东京代代木国立综合体育馆

筑注入趣味和活力。（图21.5.4）

山崎实有两个知名设计都已被炸毁。一个是圣路易斯市的低廉价住宅"普鲁蒂-艾格"（Pruitt-Igoe，1954-1972年），这座9层高的现代建筑采用钢筋混凝土结构，因过分注重功能、毫无装饰、缺乏人情味而导致入住率低，1972年7月15日下午2点45分，这座建筑被政府炸毁。另一个便是著名的纽约世界贸易中心双塔，2001年9月11日毁于恐怖袭击。

二、粗野主义

粗野主义得名于1954年，英国的史密森夫妇（Alison & Peter Smithson）提出"粗野主义"的名称。史密森夫妇追随柯布西耶的建筑风格，热衷于对建筑材料特性的原始表现，并将之理论化。

粗野主义把国际主义加以强化，注重表现建筑自身，把表现与混凝土的性能及质感有关的沉重、毛糙、粗犷作为建筑的审美标准。在建筑材料上保持了自然本色，保留水泥表面模板痕迹，采用粗壮的结构来表现钢筋混凝土的特征。

路易斯·康也是粗野主义的代表建筑师，他就读于宾夕法尼亚大学建筑学院，这所学院维持欧洲学院派传统，注重传统建筑形式，路易斯·康深受古典主义影响。路易斯·康受到希望打破国际主义的统一模式，探索个性化道路，创造建筑的美感和艺术。他的设计虽然使用国际主义的几何造型，但建筑布局却有意模仿古典主义。建筑界对他颇有争议，有人称他属于"历史主义"。路易斯·康的代表作品包括1952年设计的耶鲁大学美术馆（Yale Art Gallery）、1961年设计的宾夕法尼亚大学理查森医学研究楼（Richards Medical Research Building）、1962-1974年设计的印度阿默达巴德的印度管理学院大楼、1966年设计的东巴基斯坦（1971年独立为孟加拉共和国）首都达卡的政府大楼等。

日本建筑师前川国男，是首批出国学习建筑的日本留学生，受教于柯布西埃，深受粗野主义的影响。他设计的代表建筑包括1961年的京都文化会馆和东京文化会馆。

丹下健三是日本现代建筑的重要奠基人，1935-1938年在东京大学学习建筑，后来到前川国男的设计事务所工作，也倾向于粗野主义。他为1964年东京奥运会设计的代代木国立综合体育馆则是其不朽之作。这组建筑群占地9公顷，由两个体育馆和附属建筑组成，第一个体育馆为两个相对错位的新月形，第二个体育馆为螺旋形，南北对称布局，中间形成广场。建筑运用钢筋混凝土结构，屋顶使用了悬索技术，具有强烈的雕塑感和日本传统神社建筑特征，将国际主义与民族传统完美结合，被誉为20世纪最美的建筑之一。（图21.5.5）

三、有机功能主义

艾罗·沙里宁（Eero Saarinen，1910-1961年）是有机功能主义的代表人物。他是芬兰裔美籍建筑师和工业设计师，1910年生于芬兰的克柯鲁米，父亲是现代建筑大师艾里·萨里宁（Eliel Saarinen，1873-1950年），母亲是雕塑家罗

图21.5.6 杜勒斯国际机场候机楼

图21.5.7 悉尼歌剧院

亚·格塞留斯。1923年随父亲移民美国，定居底特律。1934年毕业于耶鲁大学建筑系，之后获得奖学金旅欧学习二年，回国后跟随父亲从事建筑设计。1941年起父子二人合开建筑师事务所，设计不少重要建筑。1950年父亲去世后，艾罗·沙里宁在密执安州伯明翰继续开业。其设计风格多变，个性突出、造型独特、极富想象力和创造力。

艾罗·沙里宁曾追随密斯的风格进行设计，如1955年设计的底特律通用汽车技术中心（Technical Center for General Motors），布局对称，建筑全部采用玻璃幕墙与钢架结构。后来则倾向于多变的空间组织与有力的结构表现，建筑造型趋于有机的雕塑形态。1952-1955年设计了麻省理工学院克里斯格会堂和小礼堂，都是有机功能主义早期代表作。克里斯格会堂内部空间宽敞，采用只有三个支点的八分之一球壳作穹顶，造型生动，比国际主义风格的单调形式更富有艺术表现力。

1956-1962年设计的纽约肯尼迪机场环球航空公司候机楼（TWA Terminal, Kennedy Airport）是有机功能主义里程碑式的作品，造型如展翅腾空的飞鸟造型，大量使用弯曲的线条，又保持现代化功能。1958-1962年设计的华盛顿杜勒斯国际机场候机楼，在整个长方形大楼的基础上，采用16根有机造型的柱子支撑弧形抛物线状的巨大屋顶，运用薄壳、悬索等当时最新的技术，是有机功能主义的经典建筑。（图21.5.6）

凯文·洛奇（Kevin Roche, 1922-2019年）是有机功能主义另一位代表。他出生于爱尔兰都柏林，1964年成为美国公民。1951年加入艾罗·沙里宁事务所。沙里宁去世后，凯文·洛奇与丁克路完成了10项重要工程，包括圣路易市拱门、纽约肯尼迪国际机场候机楼、杜勒斯国际机场候机楼、伊利诺斯州迪尔农业机器公司总部、纽约哥伦比亚广播公司（CBS）总部等。他设计的奥克兰博物馆和纽约福特基金会大楼备受赞誉，凯文·洛奇善于大胆创新，也是1982年第四届普利兹克奖得主。

丹麦设计师约翰·伍重（Jorn Utzon, 1918-）设计的澳大利亚悉尼歌剧院（Sydney Opera House）也是有机功能主义的典型作品（也被认为是后现代建筑）。1956年在澳大利亚悉尼歌剧院的设计竞赛中，名不见经传的38岁建筑师伍重的方案被艾罗·沙里宁从30多个国家的230位参赛者中选中获得首奖。当时的媒体称之为"用白瓷片覆盖的三组贝壳形的混凝土拱顶"。这座建筑包括音乐会大厅、歌剧大厅、剧场、排演厅和众多的展览场地设施，建筑面积8000平方米。它位于悉尼市的贝尼朗岛，临近海洋，伍重将其设计成帆船造型，有机形态鲜明，象征手法也运用得当。（图21.5.7）

第六节 后现代时期的建筑

20世纪后半叶，国际主义风格基本确定了世界城市的面貌，各国的民族风格逐渐消退，建筑和城市面貌越来越单调刻板，它否定装饰，强调功能主义，缺乏人情味，破坏了传统美学原则和生态环境。一批思维活跃的建筑师对此提出反对，建筑界迎来一场巨大的变革。在建筑中兴起后现代主义（Post Modernism）、高科技风格、解构主义以及其他相关风格等。

一、后现代主义建筑

后现代主义（Post Modernism）的含义复杂，从字面上理解是指现代主义以后的各种风格。在建筑上是一个特定的风格运动，时间从20世纪60年代末到90年代。后现代主义建筑是从装饰的角度对现代主义进行修正，有三个典型特征：第一，历史主义和装饰立场。第二，折中主义立场。第三，处理装饰细节的含糊性和趣味性。

最早在建筑上提出"后现代主义"理论的是美国建筑师罗伯特·文丘里（Robert Venturi，1925-2018年）。他出生于费城，就读于普林斯顿大学建筑学院，后来在沙里宁和路易斯·康的事务所中工作，1965年到宾夕法尼亚大学任教。1966年出版后现代主义理论的里程碑著作《建筑复杂性和矛盾性》（Complexity and Contradiction in Architecture），针对密斯的"少即多"原则提出"少即厌烦"（less is bore）的设计思想，主张采用历史主义风格和美国通俗文化元素增强现代建筑的趣味性和审美性。强调建筑要具有隐喻性、混杂性，对国际主义风格提出挑战。1972年，文丘里发表《向拉斯维加斯学习》（Learning from Las Vegas），认为国际主义风格建筑是丑陋的，要强调美国商业文化、汽车文化、拉斯维加斯赌城的艳俗风貌对改造国际主义风格的重要作用。设计师要善于吸收当代社会文化到设计中去，促进建筑进步。

英国后现代建筑理论家查尔斯·詹克斯（Charles Jenchs，1939- ）写了《后现代主义》《后现代建筑语言》《现代建筑运动》《今日建筑》等著作。他在《后现代建筑语言》中提出：现代建筑已经于1972年7月15日下午2时45分死亡。这一时刻正是山崎实设计的美国圣路易市低廉价住宅被炸毁，查尔斯·詹克斯称之为"现代主义和国际主义的死亡，后现代主义的诞生"。

查尔斯·詹克斯将后现代主义建筑分为8类：形而上学的古典主义、叙述性的古典主义、寓言的古典主义、现实的古典主义、保守派、复兴的古典主义、都市的古典主义、折中的古典主义。

美国建筑师罗伯特·斯坦因（Robert A.M.Stern）也是后现代主义代表人物之一，著有《现代古典主义》《后现代主义的历史潮流》等著作。他认为装饰不是罪恶，建筑要吸收历史元素。他将后现代主义建筑分为5类：戏谑的古典主义、比喻性的古典主义、基本的古典主义、规范的古典主义、现代传统主义。

典型的后现代主义建筑师包括罗伯特·文丘里、菲利普·约翰逊、迈克·格雷福斯、查尔斯·穆尔、詹姆斯·斯特林、马里奥·博塔、阿尔多·罗西、矶崎新等。

罗伯特·文丘里是奠定后现代主义建筑基础的第一人。文丘里希望在现代主义的基础上改变现代主义单调的形式，他的设计运用大量古典主义建筑符号，比如拱券、三角门楣等。1962-1964年，文丘里在宾夕法尼亚州建造的费城栗子山（Chestnut Hill）住宅是较早的后现代主义特征的建筑，在三角形山花中间断开豁口，形成戏谑的特征。（图21.6.1）

文丘里的建筑代表作还有1978年设计的德拉华住宅、伦敦国家艺术博物馆的圣斯布里厅、普林斯顿大学的戈顿·吴大楼等，这些设计都带有强烈的后现代特色。

菲利普·约翰逊既是现代主义建筑大师，又是后现代主义建筑的主将。他和建筑师伯奇1978-

图21.6.1　文丘里住宅

1984年一起设计了纽约曼哈顿的美国电话电报公司大楼（AT&T Building）。这座大楼采用古典券拱、三角山花、石头外墙等历史建筑符号，并有意将三角形山花中部断开一个圆形缺口，造成暧昧的隐喻和不协调的尺度，具有折中和调侃的特征，这座拼贴了古典主义、现代主义、巴洛克风格和现代商业化POP风格的建筑，是后现代主义建筑的里程碑。另外，他设计的匹兹堡平板玻璃公司大厦、耶鲁微生物教学楼、休斯顿银行大厦等，也是建筑史上无法忽略的经典之作。（图21.6.2）

迈克·格雷夫斯（Michael Graves，1934-）生于在美国印第安纳州首府印第安纳波利斯市，1958年毕业于俄亥俄州的辛辛那提大学，获建筑学士学位，1959年获得哈佛大学设计研究院硕士学位。1960-1962年在意大利罗马深造回国后任教于普林斯顿大学。他的设计讲究装饰的丰富、色彩的丰富以及历史风格的折中表现，许多设计都被视为后现代主义代表性的作品，综合了画家和建筑师的双重技艺。迈克·格雷夫斯最重要的设计是1980-1982年设计的俄勒冈州波特兰市公共服务中心大厦，使用大量历史符号、色彩和装饰动机来显示建筑所包含的历史意义。这个方形大楼表面具有简单而色彩丰富的不同材料装饰，摆脱国际主义的单一化形式，走向多元化与装饰主义。（图21.6.3）

查尔斯·穆尔（Charles Moore，1925-1994年）是美国后现代主义最杰出的建筑师之一，他的设计充满表演艺术的浪漫色彩。代表作是1977-

1978年设计的路易斯安那州新奥尔良市意大利广场，充分考虑当地居民的审美趣味和周围环境的协调，把意大利的地图搬到广场设计中，广场中间的喷泉象征阿尔卑斯山的瀑布。建筑采用古罗马券拱和不锈钢柱式，同时使用鲜艳的色彩和霓虹灯，把古典主义和美国通俗文化融为一体，是后现代主义经典作品。（图21.6.4）

阿尔多·罗西（Aldo Rossi，1931-1997年）是意大利最重要的后现代主义建筑师。他出生于意大利米兰，大学毕业后曾从事设计工作。罗西1966年出版著作《城市建筑》，探讨建筑与城市的关系，推崇环境整体性与协调性。罗西将类型学方法用于建筑学，认为自古以来，建筑中也划分为不同类型，各有典型特征，要求建筑师在设计中回到建筑的原形去，强调都市文脉主义，属于"基本的古典主义"。重要作品有意大利摩德纳市（Modena）殡仪馆和骨灰楼等。

矶崎新（Arata Isozaki）1931年出生于日本九州，是日本后现代主义建筑的代表人物。丹下健三之后，以槙文彦、黑川纪章、矶崎新为日本建筑界的领袖。矶崎新受到丹下健三的影响很大。他最早的后现代主义建筑始于1966年设计的九州三重的地方图书馆。20世纪80年代，其风格成熟，作品融合西方现代主义结构、古典主义布局和装饰、东方建筑的细腻化三种特点，具有游戏性的特征。代表作有1979-1983年设计的日本筑波市政中心、1989年设计的洛杉矶当代艺术博物馆等。（图21.6.5）

图21.6.2　纽约AT&T大楼

图21.6.3　波特兰市公共服务中心

图21.6.4　新奥尔良意大利广场

图21.6.5 洛杉矶当代艺术博物馆

二、后现代时期其他建筑流派

（一）高科技风格（High Tech）

高技术风格强调技术是一种理性行为，技术的进步从思想深处影响了人们对于技术的审美态度。高技术派建筑师运用当代高科技的成就，并坚持认为科学技术可以解决一切问题，强调机械美学和技术美感，在设计中突出当代技术的特征：高技术与高情感。代表人物包括英国建筑师理查德·罗杰斯（Richard George Rogers，1933- ）与诺曼·福斯特、意大利建筑师伦佐·皮阿诺（Renzo Piano，1937- ）、西萨·佩里（Cesar Pelli，1926- ）等。

理查德·罗杰斯是出生于意大利佛罗伦萨的英国建筑师。1962年毕业于美国耶鲁大学，与诺曼·福斯特是同学。罗杰斯认为城市应作为一个文明的教化中心。应该把建筑看作同城市一样灵活的、永远变动的框架。建筑应该适应人的不断变化的需求，以促进丰富多样的活动。2007年获得普利兹克奖，成为第4位获得普利兹克奖的英国建筑师。代表作有著名的"千年穹顶"（Millennium Dome）、与福斯特合作设计的香港汇丰银行、意大利建筑师皮阿诺共同设计的巴黎蓬皮杜国家艺术与文化中心（Le Centre Nationale d'Art et Culture Georges Pompidou）、伦敦的劳埃德保险公司和银行大楼设计（1979-1986年）等等。

巴黎蓬皮杜国家艺术与文化中心坐落在巴黎拉丁区北侧、塞纳河右岸的博堡大街，整座建筑占地7500平方米，建筑面积10万平方米，蓬皮杜艺术中心包括工业设计中心、公共情报图书馆、现代艺术博物馆以及音乐研究中心四大部分。除音乐研究中心单独设置外，前三个部分都集中在一幢南北长166米，东西宽60米、高42米的6层大楼内。整个建筑物由28根圆形钢管柱子支撑，除一道防火隔墙外，内部没有1根柱子和固定墙面。各种使用空间由活动隔断、屏幕、家具或栏杆临时大致划分，内部布置可以随时改变，使用灵活方便。外部结构大胆新颖，将所有柱子、楼梯及管道等一律置于室外，管道以不同的颜色代表不同的用途：空调管路是蓝色、水管是绿色、电力管路是黄色，自动扶梯是红色。从大街上可以望见建筑内部的设备，琳琅满目。在面对广场一侧的建筑立面上悬挂着一条巨大的有机玻璃透明圆罩，里面安装有自动扶梯以供上下交通使用。

这座博物馆打破传统的文化建筑常规，突出强调现代科学技术同文化艺术的密切关系，整座大厦看上去犹如一座被五颜六色的管道和钢筋缠绕起来化工厂。建筑刚完成时备受争议，被戏称为"炼油厂"，但现在它已经成为当代巴黎的象征，是高科技风格建筑最典型的代表作。（图21.6.6）

英国建筑师诺曼·福斯特爵士（Norman Foster，1935- ）是高科技风格的重要代表之一。他在英国曼彻斯特大学学习城市规划和建筑，后来获得耶鲁大学硕士学位，回国后从事建筑设计工作。20世纪80年代创作一大批高科技风格的建筑。1986年设计的香港汇丰银行总部大楼（New Headquarters of Hongkong and Shanghai Bank）是高科技风格典型作品。汇丰银行总部大楼整个建筑悬挂在钢铁桁架上，8根钢架构成建筑结构体系的核心元素，建筑分为南、中、北三个单元，高低错落有序，最高高度达200米。建筑立面上下分5段，每段由两层高的桁架连接。内部使用当时最先进的技术，采用计算机控制的供热、通风系统，拥有最先进的通讯、管理、照明和声学设施，建筑材料也吸收航天技术的最新成果，是名副其实的高科技风格建筑。

西萨·佩里（Cesar Pelli，1926- ）阿根廷裔美籍建筑师，艾罗·沙里宁的学生。他最著名的设计是洛杉矶的太平洋设计中心（Pacific Design

图21.6.6 蓬皮杜国家艺术与文化中心

图21.6.7 吉隆坡石油大厦

Center，1971年），他也因这座建筑得到了"蓝鲸"的称号。佩里的设计遵从密斯的玻璃幕墙和钢结构，但融入很多技术因素。西萨·佩里在马来西亚首都吉隆坡设计的石油大厦双塔（Petronas Towers），高452米，建成于1998年，曾是世界第一高楼，后来被台北101大楼超越。（图21.6.7）

（二）解构主义（deconstruction）

解构主义是对现代主义、国际主义标准的分解与批判。解构主义受到德里达的哲学思想影响，反对中心主义、反对绝对权威、反对理性秩序、反对固定形态、反对二元对抗，追求个人的、无序的、多元的、流动的、自然的、随心所欲的表现。解构主义建筑的代表人物有弗兰克·盖里（Frank Gehry, 1929- ）、伯纳德·屈米（Bernard Tschumi, 1944- ）、扎哈·哈迪德（Zaha Hadid, 1950-2016年）等。

弗兰克·盖里生于加拿大多伦多，1947年移居洛杉矶，获美国南加州大学建筑学学士、哈佛大学城市规划硕士。1962年成立盖里建筑事务所，其设计把完整的现代主义、结构主义建筑进行破碎处理，重新组合，形成破碎的空间和形态。盖里认为完整性不在于建筑本身总体风格的统一，而在于部件充分的表达。盖里追求建筑的艺术个性，并主张尽量缩小建筑与艺术之间的鸿沟，作品以扭曲的线条和蠕动的造型著称。1989年，盖里获第11届普利

兹克奖。

盖里的建筑作品很多，著名的有美国加州航空航天博物馆（1982-1984年）、德国魏尔海姆楚威尔设计博物馆（1987-1989年）、西班牙巴塞罗那奥林匹亚村、法国巴黎的美国中心（1988-1994年）、美国明尼苏达明尼阿波利斯市魏斯曼博物馆（1990-1993年）、捷克共和国布拉格奈什奈尔-奈德兰登大楼（1992-1996年）、西班牙毕尔巴鄂古根海姆博物馆（Guggenheim Museum，Bilbao，1991-1997年）、美国洛杉矶迪士尼音乐中心（2003年）等。（图21.6.8）

西班牙毕尔巴鄂古根海姆博物馆被称为"世界上最有意义、最美丽的博物馆"。博物馆选址在旧城区边缘、内维隆河南岸，与邻近的美术馆、德乌斯托大学及阿里亚加歌剧院共同组成了毕尔巴鄂城市的文化中心。其总面积2.4万平方米，内部展厅分三层，周围是附属设施。建筑表皮处理成向各个方向弯曲的双曲面，主要外墙材料为西班牙灰石和钛金属板贴面，博物馆就像一艘停泊在水边的巨轮，钛金属的表面在阳光下闪闪发光。这座建筑强调开放的空间、奇特的形体设计可谓是盖里的巅峰之作，这一座博物馆使得毕尔巴鄂变成充满活力的城市。（图21.6.9）

伯纳德·屈米在瑞士苏黎世技术学校学习建筑，毕业后曾任教于伦敦建筑联盟学院，1976年到美国工作，一直从事建筑理论研究。他提出"形式

中外建筑史

追随幻想"（Form follows fiction），其设计体现出解构主义的不完整性，没有非黑即白的二元对抗，主张多元性、模糊性。其设计项目包括1983年的德方斯巨门方案、1986年日本东京歌剧院方案、1982年巴黎维莱特公园（the Parcdela Villete）等。

扎哈·哈迪德出生于巴格达，伊拉克裔英国女建筑师。22岁时（1972年），在著名的建筑学府伦敦建筑联盟学院（AA School）学习，导师为荷兰著名建筑师雷姆·库哈斯。哈迪德的设计以大胆新颖、富于动感而著称，被称为建筑界的"解构主义大师"。但哈迪德本人并不认为她是一位解构主义建筑师，她的创作更多受到马列维奇的至上主义影响。哈迪德的实践几乎涵盖所有的设计门类。她始终以"打破建筑传统"为目标，让"建筑更加建筑"。其建筑外观经常用锐角尖顶、流动的长弧曲线，造型怪诞。她最有代表性的作品包括成名作德国维特拉（Vitra）消防站（1993年）、位于莱茵河畔威尔城（Weil amRhein）的州园艺展览馆（1999年）、英国伦敦格林威治千年穹隆上的头部环状带（1999年）、法国斯特拉斯堡的电车站和停车场（2001年）、奥地利因斯布鲁克的滑雪台（2002年）、美国辛辛那提的当代艺术中心（2003年）等。她在中国设计了广州大剧院、北京银河SOHO建筑群、南京青奥中心、香港理工大学建筑楼等建筑。

2004年，哈迪德获得普利兹克奖，成为该奖项创立25年以来的首位女性获奖者，而且是最年轻的获奖者。2015年，哈迪德获得英国建筑界最高奖项"皇家金奖"（Royal Gold Medal），也是该奖项历史上的首位女性获奖者。2016年3月31日，扎哈·哈迪德因心肌梗塞去世，享年66岁。

（三）新现代主义

后现代主义建筑兴起后，仍有一批建筑师坚持现代主义的原则，作品具严谨的功能主义和理性主义特点，又具有独特的个人诠释和个人风格，因此被称为"新现代主义"。"纽约五人组"是突出代表，另外还有美籍华裔建筑师贝聿铭、西萨·佩里、保罗·鲁道夫、爱德华·巴恩斯等。

纽约五人组（NY Five）源自1969年纽约现代艺术博物馆举办的五人展和"研究环境的建筑会议"，主要有5位青年建筑师参与，他们是彼得·艾森曼（Peter Eisenman，1932- ）、迈克·格雷夫斯（Michael Graves，1934- ）、查尔斯·加斯米、约翰·海杜克（John Hejduk）、理查德·迈耶（Richard Meier，1934- ）他们与国际主义习惯的黑色方式不同，全部采用单纯的白色为建筑基本色调，因此被称为"白色派"（the Whites）。理查德·迈耶1971-1973年设计的密歇根州"道格拉斯住宅"具有白色构成主义特征，被视为新现代主义形成的里程碑式建筑。迈耶1998年设计的洛杉矶盖蒂博物馆（the Getty center）是世界上最昂贵的博物馆，建筑完全采用没有装饰的功能主义，用白色混凝土和白色大理石作墙面材料，气势宏伟，是新现代主义的杰作。（图21.6.10）

贝聿铭是著名的美籍华人建筑师，他的建筑作品以设计巧妙缜密、手法新颖独特著称于世，善用钢材、混凝土、玻璃与石材。建筑界总结其建筑设计有三大特色：一是建筑造型与所处环境自然融化。二是

图21.6.8　洛杉矶迪士尼音乐中心

图21.6.9　毕尔巴鄂古根海姆博物馆

图21.6.10　盖蒂博物馆

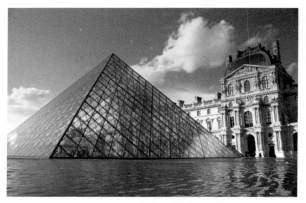

图21.6.11　卢浮宫水晶金字塔

空间处理独具匠心。三是建筑材料考究和建筑内部设计精巧。贝聿铭始终坚持现代主义原则，对形式、空间、建材、技术等持续深入研究，使作品具有丰富的面貌，他重视传统文化与建筑的联系，强调建筑本身就是理念的最佳宣言。

贝聿铭一生作品丰富，每有设计完成，总能引起世人瞩目。他最出名的作品包括肯尼迪纪念图书馆（J.F.K. Memorial Library，1964年）、康奈尔大学赫伯特·约翰逊艺术博物馆（1973年）、波士顿汉考克大厦（1975年）、美国国家美术馆东馆（East Building of National Gallery of Art，1978年）北京香山饭店（1982年）、卢浮宫玻璃金字塔（1989年）、香港中银大厦（1990年）、苏州博物馆

新馆等。（图21.6.11）

20世纪70年代以来，现代建筑的发展风起云涌，设计师们的探索不断丰富现代建筑的语言，这些探索并不仅仅局限于后现代主义、解构主义、高科技风格、新现代主义等类型，很多建筑师从"人-自然-社会"的关系方面考虑生态环保在建筑中的体现，城市规划和建筑设计逐步强调生态性、绿色性。随着信息技术、能源技术、太空技术、生物技术等高科技的迅速发展，建筑设计也不断向智能化发展。21世纪以来，当代建筑蓬勃发展，更加多元化、个性化、人文化，更好地满足社会发展和人类生活需求，更广阔地丰富了人类的文明。

🔗 **思考题**

1. 现代艺术流派对现代建筑产生怎样的影响？

2. 现代主义建筑大师对现代建筑有哪些贡献？

3. 装饰艺术运动时期有怎样的建筑成就？

4. 简述国际主义的发展及特征。

5. 简述"二战"之后建筑流派的发展。

中外建筑史

后记

中外建筑史是高等院校环境设计专业、建筑学专业的必修课程。我从2001年担任此门课程的教学至今，长期坚持积累资料，不断优化教学内容，尝试撰写一本线索清晰、体系全面、详略得当、论述严实、与时俱进的教材。然几番撰写，几番停滞，几番修订，终于辗转成稿，如释重负。钝学累功，唯博观约取、厚积薄发、审问慎思、持之以恒。

作为人类重要的文化遗产，建筑具有深刻的文化意义和现实意义。《新唐书》云："夫为史之要有三：一曰事实，二曰褒贬，三曰文采。"本书坚持把史实考证、建筑采风、教学研究相结合，真实客观地论述中外各类建筑的发展历史，内容体系涵盖人类文明史上诸多重要的建筑文化体系。对每一个国家的建筑都强调历史的普遍性和知识的典型性，从笔者的研究视角归纳分析，语言力求通俗精炼，对生僻字增加了拼音注释。既能够满足社会各类读者获取有关建筑文化知识的需求，同时也配合新时代高校建设精品课程教材的需要，满足高等院校教材使用。凡疏漏和不足之处，恳请读者批评指正。

报答恩德知有处，砥砺求索向天涯。在本书撰写过程中，受到家人、师长、朋友们的大力支持，特向你们表示敬意和感谢。感谢父母的养育，让我领悟生命和成长的真谛。感谢清华大学美术学院和中国艺术研究院的老师们的教导，让我走进艺术与设计理论的教学和研究领域。感谢建筑史论的前辈和同仁们，本书的撰写离不开对前辈学者研究成果的学习和参考。感谢清华大学美术学院教授张夫也老师在百忙之中给本书撰写前言，对我谆谆教诲和鼓励。感谢为本书提供插图的亲人和朋友们，你们的帮助给本书增添无限光彩。书中选用的部分插图未能与原作者取得联系，在此也表示感谢和歉意，希望能与作者联系，按相关规定支付稿酬。

感谢中国轻工业出版社的支持，尤其责任编辑毛旭林、徐琪为本书付出很多时间和精力，不断与我沟通，在篇章结构、内容审校、装帧设计等方面提出很多宝贵意见，督促本书的顺利完稿，在此表达由衷的感谢。

张新沂

主要参考文献

[1] 戴吾三. 考工记图说 [M]. 济南：山东画报出版社，2003

[2] 司马迁著、韩兆琦评注. 史记 [M]. 长沙：岳麓书社出版社，2004

[3] 范晔. 后汉书 [M]. 北京：中华书局，2007

[4] 李学勤主编. 十三经注疏（丛书）[M]. 北京：北京大学出版社，1999

[5] 杨衒之撰、韩结根注. 洛阳伽蓝记 [M]. 济南：山东友谊出版社，2001

[6] 李诫撰、邹其昌点校. 营造法式 [M]. 北京：人民出版社，2011

[7] 孟元老等. 东京梦华录 都城纪胜 西湖老人繁胜录 梦粱录 武林旧事 [M]. 北京：中国商业出版社，
       1982

[8] 祝穆撰、祝洙增订、施和金点校. 方舆胜览 [M]. 北京：中华书局，2003

[9] 文震亨. 长物志 [M]. 杭州：浙江人民美术出版社，2016

[10] 刘乾先. 园林说译注 [M]. 长春：吉林文史出版社，1998

[11] 梁思成. 中国建筑史 [M]. 北京：生活·读书·新知 三联书店，2011

[12] 刘敦桢. 中国古代建筑史 [M]. 北京：中国建筑工业出版社，1984

[13] 中国建筑史编写组. 中国建筑史 [M]. 北京：中国建筑工业出版社，1993

[14] 萧默. 文化纪念碑的风采 [M]. 北京：中国人民大学出版社，1999

[15] 潘谷西. 中国建筑史（第六版）[M]. 北京：中国建筑工业出版社，2009

[16] 王振复. 中国建筑的文化历程 [M]. 上海：上海人民出版社，2000

[17] 冯建逵、杨令仪. 中国建筑设计参考资料图说 [M]. 天津：天津大学出版社，2002

[18] 龚良. 中国考古大发现（上）[M]. 济南：山东画报出版社，1999

[19] 维特鲁威. 建筑十书 [M]. 知识产权出版社，2001

[20] 黑格尔. 美学（二）[M]. 北京：商务印书馆出版，1979

[21] 亨利·皮雷纳. 中世纪的城市（第二版）[M]. 北京：商务印书馆，2006

[22] 朱迪斯·M·本内特、C·沃伦·霍利斯特. 欧洲中世纪史（第10版）[M]. 上海：上海社会科学院出
       版社，2007

[23] 井上光贞著、孙凯译. 纵观日本文化 [M]. 哈尔滨：哈尔滨工业大学出版社，2003

[24] 勒·考柏西耶著、陈志华译. 走向新建筑 [M]. 天津：天津科学技术出版社，1991

[25] 尼古拉斯·佩夫斯纳著、王申祐 王晓京译. 现代设计的先驱者——从威廉·莫里斯到格罗皮乌斯 [M].
       北京：中国建筑工业出版社，2004

[26] 乔纳森·格兰西著、罗德胤、张澜译. 建筑的故事 [M]. 北京：生活·读书·新知 三联书店，2003

[27] 奚静之. 俄罗斯和东欧美术 [M]. 北京：中国人民大学出版社，2004

[28] 王镛. 印度美术 [M]. 北京：中国人民大学出版社，2004

[29] 张芝联、刘学荣. 世界历史地图集 [M]. 北京：中国地图出版社，2002

[30] 罗小未、蔡婉英. 外国建筑历史图说 [M]. 上海：同济大学出版社，1986

[31] 陈志华. 外国建筑史（19世纪末叶以前）[M]. 北京：中国建筑工业出版社，1997

[32] 王受之. 世界现代建筑史 [M]. 北京：中国建筑工业出版社，1999

[33] 吴焕加. 外国现代建筑二十讲 [M]. 北京：生活·读书·新知 三联书店，2007

（限于篇幅，本书参考文献未能尽数列出）